计算机软硬件基础、VB.net及其在管理信息系统中的应用

黄梯云 ◎主编
叶强 翟东升 ◎副主编

清华大学出版社
北京

内 容 简 介

本书是对黄梯云教授所著的《管理信息系统》一书的补充和发展。出版本书是为了使读者进一步学习计算机的基本原理，提高对计算机应用的认识，掌握利用计算机解决管理问题的主要原理和方法。本书内容紧密结合实际，运用大量图表深入浅出地说明问题，逻辑性强，易于理解和掌握。全书内容包括计算机软、硬件的基本知识、VB编程语言及其在管理信息系统中的应用案例。

本书既可作为信息管理与信息系统专业本科生的专业基础课程教材，又可作为电子商务和电子政务专业学生的培训教材。

图书在版编目(CIP)数据

计算机软硬件基础、VB. net及其在管理信息系统中的应用/黄梯云主编. --北京：清华大学出版社，2016

(面向21世纪课程教材·信息管理与信息系统专业教材系列)

ISBN 978-7-302-38028-3

Ⅰ. ①计…　Ⅱ. ①黄…　Ⅲ. ①电子计算机－基本知识－高等学校－教材 ②BASIC语言－程序设计－应用－管理信息系统－高等学校－教材　Ⅳ. ①TP3 ②C931.6

中国版本图书馆CIP数据核字(2014)第219964号

责任编辑：杜　星
封面设计：何凤霞
责任校对：王凤芝
责任印制：宋　林

出版发行：清华大学出版社
网　　址：http://www.tup.com.cn，http://www.wqbook.com
地　　址：北京清华大学学研大厦A座　　**邮　　编**：100084
社 总 机：010-62770175　　**邮　　购**：010-62786544
投稿与读者服务：010-62776969，c-service@tup.tsinghua.edu.cn
质量反馈：010-62772015，zhiliang@tup.tsinghua.edu.cn
印 装 者：北京鑫海金澳胶印有限公司
经　　销：全国新华书店
开　　本：185mm×260mm　　**印　　张**：23.5　　**字　　数**：540千字
版　　次：2016年1月第1版　　**印　　次**：2016年1月第1次印刷
印　　数：1～3000
定　　价：45.00元

产品编号：056392-01

编 委 会

前　言

本书是对黄梯云、李一军主编的《管理信息系统(第四版)》(以下简称《管理信息系统》)教材的补充和发展。

《管理信息系统》是面向21世纪课程教材、"十二五"普通高等教育国家级规划教材、高等学校工商管理类核心课程教材。该书深受广大读者欢迎,拥有非常高的销售量。

我们说本书是对《管理信息系统》教材的补充,主要指补充了计算机软硬件基础知识。这是由于《管理信息系统》教材篇幅所限,不能写得太详细的缘故。

计算机的软硬件基础内容甚广,包括数制和编码、计算机中数的表示、逻辑代数和逻辑电路、计算机硬件、计算机的系统程序以及裸机能进行信息处理的步骤等。本书将加以详细介绍。

我们说本书是对《管理信息系统》)教材的发展,指的是对《管理信息系统》一书内容的发展。《管理信息系统》教材所附的演示光盘中有61个演示软件。这些演示软件只能静态地运行,不能在局域网上做到数据共享。我们依托.NET开发平台,在这本书中编写了"VB.NET及其在管理信息系统中的应用"部分,因此,说它是对《管理信息系统》教材的发展。

应当指出,管理信息系统是一门新的学科,其理论体系尚处于发展和完善的过程中。早期的研究者从计算机科学与技术、应用数学、管理理论、决策理论、运筹学等相关学科中抽取相应的理论,构建了管理信息系统的理论基础,从而形成一个具有鲜明特色的系统性的边缘科学。因此,学习计算机软、硬件等基础知识对于管理专业的学员是十分重要的。

关于本书的第二部分和第三部分:

1991年,Microsoft推出了Visual Basic 1.0。作为第一个可视化的编程环境,因其控件技术的引入,使软件开发可以通过控件可视化地"装配"出来,而被认为是一个具有划时代意义的事件,降低了编程学习的门槛,深受广大程序员的喜爱。继Visual Basic 6.0之后,2001年,基于微软.NET Framework编程框架、引入面向对象开发特性,Visual Basic命名为Visual Basic.NET(简称VB.net)。从Visual Studio 2005起,微软将.NET从产品名称中移除,之后又有Visual Basic 2008、Visual Basic 2010、Visual Basic 2012、Visual Basic 2013等版本。目前最新版本为Visual Studio 2013中的Visual Basic 2013。虽然VB.NET 2003后又出现了若干Visual Basic的新版本,但其语法及其主要开发环境等与VB.NET 2003相比并没有大的变化。为方便叙述、区分VB.NET之前的Visual Basic版本,在本书中把VB.NET之后的Visual Basic版本统称为VB.NET。

VB.NET延续其简单易学、上手快的特点,特别是在Microsoft统一的Visual Studio开发环境下,加上简捷的控件添加方式和简单的VB.NET语法,使得初学者可以很快掌握简单程序的编写,容易激发其深入学习的兴趣。另外,作为一门面向对象的编程语言,对于初学者理解和领会时下十分流行的面向对象的编程思想很有益处。正是在这样的综合考虑下，本书决定选择 VB. NET 来进行全书的编写。

为使读者在学习完本书之后，具有较强的实际操作和实践的能力，本书在透彻讲析 VB. NET 中的基本概念和编程基本方法的基础上，将 VB. NET 中的难点内容做了精简。保留了面向对象编程的基本特点，分散和删减部分难度大的内容，降低初学者的学习难度。另外，书中的示例和上机实践题目的设计密切结合书中第三篇所介绍的管理信息系统实例——“饼干厂成品库存信息系统”，它们都尽量面向库存信息系统的相关应用场景，意在保证读者在掌握知识点的基础之上，最大限度地为读者最后进行“饼干厂成品库存信息系统”的开发提供帮助。这样的安排使读者学习的内容由易到难、逐步推进、难点分散，达到事半功倍的效果。

特别要指出，为了使读者深刻了解信息共享的重要意义，本书增加了第 18 章，详细介绍了系统的安装方法，并用生动的图片表演了库存积压和不足的过程。

想要熟练掌握 VB. NET 开发技术并非一朝一夕可以做到的。笔者认为 Microsoft 配合 Visual Studio 所发布的 MSDN 为广大有志精研 Visual Studio 平台开发的爱好者提供了一个很好的学习平台。读者如有兴趣与需要，可以结合 MSDN 继续深入学习。本书不涉及很高深的编程知识，所讲解到的都是常用的编程知识和技巧，**适合初学者进行学习**。

本书由黄梯云任主编，叶强、翟东升任副主编。

本书各章作者如下：第 1 章黄梯云、张鸽，第 2 章黄梯云、赵书良，第 3、4 章黄梯云、张瀚林，第 5 章翟东升、谢凤玲，第 6、7 章谢凤玲，第 8～13 章翟东升，第 14～16 章张鸽，第 17 章翟东升、张鸽，第 18 章蔡力伟、张鸽。

最后，衷心感谢武玉英、严武墨、蔡力伟、陈俊楠、夏军和奕博杨等为本书的出版做了大量的工作。

由于作者水平有限，书中难免存在纰漏与不足，还请读者不吝批评指正。

编者

2015-05-28

目　录

第1篇　计算机软硬件基础

第2篇 VB.NET程序设计语言

第 3 篇 管理信息系统开发案例

第1篇　计算机软硬件基础

计算机的软硬件基础内容甚广，包括数制和编码、计算机中数的表示、逻辑代数和逻辑电路、计算机硬件、程序设计语言和语言处理程序、操作系统、汉字信息处理、计算机的主要性能指标以及裸机能进行信息处理的步骤等。本篇将分别对数制和编码、计算机中数的表示、逻辑代数和逻辑电路进行简介，计算机硬件与系统程序和应用程序中的两个问题等在第4章予以介绍。

第1章　数制和编码

1.1　计算机进行计算的特点

计算机之所以能够按照人们规定的步骤进行工作，是因为人们事先为计算机编好了程序，并适时运行的结果。程序是由人们按照需要的次序排列起来的一系列指令（命令）的集合，其中每条指令对应于计算机能完成的一项基本操作。

程序以数据形式被存放在计算机的存储器内，运行时，指令被依次读入控制器中，经过译码后形成各种控制信号，由计算机按照规定的步骤执行各项操作，直到完成工作。

我们从以下几方面来说明计算机能够高速精确地进行计算的原因。

(1) 计算机主要采用二进制。二进制只有“0”和“1”两种符号。它的方便在于任何一种物理装置只要有两种截然不同的状态，都可以用来表示二进制数，如“通”和“断”、“高电平”和“低电平”等，而如要采用十进制记数，其物理装置显然要复杂得多。

(2) 采用逻辑电路实现算术和逻辑运算，其速度之快、运算的正确性和可靠性是任何其他设备无法比拟的。

(3) 计算机的速度一般可用执行指令的时间来衡量。如内存为1.92GB的计算机每秒约可执行300万条指令（即300MIPS）。

例如，国防科技大学研制的天河二号具有峰值计算速度每秒5.49亿亿次、持续计算速度每秒3.39亿亿次双精度浮点运算的优越性能。

1.2　数　　制

1. 二进制以及它与十进制数间的变换

十进制数转换成二进制数可以采用“除2取余法”。即把十进制数用2去除后，将它的余数作为二进制数的最低位。将所得的商再除以2，并将所得余数作为二进制数的最低第二位。这样依次除下去，直到商等于零为止。一系列的余数组成了对应的二进制数从高位到低位的每一位。

例：将十进制数转换成二进制数，见图1-1。

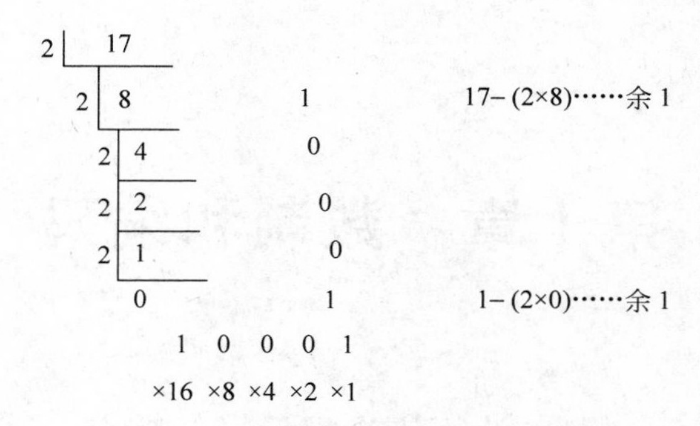

图 1-1 将十进制数转换成二进制数

2. 数制的概念和进位记数制

1）数制

所谓数制，指的是记数的规则。

数制的种类很多，有十进制、十二进制、六十进制、二进制、八进制和十六进制等。例如，每小时六十分钟，就是六十进制。

2）进位记数制

二进制采用逢 2 进 1，十进制采用逢 10 进 1。也就是说它们采用了不同的进位记数制。

进位记数制使用几种符号按一定的规则表示每一个数。这几种不同符号称为符号系统。符号系统中不同符号的个数称为数制的基。例如，二进制的基 n 是 2，它采用了两种不同的符号，即 0 和 1。

3）进位记数制的“基”

“基”为 n 的进位记数制称为 n 进制。在 n 进制中用一个符号能表示的最大位数为 $n-1$。为了表示比 $n-1$ 更大的数，需在这个符号左边记“1”，也就是“逢 n 进 1”。

例如，二进制中用一个符号能表示的最大位数是 $n-1$，即 $2-1=1$，为了表示比 1 更大的数，需在这一位的左边写“1”，也就是逢 2 进 1。

又例如，十进制的“基”为 10，即 n 为 10。用一个符号能表示的最大位数为 $n-1$，即 9，为了表示比 9（即比 $n-1$）更大的数，需在这个符号左边记“1”，也就是逢 10 进 1。

4）进位记数制的“权”

在进位记数制中，同一符号写在不同位置代表不同的数。每位上的“i”所代表的不同的数称为该位的“权”。对于 n 进制来说，从右边算起，第 i 位的权是 n^{i-1}。

例如，对于十进制，从右边算起，第一位（即个位，$i=1$）的权是 10^{i-1}，即 $10^0=1$，同理，十位的权是 $10^1=2$，百位的权是 $10^2=2$。

又例如，二进制个位的权是 $2^0=1$，向左数第二位的权是 $2^1=2$，第三位的权是 $2^2=4$，第四位的权是 $2^3=8$。

表 1-1 表示了十进制数和二进制数的关系。表 1-2 是二进制各位上的权值。

表 1-1　十进制数和二进制数的关系

十进制数	二进制数			
	2^3	2^2	2^1	2^0
0				0
1				1
2			1	0
3			1	1
4		1	0	0
5		1	0	1
6		1	1	0
7		1	1	1
8	1	0	0	0
9	1	0	0	1

表 1-2　二进制各位上的权值

位序号 i	权 $2^{i=i-1}$
1	$2^0=1$
2	$2^1=2$
3	$2^2=4$
4	$2^3=8$
5	$2^4=16$
6	$2^5=32$
7	$2^6=64$
8	$2^7=128$
9	$2^8=256$
10	$2^9=512$
11	$2^{10}=1024$

同理，八进制的基为 8，即 n 为 8。用一个符号能表示的最大位数为 $n-1$，即 7，为了表示比 7（即比 $n-1$）更大的数，需在这个符号左边记“1”，如八进制个位的权是 $8^0=1$，向左数第二位的权是 $8^1=8$，第三位的权是 $8^2=64$。

为了表达，可以把“将十进制的 38 转换成二进制数”写成如下形式：

$(38)_{10}=(100110)_2$

3. 两个二进制数相加和相乘的规则

1）两个二进制数相加的规则

两个一位二进制数相加的规则如下：

$0+0=0$

$0+1=1$

$1+0=1$

$1+1=10$

两个以上一位数二进制数相加的运算时只需按两个一位数相加规则依次两两进行，如：

```
   110
  +101
 -----
  1011
```

即相当于十进制的 6 加 5 等于 11。

2）两个二进制数相乘的规则

两个一位二进制数相乘的规则如下：

0×0=0

0×1=0

1×0=0

1×1=1

两个以上一位数二进制数相乘的运算时只需按两个一位数相乘规则依次两两进行，如：

```
     101
    ×110
   -----
     000
    101
   101      +
   -----
   11110
```

即相当于十进制的 5 乘 6 等于 30。

1.3 关于八进制和十六进制

1. 八进制和十六进制

1）为什么要用八进制和十六进制

二进制数的最大不足是位数太多，难以读写。为了解决这个问题，人们就利用八进制和十六进制数与二进制数之间具有的一种明显的对应关系，而用八进制或十六进制的形式来记录和表示二进制数。

八进制采用“0”～“7”这 8 个符号，计数规则是“逢 8 进 1”，十六进制采用“0”～“9”和“A”～“F”共 16 个符号，计数规则是“逢 16 进 1”。

由于 $8=2^3$，所以，每一位八进制数相当于三位二进制数。

同上，由于 $16=2^4$，所以，每一位十六进制数相当于 4 位二进制数。因此，可以用八进制或十六进制数直接表示一个二进制数。

2）八进制数或十六进制数与二进制数的转换

由下可见，只要记住一位八进制数或十六进制数与二进制数的关系，就可以实现任何八进制数或十六进制数与二进制数的转换。

八进制数或十六进制数与二进制数的转换表，见表 1-3。

表 1-3　十进制、八进制、十六进制与二进制的转换关系表

十进制数	八进制数	十六进制数	二进制数
0	0	0	0
1	1	1	1
2	2	2	10
3	3	3	11
4	4	4	100
5	5	5	101
6	6	6	110
7	7	7	111
8	10	8	1000
9	11	9	1001
10	12	A	1010
11	13	B	1011
12	14	C	1100
13	15	D	1101
14	16	E	1110
15	17	F	1111

2. 八进制数或十六进制数与二进制数转换的实例

例 1.1　将$(110101101001)_2$转换成八进制数。

将 110101101001 由右向左每三位为一节，再将每节的三位二进制数写成一位的八进制数，然后，合起来成为八进制数。

$\underline{110}$　$\underline{101}$　$\underline{101}$　$\underline{001}$
6　5　5　1

即$(110101101001)_2=(6551)_8$

例 1.2　将$(110101101001)_2$转换成十六进制数。

$\underline{1101}$　$\underline{0110}$　$\underline{1001}$
D　6　9

将 110101101001 由右向左每 4 位为一节，再将每节的 4 位二进制数写成一位的十六进制数，然后，合起来成为十六进制数。

即$(110101101001)_2=(D69)_{16}$

例 1.3　将$(BE)_{16}$转换成二进制数。

将十六进制的各位写成 4 位二进制数，然后，再连在一起。

B　E
|　|
1011　1110

成为$(BE)_{16}=(10111110)_2$

1.4 编 码

编制代码是为编码。代码是代表事物的名称、属性、状态等的符号，为了便于计算机处理，一般用数字、字母或它们的组合来表示。

编码的形式很多，对于同一事物，往往可以采用不同形式的编码。代码的种类很多，可参见《管理信息系统(第五版)》中的系统设计章。

本节主要介绍ASCII码。

1. ASCII码

1) 什么是ASCII码

ASCII码是America Standard Code for Information Interchange的缩写，意为美国标准信息交换码，用来制定计算机中每个符号对应的代码，通常也叫作计算机的内码(Code)。每个ASCII码以1个字节(Byte)储存，从0到127代表不同的常用符号，例如，大写A的ASCII码是65，小写a则是97。

2) 延伸ASCII码

由于ASCII字节的7个位，最高位并不使用，所以后来又将最高的一个位也编入这套内码中，成为8个位的延伸ASCII码(Extended ASCII)，这套内码加上了许多外文和表格等特殊符号，成为目前常用的内码。

2. ASCII编码表

表1-4是能表示128种符号的ASCII编码表。其中每个符号与一个7位二进制数相对应，表中最上面一行和最左边一列分别表示7位二进制数的高三位和低四位。行和列的交点表示这个7位二进制数所对应的符号。

表1-4 能表示128种符号的ASCII编码表

高三位 低四位	000	001	010	011	100	101	110	111
0000	NUL	DLE	SP	0	@	P	、	p
0001	SOH	DC1	!	1	A	Q	a	Q
0010	STX	DC2	”	2	B	R	b	f
0011	ETX	DC3	#	3	C	S	c	s
0100	EOT	DC4	$	4	D	T	d	t
0101	ENQ	NAk	%	5	E	U	e	u
0110	CK	SYN	&	6	F	V	f	v
0111	BEL	ETB	,	7	G	W	g	w
1000	BS	CAN	(	8	H	X	h	x
1001	HT	EM	)	9	I	Y	i	y
1010	LF	SUB	#	:	J	Z	j	z

续表

低四位＼高三位	000	001	010	011	100	101	110	111
1011	VT	ESC	＋	；	K	[	k	{
1100	FF	FS	，	＜	L	\	l	[illegible]
1101	CR	OS	－	＝	M	]	m	}
1110	SQ	RS	.	＞	N	^	n	～
1111	st	US	/	？	O	—_	o	DEL

例如，大写字母 A 是用二进制代码 1000001 表示的，可以将它写作 41H。这里，H 是十六进制的简写。

又例如，加号“＋”用二进制代码 0101011 表示，可写作 2BH。

在整个 ASCII 编码表中，从 21H 到 40H 是各种字符和数字，从 41H 到 5AH 是 26 个大写的英文字母，后面是小写的英文字母（从 61 到 7A）。表中从前面的 00H 到 20H 和 7FH 共 34 个是用于控制的非打印字符。

3. ASCII 编码表中控制符号的定义

从前面的 00H 到 20H 和 7FH 共 34 个是用于控制的非打印字符。其中：

NUL 是空白，SOH 是标题开始，STX 是正文开始，ETX 是正文结束；

EOT 是传送结束，ENQ 是询问，ACK 是应答，BEL 是响应；

BS 是退格，TH 是横行打表，LF 是换行，VT 是竖行打印；

FF 是换页，CR 是回车，SO 是移出，SI 是移入；

XP 是空格，DLE 是数据链换码，DC1 是设备控制 1，DC2 是设备控制 2；

DC3 是设备控制 3，DC4 是设备控制 4，NAK 是否定，SYN 是同步；

ETB 是成组传送结束，CAN 是作废，EM 是纸用毕，SUB 是取代；

ESC 是换码，FS 是文件分隔，GS 是组分隔，RS 是记录分隔；

US 是单元分隔，DEL 是删除。

小　结

本章首先介绍了计算机进行计算的特点，之后重点介绍了二进制以及它与十进制数之间的转化，以及用八进制、十六进制来表示二进制的特点与方法。最后介绍了一种计算机的编码格式即 ASCII 码。读者需要熟练掌握的是各种记数制，尤其是与十进制数、八进制数、十六进制数的转换方法。

第2章　计算机中数的表示、逻辑代数和逻辑路简介

2.1　计算机中数的表示方法

1. 带正负符号数的表示方法

在计算机中用符号加上一个绝对值来表示正负数。例如，当一个数存放在占一个字节(8个二进制位)的存储单元中时，用第一个二进制位存放正负号，即用“0”表示“正”，用“1”表示“负”；用后面的7个二进制位存放该数的绝对值。

1）原码表示方法

例如，＋17和－17可分别表示为

＋17　　0　0010001

－17　　1　0010001

这时，计算加法或减法时要采用不同的运算规则。

2）反码表示法

反码表示法的正数表示方法与原码法相同，而负数的符号位虽为“1”，但它的绝对值则按位取反，即“1”变为“0”，“0”变为“1”。

＋17　　0　0010001

－17　　1　1101110

这时，上面两个数相加的结果为“1111111”即零。由于它与0000000都是零，用起来不方便，所以目前不用了。

3）补码表示法

补码表示法的正数表示方法与原码法相同，负数的符号位也是“1”，而其余各位的数值为它的绝对值按位取反，再加1。

＋17　　0　0010001

－17　　1　1101111

这时，两数相加得0000000，相减得0100010，即34。

对于用补码表示的数的数值部分来说，减去这个数和加上它的补数是相同的，就好像将时钟倒拨24小时是相同的一样。

补码表示法的方便之处在于：它的加法可以连符号位一起运算，它的减法可以用取补和加法来代替，所以用得最普遍。

2. 计算机中的定点数和浮点数

计算机中的数存放在存储单元中。存储单元有大有小。小的 8 位存储单元，占一个字节，大的有 16 位、32 位、64 位等。计算机中表示数的方法有定点数和浮点数两种。

1) 计算机中的定点数

用不同大小的存储单元存放的数的大小也不同。例如，在一个 8 位的存储单元中能表示的最大数是 2 的 7 次方再减去 1，即 $2^7-1=127$，这时，除符号位外，各位都是 1，见图 2-1(a)；能表示的最小数是 $-2^7=-128$，这时，除符号位外，各位都是 0，见图 2-1(b)。

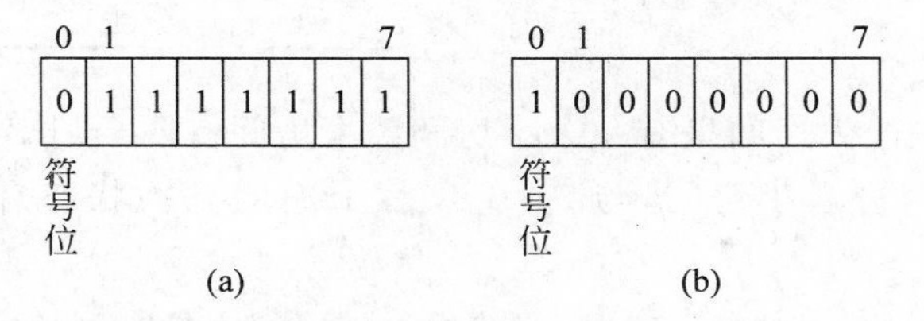

图 2-1　在 8 位的存储单元中表示的最大数和最小数

当数值很大时，用定点数表示就很麻烦了。例如，十进制数 1024 的二进制数为 2 的 10 次方(2^{10})，即在 1 的后面加上 10 个零，即 10000000000。这不但写起来很麻烦，而且在计算机中存储和运算都很不方便。

2) 计算机中的浮点数

为了解决上述问题，提出了浮点数的方法。

浮点数的方法是用一个尾数和一个 2 的指数次方来表示。例如，0.000345 可以写成 0.3456×10^{-3}。也就是用一个最高位数为零的纯小数和 10 的 n 次方来表示。二进制数用这种方法表示，称作浮点二进制数，写作 $F2^E$。

其中，F 称为尾数，E 称为指数。

这样，二进制数 101100000000 就可以用两个二进制数 0.1011 和 1100 来表示了，即 $F=0.1011$，$E=1100$。

2.2　逻辑代数简介

1. 逻辑变量和基本逻辑运算

现实生活中许多事物可能呈现出两种不同的状态，如开关接通与断开，电路中电流的有和无，电位的高与低，灯泡的亮与不亮，逻辑判断的真与假等。由于事物之间的普遍联系，一种事物可能呈现的状态往往取决于和它相联系的另一些事物的状态。这种关系称为逻辑关系。

如图 2-2 所示的灯泡 D 可能呈现亮与不亮两种状态。灯泡的状态又取决于开关 A、B、C 的通和断。它们之间的逻辑关系可以用表 2-1 来表示。

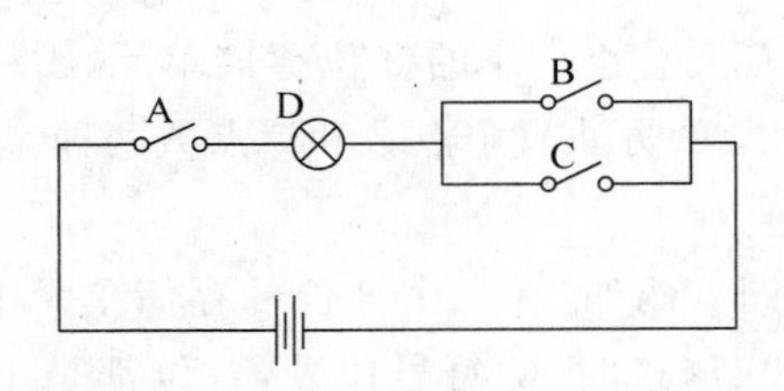

图 2-2　灯泡的状态取决于开关通和断

表 2-1　灯泡状态与开关的逻辑关系

开关 A	开关 B	开关 C	灯泡 D
断	断	断	不亮
断	断	通	不亮
断	通	断	不亮
断	通	通	不亮
通	断	断	不亮
通	断	通	亮
通	通	断	亮
通	通	通	亮

图 2-3 表示在一个大房间里有一个小房间。大房间有两个门 B 和 C，小房间有一个门 A。外面的人能否进入小房间，与 A、B、C 三个门的开关状态有关。其逻辑关系如表 2-2 所示。

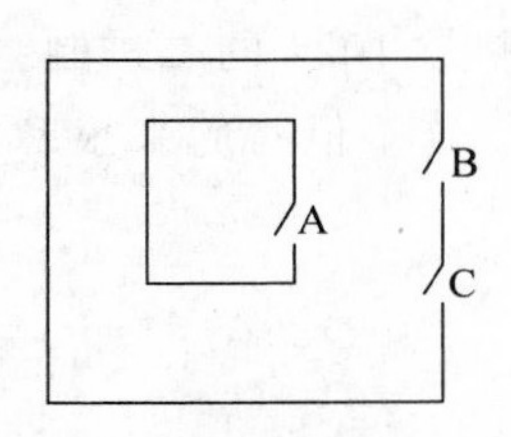

图 2-3　能否进入小房间取决于门的状态

表 2-2　能否进入房间与门的开关状态的逻辑关系

A门	B门	C门	能否进入
关	关	关	否
关	关	开	否
关	开	关	否
关	开	开	否
开	关	关	否
开	关	开	能
开	开	关	能
开	开	开	能

显然，表 2-1 和表 2-2 表示的逻辑关系应该是相同的。为了抽象出一般的逻辑关系，舍弃这些事物和状态的物理意义，用一个变量表示某事物，变量的值取“0”和“1”表示事物的两种不同状态。这些二值变量称为逻辑变量。不同事物的状态之间的逻辑关系可以通过逻辑变量之间的关系来定量地研究。研究这些关系的数学分支称作逻辑代数。

在图 2-2 中，灯泡亮与不亮这两种状态用变量 D 的值取“1”或“0”表示；A、B、C 三个变量取“1”或“0”表示三个开关通或断。变量 D 的值可以看作是由变量 A、B、C 的值经过适当逻辑运算而得到，或者说变量 D 是变量 A、B、C 的逻辑函数。

以下通过几个实例介绍几种基本逻辑运算。

1）“与”运算

图 2-4 中灯泡 X 和开关 A、B 串联在一个支路内。X 的状态取决于 A 和 B 的状态。当且仅当 A 和 B 全接通时，X 才能亮。若 A 和 B 两个变量取“1”或“0”表示开关的通和断，变量 X 取“1”或“0”表示灯泡亮或不亮。那么 X 与 A、B 的关系如表 2-3 所示。从 A、B 求得 X 的运算称作“与”运算，或称逻辑乘。

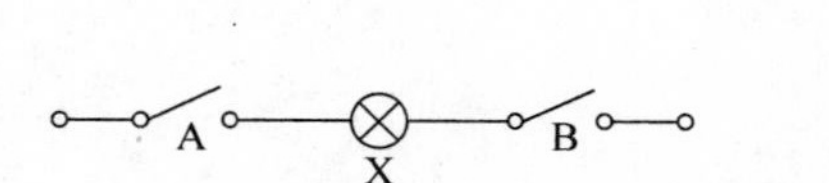

图 2-4　X＝A・B 的实例

表 2-3　“与”真值表

A	B	X
0	0	0
0	1	0
1	0	0
1	1	1

表 2-3 称作“与”真值表，真值表是直接描述逻辑关系的工具。

“与”运算的特征是：当且仅当自变量全部同时取 1 时，函数值为 1，否则函数值为 0。这种运算关系可以记作：X＝A・B，或 X＝AB。

从“与”运算的特征还可以得到以下性质：

A・0＝0

A・1＝A

A・A＝A

2）“或”运算

图 2-5 中开关 A、B 并联之后和灯泡 X 串联，只要 A、B 中任一个被接通，灯泡 X 就亮。若变量 X 取“1”或“0”表示灯泡亮或不亮，变量 A、B 取“1”或“0”表示开关通或断。那么变量 X 与 A、B 的逻辑关系如表 2-4 所示。从 A、B 求得 X 的运算称作“或”运算，也称逻辑加。

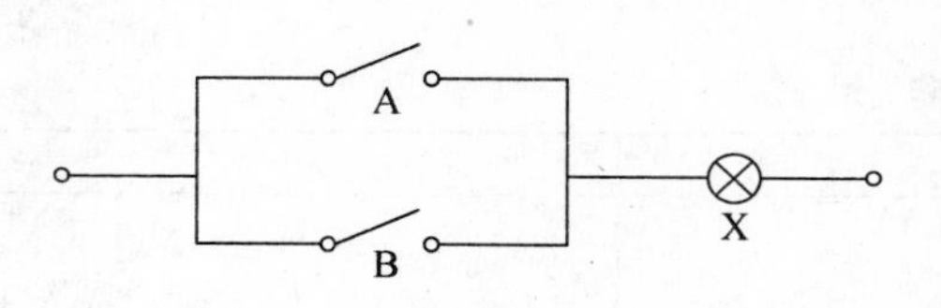

图 2-5　X＝A＋B 的实例

表 2-4　“或”运算

A	B	X
0	0	0
0	1	1
1	0	1
1	1	1

“或”运算的特征是：当且仅当自变量中至少有一个为 1 时，函数值为 1。这种运算关系可以记作：X＝A＋B。

其中“＋”表示“或”，也称“逻辑加”。从上述特征可以推断：

A＋0＝A

A＋1＝1

A＋A＝A

3）“非”运算

“非”运算只有一个自变量，函数值与自变量总是取不同的值。若 A 是自变量，X 是 A 的函数，对 A 进行“非”运算的真值表如表 2-5 所示。

表 2-5　“非”运算的真值表

A	X
0	1
1	0

这种运算关系可以记作：$X=\overline{A}$。

显然可以得到：

$A+\overline{A}=1$

$A\cdot\overline{A}=0$

$\overline{\overline{A}}=A$

2. 复合逻辑运算

逻辑运算可以复合。在上述三种基本运算的基础上，通过复合，可以进行各种复杂运算。以下举几个复合运算的例子。

1) $X=\overline{AB}$

$X=\overline{AB}$的运算称作“与非”运算，它是“与”和“非”的复合运算，即对两个变量进行“与”运算的结果再进行“非”运算。

在表2-6中，第一、二、三列构成A和B的“与”运算真值表，第三、四列构成“非”运算真值表。如果去掉表中第三列，即可得到“与非”运算真值表，如表2-7所示。

表2-6 “与非”运算过程

A	B	AB	$\overline{AB}$
0	0	0	1
0	1	0	1
1	0	0	1
1	1	1	0

表2-7 “与非”运算

A	B	$\overline{AB}$
0	0	1
0	1	1
1	0	1
1	1	0

2) $X=\overline{A+B}$

$X=\overline{A+B}$的运算称作“或非”运算，它是“或”运算和“非”运算的复合，即对两个变量进行“或”运算的结果再进行“非”运算。

表2-8的第一、二、三列构成“或”运算真值表，第三、四列构成“非”运算真值表。同理，如果去掉表中第三列，即可得到“或非”运算真值表，如表2-9所示。

表2-8 “或非”运算过程

A	B	A+B	$X=\overline{A+B}$
0	0	0	1
0	1	1	0
1	0	1	0
1	1	1	0

表 2-9　“或 非”运 算

A	B	$X=\overline{A+B}$
0	0	1
0	1	0
1	0	0
1	1	0

3）$X=A\overline{B}$

对自变量 B 进行“非”运算，然后对自变量 A 和 $\overline{B}$ 进行“与”运算。表 2-10 的第二、三列为“非”运算真值表，第一、三、四列是 A 和 $\overline{B}$ 进行“与”运算的真值表。去掉表中第三列，即可得到 $X=A\overline{B}$ 运算真值表，如表 2-11 所示。

表 2-10　$A\overline{B}$ 运算过程

A	B	$\overline{B}$	$A\overline{B}$
0	0	1	0
0	1	0	0
1	0	1	1
1	1	0	0

表 2-11　$A\overline{B}$ 运 算

A	B	$A\overline{B}$
0	0	0
0	1	0
1	0	1
1	1	0

4）$X=A\overline{B}+B\overline{A}$

按上例的方法可以从表 2-12 的第一、四、五列和二、三、六列分别得到 $X_1=A\overline{B}$ 和 $X_2=B\overline{A}$ 的真值表。从而又可以从该表第五、六、七列得到 $X=X_1+X_2$ 的真值表。若去掉三、四、五、六各列，则得到 $X=A\overline{B}+B\overline{A}$ 的真值表，如表 2-13 所示。

表 2-13 给出的逻辑关系的特征是当 A 和 B 取值相反时，函数值为 1；当 A 和 B 取值相同时，函数值为 0。X 和 A、B 的这种逻辑关系称作“异或”。“异或”运算的真值表和一位二进制数相加时，本位和与两个自变量之间的关系是相同的。

表 2-12　$A\overline{B}+B\overline{A}$ 运算过程

A	B	$\overline{A}$	$\overline{B}$	$X_1=A\overline{B}$	$X_2=B\overline{A}$	$A\overline{B}+B\overline{A}$
0	0	1	1	0	0	0
0	1	1	0	0	1	1
1	0	0	1	1	0	1
1	1	0	0	0	0	0

表 2-13 $A\overline{B}+B\overline{A}$ 运算

A	B	$X=A\overline{B}+B\overline{A}$
0	0	0
0	1	1
1	0	1
1	1	0

正如算术运算中有加法、乘法的交换律等性质，逻辑运算也有许多类似性质。例如：

$AB=BA$

$A+B=B+A$

等等。此外还有以下性质：

$\overline{AB}=\overline{A}+\overline{B}$

$\overline{A+B}=\overline{A}\overline{B}$

这些性质可以用来简化逻辑运算式，也可以利用这些性质用“与”运算和“非”运算的复合代替“或”运算。或用“或”运算和“非”运算的复合代替“与”运算。从而可知，同一逻辑运算式可以有各种不同的表现形式。

2.3 逻辑电路简介

在电子计算机中，通过逻辑电路实现“与”、“或”、“非”及更复杂的逻辑运算。

一般的逻辑电路中输出信号和输入信号都只有两种不同的状态，如有电流和无电流、高电平和低电平等。所以可以用逻辑变量分别描述输出信号和输入信号，如图 2-6 所示。

各种不同的逻辑电路的输出信号与输入信号的关系，体现了不同的“与”、“或”、“非”及更复杂的逻辑关系，和一定的逻辑表达式相对应。从而，各种逻辑运算都可以由不同的逻辑电路来实现。

完成各种逻辑运算的逻辑电路称作“门电路”，简称“门”。根据逻辑运算的类型不同，有“与门”、“或门”、“非门”、“与非门”、“或非门”等。

例如，图 2-7 中逻辑电路的输出 X 和输入 A、B 间的关系若为 $X=A\overline{B}+B\overline{A}$，则这个逻辑电路就叫作“异或门”，也称“半加器”。

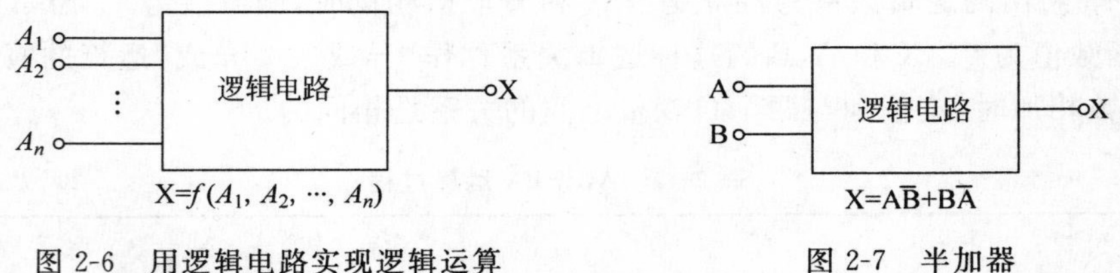

图 2-6 用逻辑电路实现逻辑运算　　图 2-7 半加器

图 2-7 的电路可以实现一位二进制数相加。当输入 A 和 B 分别是一位二进制时，输出 X 就是二进制相加的本位和。

两个 n 位二进制数 $A=a_na_{n-1}\cdots a_i\cdots a_2a_1$ 和 $B=b_nb_{n-1}\cdots b_i\cdots b_2b_1$ 相加，可以归结为 n 个一位二进制数 a_i 和 b_i 相加，但还必须考虑到进位。

做第 i 位加法时，自变量除了 a_i 和 b_i 之外还应该包括第 i-1 位向第 i 位的进位数 K_{i-1}。当然，运算结果除了本位和 S_i 外，还应该包括第 i 位向第 $i+1$ 位的进位数 K_i。其中 S_i 和 K_i 与自变量 a_i、b_i、K_{i-1} 间关系如表 2-14 所示。

表 2-14　两个二进制数相加

a_i	b_i	K_{i-1}	S_i	K_i
0	0	0	0	0
0	0	1	1	0
0	1	0	1	0
0	1	1	0	1
1	0	0	1	0
1	0	1	0	1
1	1	0	0	1
1	1	1	1	1

要使 S_i、K_i 和 a_i、b_i、K_{i-1} 之间的关系如表 2-14 所示，必须有一个逻辑电路来实现这一运算，如图 2-8 所示。

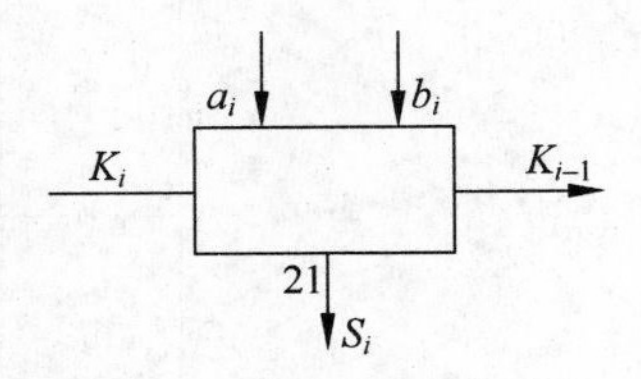

图 2-8　全加器的输入和输出

能实现这一运算的逻辑电路称为“全加器”，它可以由一些简单的门电路组合而成。N 个全加器相串联，就可以实现两个 n 位二进制的加法。

构成逻辑电路的物理器件是不断发展的。最早期的计算机用电子管作为基本器件构成逻辑电路，以后晶体管逐渐代替电子管。20 世纪 60 年代以后出现了集成电路，将许多半导体逻辑电路集中在一块几平方毫米的硅片上。目前大规模集成电路、大规模集成电路、甚大规模集成电路已经得到广泛应用，每平方毫米可以集成数千到数万个门。半导体逻辑电路的特性决定了它能高速地实现逻辑运算，为电子计算机在短时间内完成一系列复杂操作创造了条件。

在实际逻辑装置的分析设计中使用一套逻辑符号或图形表示各种门电路，可以如图 2-9 所示，用这种符号画的图称为逻辑图。

用逻辑符号所画的逻辑图与实际装置有良好的对应关系。一个符号表示一个实际存在的逻辑电路，符号相互连接表示电路相互连接组成整个装置。逻辑图与逻辑运算关系式也有良好的对应关系，逻辑符号表示各级运算，符号的连接表示复合运算。逻辑图可以看作是实际装置与运算关系之间的过渡形式。

在实际的逻辑装置中，除了完成上述逻辑运算的逻辑门之外，还有多种逻辑部件。以下简单介绍其中的几种。

1. 控制门

控制门就是一个与门，称它为控制门是为了强调它的控制作用。如图 2-10 所示是一个控制门。由与门运算性质可得到：

$A \cdot 0 = 0$

$A \cdot 1 = A$

序号	名称	逻辑符号	逻辑表达式
1	非门	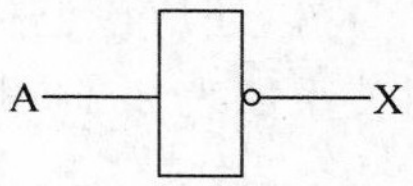	$X=\bar{A}$
2	与门	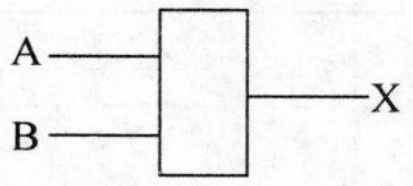	$X=AB$
3	或门	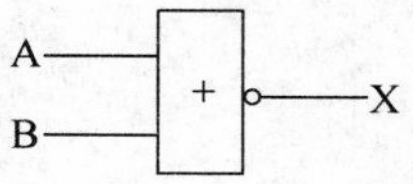	$X=A+B$
4	与非门	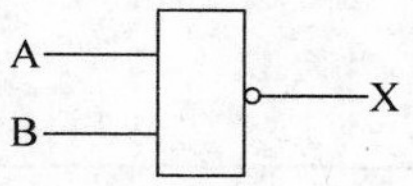	$X=\overline{AB}$
5	或非门	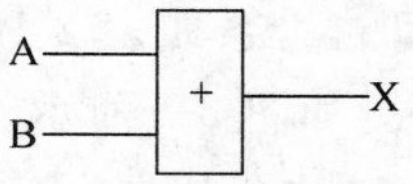	$X=\overline{A+B}$
6	异或门	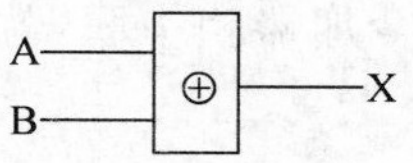	$X=\bar{A}B+A\bar{B}$

图 2-9 逻辑符号

从而可知，在图 2-10 中当 B＝0 时，X 的值恒为 0；当 B＝1 时，X 的值等于 A 的值。因而可以认为信号 B 控制了这个门，当 B＝1 时“门”开启，允许信号 A 通过，输出 X 随输入 A 变化；当 B＝0 时，“门”封锁，不准信号 A 通过，输出 X 恒为 0，不随输入 A 变化。对于输入信号 A 而言，B 称作门控信号，或称控制信号。这种控制门广泛用于计算机的各部件中。

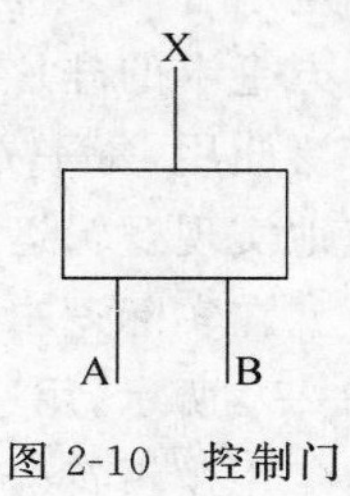

图 2-10 控制门

2. 触发器

触发器是由与非门经适当连接组成的具有记忆作用的逻辑元件。一般逻辑门的输出随着输入的变化而变化，触发器的输入作用消失之后，输出仍能保持稳定状态，就是记忆作用。触发器有许多不同种类，但都具有记忆作用。以下以 R-S 触发器进行说明。

图 2-11 中两个与非门 A 和 B 首尾相连，A 的输出 Q 作为 B 的输入，B 的输出 $\bar{Q}$ 又作为 A 的输入，S 和 R 是触发器的输入端，Q 和 $\bar{Q}$ 是触发器的输出端。

用“0”作为触发器的触发信号。当 R、S 均无信号输入，即均为“1”时，触发器只有两种稳定的状态：Q＝0、$\bar{Q}$＝1 或者 Q＝1、$\bar{Q}$＝0，而不会出现两个输出端全为 0 或全为 1 的情况。

从表 2-7 中可以看出，与非门的特点是只要有一个输入端为“0”，输出即为“1”；只有输入全为“1”时，输出才是“0”。

当S端输入一个触发信号“0”时，它使A的输出Q为“1”。而Q作为B的一个输入端，当另一个输入端R没有信号输入，保持为“1”时，B的输出为“0”。由于$\overline{Q}$为“0”，当S端触发信号消失之后，仍使A的输出Q保持为“1”。所以，触发器的状态不会因为触发信号的消失而改变，这就是触发器的记忆作用。同样，若在R端输入一个触发信号“0”，触发器就被置为$\overline{Q}$=1、Q=0的状态，当触发信号撤去之后，状态并不改变。

由于触发器的记忆作用，计算机中用它来暂时存放数据。触发器的两种稳定状态可以分别代表“1”和“0”。通常将Q=0、$\overline{Q}$=1称作触发器的“0”状态；Q=1、$\overline{Q}$=0称作触发器的“1”状态。图2-12是R-S触发器的逻辑符号。

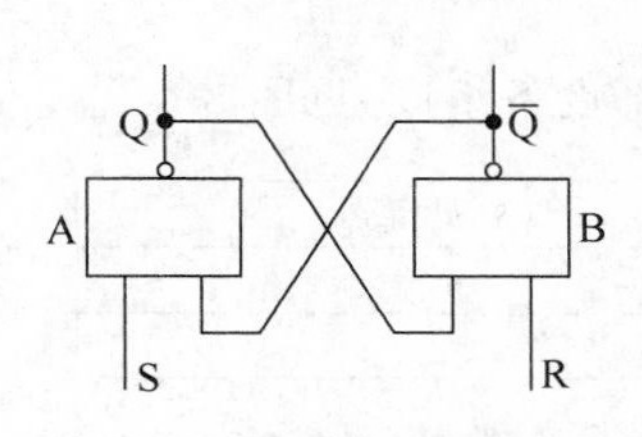

图2-11　R-S触发器

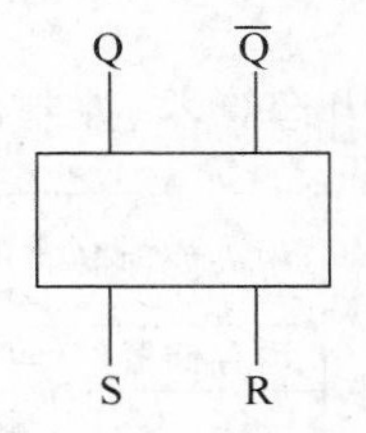

图2-12　R-S触发器的逻辑符号

3. 寄存器

一个触发器可以寄存一位二进制数，n个触发器可以构成一个n位寄存器，用来寄存一个n位的二进制数，如图2-13所示。计算机为了实现其复杂的功能，要用到许多寄存器。

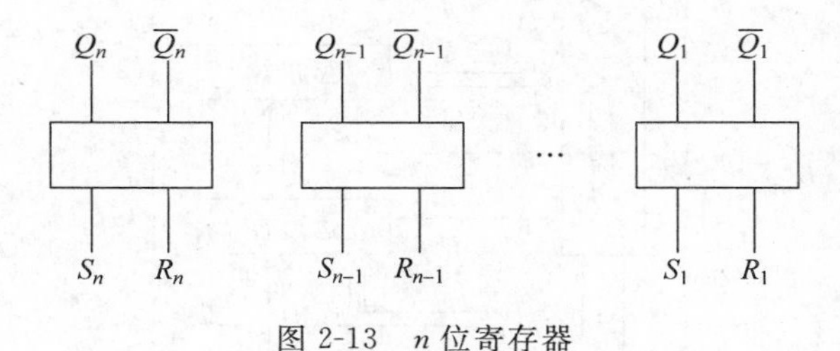

图2-13　n位寄存器

小　　结

本章首先介绍了计算机中数的表示方法，主要是原码、反码和补码的表示方法。其中，补码因其在做加法时，可以连同符号位一起运算，做减法时，可以用取补和加法来代替的特点，便于机器处理，而被广泛使用。之后介绍了逻辑代数，主要是逻辑变量、基本逻辑运算和复合逻辑运算，本部分是第三个知识点逻辑电路的基础，读者需认真掌握。最后介绍了逻辑电路，通过对控制门、触发器及寄存器的介绍，读者可以对计算机内部物理构件有所了解，为学习第3章做好准备。

第 3 章　计算机硬件

3.1　计算机硬件的组成

计算机的硬件由运算器、控制器、存储器和外部设备组成，见图 3-1。

<table>
<tr><td rowspan="6">硬件</td><td colspan="2" rowspan="2">中央处理器(CPU)</td><td>运算器</td></tr>
<tr><td>控制器</td></tr>
<tr><td colspan="3">内存储器(又叫内存)</td></tr>
<tr><td rowspan="3">外部设备
(简称外设)</td><td colspan="2">输入输出设备(如打印机)</td></tr>
<tr><td colspan="2">外存储器(如硬盘、光盘、U 盘、移动硬盘等)</td></tr>
<tr><td colspan="2">转换器(如 D/A 转换器，即数字量/模拟量转换器)</td></tr>
</table>

图 3-1　计算机硬件的组成

图中，运算器和控制器合称 CPU (Central Processing Unit，中央处理单元)，CPU 和内存储器合称主机。图 3-2 是计算机的基本结构图。

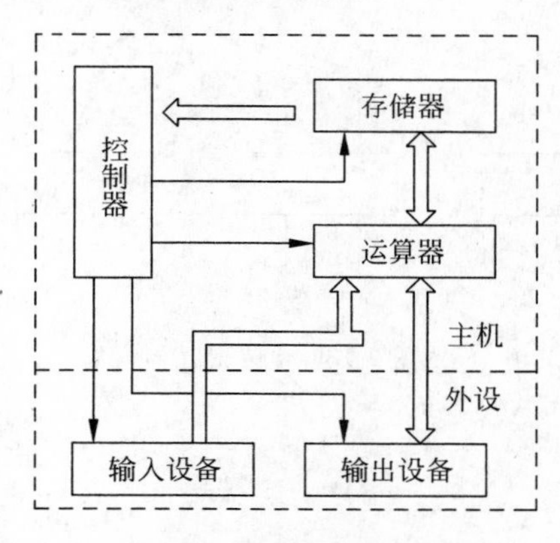

图 3-2　计算机的基本结构图

由图可见，在计算机中有控制信号和数据两种信息在流动。控制信号由控制器产生后用来控制输入装置的启动或停止，控制运算器运算，控制存储器的读写以及输出设备的运行等。数据则包括原始数据、计算的中间结果和最终结果，此外，还包括程序在内。

从计算机发展的历史来看，虽然它的各组成部分的内部结构以及元器件的种类发生了很大的变化，但基本结构还是由这几部分组成，并以图中的运行原理在工作。这种工作原理称作冯·诺依曼原理。

3.2 运　算　器

运算器是计算机中进行算术运算和逻辑运算的部件，它主要由数码寄存器、加法器和一系列控制电路组成。

第 2 章中曾经指出，一个 n 位的寄存器由 n 个触发器构成。触发器具有记忆功能，每个触发器可以存放一位二进制数，一个 n 位的寄存器可以存放一个 n 位的二进制数。

一个 n 位的加法器由 n 个全加器相互连接构成，每个全加器可以实现一位二进制数的加法运算。加法器中各全加器的进位端依次相连形成进位链，低位全加器的进位端作为高位全加器的输入，如图 3-3 所示。

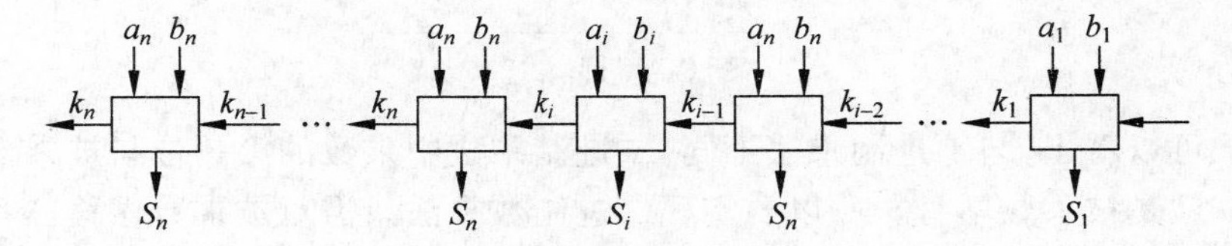

图 3-3　n 位加法器

当 $a_n a_{n-1} \cdots a_i \cdots a_2 a_1$ 及 $b_n b_{n-1} \cdots b_i \cdots b_2 b_1$ 分别输入加法器中的各全加器时，按照二进制加法的规则，第 i 个全加器对于 a_i、b_i、k_{i-1} 进行加法运算，形成该位本位和 S_i 及向高位的进位 k_i。第 i 个全加器的输出 k_i 又作为第 $i+1$ 个全加器的输入。以此类推，实现加法器中一系列全加器的加法运算，即两个 n 位二进制数相加。

加法器连同一系列控制电路总称算术逻辑单元(Arithmetic Logic Unit，ALU)。算术逻辑单元可以进行各种算术运算，如加、减等以及各种逻辑运算，如与、或、非、异或等，此外还有循环、移位等功能。由控制电路的一系列输入端分别输入不同的控制信号决定它进行何种操作，以及由哪些寄存器、以什么方式得到数据，操作结果送到何处去等。

运算器进行加法运算的原理如图 3-4 所示。在图 3-4 中，A 寄存器和 B 寄存器分别存放两个参与运算的二进制数。A 寄存器和 B 寄存器的各位作为两个加数，在“加”控制端的信号作用下，通过一系列用作控制的逻辑电路，输入到加法器中。加法器进行加法运算的结果及加法器的各位通过另一些控制电路送到 C 寄存器之中。

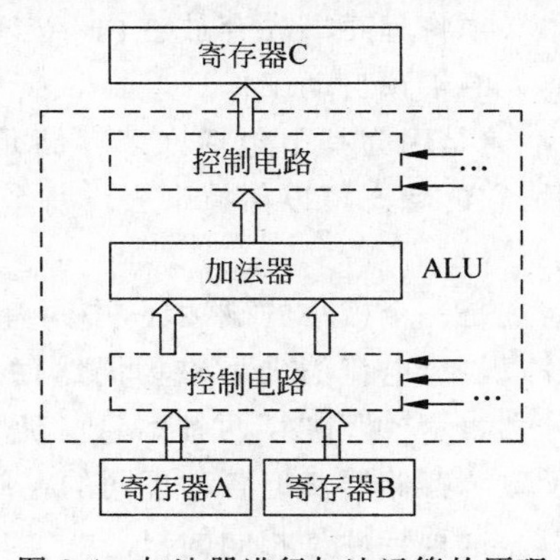

图 3-4　加法器进行加法运算的原理

在“减”控制信号作用下，控制电路使算术逻辑单元对A寄存器和B寄存器中的数进行减法运算。减法运算可以通过取补和相加实现。乘法运算也可以在加法器中进行。一位二进制乘法规则是0×0=0，1×0=0，0×1=0，1×1=1。多位数二进制乘法可以和十进制乘法一样，用乘数的每一位分别与被乘数相乘，然后移位相加。例如，1111×1101用竖式可表示为

```
    1111
    1101
--------
    1111
   0000
  1111
 1111
--------
11000011
```

从上式可以看出，与十进制乘法不同，二进制乘法中乘数的第一位与被乘数相乘所得的积不是0就是被乘数本身。所以要实现二进制数乘法只需对被乘数做移位和相加的运算，依次判别乘数每一位的值，当该位为1时，将被乘数向左移，移到使被乘数最低位和该位对齐的位置，加到部分积上；当该位为0时，不进行移位和相加。

用加法器可以完成移位相加的操作，但须通过执行一系列判断、移位、相加的指令来实现。为了提高运算速度，许多计算机的算术逻辑单元中还专门用一些逻辑电路构成乘法器。这样可以用乘法指令在算术逻辑单元的乘法器中直接实现乘法运算。

总之，运算器由算术逻辑单元和若干寄存器组成。寄存器用来暂存操作数和运算结果，算术逻辑单元在执行不同指令时，对这些数进行各种不同的算术和逻辑运算。

一般说来，运算器中如图3-4中所示的A寄存器和C寄存器往往使用同一个寄存器。它既存放一个操作数，也存放运算结果，这种寄存器也称累加器。

3.3 内存储器

内存储器也称主存储器，简称内存或主存。计算机在进行各种计算时涉及大量数据，由于计算机运算速度快，待处理的数据、中间结果及最终计算结果都须存放在内存中。计算机要按一定步骤进行操作，必须将程序事先存放在内存当中，读一条指令，执行一条指令，从而使计算机有可能脱离人的干预自动工作。

存储器能实现对数据的存储是因为其中包括许多存储元件，每个元件有两种可能的不同状态，在外界作用消失后，它的状态可以保持下去。每个存储元件可以存放一位二进制数。

最早的存储元件是磁芯，它是一个极小的磁性环，中间有导线穿过。导线中通以电流时使磁芯磁化。由于存在磁滞现象，电流消失后磁场仍然存在。不同方向的电流通过导线使磁芯产生不同的磁场，分别表示“0”和“1”两种信息。随着大规模集成电路技术的发展，半导体存储器逐渐取代了磁芯存储器。但各种不同的存储元件都具有记忆作用，可以存放“0”和“1”两种不同的信息，这种特性是相同的。

每个存储元件可以存放一位二进制数，在一些微型计算机中每 8 位即一个字节作为一个存储单元，可以存放一个 8 位二进制数。每个存储单元有一个序号，称为这个存储单元的地址，正如一座公寓里每个房间号码一样。如果没有地址，内存中的数将杂乱无章，因而也毫无价值。

若将存储器比作一座公寓，每个存储单元存放一个 8 位二进制数，就像每个房间住一个客人。要取某存储单元中的数，必须给出每个存储单元的地址，正如要找公寓中的某人，必须知道他的房间号一样。

存储器有两种操作，一种称为“读”，也称为“取数”；另一种称为“写”，也称为“存数”。“读”和“写”都是 CPU 和存储器中某个存储单元之间的数据交换。把来自 CPU 的数存放到内存中的某个存储单元，这种操作称作“写”；从内存中某个存储单元中取出数，送到 CPU 去，这种操作称作“读”。

根据存储元件固有的特性，“写”操作对于存储单元中原有的内容是破坏性的，内存储单元中原有什么内容，都被新写入的数据所取代，俗称原有数据的“冲掉”。“读”操作对存储单元的内容是非破坏性的，并不改变存储单元的内容，所以虽然也称“取数”，其实取之不尽。

存储器的结构以及与 CPU 的联系可用图 3-5 说明。

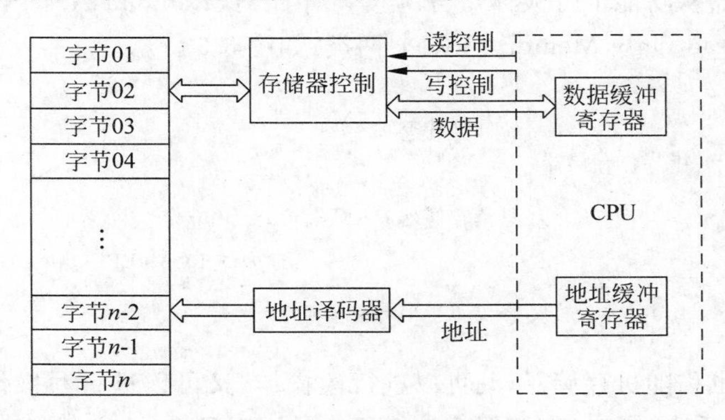

图 3-5　存储器结构原理

地址存储器用来存储要进行“读”、“写”操作的存储单元的地址，地址译码器按这一地址确定对存储器的哪个存储单元进行“读”或“写”操作。在 CPU 的“读”、“写”控制信号的控制下，对这个存储单元进行“读”或“写”操作。进行“写”操作时，数据缓冲寄存器中的数据“写”入这一存储单元；在进行“读”操作时，这一存储单元中的数被送到数据缓冲寄存器。

以 8 位的 CPU（如早期的 Z80、8080、6800）的各种微型计算机中，运算器每次对一个 8 位二进制数进行运算，称作字长为 8 位，在存储器中也以 8 位为一存储单元，每次“读”、“写”操作对 8 个二进制位同时进行，它们有 8 条并行的数据线。这类微型计算机叫作 8 位机。

以两个字节即 16 位为一个存储单元的微型计算机，每次“读”、“写”操作是对 16 个二进制位同时进行的，须有 16 条并行的数据线。其运算器每次对一个 16 位二进制数进行运算。这类微型计算机称为16位机。

目前主流的CPU已达到64位，其存储器也以64位为一存储单元。

存储器的容量一般以字节(Byte)计算，1024字节称为1KB，有时也简写作1K；1024×1024字节称为1MB，简称1M；1024×1024×1024字节称为1GB，简称1G。以早期64KB内存的微型计算机为例，其内存有 $64\times1024=2^{16}$ B；再以1MB内存为例，其内存有 $1024\times1024=2^{20}$ B；2GB内存则有 $2\times1024\times1024\times1024=2^{31}$ B。

一个16位的地址缓冲寄存器中存放的数据可以表示 2^{16} 个不同的地址，这些信息通过16根并行的地址线输到地址译码器中，它在内存中最大的寻址范围为 2^{16} B即64KB。若要使内存中的寻址范围达到1MB，即220B，就须有20根并行的地址线。

计算机的性能与存储器有密切关系。存储器容量越大，记忆的信息越多，计算机的功能也越强。存储器的读、写速度与运算器的相比，要慢得多，因而存储器的速度是影响计算机速度的主要因素。由于存储单元的数量极大，所以它的体积和成本都对计算机系统有很大影响。

和磁芯相比，半导体存储器各项性能都有极大的提高，但它仍在扩大容量、加快速度、缩小体积、降低成本的过程中不断发展。

半导体存储器从功能上分大体可分为读写存储器(Random Access Memory，RAM)和只读存储器(Read Only Memory，ROM)两类，如图3-6所示。

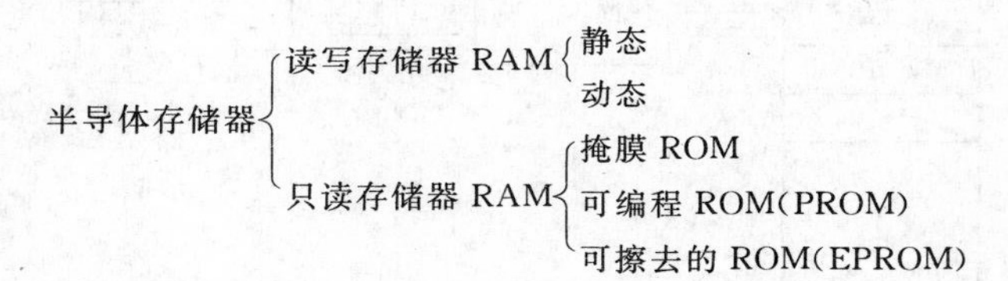

图3-6 半导体存储器分类

读写存储器也称随机存储器，既可以进行读操作，又可以进行写操作，当电源去掉之后，全部信息都将丢失。随机存储器在计算机中是用得最多的，它用来存放输入及输出数据、中间运算结果及用户程序。

只读存储器中的信息是不改变的，只能从中读出信息，而不能写入信息。有些信息可以长久地保存，即使去掉电源，信息也不会丢失。只读存储器在计算机中也得到广泛应用，它一般用来存放一些固定的、常用的程序，如管理程序、监控程序等。

随机存储器从其工作原理上分为静态存储器和动态存储器。静态存储器的基本存储电路是由几个晶体管组成触发器。动态存储器的基本存储电路是单管线路，它靠电容存储电荷存放信息。由于电容总是有泄漏电流，所以每隔2ms(毫秒)要进行一次刷新。与静态存储器相比，动态存储器可用更少的晶体管，功耗更小，集成度更高，因而成本更低，只是需要增加刷新电路。目前多数微型计算机采用动态存储器。

随机存储器从构成它的半导体元件来分，也可分为两类，一类是由双极型晶体管为基本元件构成的集成电路，另一类是金属氧化物半导体集成电路(MOS电路)。前者读写速度高，以晶体管触发器为基本存储电路，且功耗大、集成度低，仅用于对速度要求较高的微型计算机；后者读写速度虽然低于前者，但它有功耗小、集成度高、价格便宜的优点，因而广泛用于一般微型计算机。

只读存储器又分为掩膜ROM、可编程ROM和可擦去的ROM三类。掩膜ROM由半导体厂按一定电路生产出来之后，其中的信息不能再改变。它的成本低，适合大批生产，但不适合研究工作用。可编程ROM即PROM(Programmable ROM)在出厂后，由用户编程序，写入信息，但只能写一次，以后不能再改变。它适用于小批生产。可擦去的ROM即EPROM(Erasable PROM)可由用户在专门条件下编程序写入信息，还可再次擦去重写，但在使用时仍然作为只读存储器使用。EPROM有一定的灵活性，但成本高，适用于研究工作。

3.4 控　制　器

1. 指令

在某一确定时刻，算术逻辑单元进行哪种运算取决于“加”、“取补”、“移位”等各个控制端给出的信号；存储器在某确定时刻是否进行“读”或“写”操作，也决定于“读”或“写”等控制端给出的信号。所有这些信号来自控制器。计算机要在不同时刻实现各种不同的运算或操作并设计不同的部件，必须有统一的协调和控制，这种协调和控制由控制器实现。

计算机的设计者给计算机规定了一套基本操作，例如，将其存储单元中的数取来送到A寄存器中，对A寄存器和B寄存器中的数相加，把C寄存器中的数送到某存储单元等。这些计算机能完成的基本操作用命令的形式写下来称作指令。每条指令对应一种基本操作，计算机能执行的全部指令就是计算机的指令系统。

不同的计算机有不同的指令系统，如包括多少条指令，各执行什么操作，用什么格式表示等。如CPU型号为8080A的计算机有78条指令，CPU型号为Z80的计算机有158条指令。这些指令大致可分为数据传送和输入输出、算术和逻辑运算、程序控制几大类。

计算机中的指令是以二进制编码形式出现的，具有固定的格式，称为指令码或指令字。最简单的指令字有如下格式：

操作码	地址码

如果指令字为8位，前4位为操作码，那么就可以表示16种不同的操作，比如可以规定：

0000　取数到A寄存器

0001　取数到B寄存器

0010　将数写入存储器

1011　加法运算

…　…

指令字后4位为地址码，用来规定参与操作的对象：对哪个存储单元进行读、写操作，对哪个寄存器中的数进行运算等。比如，00000010表示从0010单元取数送A寄存器，10110001表示A寄存器中的数和B寄存器中的数相加等。

2. 指令和操作

实际上，在计算机中一种操作码规定的操作还要被分成一系列更细微的操作，称为微操作。微操作由不同的部件在不同的时刻执行，贯穿起来，组成一条指令所规定的操作。例如，在执行加法指令时，如图 3-4 所示，先在某一时刻打开由 A 寄存器和 B 寄存器通往加法器的控制门，使加法器进行加法运算，经过一段时间后打开加法器通往 C 寄存器的控制门，将计算结果送到 C 寄存器。在前后两个不同时刻执行打开两个控制门的微操作，实现加法指令的执行。

由此可见，在计算机运行过程中除了要考虑做什么的问题，还要考虑在什么时候做。计算机必须有统一的时间基准，这就是时钟脉冲和时序信号。

计算机的工作是在统一的时钟脉冲的控制下，一个节拍一个节拍地进行的。完成一条指令的时间称为指令周期，每一条指令的指令周期都由确定数目的节拍组成。

节拍信号发生器按时钟脉冲，在不同的端子输出不同的节拍信号，如图 3-7 所示。0 节拍端输出的 0 节拍信号只在第 0 节拍呈“1”状态，其余时间呈“0”状态，如此等等。

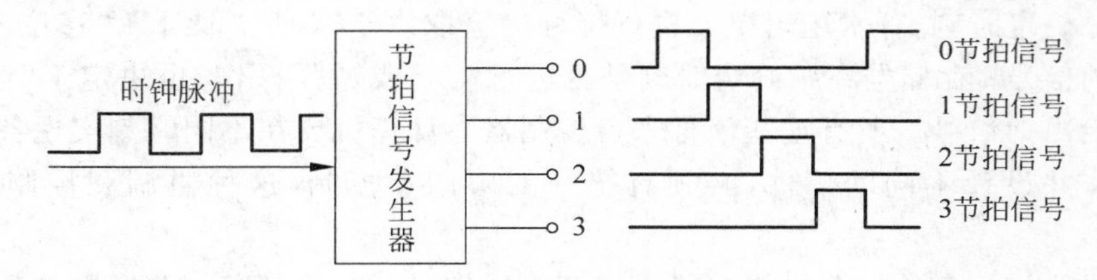

图 3-7　节拍信号

节拍信号送到某个部件，就可以控制部件在这一节拍发生动作。图 3-8 指出了控制器是怎样使指令付诸实现的。

控制器中有一个指令寄存器，用以存放指令字的操作码。指令寄存器中的信息输入到指令译码器中。指令译码器的功能是，对应输入的每一个不同的值，它的一系列输出中只有一个是“1”，其余都是“0”，也就是说指令寄存器中存放每个不同的指令，指令译码器就有唯一确定的输出端与它对应。从而实现不同的指令对应不同的操作。

指令译码器的每个输出端配合一定的节拍信号，使微操作控制电路在一系列指定的时刻通过若干控制线发出各种控制信号，使指定的部件在相应的时刻动作，从而实现一条指令所包含的各个操作。

3. 程序的执行过程

尽管指令所规定的操作还可分为微操作，但一条指令完成的操作还是过于细微，还不能形成一个有意义的计算过程，还须把若干条指令的操作贯穿起来才能进行实际计算。比如，实现两数相加可以从某存储单元取一个数到 A 存储器，再从另一个存储单元取一个数到 B 存储器，然后将两寄存器中的数相加放到 C 存储器中，还须将 C 存储器中的数写入某存储单元……要完成这一系列操作，必须执行一系列指令。这一系列用以描述计算过程的指令就是通常所说的程序。

程序的各条指令作为一系列二进制数，一次存放在内存中。

执行每条指令都分成取指令和执行指令两个阶段。每个指令周期开始，都要到内存中取出一条指令，并送到指令寄存器，然后通过指令译码器解释和执行。

计算机为什么会自动地依次取出程序中每条指令来执行呢？指令被连续地存放在内存中的某个区域。计算机中设置了一个程序计数器，它和其他寄存器相似，但专门用来存放当前要执行的指令的地址。每执行一条指令，程序计数器的内容能自动加1。这样，执行完一条指令时，程序计数器中的数就是下一条指令的地址。

在计算机的内存中事先存放好描述计算过程的程序，并在程序计算器中给出这段程序中第一条指令的地址。那么，在一个指令周期中首先是按程序计数器中给出的地址，进行"读"操作，即取出一条指令并送到指令寄存器。然后由指令译码器进行译码，确定进行哪些操作，并发出一系列控制信号，使相应部件完成一系列规定的动作。在执行指令的同时，程序计数器自动加1，指出了下一条指令的地址。如此周而复始地取指令和执行指令，直到程序的全部指令都执行完为止。计算机就是这样，自动地、按照编好的程序，完成预定的计算过程。

3.5　外部设备和接口

上述内容局限于主机内部。比如无论什么运算均先假设参与运算的数已经预先放在内存中，计算结果也仅放回内存为止。但内存中的运算数从何而来，计算结果如何交用户使用的问题还必须解决。此外，由于计算机面临各种各样的应用问题，往往数据量极大，而且需要永久性保存，仅靠内存储器是解决不了的。再者，以计算机测量或控制问题为例，计算机要能处理实际问题中的物理量，需要一些能够沟通计算机和应用对象的设备或装置，将物理量转换为计算机能够处理的数据。

解决上述问题的设备称为外部设备。

1. 输入设备

输入设备的任务是把人类能认识的数据转换成计算机可以识别的数据，这些数据存放在内存储器中以备进一步处理。

键盘(Keyboard)是常用的输入设备，它是由一组开关矩阵组成，包括数字键、字母键、符号键、功能键及控制键等。每一个按键在计算机中都有它的唯一代码。当按下某个键时，键盘接口将该键的二进制代码送入计算机主机中，并将按键字符显示在显示器上。当快速大量输入字符，主机来不及处理时，先将这些字符的代码送往内存的键盘缓冲区，然后再从该缓冲区中取出进行分析处理。键盘接口电路多采用单片微处理器，由它控制整个键盘的工作，如上电时对键盘的自检、键盘扫描、按键代码的产生、发送及与主机的通信等。

鼠标(Mouse)是一种手持式屏幕坐标定位设备，它是为了适应菜单操作的软件和图形处理环境而出现的一种输入设备，特别是在现今流行的 Windows 图形操作系统环境下应用鼠标方便快捷。常用的鼠标有两种，一种是机械式的；另一种是光电式的。

机械式鼠标的底座上装有一个可以滚动的金属球，当鼠标在桌面上移动时，金属球与桌面摩擦，发生转动。金属球与4个方向的电位器接触，可测量出上下左右4个方向的位移量，用以控制屏幕上光标的移动。光标和鼠标的移动方向是一致的，而且移动的距离成比例。

光电式鼠标的底部装有两个平行放置的小光源。这种鼠标在反射板上移动，光源发出的光经反射板反射后，由鼠标接收，并转换为电移动信号送入计算机，使屏幕的光标随之移动。其他方面与机械式鼠标一样。

鼠标上有两个键的，也有三个键的。最左边的键是拾取键，最右边的键为消除键，中间的键是菜单的选择键。由于鼠标所配的软件系统不同，对上述三个键的定义有所不同。一般情况下，鼠标左键可在屏幕上确定某一位置，该位置在字符输入状态下是当前输入字符的显示点；在图形状态下是绘图的参考点。在菜单选择中，左键(拾取键)可选择菜单项，也可以选择绘图工具和命令。当作出选择后系统会自动执行所选择的命令。鼠标能够移动光标，选择各种操作和命令，并可方便地对图形进行编辑和修改，但却不能输入字符和数字。

此外，图像扫描仪、条形码阅读器、字符和标记识别设备等都可作为计算机的输入设备。

2. 输出设备

输出设备的主要任务是以人可以接收的形式，把计算结果或其他重要输出的信息提交给用户，其类型是多种多样的。

显示器(Display)又称监视器，是最常用的输出设备，是实现人机对话的主要工具。它既可以显示键盘输入的命令或数据，也可以显示计算机数据处理的结果。

常用的显示器主要有两种类型，一种是阴极射线管显示器(Cathode Ray Tube，CRT)，另一种是液晶显示器(Liquid Crystal Display，LCD)。

CRT显示器电子束投射到荧光屏上形成字符或图像，可以使计算机内部的信息显示在荧光屏表面。

LCD显示器内部有很多液晶粒子，它们有规律地排列成一定的形状，并且它们的每一面的颜色都不同，分为：红色，绿色，蓝色。这三原色能还原成任意的其他颜色，当显示器收到计算机的显示数据的时候，会控制每个液晶粒子转动到不同颜色的面，来组合成不同的颜色，从而显示出字符和图像。

显示器所显示的信息可以保留在屏幕上，除非是由其他字符或图像取代、在编辑时被抹去或关闭显示器电源才会消失。这样显示的字符和图像不是永久性的，这种输出属于所谓的软拷贝输出。

打印机(Printer)是将计算机的处理结果打印在纸张上的输出设备。

按工作机构，打印机可以分为击打式打印机和非击打式印字机。其中，击打式又分为字模式打印机和点阵式打印机。非击打式又分为喷墨打印机、激光打印机、热敏打印机和静电印字机。

点阵式打印机是常用的打印机类型。它的打印头上安装有若干个针，打印时控制不同的针头通过色带打印纸面即可得到相应的字符和图形。因此，又常称之为针式打印机。日常使用的多为 9 针或 24 针的打印机，主要是 24 针打印机。

喷墨打印机和激光打印机也得到广泛应用。喷墨打印机是通过磁场控制一束很细墨汁的偏转，同时控制墨汁的喷与不喷，即可得到相应的字符或图形。激光打印机则是利用电子照相原理，由受到控制的激光束射向感光鼓表面，在不同位置吸附上厚度不同的碳粉，通过温度与压力的作用把相应的字符或图形印在纸上。

打印机输出的是打印后的纸张，其中显示的信息是永久性的，因此通常被称为硬拷贝输出。

3. 外存储器

内存通常用来存放 CPU 正在处理的程序、数据和结果，CPU 每执行一条指令都要和内存打交道，所以内存用的是高速存取的半导体存储器。但内存容量有限，要借助硬盘和磁带机等设备作为外存储器，来存放大量的程序和数据。当需要用到某些程序和数据时，将它们调到内存中再进行处理。与高速的内存相比，外存储器的速度较慢，但存储容量大很多。

硬盘(Hard Disk)是目前常用的外存储设备。它是由一个或多个磁盘片记录数据，其中每个磁盘是双面涂有磁性材料的金属圆盘，装在磁盘驱动器中。磁盘的表面可以想象成有许多同心圆，称作磁道。信息沿着磁道写上去或者读出，写入或读出的工具是活动的磁头。磁盘高速旋转，使磁头沿着一个磁道相对运动。磁头装在可以进退的取数臂上，取数臂沿着半径方向移动，从而使磁头从一个磁道到另一个磁道。磁盘的旋转和取数臂的移动使得磁头相对磁盘可以沿着圆周方向和径向两个方向移动。

为了在磁盘上的指定区域写入或读出信息，须将整个磁盘的记录面分成若干区域，各个区域要分别编址。磁道由外向内编号：0，1，2，…，n，最外一个同心圆称为零磁道，依次内向。每个磁道分成若干段，只要指出磁道号及扇区号，就可以在磁盘上找到一个确定的区域，如图 3-8 所示。由于磁头可以在径向及圆周的二维空间随意移动，因而可以随时对指定区域进行读写，这种工作方式称为随机存取。

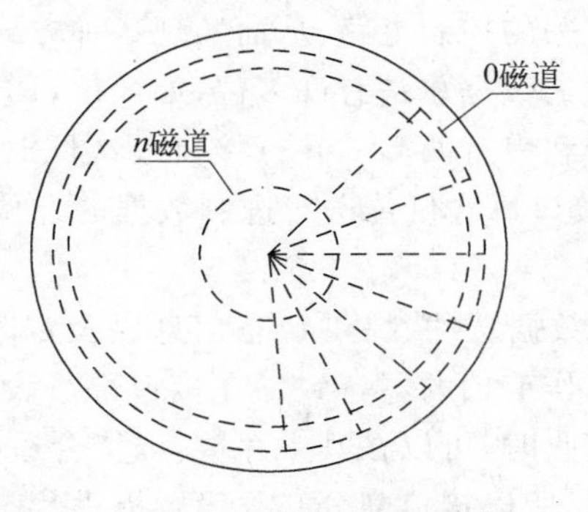

图 3-8　磁盘的磁道

以 Megatron 747 磁盘为例，它是一种典型的 vintage-2008 的大容量的驱动器，具有下列特性。

(1) 8 个圆盘,16 个盘面。

(2) 每个盘面有 2^{16} 或 65 536 个磁道。

(3) 每个磁道(平均)有 $2^{8}=256$ 个扇区。

(4) 每个扇区有 $2^{12}=4096$ 个字节。

整个磁盘的容量的算法是:16 个盘面,乘以 65 536 个磁道,乘以 256 个扇区,再乘以 4096B,即 $2^{4}\times2^{16}\times2^{8}\times2^{12}=2^{40}$ B。这样 Megatron 747 是一块 1TB 的磁盘。一个磁道存放 256×4096B 或 1MB。如果一个块的容量是 2^{14}(即 16 384)B,那么一个块使用 4 个连续扇区,一个磁道上(平均)有 256/4=32 个块。

磁带(magnetic tape)是磁带机中记录信息的载体,常用于数据备份。它是由塑料制成的长带,表面涂着极薄的磁性材料,利用磁化的状态来存储信息。它的一端卷在供带盘上;另一端卷在收带盘上。磁带机带动两盘转动时,磁带逐渐由供带盘放出,在磁带机的控制下卷在收带盘上。这一过程称为走带。走带时磁带都在磁头下面经过,如果磁头线圈上通上电流,则使磁性材料层磁化,向磁带写入信息。反之,另一种情况下磁带存储的信息将在磁头中感应出电流,从而可以读出信息。

磁头是按磁带宽度方向排列的,它的位数与磁带宽度有关。例如,标准磁带有 9 个磁道,由磁带机的 9 个磁头进行读写,标准带的一排正好可以记录一个字符(8 位加 1 位校验位共 9 位)。

磁带卷在带盘上,不用时可以将磁带一起从磁带机中取下,需要时再装上。这样,磁带可以脱离计算机存储信息,给用户带来了方便。

此外,光盘机、U 盘、固态硬盘等也是目前常用的外存储设备。

4. 接口

计算机在实际工作中处于不同的应用环境,要和各种不同的输入输出设备相连。由于计算机按其本身设计的时间基准和操作特点工作,而不同类型的外设又有它们自己的特点,因此二者不能简单地连接起来,必须有一个中间环节来对两方面进行协调,这就是输入输出接口,简称接口。接口是计算机主机部分与外设备的结合部,它包括计算机主机和外设之间的数据通道及有关的控制电路,从而实现各种方式的信息交换。

计算机每次运算和读写的数据总是有许多位,如 8 位、16 位或 32 位等。按照数据传送方式可以把接口分为并行和串行两类。并行接口一次同时传送二进制的各位,如同时传送 8 位或 16 位等;串行接口每次仅传送二进制数据的一位,比如 8 位二进制数要分 8 次传送。

接口的基本功能包括:数据缓冲、提供状态信息以及定时和控制等。数据缓冲主要是为了解决计算机和外设工作节拍的不一致。在接口部分设数据缓冲寄存器,当一方送出的数据另一方不能马上接收时,可以在其中存放,以待合适时机传送给另一方。数据是否能传送取决于双方的状态,所以接口部分必须设置提供状态的寄存器,此外还必须包括用于改变状态、进行传送等各种控制电路。

早期计算机应用中接口电路是专用的,即一种接口只用于一种计算机和一种外设的连接。由于大规模集成电路技术的发展,生产了许多通用的可编程接口芯片。在接口芯片内设置了多个数据端口和相应的状态寄存器和控制电路。用户可用计算机的指令来选择接口的工作方式，如数据端口的信息传送方式（输入、输出、双向）、端口的选择等。这样使它有较广的通用性。

目前常用的通用串行总线（Universal Serial Bus，USB）接口就是以串行传输为基础，采用基于令牌的总线实现的，支持多种设备和工作方式的接口。其中的总线结构类似于令牌环网络的总线。USB 主控制器广播令牌，总线上设备检测令牌中的地址是否与自身相符，通过接收或发送数据给主机来响应。

小　结

本章主要介绍了计算机的硬件组成，即由运算器、控制器、内存储器以及输入输出设备、外存储器、借口等外部设备组成，其中运算器和控制器构成 CPU，作为计算机的大脑工作。对于各个组成部件，本章都做了较详细的介绍。其中尤以控制器、运算器和内存储器的讲解十分重要，一方面，对于读者理解程序的运行过程十分有益；另一方面，读者日后如有志成为程序开发人员，那么对于计算机底层工作的了解，将十分有助于开发人员写出效率突出、性能优良的程序来。

第4章 系统程序和应用程序中的两个问题

计算机工作的过程是程序执行的过程。计算机的程序可分为两大类：系统程序和应用程序。系统程序一般由专家预先编好，在计算机出厂时随机器一同提供；应用程序则用于解决某种特定的计算、数据处理或控制等。

本章前面三节介绍系统程序，后面两节介绍计算机应用中的计算机的主要性能指标和硬盘格式化等两个问题。

4.1 程序设计语言和语言处理程序

程序设计语言包括机器语言、汇编语言、高级语言，用它们来编写程序可以实现人机交流的目的。而语言处理程序则对用程序设计语言编写的程序进行处理，并使之在计算机上执行。语言处理程序是一种重要的系统程序。

我们知道，指令系统是向计算机表达人的思想的工具，是人和计算机之间进行思想交流的一种语言。

指令系统能够为机器直接理解执行，因而效率高。这种语言被称为机器语言。但它也有很多缺点。

首先，每条指令是一串二进制数。用指令编写的程序单调枯燥，难记、难写、难读，而且十分容易出错。

其次，每条指令所完成的动作通常是十分细微的，不但不能独立完成一个计算过程，甚至难以独立完成一个较有意义的计算步骤。比如两个数相加的程序中，要用4条指令才能完成以下的动作。

(1) 取某存储单元的数到A寄存器中；

(2) 取另一存储单元的数到B寄存器中；

(3) 使A寄存器和B寄存器中的数相加；

(4) 将运算结果送到某存储单元。

把这些细微的动作组织贯穿起来完成各种复杂的计算，需要用户有较高的技巧、较多的经验，并对计算机CPU的结构有较多的了解。

此外，各种不同的计算机有自己独特的指令系统。用户即使已经熟悉某种计算机的指令系统，遇到新的计算机又要重新学起。

以上几种原因造成了机器语言难掌握、难使用、难交流、难移植的缺点，而且在形式上和人们在科技领域内的习惯表示方法相去甚远。

汇编语言的出现是对机器语言的第一次改进。在汇编语言中用助记符代替机器指令中的操作码，用相对地址代替指令中的绝对地址。例如，取数和相加的指令可用汇编语言写作如下的形式：

LD(X)，A

LD(Y)，B

ADD A，B

其中，LD、ADD都是助记符，通常是描述指令功能的英文单词或缩写。比如，LD是装入(LOAD)的缩写，ADD即ADD(相加)本身。A、B是运算器中的寄存器名称，X、Y是内存中所对应的存于单元的符号地址。

用户用汇编语言编写的程序称为源程序。计算机不能直接识别和执行源程序，只能识别机器指令。所以必须将源程序翻译成机器语言才能由计算机执行。这个翻译过程仍由计算机来完成。由专家们预先编写好一个用来翻译的程序，称作汇编程序。汇编程序是语言处理程序的一种，它本身由机器语言写成。在汇编程序执行过程中，源程序是这一过程的输入，通过翻译得到的由机器语言写成的可执行的程序称为目标程序，目标程序是翻译过程的输出，这个翻译过程称作汇编，如图4-1所示。

汇编过程主要是利用计算机的比较、判断等逻辑运算能力，通过查找在计算机内建立的助记符与机器指令之间的对照表，并将相对地址转换为绝对地址，从而将汇编语言写的源程序转换为机器语言的目标程序。

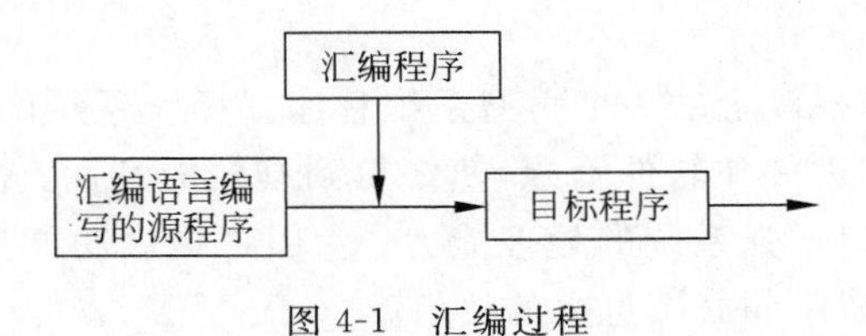

图4-1　汇编过程

汇编语言与机器语言相比，便于读、写和记忆，但仍然是面向指令系统，所以仍然存在前述各项缺点。为了解决这些问题，各种高级语言相继产生。目前全世界用于计算机程序设计的高级语言有几百种，用得比较广泛的也有几十种之多，如目前流行的Java、C、C++、C＃、Pascal、Lisp、Prolog、VB、VC等。

对源程序进行翻译的第一种方法相当于两种自然语言间的口译：每讲一句源语言，由翻译翻一句。按这种方式进行翻译的语言处理程序就是解释程序。解释程序对源程序从头到尾逐句扫描，逐句翻译，翻译一句执行一句。其优点是在翻译过程中可以实现人机对话；在解释程序执行过程中，遇到某句有问题，计算机立即向用户指出，经用户修改，可以继续翻译执行，因此便于调试，对初学者特别适合；其缺点是执行速度慢。

对源程序进行翻译的第二种方法相当于“笔译”。按这种方式进行翻译的语言处理程序就是编译程序。在编译程序的执行过程中，首先要对源程序扫一遍或几遍，形成由机器语言写的可执行的程序，称作目标程序。目标程序可以多次执行，而且速度较快。目前多数语言处理程序是属于编译型的。解释和编译过程如图4-2所示。

高级语言比汇编语言更接近自然语言，但和自然语言仍有不少差距。这种差距主要表现在高级语言对于允许采用的符号、各种语言成分及其构成，以及程序的结构、语句的

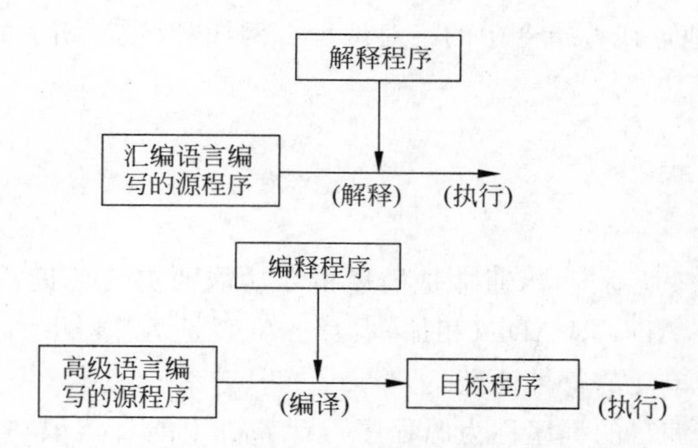

图 4-2　高级语言编写的源程序执行过程

格式，都有严格的规定，即语法规则极为严格。其主要原因是高级语言的处理器是执行语言处理程序的计算机，而自然语言的处理器则是人。

综上所述，机器语言、汇编语言、高级语言都是程序设计语言；汇编程序、解释程序、编译程序则是对用户用汇编语言、高级语言编写的源程序进行处理，使之能在计算机上执行的语言处理程序。

4.2 操作系统

操作系统是给计算机配置的一个大型系统程序。操作系统的功能包括以下三方面：统一管理计算机系统的硬件和软件资源，使之得到有效的利用；合理地组织与协调计算机系统的各工作流程，以增强系统的处理能力；为用户提供功能齐全和使用方便的工作环境，成为用户和计算机之间必不可少的接口。

没有操作系统和其他系统软件的计算机称为裸机。直接使用裸机不仅不方便，而且人的工作效率和机器的使用效率都非常低。操作系统填补了人和计算机之间的鸿沟，提高了系统资源的利用率并方便用户使用计算机。

最早期的计算机由用户直接用机器码编程序，通过控制台开关送入纸带、启动程序并操纵程序运行。汇编语言和一些高级语言出现之后，为了实现成批作业在计算机上自动完成，人们研制了“监督程序”，“输入/输出控制程序”等软件，摆脱了人的手工干预。为了解决高速主机和低速外设的矛盾，又发展了“中断处理程序”，进而，在这些管理程序的基础上发展了功能较强的操作系统，如多道程序系统、分时系统、实时控制系统等。

多道程序系统的特点是同时把若干个作业放于内存中，并且同时处于运行之中，但在某一定时刻，真正在处理机上执行的只有一个作业(若只有一个处理机)。其他作业有的可以处于等待状态，有的暂时被挂起。每道程序一旦进入运行，就脱离用户的干预，连续运行下去，其中包括被更高级的其他程序所打断以及继续运行。

分时操作系统是允许多个联机用户同时使用一台计算机的操作系统。每个用户通过控制台或终端，以问答方式控制程序的运行。系统把处理机时间轮流地分配给各联机作业，每个作业只运行极短的一个时间片。如果在时间片结束之前计算还未完成，该程序就被中断，等待下一轮再计算，此时处理机让给另一联机作业使用。这样，由于计算机的运行比用户的操作要快得多，各用户的每次要求都能快速响应，给每个用户的印象是他自己独占该计算机。

可以从对内和对外两方面来理解操作系统的功能。计算机在完成用户提交的任务时要占用 CPU 一定的时间进行算术、逻辑运算或其他的操作；用户程序和原始数据要占用内存或外存储器中一定的存储空间。源程序及原始数据的输入要通过输入设备；计算结果交付给用户需要输出设备。总之，内外存储器、输入输出设备是计算机进行任何工作、完成各项任务的基础和保证，又可看作是计算机的资源。此外，计算机系统内的程序和数据也是一种资源。调集必要的资源去完成某项任务，以及进一步统一管理这些资源，调配这些资源去完成各项任务，做到合理、充分、高效率地利用资源，这是操作系统主要应解决的问题，也是操作系统的对内表现。

计算机在工作时面向用户。它不仅应该具有完成用户所提出的各项任务的最基本的功能，例如执行用户程序等，还应有支持用户使用计算机的功能。例如，通过键盘逐一输入源程序的字符，从而将源程序输入计算机时计算机应立即响应键盘输入，其中包括识别字符、将它转为机内码形式并将它存储在适当的地方等。又如，源程序若是用高级语言编写，则要调用编译程序及其他程序进行一系列处理；目标程序执行后得到的结果要由机内形式通过输出转化为用户可用的形式等。总之，必须提供一系列支持用户使用计算机的功能，允许用户以指定的命令方式提出对各项功能的要求，由计算机响应这些要求。这些工作都由操作系统来完成。所以称操作系统为用户和计算机之间的接口。这就是操作系统的对外表现。

综合这两方面可以看出，操作系统是一种使计算机自己管理自己、从而方便用户使用的系统程序。一般而言，它是一个较大型的系统程序。它的内部包括对应不同功能的许多模块，这些模块按照用户的要求及系统运行情况转换执行，控制计算机的工作，从而完成用户交付的任务。

4.3　汉字信息处理简介

1. 汉字信息及其特点

在我国无论是事务性的生产统计、工资计算、成本计算、库存登记等，还是以计算机为中心的管理系统中的计划、统计、优选、预测，或者是在资料情报检索系统中，都有大量信息以汉字形式出现。

有些系统中需要存储大量汉字，如中文图书的作者、书名、摘要，档案系统中的姓名、履历、社会关系，合同中的用户名、开户银行等。有些系统不必存储许多汉字，但各种报表的标题、项目名称必须用汉字打印才便于阅读。在系统运行过程中一般采用人机对话的形式，计算机屏幕上用汉字显示各种提示信息对操作是极方便的，如图 4-3 所示。

每个汉字是一个独立的符号，英文只有 26 个字母，俄文只有 33 个字母，但常用汉字有几千个，数量要大得多，汉字又是一种表意文字，每个汉字由音、形、意三者结合而成，其结构可以分成象形、会意、形声等许多种，规律十分复杂。此外，汉字笔画繁多，由横、竖、撇、捺、折5种基本笔画组成种种复合笔画，即各种字根、部首、字元。汉字这几方面的复杂性决定了汉字信息处理技术的特点。

合同子系统

合同输入……1

合同查询……2

发货登记……3

结束……4

请输入选择号(1-4)：……

图4-3 用汉字显示的提示信息

2. 汉字编码

1）机内码

汉字机内码是计算机内部表示汉字的代码。就像ASCII码中包括26个英文字母一样。为了存储和处理汉字，每个汉字在计算机中应该由二进制编码表示。一般说来，每个汉字可以由两个字节组成，即16个二进制位。

2）字形信息

为了打印和显示汉字的形象，计算机中必须存储汉字的字形信息。ASCII字符中的每一个，在打印或显示时可以由7～9个点的点阵组成。这样2KB的ROM足以存放256个字符的字形信息。汉字笔画繁多，结构复杂，一般可由15或16点或22～24点或32～32点的点阵组成。点阵中采用的点越多，字体就可以做得越清秀、刚劲，但是将占用很大的存储空间。

汉字的字形信息也称汉字字形码，它存放于汉字文字发生器中，也称汉字库。用ROM或EPROM构成汉字文字发生器，俗称汉卡。它的读出速度较高，但目前价格还不够便宜，而且占用较多的内存地址，从而限制了用户使用的内存空间。有的计算机中将汉字库建在硬盘中，虽然减少了费用，但读出速度很慢。也有的计算机运行时一次将硬盘中的汉字字形信息全部读入RAM中，这样用户可使用的内存空间就相当小了。还有一种折中的方法是将常用的一级汉字存放在ROM等高速存储器件中，而将用得较少的二级汉字存放在磁盘中。这几种方法在目前的微型计算机中都有采用的。

3）汉字交换码

不同的汉字系统可能采用不同的机内码，当它们之间进行信息交换时必须转换成标准的汉字交换码。

通信用的汉字字符及其交换码国家标准(GB 2312—80)已于1981年公布，其中包括一级汉字3775个，二级汉字3008个，各种图形符号682个。

用国标码表示汉字时，每个汉字对应4个十六进制数字，例如，汉字“千”的国标码为4727H：

1010001110010011l

汉字交换码的另一种形式是国标区位码，每个汉字对应4个十进制数字。前两个数称为区号，后两个数为位号，以便于在表中查找。例如，汉字“千”的国标区位码为3907，它在表中第39区07位可以查到，它可表示为：

0011100100000111

国标码和国标区位码之间可以用计算公式相互转换。

有的计算机中将国标码作为机内码。

3. 汉字输入

汉字输入是操作者给出计算机能识别的汉字信息的过程。汉字输入是影响推广汉字系统应用的关键问题之一。汉字输入包括三种方式：编码输入，汉字键盘输入和自然语言输入。

自然语言输入包括用计算机进行语音识别和文字识别等，这类输入方式现在还处于研制之中。汉字键盘输入分成包括全部汉字的大键盘和每键分别表示不同字根、字元的专用汉字键盘。编码输入则是通过普通的标准键盘，将每一汉字用它的代码进行输入。编码输入便于推广使用也是目前用得最普遍的汉字输入方式。因而汉字输入码也是汉字编码系统中的一个重要部分。

到现在为止，国内研制的汉字输入码方案有好几百种，各自有它们的优缺点。目前，各种计算机系统都容纳几种经过优选的汉字编码方案，供用户选用。

用国标区位码、电报明码作输入码时，每个编码对应一个汉字。这类编码称为流水码，它没有重码，即没有两个汉字有相同的编码。流水码输入速度快，但难记忆，适合专门的操作人员使用。

四角号码、首尾码等输入编码取决于字形，称作形码，四角号码根据汉字四角形状用4位十进制数表示一个汉字。首尾码将汉字左上部和右下部的笔画分别约定为字首码和字尾码。这类编码中有些是有重码的。例如，同一个四角号码往往对应几个不同的汉字。通常，采用这类编码的系统当用户输入一个代码时，屏幕下端显示出重码的所有汉字及其序号，用户输入相应序号以选择其中某个汉字。这类输入法比流水码便于记忆，但因需显示重码并进行选择，所以输入速度还较低。

五笔字型码也是一种形码。汉字的笔画经高度概括可分成横、竖、撇、捺、折5种。由笔画组成字元，例如“乡”、“甘”、“山”、“之”、“金”等，156种字元按首笔分成5类，分布在25个键的5个键区中。每个汉字按书写顺序分解成一系列字元串。例如，汉字“座”可分解成字元“广、人、人、土”。

由于设计者的精心设计，虽然每一键都有若干字元，但只有一种组合是真正的汉字。顺次击打前三个字元和最后一个字元对应的键，就可确定一个汉字，少数多于4个字元的汉字前三字元和最末字元完全相同，此时选用前三字元及最末有差别的字元。

为了方便用户，设计者还研制了词汇码，用来快速输入词汇。输入规则是选用词汇中第一个汉字的第一个字元、第二个汉字的第一个字元、第三个汉字的第一个字元以及最末一个汉字的第一个字元来表达一个词汇；如依次用“中”、“华”、“人”，及“国”的第一个字元表示“中华人民共和国”这一词。

五笔字型码输入时,每个字击键次数不多于4次,平均来说,一个约需击键三次。五笔字型的方法依照人书写汉字的习惯分解字元,每个键上的字元是有联系、有规律的,所以便于记忆,输入速度快、易学、好记,使这种输入方法受到国内外用户的欢迎。

还有一类编码输入方式称为音形码输入,编码时考虑字形和读音,例如,音韵部形码、四角音码等。四角音码是在一个汉字四角号码的4个数字后加上汉语拼音的第一个字母,这样可以降低四角号码的重码率。

汉语拼音码是一种纯音码,它按拼音字母进行编码。这类编码最容易学,不需对用户进行太多培训。但汉字中同音字很多,所以重码非常多,往往要分许多次才能显示完全部同音的汉字,因而输入速度无法提高。这类输入方法适合操作员以外的用户,如程序员和一般用户等。

4. 汉字信息处理系统的运行

汉字系统的运行是各种代码动态变换的过程,它可以在汉字操作系统的管理下进行,如图4-4所示。

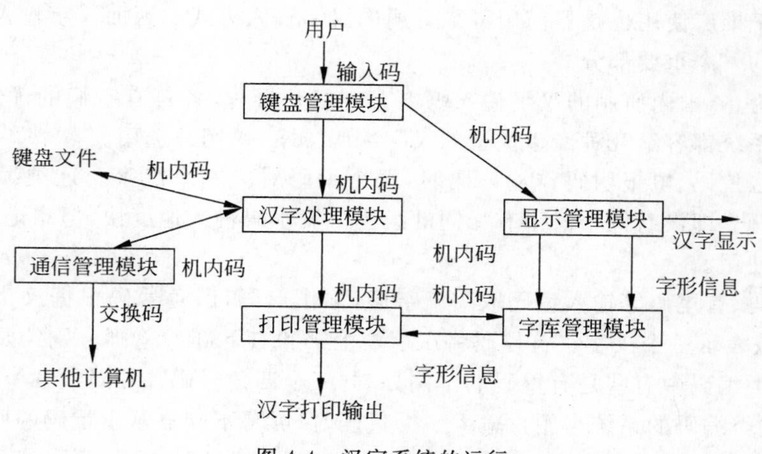

图4-4 汉字系统的运行

汉字以键盘输入码的形式进入计算机系统,在操作系统的键盘管理模块的控制下转换成机内码。

机内码进行各种处理后可以送往各处,需要显示时,操作系统的显示管理模块通过字库管理模块,根据汉字机内码与它的字形信息存放地址之间的对应关系,查询得到它的字形信息,然后送往显示器;需要打印输出时,打印管理模块通过字库管理模块,由机内码得到它的字形信息,再转换成可供打印的纵向点阵,送往打印机;需要与其他系统通信时,通信管理模块将机内码换成交换码,输出到其他机器,或将从其他机器输入的交换码转换为机内码;需进行文件处理时,文件管理模块将汉字以机内码形式存放在磁盘文件中,或从磁盘中取出机内码形式存放的信息。

4.4 计算机的主要性能指标

用户总是希望计算机速度高，容量大，软件丰富，价格便宜。实际上每种计算机在各方面的性能均有不同，各有所长，也各有缺点。选择计算机首先应弄清用计算机解决什么问题，然后按其用途提出对计算机各项性能的要求，最后才能综合考虑如何选择计算机。

计算机的性能要从各方面考虑，字长、速度和容量往往是首先要考虑的因素。

1. 字长

计算机的字长指的是运算器中加法器和寄存器的位数，一般来说也是每次读写操作包含的二进制位数。一般来说，字长愈长，计算精度也愈高，处理能力也愈强。

字长较长的计算机可以执行比较复杂的运算，如天气预报、飞行轨迹计算以及一些力学问题的计算等计算工作量大、精度要求较高的任务。

2. 运算速度

计算机的运算速度有两种表示方法：一种是给出每秒可执行的机器指令的百万条数，简称 MPS (Milion of instuct-ons Per Second ，百万条指令/每秒)。微型计算机速度多用主时钟频率表示。在考虑运算速度时，还要综合考虑其他因素，如字长、处理功能的通用程度等。

3. 存储容量

存储容量分为主存容量和外存容量。前者多以千字节(KB)为单位，如 64KB、256KB 等。对于主存容量一般应指明装机的基本内存是多少，能否加以扩充，最大容量是多少。外存容量主要指磁盘、磁鼓和磁带的容量，采用 KG、GB、TB 等为单位表示。存储容量的大小根据应用的需要来配置。

除以上几方面性能之外，有时还要考虑输入/输出数据最高传送率以适应高速外设的需要以及应用软件(其中包括工程计算、数据处理及计算机辅助设计等方面的各种专用软件)的配备。

4.5 硬盘的格式化

一般认为，裸机是还未安装任何软件系统，而只有硬件部分的计算机。也就是说，裸机是一个未经格式化的硬盘。

为了使裸机能够进行信息处理，需要经过硬盘格式化、安装操作系统、安装驱动程序和安装应用程序等 4 个工作步骤。本节主要介绍硬盘格式化，有关其他几个工作步骤请参见参考文献[12]。

1. 硬盘的格式化

一个新的裸机，都只有一个C盘。如果格式化时不对它分区，而把资料都放在C盘中，那么，当下次重新格式化时，有用的内容将会全部丢失。因此，一般应在硬盘的最前面的一块区域中创建一个主分区，把它设定为活动分区，通过它来启动系统。这个主分区叫作逻辑C盘。分区的方法有MBR分区方法和GPT分区方法两种。

1）MBR分区方法

早期，在这个逻辑C盘中，有一个硬盘主引导记录（Master Boot Records，MBR），主要用于检测硬盘分区的正确性，并确定活动分区，负责把引导权移交给活动分区的DOS或其他操作系统，并用来引导记录备份的存放位置。这种分区方法叫作MBR分区方法。

MBR分区方法是将分区方案保存在MBR的分区表中。

（1）MBR中的分区表

在MBR（主引导记录）中存放着分区方案，又称MBR分区表，位于磁盘的MBR扇区的第一扇区中。该扇区共有64B，能够分成4个分区的信息，每个分区项占用16B，这16B中存有活动状态标志、文件系统标识、起止柱面号、磁头号、扇区号、隐含扇区数目（4B）、分区总扇区数目（4B）等内容。

如图4-5所示是磁盘的示意图。

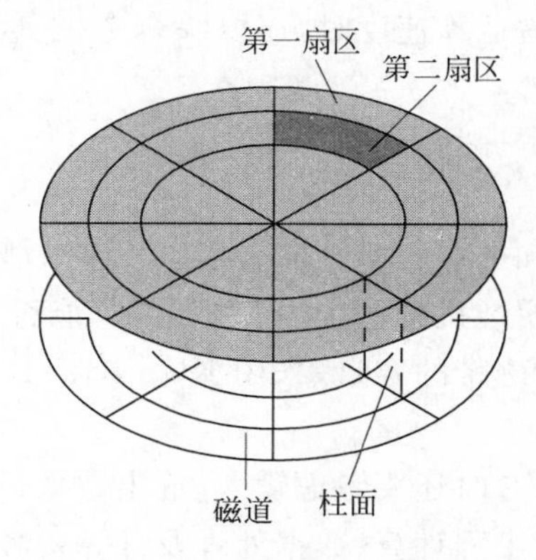

图4-5　磁盘的示意图

倘若硬盘丢失了分区表，数据就无法按顺序读取和写入，导致无法操作。

（2）扩展分区的概念

在MBR主引导记录表中，由于MBR扇区只有64B用于分区表，所以只能记录4个分区的信息。这就是硬盘主分区数目不能超过4个的原因。

后来为了支持更多的分区，引入了扩展分区及逻辑分区的概念。但每个分区项仍用16B存储。在这16B中，第5个字节为分区类型标志，详见表4-1。

如何创建扩展分区呢？

DOS的分区命令FDISK允许用户创建一个扩展分区，并且在扩展分区内再建立最多23个逻辑分区（加上原来的C盘，从C到Z共24个驱动器盘符）。

也就是说，无论硬盘有多少个分区，其MBR中只包含启动分区（即主分区）和扩展分区两个分区的信息。其中有关逻辑分区的信息都被保存在扩展分区内。

表 4-1 磁盘分区类型标志

标志	说 明	标志	说 明
01	FAT12	61	Speed Stor
02	XENIX root	63	GNU HURD or Sys
03	XENIX usr	64	Novell Netware
06	FAT16 04 表示分区小于 32MB	65	Novell Netware
07	HPFS / NTFS	70	Disk Secure Mult
08	AIX	75	PC/IX
09	AIX bootable	80	Old Minix
0A	OS/2 Boot Manage	81	Minix/Old Linux
0B	Win95 FAT32	82	Linux swap
0C	Win95 FAT32	83	Linux
0E	Win95 FAT16	84	0s/2 hidden C:
0F	Win95 Extended(大于 8GB)	85	Linux extended
10	OPUS	86	NTFS volume set
11	Hidden FAT12	87	NTFS volume set
12	Compaq diagmost	93	Amoeba
16	HiddenFAT16	94	Amoeba BBT
14	Hidden FAT16<32MB	A0	IBM Thinkpad hidden
17	Hidden HPFS/NTFS	A5	BSD/386
18	AST Windows swap	A6	Open BSD
1B	Hidden FAT32	A7	NextSTEP
1C	Hidden FAT32 partition	B7	BSDI fs
1E	Hidden LBA VFAT partition	B8	BSDI swap
24	NEC DOS	BE	Solaris boot partition
3C	Partition Magic	C0	DR-DOS/Novell DOS secured partition
40	Venix 80286	C1	DRDOS/sec
41	PPC Perp Boot	C4	DRDOS/sec
42	NTFS 动态分区	C6	DRDOS/sec
4D	QNX4. x	C7	Syrinx
4E	QNX4. x 2nd part	DB	CP/M/CTOS
4F	QNX4. x 3rd part	E1	DOS access
50	OnTrack DM	E3	DOS r/0
51	OnTrack DM6 Aux	E4	Speedstor
52	CP/M	EB	BeoS fs
53	OnTrack DM6 Aux	F1	SpeedStor
54	OnTrack DM6	F2	DOS 3. 3+secondary partition
55	EZ-Drive	F4	SpeedStor
56	Golden Bow	FE	LAN step
5C	Priam Edisk	FF	BBT

2）GPT 分区方法

GPT 分区方法比 MBR 分区方法有更多的优点，是因为它允许每个磁盘有多达 128 个分区，支持高达 18EB(1EB＝1024PB，1PB＝1024TB，1TB＝1024GB)的卷大小，允许将主磁盘分区表和备份磁盘分区表用于冗余，还支持唯一的磁盘和分区 ID (GUID)。

至关重要的是它与 MBR 分区的磁盘不同：它的平台操作数据位于分区，而不是位于非分区或隐藏扇区。另外，GPT 分区磁盘还有多余的主要及备份分区表来提高分区数据结构的完整性。

2．与分区相关的几个概念

1）开机自检、CMOS 与 BIOS

在计算机系统启动开始访问硬盘前，会进行开机自检。开机自检也称上电自检(Power On Self Test，POST)，指计算机系统接通电源，自动运行主板 CMOS 芯片固化的程序(BIOS 程序)的行为，包括对 CPU、系统主板、基本内存、扩展内存、系统 ROM BIOS 等器件的测试。如发现错误，给操作者提示或警告。

其中，CMOS 是 Complementary Metal Oxide Semiconductor(互补金属氧化物半导体)的缩写。它是指制造大规模集成电路芯片用的一种技术或用这种技术制造出来的芯片，是计算机主板上的一块可读写的 RAM 芯片。因为可读写的特性，所以在计算机主板上用来保存 BIOS 设置完计算机硬件参数后的数据，这个芯片仅仅是用来存放数据的。

而 BIOS 是 Basic Input Output System(基本输入输出系统)的缩写，指计算机最重要的基本输入输出的程序和设置系统参数的设置程序，主要功能是为计算机提供最底层的、最直接的硬件设置和控制。在开机时通过特定的按键就可进入 BIOS 设置程序，方便地对系统进行设置。因此 BIOS 设置有时也被叫作 CMOS 设置。

2）关于簇的概念

硬盘分区之后，就被分成许多簇。系统规定，一个簇中只允许存放一个文件的内容。也就是说，文件占用的存储空间，只能是簇的整数倍。如果某个文件比簇小，它也要占用一个簇的空间。所以，簇设计得越小，存储信息的效率就越高。

而簇的大小是与硬盘分区的格式有关的，表 4-2 列出了 FAT 的位数和簇的数量的关系。

表 4-2　FAT 的位数和簇的数量的关系

FAT 的位数	簇 的 数 量
12	4096
16	65 536
32	4 294 967 296

根据存储设备(磁盘、闪卡和硬盘)的容量，簇的大小可以不同，以使存储空间得到最有效的应用。在早期的 360KB 磁盘上，簇大小为两个扇区(1024B)；第一批的 10MB 硬盘簇的大小增加到 8 个扇区(4096B)；现在的小型闪存设备上的典型簇的大小是 8KB 或 16KB。2GB 以上的硬盘驱动器有 32KB 的簇。

为什么采用簇呢？

通常，存储设备上的空间分配是随机的。在一个新存储设备上，文件连续存储，并知道开始和结束扇区及长度，在读取时可以根据这些信息重新得到所存储的文件。但是，过一段时间后，有些文件将会被擦掉，同时可能有些文件增大，这时不能保证同一个文件存储在连续的一系列扇区里。因此，需要一种方法来辨别哪个扇区被分配到某些文件，以及还有哪些扇区可用。这时可以采用一种表结构来实现这种功能，使每个扇区对应一个表记录。然而，由于大多数文件存储在多个扇区，一个记录对应一个扇区的做法将造成一些浪费。因此，采用每个记录代表一个固定数量扇区将更有意义，而这个固定扇区就被称为簇。

3）文件存储与文件分配表

文件在硬盘上存储是以簇为单位分配空间，每个文件占用一个或多个簇。给一个文件分配的最小存储空间大小时，需要判断可用的存储空间（分区中的簇数），因此，必须有一种方法来标明某个簇是否可用或者已分配给一个文件。如果已将一个簇分配给一个文件，就必须知道这个簇分配给文件的哪部分了，这就是通过一个链接列表来实现，即文件分配表（File Allocation Table，FAT）。FAT 仅仅是一个包含 N 个整数的列表，N 是存储设备上最大的簇数。表中每个记录的位数称为 FAT 大小，是 12、16 或 32 三个数之一。早期的存储设备使用 12 位（1.5B）FAT 以减少浪费，12 位可以提供 4096 个簇。假定一个簇具有两个扇区（1024B），则代表存储设备将近有 4.2MB 存储容量。更大的簇就能实现更大的存储设备，但是在存储较小文件时，由于簇没有完全装满而将造成存储空间的浪费。

操作系统根据表示整个磁盘空间所需要的簇数量来确定使用多大的 FAT。如果磁盘要求的簇少于 4096 个，则可以使用 12 位 FAT；如果小于 65 536 但大于 4096 个簇，就使用 16 位 FAT；否则，必须采用 32 位 FAT。簇数量与 FAT 的位数的对应关系如表 4-3 所示。在存储设备的第一个扇区内以数据列表的形式定义了簇的大小，该数据列表被称为 BIOS 参数块。在系统引导期间，操作系统可以读该数据列表，这样就能设定如何从存储设备中读取文件。

表 4-3　簇数量与 FAT 的位数的对应关系

总容量簇的大小/KB	FAT16/KB	FAT32/KB
1	67	4.398
4	268	17.59
8	536	35.16
16	1070	70.36
32	2140	140.7

FAT 是一种链接列表，链接列表中相关记录之间互相指向对方。在存储设备目录中包含 FAT 表名称、该文件大小和分配给该文件的第一个簇的编号。存储该文件的第一个簇所对应的表记录中包含该文件的第二个簇号码。同样，第二个簇对应的记录里包含存储该文件的第三个簇编号，以此类推直到该文件的最后一个簇。在新存储设备上存储

的第一个文件将保存在连续的簇内，因此第一个簇会指向第二个，第二个指向第三个，以此类推。

实际上，第一个簇（簇0）总是保留用于存储操作系统信息、根目录和两份FAT。系统建立两份FAT，其目的是在当修改其中一个时如果系统发生中断（崩溃），另一份还完整无缺，恢复程序会检查FAT并使用这份FAT来恢复。

一个硬盘设备可以分成多个区（其中每个区看起来像单独的存储设备），每个区有自己的目录和FAT。

4）文件系统的种类

文件系统是操作系统用于明确磁盘或分区上的文件的方法和数据结构，即在磁盘上组织文件的方法。不同的操作系统所使用的文件系统不尽相同，其中常用的有：FAT16、FAT32、NTFS和exFAT（扩展文件分配表，简称扩展FAT）等。

（1）FAT16

FAT16是MS-DOS 6.x及以下版本所采用的文件系统。FAT16使用了16位的空间来表示每个扇区配置文件的情形，故称之为FAT16。在FAT16分区格式下，各分区的大小与簇大小的关系如表4-4所示。

表4-4 FAT16分区格式下，各分区的大小与簇大小的关系

FAT16中各分区的大小	该FAT分区中簇的大小
16～127MB	2KB
128～255MB	4KB
256～511MB	8KB
512～1023MB	16KB
1024～2047MB	32KB

（2）FAT32

由于文件系统的核心——文件分配表FAT由16位扩充为32位，所以把这种文件系统称为FAT32文件系统。它是对早期支持DOS的FAT16文件系统的增强。

这种文件采用32位的文件分配表后，其对磁盘的管理能力大大增强，突破了FAT16对每一个分区的容量只有2GB的限制，用户可以将一个大硬盘定义成一个分区，而不必分为几个分区使用，大大方便了对硬盘的管理工作。在硬盘的一个分区超过512MB时使用这种格式，会更高效地存储数据，减少硬盘空间的浪费，一般还会使程序运行加快，使用的计算机系统资源更少，因此是使用大容量硬盘存储文件的极有效的系统。

FAT32还具有一个最大的优点是：在一个不超过8GB的分区中，FAT32分区格式的每个簇容量都固定为4KB，与FAT16相比，可以大大地减少硬盘空间的浪费，提高了硬盘利用效率。

支持这一磁盘分区格式的操作系统有Windows 97/98/2000/XP/Vista/7/8等。但是，这种分区格式也有它的缺点，首先是采用FAT32格式分区的磁盘，由于文件分配表的扩大，运行速度比采用FAT16格式分区的硬盘要慢；另外，由于DOS系统和某些早期的应用软件不支持这种分区格式，所以采用这种分区格式后，就无法再使用老的DOS操作系统和某些应用软件了。

(3) NTFS

NTFS是一种新兴的磁盘格式，早期在Windows NT网络操作系统中常使用，但随着安全性的提高，在Windows Vista、Windows 7和Windows 8操作系统中也开始使用这种格式，并且在Windows Vista、Windows 7和Windows 8中只能使用NTFS格式作为系统分区格式。其显著的优点是安全性和稳定性极其出色，在使用中不易产生文件碎片，对硬盘的空间利用及软件的运行速度都有好处。它能对用户的操作进行记录，通过对用户权限进行非常严格的限制，使每个用户只能按照系统赋予的权限进行操作，充分保护了网络系统与数据的安全。

与NTFS相比，FAT32与Windows 9X有更好的兼容性；可以重新定位根目录和使用FAT的备份副本；其启动记录被包含在一个含有关键数据的结构中，减少了计算机系统崩溃的可能性。而NTFS具有更高的系统安全性，且对其分区上的压缩文件进行读写时不需要事先由其他程序进行解压缩，自动进行压缩和解压缩。

(4) exFAT

这是微软研制的一种适合于闪存的文件系统。对于闪存来说，NTFS文件系统过于复杂，使用exFAT更为合适。

与FAT文件系统相比，exFAT具有以下优点。

① 增强了台式计算机与移动设备的互操作能力；

② 一个文件的容量最大可以达到16个TB(1TB=1024GB)；

③ 簇的大小可高达32MB；

④ 同一目录下最大的文件数可达65 536个；

⑤ 由于使有了剩余空间分配表，改进了对剩余空间的利用等。

(5) Linux文件系统

① Ext2。Ext2是Gnu/Linux系统中标准的文件系统，也是Linux中使用最多的一种文件系统。它是专门为Linux设计的，拥有极快的速度和极小的CPU占用率。Ext2既可以用于标准的块设备(如硬盘)，也被应用在移动存储设备上。

② Ext3。Ext3是Ext2的下一代，也就是保有Ext2的格式之下再加上日志功能。Ext3是一种日志式文件系统(Journal File System)，最大的特点是：它会将整个磁盘的写入动作完整地记录在磁盘的某个区域上，以便有需要时回溯追踪。当在某个过程中断时，系统可以根据这些记录直接回溯并重整被中断的部分，重整速度相当快。该分区格式被广泛应用在Linux系统中。

③ Linux swap。Linux swap是Linux中一种专门用于交换分区的swap文件系统。Linux使用这一整个分区作为交换空间。一般这个swap格式的交换分区是主内存的二倍。在内存不够时，Linux会将部分数据写到交换分区上。

④ VFAT。VFAT叫长文件名系统，这是一个与Windows系统兼容的Linux文件系统，支持长文件名，可以作为Windows与Linux交换文件的分区。

5）计算机的启动过程

计算机的启动过程涉及几个步骤，按以下顺序发生，其流程如图 4-6 所示。

（1）BIOS 运行开机自检(POST)。

（2）BIOS 寻找启动设备。这通常是在硬盘上。

（3）从硬盘启动时 BIOS 加载 MBR。

（4）MBR 确定活动分区。

（5）从活动分区 MBR 加载引导扇区。

（6）引导扇区初始化加载操作系统。

如果计算机系统出现故障分区信息丢失，BOOT SECTOR 载入硬盘分区信息表无效，有效的方法是重新分区，但是注意重新分区将导致磁盘上的所有数据全部丢失并且无法恢复。

磁盘分区可以用光盘或 U 盘上的工具，但一定要注意在 CMOS 设置中一定要把光盘或 U 盘作为第一顺序打开的引导盘。可以用 Windwos 自带的 Fdisk，也可以用 DM 万能分区软件 Disk Manager、磁盘精灵 DiskGenius、硬盘分区魔术师 PQmagic、硬盘分区工具 EASEUS Partition Manager、磁盘分区和数据恢复软件 PartitionGuru 等工具。

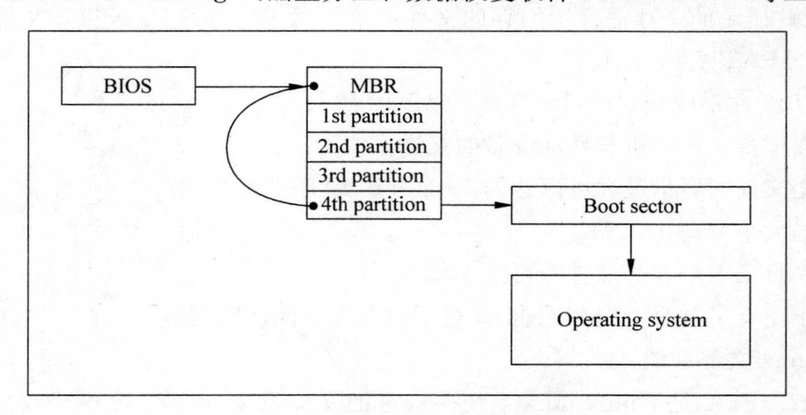

图 4-6　计算机的启动过程步骤

小　结

在前三章介绍的相关计算机基础知识之上，本章继续介绍了有关计算机系统程序方面的几个问题。第一，对于程序设计语言和语言处理程序，机器语言、汇编语言、高级语言都是程序设计语言，而汇编程序、解释程序、编译程序则是对用户用汇编语言、高级语言编写的源程序进行处理，使之能在计算机上执行的语言处理程序；第二，操作系统是用户和计算机之间的接口，其内部包括对应不同功能的许多模块，这些模块按照用户的要求及系统运行情况转换执行，控制计算机的工作，完成用户交付的任务；第三，汉字信息处理系统，对于计算机在我国的普及与应用有着重大的意义，其在计算机内部，主要通过机器将文字信息在机内码、汉字交换码以及字形信息之间相互转化与匹配，实现对文字信息的输入、输出、打印和传输；第四，在评价计算机性能时，字长、运算速度与存储容量往往是首要的考虑因素；第五，对磁盘的格式化、分区、扩展分区、文件系统等做了介绍，其中分区的方法有以下两种：MBR 分区方法和 GPT 分区方法。常用的文件系统有：FAT16、FAT32、NTFS 和 exFAT 等。对计算机的启动过程也做了简要介绍。请读者认真掌握本章内容。

第 2 篇　VB. NET 程序设计语言

第5章　VB.NET集成开发环境简介

VB.NET是Visual Basic.NET的简称。谈到Visual Basic.NET，就不能不说VB(Visual Basic)。Visual Basic是Windows环境下的一种简单、易学的编程语言，由于其开发程序的快速、高效，深受程序员的喜爱。Visual Basic严格地来讲只是一种半面向对象的语言，其面向对象的能力及程序的执行效率通常不能满足程序员的需要。因此，大型项目很少使用Visual Basic来开发。

Visual Basic的最后一个版本是Visual Basic 6.0。在Visual Basic 6.0之后，微软公司推出了全新的".NET构架"，在其第一版Visual Studio.NET 7.0中，集成了Visual Basic 7.0、Visual C++7.0及C#，其中的Visual Basic 2003(VB 7.0)，即是Visual Basic.NET的第一个版本。对应的Visual Basic.NET的最新版本是集成在其中的Visual Basic.NET 2013。Visual Basic.NET现有Visual Basic.NET 2003、Visual Basic 2005、Visual Basic 2008、Visual Basic 2010以及现最新版本Visual Studio 2013。

本章将以Visual Basic.NET 2008为基础进行介绍说明，Visual Basic 2008(VB 9.0)于2007年11月9日与Microsoft.NET Framework 3.5一起发布在VB2008中，增加了许多功能，包括：IIF函数、匿名类型、支持LINQ、Lambda表达式、XML数据结构、类接口等。

本章主要内容：

- VB.NET集成开发环境安装简介；
- VB.NET集成开发环境界面简介；
- VB.NET程序开发与调试过程简介；
- 第一个VB.NET简单应用程序。

5.1　VB.NET集成开发环境安装简介

Visual Basic.NET是集成在微软Visual Studio.NET中，所以安装Visual Studio.NET就是安装Visual Basic.NET，该开发环境的安装程序一般是以CD-ROM的方式进行安装。

5.1.1　Visual Studio.NET的安装条件

在安装Visual Studio.NET之前，必须确认计算机满足最低的安装要求，Visual Studio 2008对计算机各方面的要求是比较高的。先看一下Visual Studio 2008自述文件中提到的配置。

要求：

1. 对体系结构的要求

（1）x86

（2）x64（WOW）

2. 对操作系统的要求

（1）Microsoft Windows XP

（2）Microsoft Windows Server 2003

（3）Windows Vista

（4）Windows 7

3. 对硬件的要求

（1）最低要求：1.6 GHz CPU、384 MB RAM、1024×768 显示器、5400 RPM 硬盘。

（2）建议配置：2.2 GHz 或速度更快的 CPU、1024 MB 或更大容量的 RAM、1280×1024 显示器、7200 RPM 或更高转速的硬盘。

（3）在 Windows Vista 上：2.4 GHz CPU、768 MB RAM。

如果计算机难以满足以上要求，则需先升级相应组件至相应水平再来考虑安装 Visual Studio 2008。需要提示的一点是，对于硬盘，完全安装的空间要求至少 4GB。

5.1.2 安装 Visual Studio.NET

这里以在 Windows XP 版操作系统上安装 Visual Studio.NET（Visual Studio 2008）为例说明 Visual Studio.NET 的安装过程。具体步骤如下。

（1）在 CD-ROM 驱动器中插入 Visual Studio.NET 安装光盘或在硬盘中使用 DAEMON Tools 打开 Visual Studio 2008.iso 开始安装。

（2）运行光盘中的 Setup.exe 将打开安装界面，安装界面出现“安装 Visual Studio 2008”、“安装产品文件”、“检查 Service Release”三个选项，如图 5-1 所示。

（3）选择“安装 Visual Studio 2008”进入下一步。进入如图 5-2 所示界面。然后按照默认选择下一步，出现如图 5-3 所示界面。

（4）选择接受协议，选择“我已阅读并接受许可条款”单选按钮，填好名称，然后单击“下一步”按钮。设置好安装目录，然后单击“安装”按钮。进入如图 5-4 所示界面。

（5）安装过程：这就是进行到实质上的安装阶段了。耐心等待一段时间（时间从十几分钟到几十分钟不等）后，就会安装成功了。

（6）设置默认的环境。

在打开 VS2008 的时候，它会要求给其设置默认的环境。这里选择 Visual Basic Development Settings，然后单击 Start Visual Studio 按钮。进入如图 5-5 所示界面，进行程序第一次启动时的初始化。

完成后，进入如图 5-6 所示 VS2008 的默认启动界面。

图 5-1　安装界面——选择要进行的工作

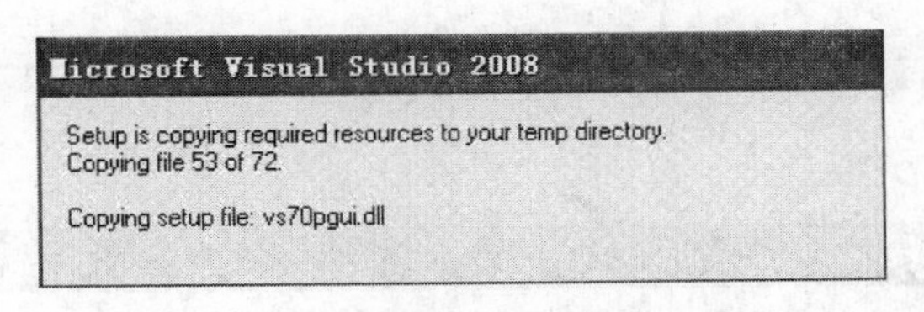

图 5-2　安装界面——复制安装文档

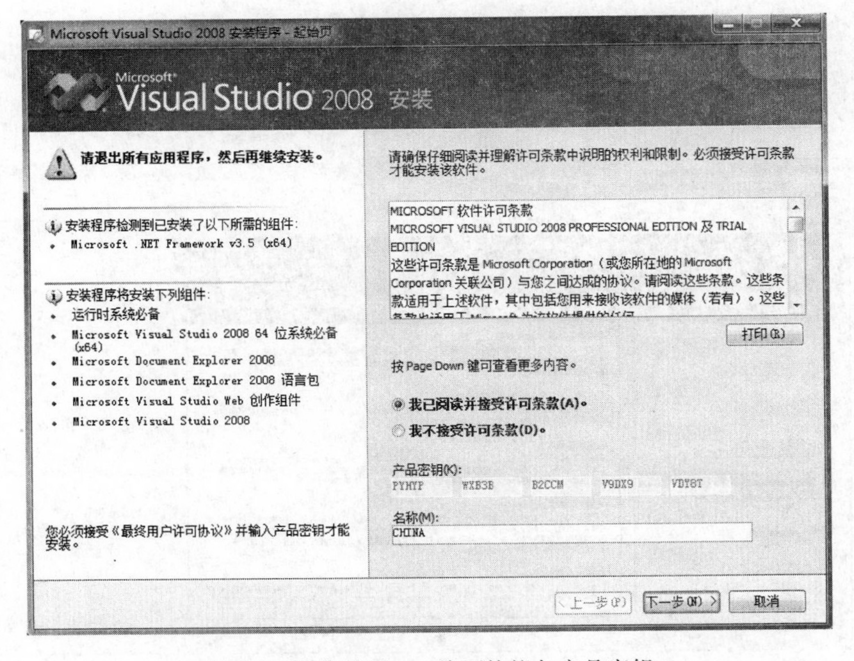

图 5-3　安装界面——许可协议与产品密钥

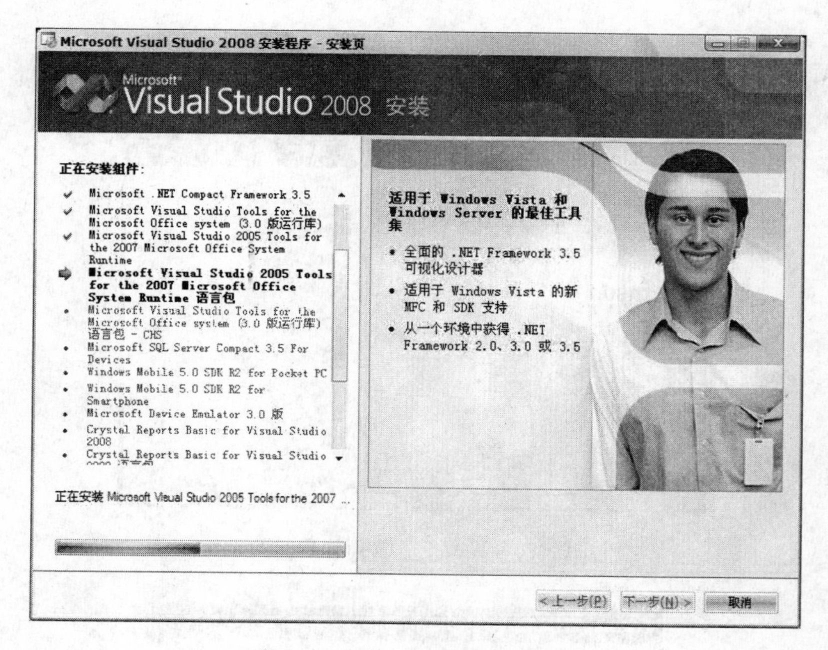

图 5-4　安装界面——安装进度

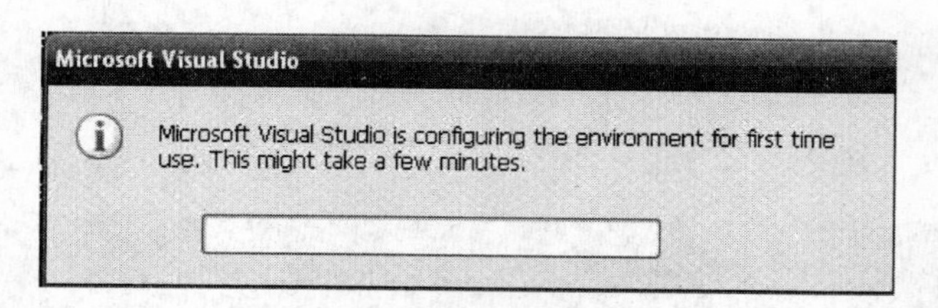

图 5-5　第一次启动时的初始化

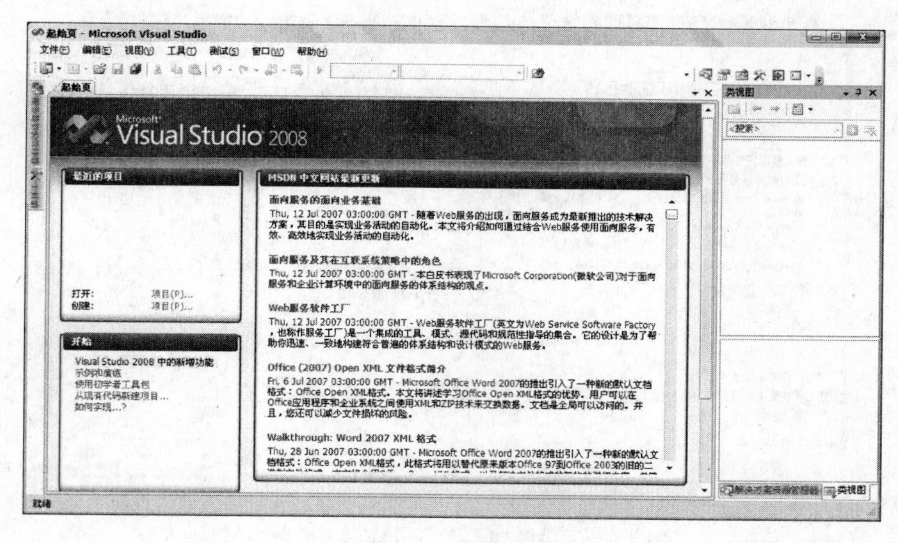

图 5-6　VS2008 的默认启动界面

5.2　VB.NET 集成开发环境界面简介

VB.NET 集成开发环境界面除了拥有 Microsoft 应用软件常见的标题栏、菜单、工具栏、状态栏外，还包括 VB.NET 的几个独立窗口：设计/代码窗口、工具箱、解决方案资源管理器、属性窗口、错误列表，如图 5-7 所示。

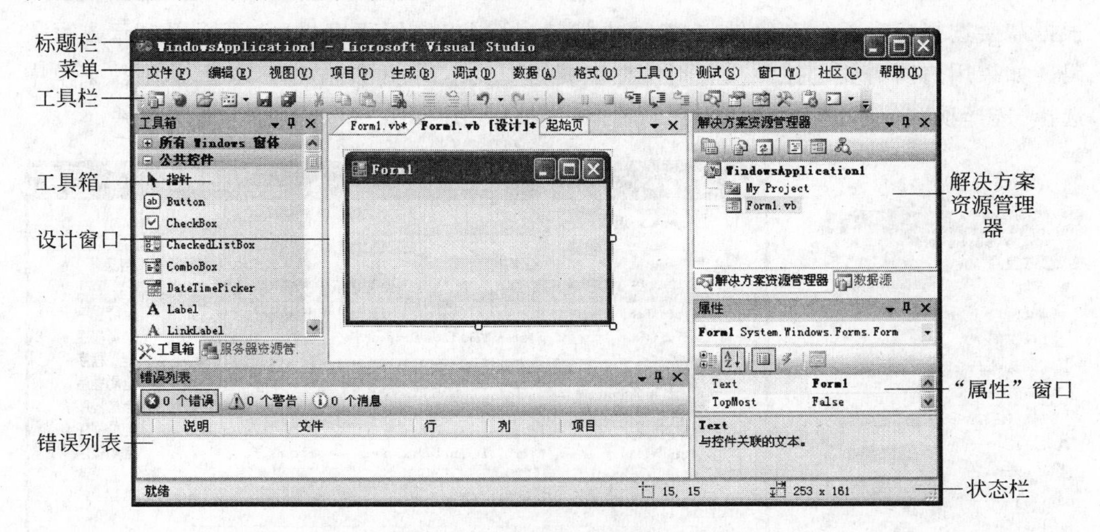

图 5-7　VB.NET 开发环境界面

注意：选择"窗口"→"重置窗口布局"命令，可以恢复默认窗口布局。

1. 设计/代码窗口

Visual Studio.NET 提供很多设计器，Windows 窗体设计器只是其中一种，如图 5-8 所示。通常把设计器所在的窗体称为主窗体。Windows 窗体设计器窗口简称为窗体(Form)，设计窗口是进行程序界面设计的主要窗口，开发人员在设计窗口中可以进行控件的添加与布局，是应用程序最终面向用户的窗口，对应应用程序的运行结果。

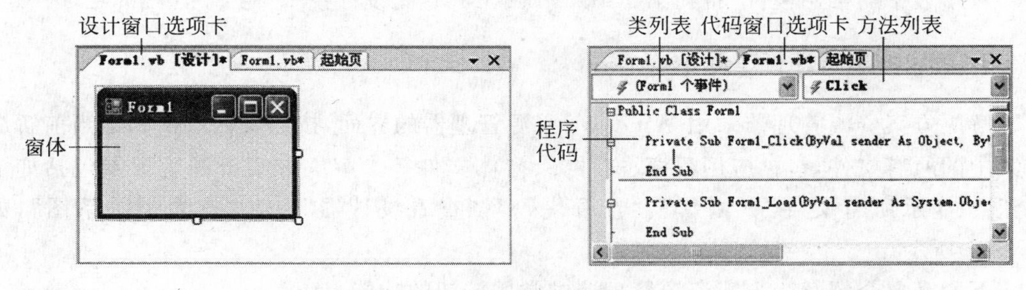

图 5-8　Visual Studio.NET 窗体设计器

在主设计界面上，双击 Form1 窗体，或选择代码窗口选项卡，进入 Visual Studio.NET 代码窗口。代码窗口左边的组合框可以显示当前处理的对象，右边的组合框显示变量或者函数,在代码窗口中第一行声明了叫作 Form1 的新类,在 Visual Basic. NET 中,可以在任何代码文件中声明类,其数量可以是任意的。其后为具体程序代码。

2. 工具箱

工具箱中提供了各种控件、容器、菜单和工具栏、组件、打印、对话框和报表等。常用控件在公共控件目录下,如图 5-9 所示。控件可实现编程的可视化,用户在编程过程中,根据需要选择各种控件和组件,在窗体中拖放,绘制出应用程序界面,而不用自己去写代码。如果用户所需要的控件或者组件在工具箱中找不到,可以右击工具箱,从下拉菜单中选择"选择项"命令,进入"选择工具箱项"对话框,如图 5-10 所示,添加不常用控件。

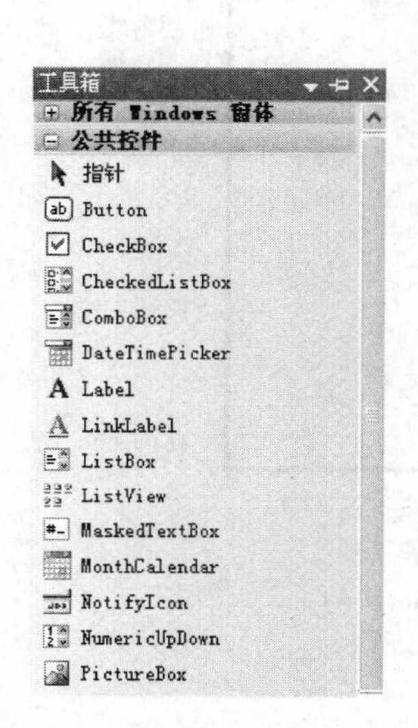

图 5-9 公共控件目录

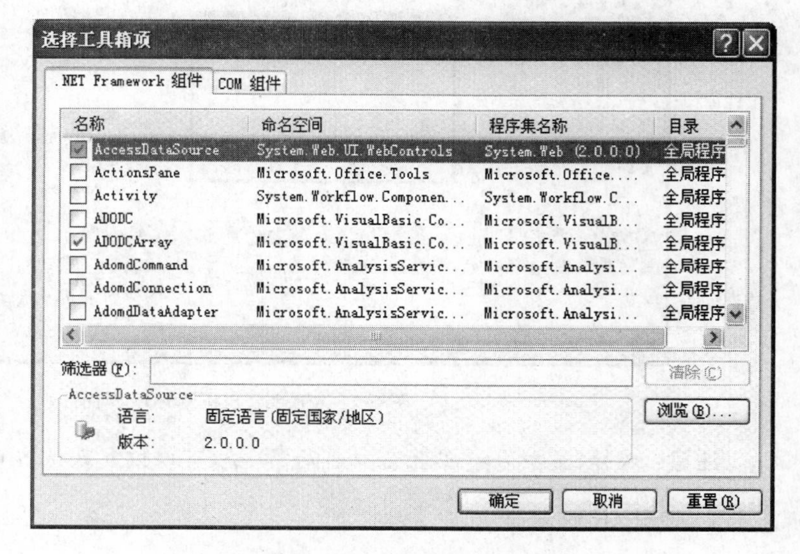

图 5-10 "选择工具箱项"对话框

在"所有 Windows 窗体"一栏下,Visual Studio 将这些控件分栏归类,表 5-1 按照这些分类简要描述了所有 Windows 控件。

对于表中的常用控件,将在第 10 章 VB. NET 界面设计技术中给予详细介绍。

3. 解决方案资源管理器

解决方案资源管理器采用 Windows 资源管理器的界面,按照文件层次列出当前解决方案中的所有文件,包括应用程序、文件夹、窗体文件等。解决方案资源管理器包括如下按钮:"显示所有文件"、"刷新"、"查看代码"、"查看设计器"以及"查看类关系图",如图 5-11 所示。

下面简要介绍解决方案资源管理器中常用按钮的功能。

(1)"显示所有文件"按钮,显示所有文件包括格式文件的任何代码。

(2)"查看代码"按钮,显示解决方案资源管理器中具有焦点的文件的代码。

(3)"查看设计器"按钮,显示解决方案资源管理器中具有焦点的特定文件的设计器。

表 5-1 所有 Windows 窗体控件描述

分类	控件	描 述
公共控件	Pointer(指针)	这是工具而非控件。单击可取消选择在窗体上选中的任何控件,然后可选择新控件
	Button	简单的按钮,通过单击它可引发事件,执行操作
	CheckBox	复选框,用户可选中或取消选中
	CheckedListBox	具有多个复选框的项列表,每一项的左侧都有一个复选框,用户可选中或取消选中
	ComboBox	带有附加列表或下拉列表的文本框,用户可选择自行输入或选择列表中的文本值
	DateTimePicker	允许用户选择日期和时间,并以指定的格式显示该日期和时间
	Label	为控件提供运行时信息或说明性文字,用户不能通过单击或拖动进行修改或选择
	LinkLabel	显示支持超链接功能、格式设置和跟踪的标签控件,用户单击超链接时,执行相应的操作
	ListBox	显示项列表,用户可以从中选择。根据该控件属性,用户可选择一项或几项
	ListView	以 5 种视图中的一种显示项的集合:LargeIcon、Details、SmallIcon、List 和 Tile
	MaskedTextBox	通过设置固定格式的掩码,来规范用户输入(如日期,身份证号码,邮政编码等),错误输入将无效
	MonthCalendar	显示用户可从中选择日期的月历
	NotifyIcon	运行期间 Windows 任务栏右侧的通知区域内显示图标
	NumericUpDown	用户可通过单击该控件上的上下箭头来增加或减少单个数值
	PictureBox	显示图片,并且提供有用的绘图表面
	ProgressBar	显示一系列不同颜色的栏,以向用户表明操作进度
	RadioButton	显示一组互相排斥的选项。当一组 RadioButton 同时出现时,只能选择其一。通过 GroupBox、Panels 控件和 Form 类定义多个组
	RichTextBox	提供高级文本输入和编辑功能,如字符和段落格式的设置
	TextBox	允许用户输入文本,并提供多行编辑和密码字符掩码功能
	ToolTip	用户将指针移过或悬停在关联控件上时显示信息
	TreeView	以图形化的树状形式显示具有层次结构的数据
	WebBrowser	将该控件放置在窗体上,使用它的方法导航到 Web 页面,实现在窗体内浏览网页。如同用户正在使用独立的浏览器一样。它的一个方便的用途是显示基于 Web 的帮助

续表

分类	控件	描　述
容器	FlowLayoutPanel	可以将许多控件放入其中，由它来实现控件的布局，并在流布局中自动排列它们
	GroupBox	带可选标题的框架，为清晰显示而对放入其内的控件分组。该控件也为包含的任何 RadioButton 定义了默认的 RadioButton 组
	Panel	一种控件容器。通过使用控件的 Anchor 和 Dock 属性，可以调整控件大小，其子控件也据此调整大小。该控件自动提供滚动栏，并为任何 RadioButton 定义默认组
	SplitContainer	将容器的显示区域分成两个大小可调的、可以向其中添加控件的面板
	TabControl	显示附加到页面的一系列选项卡。不同的选项卡关联不同的一组控件和组件的集合，通过单击不同的选项卡在这些不同的集合间切换
	TableLayoutPanel	处理其控件和组件的布局，并以表格的形式自动排列它们
菜单和工具栏	ContextMenuStrip	用户右键单击关联控件时显示的快捷菜单。设置控件的 ContextMenuStrip 属性为该控件，剩余操作可自动完成
	MenuStrip	显示按功能分组的主菜单、子菜单和菜单项
	StatusStrip	提供一个可显示所查看对象、该对象组件、该对象操作等状态消息的区域，该区域通常位于窗体的底部
	ToolStrip	显示一系列按钮、下拉列表和其他工具的工具栏以及其他用户界面元素
	ToolStripContainer	可在窗体的任意一侧同时或不同时提供面板，这些面板上可包含一个或多个 ToolStrip、MenuStrip 或 StatusStrip 控件
数据	DataSet	内存中的数据存储，带有类似关系数据库的属性。它保存表示包含行和列的表的对象，并可表示如索引、主外键关系等的许多数据库概念
	DataGridView	对大量带有层次结构关系或类似于 Web 关系的复杂数据以网格形式显示的控件
	BindingSource	封装窗体的数据源，并提供导航、筛选、排序和更新的功能
	BindingNavigator	提供用于导航和处理绑定到窗体控件的数据的用户界面，可提供如前后移动数据、添加和删除记录等方面的按钮
组件	BackgroundWorker	异步执行任务，并在结束时通知主程序
	DirectoryEntry	封装活动目录(Active Directory)层次结构中的一个节点或对象
	DirectorySearcher	执行活动目录层次结构的搜索
	ErrorProvider	在与错误关联的控件旁显示错误指示器
	EventLog	提供对 Windows 事件日志的访问
	FileSystemWatcher	通知应用程序对目录或文件的改动
	HelpProvider	为控件提供弹出帮助或联机帮助，可通过在控件上设置焦点并按 F1 键实现
	ImageList	管理通常由其他控件(如 ListView、TreeView 或 ToolStrip)使用的图像集合，代码也可以从 ImageList 中拉出图像以使用
	MessageQueue	提供不同应用程序之间的通信
	PerformanceCounter	表示 Windows 性能计数器组件
	Process	允许应用程序对远程和本地进程的访问，并启用本地进程的开始和停止功能
	SerialPort	表示串行端口，并提供对该端口的控制、读写方法
	ServiceController	提供可连接到、查询和操作正在运行或已停止的 Windows 服务的能力
	Timer	按照用户定义的间隔周期性地触发事件，触发后执行相关的操作

续表

分类	控件	描 述
打印	PageSetupDialog	显示一个对话框,允许用户更改与页面相关的打印设置,如页面大小、页边距等
	PrintDialog	显示标准打印对话框,允许用户选择打印机、打印的页面以及其他打印设置
	PrintDocument	定义一个输出给打印机的对象,程序可使用该对象打印以及显示打印预览
	PrintPreviewControl	在应用程序的一个窗体中显示正在预览的部分,不包含任何对话框和按钮
	PrintPreviewDialog	在标准对话框中显示关联打印预览
对话框	ColorDialog	该控件允许用户选择可用颜色或选择自定义颜色
	FolderBrowserDialog	显示一个对话框,提示用户选择文件夹
	FontDialog	显示一个对话框,让用户指定字体的特征,如名称、大小、粗体等
	OpenFileDialog	显示一个对话框,提示用户打开文件
	SaveFileDialog	显示一个对话框,提示用户选择保存文件的位置
报表	MicrosoftReportViewer	显示报表视图,来自 Microsoft Corporation. NET Component
	CrystalReportViewer	显示报表视图,来自 Business Objects. NET Component
	CrystalReportDocument	报表对象,来自 Business Objects. NET Component

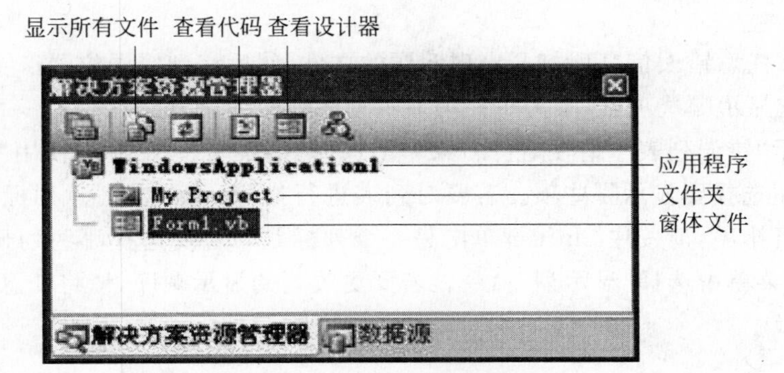

图 5-11 解决方案资源管理器

4. “属性”窗口

“属性”窗口包含选定对象(Form 窗体或控件)的属性、事件列表。在设计程序时可以通过修改对象的属性来设计其外观和设置相关值。这些属性值在程序运行时,将作为各对象的属相初始值出现。“属性”窗口包括“按分类排序”、“按字母排序”、“属性”、“事件”等几个按钮分别用于控制按照分类还是按照字母顺序显示属性和事件和设置显示属性和事件,如图 5-12 所示。

5. 错误列表

“错误列表”窗口在开发与编译过程中担当着非常重要的角色。比如,当用户在代码

图 5-12 “属性”窗口

编辑器中输入了错误的语法或关键字，编译时会在错误列表中显示出错误信息。“错误列表”有助于开发人员加快应用程序开发的过程。在“错误列表”窗口中，可以：

（1）显示在编辑和编译代码时产生的“错误”、“警告”和“消息”；

（2）查找 IntelliSense 所标出的语法错误；

（3）查找部署错误、某些“静态分析”错误以及在应用“企业级模板”策略时检测到的错误；

（4）双击任意错误信息项打开出现问题的文件，然后移到错误位置；

（5）筛选显示哪些项，以及为每一项显示哪些列的信息。

若要显示“错误列表”，请在“视图”菜单上选择“错误列表”命令。使用“错误”、“警告”和“消息”按钮选择要显示哪些项。若要对列表进行排序，请单击任意列标题。若要再次按其他列进行排序，请按住 Shift 键单击另一个列标题。若要选择哪些列显示、哪些列隐藏，请从快捷菜单中选择“显示列”命令。若要更改列的显示顺序，请将任意列标题向左或向右拖动。

5.3 VB.NET 程序开发与调试过程简介

1. VB.NET 程序开发过程简介

在 Visual Studio 2008 编程环境下开发 VB.NET 应用程序，一般需要以下几个步骤。

1）需求分析

程序开发人员根据用户的实际应用需求，进行需求分析，确定程序应该具有的功能，对应实现这些功能需要哪些控件，以及需要编写什么样的代码等。

2）创建 VB.NET 应用程序项目

打开 Visual Studio 2008，新建一个 VB.NET 项目，开发人员根据需求分析中确定的程序要求，选择合适的应用程序类型。

3）设计界面

操作界面由各种对象（窗体和控件）组成，所有的控件必须以窗体作为载体，程序中的所有信息也必须通过窗体才能显示出来。窗体是创建应用程序的基础，通过使用窗体可将窗口和对话框添加到应用程序中。也可以把窗体作为项的容器，这些项是应用程序界面中的不可视部分。设计阶段窗体上创建的可视控件在运行时将以窗体为载体显示在屏幕上，可视控件的创建非常简单，用户只需根据程序的功能需求，选择要创建的控件后，在窗体上拖动鼠标即可，后续在窗体上合理布置控件，并调整合适的大小和位置。

4）设置对象属性

通过鼠标绘制的控件往往不能使控件的属性很精确地达到理想的效果，这就需要进行对象属性的设置。确定控件布局完成后，打开"属性"窗口，进行对象属性设置，以达到目标效果。

5）编写代码

在事件驱动的应用程序中，通过响应不同的事件时执行不同的代码片段。事件可以由用户操作触发，也可以由来自操作系统或其他应用程序的消息触发，甚至由应用程序本身的消息触发。编写代码可以右击控件或窗体，通过"属性"窗口中的事件选择需要的事件，也可以直接进入代码界面编写代码。代码的编写将根据程序的需求进行选择。

6）完成上述步骤后，就可以对程序进行测试，以发现问题并及时修改。调试和改错是程序开发过程中非常重要的步骤，需要反复使用，以尽可能地优化程序，VB. NET 程序调试过程在后面会进行简单介绍。

7）程序发布

程序开发与测试完成后，需要将程序生成可执行文件，发布出去。

2. VB.NET 程序调试过程简介

VB. NET 程序调试方法主要包括：

(1) 在适当的地方加上 MSGBOX 调用，通过弹出变量的当前值来进行判断。

(2) 使用 Visual Studio 2008 调试器进行调试，在适当的位置加上中断标记，让程序运行到指定的位置暂停，然后在中断的环境中来检查变量当前的值。

(3) 借助于 VB 的调试专用对象 DEBUG，在适当的地方加上 DEBUG 对象的打印方法 Debug. Print sglnumber。

本节主要介绍使用 Visual Studio 2008 调试器的调试方法。Visual Studio 的调试器的三项关键技能是：

(1) 如何设置断点及怎样运行到断点；

(2) 怎样单步执行到并越过方法调用；

(3) 怎样查看和修改变量、成员数据等的值。

Visual Studio 2008 调试器调试过程具体如下。

(1) 添加断点：在需要添加中断的语句左边灰色边框中单击鼠标，此时会出现一个棕红色圆点，同时将当前行高亮显示，这样就添加了一个断点，如图 5-13 所示。

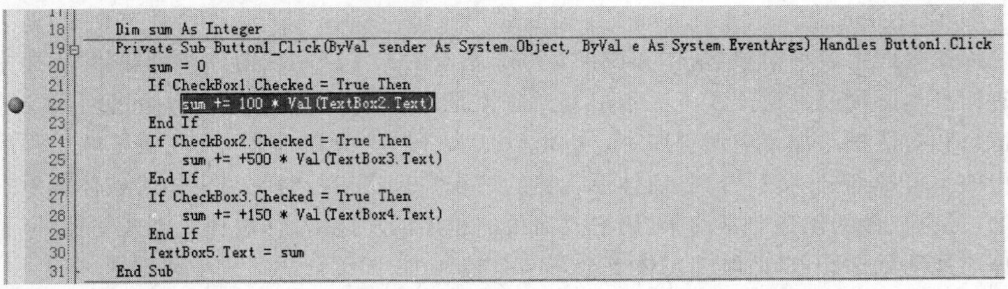

```
17
18      Dim sum As Integer
19      Private Sub Button1_Click(ByVal sender As System.Object, ByVal e As System.EventArgs) Handles Button1.Click
20          sum = 0
21          If CheckBox1.Checked = True Then
22              sum += 100 * Val(TextBox2.Text)
23          End If
24          If CheckBox2.Checked = True Then
25              sum += +500 * Val(TextBox3.Text)
26          End If
27          If CheckBox3.Checked = True Then
28              sum += +150 * Val(TextBox4.Text)
29          End If
30          TextBox5.Text = sum
31      End Sub
```

图 5-13　添加断点

(2) 运行断点：添加断点后，运行调试器选择 Debug→Start 命令，或者按 F5 键，启动程序，程序会编译并运行，当流程到达语句行的时候，会暂时中断，并切换到代码窗体，此时设有断点的代码以黄色背景高亮显示，如图 5-14 所示。

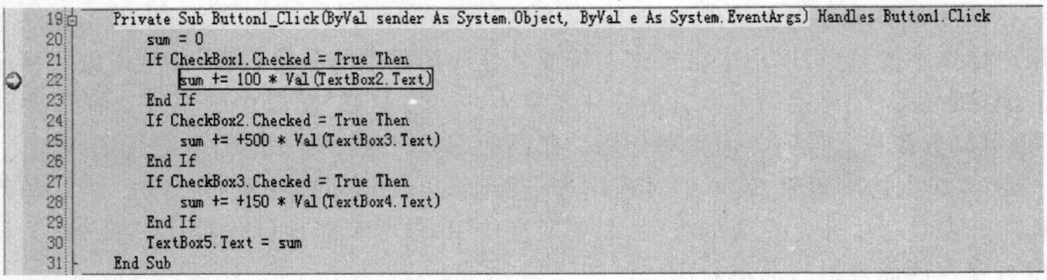

```
19      Private Sub Button1_Click(ByVal sender As System.Object, ByVal e As System.EventArgs) Handles Button1.Click
20          sum = 0
21          If CheckBox1.Checked = True Then
22              sum += 100 * Val(TextBox2.Text)
23          End If
24          If CheckBox2.Checked = True Then
25              sum += +500 * Val(TextBox3.Text)
26          End If
27          If CheckBox3.Checked = True Then
28              sum += +150 * Val(TextBox4.Text)
29          End If
30          TextBox5.Text = sum
31      End Sub
```

图 5-14　运行断点

(3) 单步执行：按 F11 键可以单步执行到下一个方法。

(4) 查看变量：如果要查看当前变量的当前值，可以将鼠标停在变量名上，下方就会出现一个小矩形框，显示"变量名＝变量值"的提示，如图 5-15 所示。

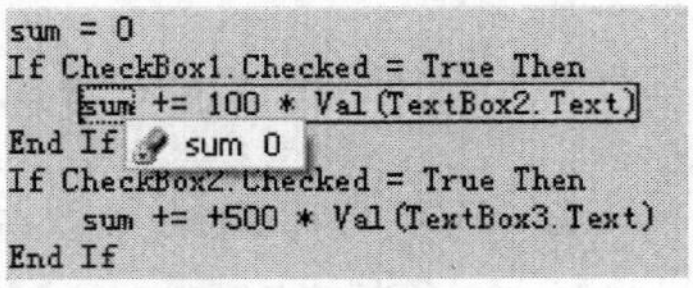

```
sum = 0
If CheckBox1.Checked = True Then
    sum += 100 * Val(TextBox2.Text)
End If   sum 0
If CheckBox2.Checked = True Then
    sum += +500 * Val(TextBox3.Text)
End If
```

图 5-15　查看变量

5.4　第一个 VB.NET 简单应用程序

在对 VB.NET 开发环境的开发与调试过程有了初步的了解后，下面将通过经典例子"Hello World"，来向读者展示 VB.NET 编程的基本步骤和方法，使读者对 VB.NET 的开发环境与语法有进一步的认识。

例 5.1　"Hello World"：在窗体中添加一个标签(Label)控件和一个按钮(Button)控件，单击按钮，按钮上文本由"开始"变为"Hello World!"，标签文本变为"欢迎加入 VB.NET 之旅!"。

1. 创建应用程序工程

操作步骤如下。

(1) 打开 Microsoft Visual Studio.NET 2008。

(2) 单击菜单栏中的“文件”→“新建项目”命令，打开“新建项目”对话框，如图 5-16 所示。

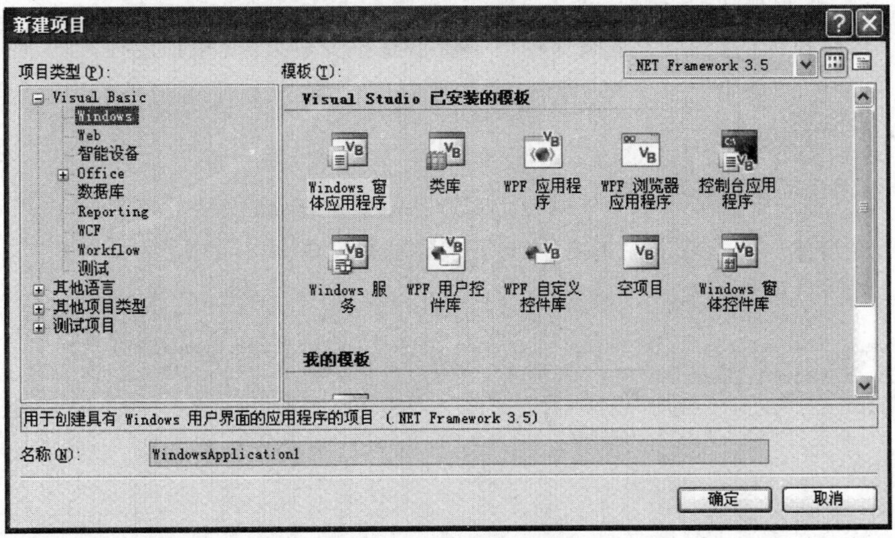

图 5-16　“新建项目”对话框

(3) 在“项目类型”列表框中，选择 Visual Basic 下的 Windows 选项，这表示当前创建的是一个 Windows 应用程序。

(4) 在“模板”列表中，选择“Windows 窗体应用程序”，这表示当前创建的是具有用户界面的 Windows 应用程序。

(5) 在“名称”文本框中输入应用程序的名称。默认名称为“WindowsApplication1”，这里输入“HelloWorld”。

(6) 更改窗体文件名，开始创建的项目，默认窗体文件名为 Form1. vb，在此修改窗体名称为 HelloWorld. vb。

(7) 保存工程，单击菜单栏中的“文件”→“全部保存”命令，打开“保存项目”窗口。在该窗口中，输入项目名称、保存位置和解决方案名称。“创建解决方案的目录”处于默认勾选状态，表示为当前解决方案创建一个单独的目录，然后单击“保存”按钮。

2. 使用 Windows 控件设计用户界面

(1) 窗体属性设置，在窗体上单击鼠标左键，“属性”窗口中就会显示窗体的属性。将 Text 属性设置为“第一个 Windows 应用程序”，按 Enter 键确认，对应窗体标题栏中显示的文本将变为“第一个 Windows 应用程序”。

(2) 设置窗体的大小，窗体的大小可以直接通过拖动尺寸手柄调整，也可以通过“属性”窗口中的 Size 属性进行设置。

(3) 添加标签(Lable)控件，单击工具箱中的“所有 Windows 窗体”，在标签(Lable)控件上按住鼠标左键，直接拖曳到窗体合适的位置。

(4) 设置 Label 控件属性，单击 Label 控件，“属性”窗口中会出现它的属性。将 Text 属性设置为“你好!”。

(5) 以同样的方法添加按钮(Button)控件,该控件默认名称与默认显示文本为“Button1”。修改其 Text 属性为“开始”。

(6) 锁定窗体的控件,为了确保控件位置保持不变,可以使用锁定控件功能。首先,单击菜单栏中的“编辑”→“全选”命令,选择所有的控件,然后单击菜单栏中的“格式”→“锁定控件”命令。

3. 使用代码窗口编写代码

(1) 在窗体界面上双击按钮控件,打开代码编写窗口。

(2) 输入代码:

```
Private Sub Button1_Click(sender As System.Object, e As System.EventArgs)_
Handles Button1.Click
    Label1.Text = "欢迎加入 VB.NET 之旅!"'当单击 Button 按钮时,改变 Label 标签区域的显示
    Button1.Text = "Hello World!"         '当单击 Button 按钮时,改变 Button 按钮上的显示
End Sub
```

(3) 保存所做修改。

4. 运行程序

单击菜单栏中的“调试”→“启动调试”命令,或者单击工具栏上的 Debug 按钮,或直接按 F5 键执行程序,系统会自动开始对程序进行保存、编译及运行工作,稍后一个名为“第一个 Windows 应用程序”的窗体将会出现在屏幕上,单击“开始”按钮,Button1 按钮的显示变为“Hello World!”,Label1 标签显示变为“欢迎加入 VB.NET 之旅!”,如图 5-17 所示。

图 5-17 运行界面

小 结

本章主要向读者介绍了 VB.NET 集成开发环境,简要介绍了 VB.NET 集成开发环境的安装过程,介绍了 VB.NET 集成开发环境以及 VB.NET 程序开发与调试过程,并通过开发一个简单的 VB.NET 应用程序,以实例的方式向读者讲解了简单应用程序的基本开发步骤,加深读者对 VB.NET 集成开发环境与 VB.NET 程序开发过程的了解。

第 6 章　VB. NET 数据类型与表达式

从本章开始，将引导读者逐步学习 Visual Basic. NET 编程语言基础。与任何其他程序语言一样，在 Visual Basic. NET 环境下进行程序开发运算时，需要存储各种类型的数据，还需要用到赋值等。

本章主要内容：

- VB. NET 中数据类型；
- VB. NET 中变量和常量；
- VB. NET 运算符、优先级与表达式。

6.1　数据类型

数据是程序的基础，决定着计算机如何存储变量。本节主要介绍 Visual Basic. NET 的数据类型、变量和常量。

Visual Basic. NET 的数据有很多种类，大体可以分为三大类：数值类型、文本类型和混合类型。

6.1.1　Numeric 数据类型

Visual Basic. NET 支持多种 Numeric（即数值型）数据类型，包括：Integer（整型）、Long（长整型）、Single（单精度浮点型）、Double（双精度浮点型）、Decimal（十进制型）、Short（短整型）。如果一个变量总是存放整数（如 365）而不是带小数点的数字（如 3.141 59），则可将其声明为 Integer（整型）、Long（长整型）或 Short（短整型）。与其他的数据类型相比，整数的运算速度快，且占内存少，常在 For...Next 循环内作为计数器变量使用。

Decimal（十进制型）是 Visual Studio. NET 框架内的通用数据类型，可以表示 28 位十进制数，且小数点的位置可根据数的范围及精度要求而定。

Single（单精度浮点型）和 Double（双精度浮点型）比 Decimal（十进制型）数据类型的有效范围大得多，但有可能产生小的进位误差。详细内容见表 6-1。

表 6-1　数值型数据类型

类型	占用空间	描　　述
Integer	4B	变量存储为 32 位整数型，范围为－2 147 483.648～2 147 483.648
Long	8B	变量存储为 64 位整数型，范围为－9 223 372 036 854 775.808～9 223 372 036 854 775.807

续表

类型	占用空间	描　述
Short	2B	变量存储为16位整数型,范围为－32 768～32 767
Single	4B	变量存储为32位浮点数值型,范围:负数为－3.402 823E38～－1.401 298E-45;正数为1.401 298E-45～3.402 823E38
Double	8B	变量存储为64位浮点数值型,范围:负数为－1.797 693 134 862 31E308～－4.940 656 458 412 47E-324; 正数为4.940 656 458 412 47E-324～1.797 693 134 862 31E308
Decimal	12B	无小数点的整数范围是－792 281 625 142 643 375 935 439 503 35～792 281 625 142 643 375 935 439 503 35

6.1.2 Byte 数据类型

如果变量包含二进制数,则可将其声明为 Byte 类型的数组。在转换格式期间用 Byte 变量存储二进制数据就可保留数据。当 String 类型变量在 ANSI 和 Unicole 格式之间进行转换时,变量中的任何二进制数据都会受到破坏。在下列任何一种情况下,Visual Basic.NET 都会自动在 ANSI 和 Unicole 格式之间进行转换。

(1) 读文件时;

(2) 写文件时;

(3) 调用 DLL 时;

(4) 调用对象的方法和属性时。

除一元减法之外,所有可对整数进行操作的运算符均可操作 Byte 数据类型,因为 Byte 类型在 Visual Basic.NET 中的存储位数是8位,表示的是0～255的无符号整数类型,不能表示负数。因此,在进行一元减法运算时,Visual Basic.NET 首先将 Byte 转换为符号整数。

Byte 数据类型可以转换成 Integer 类型、Long 类型、Short 类型、Single 类型、Double 类型、Decimal 类型,且不会出现溢出的错误。

6.1.3 String 数据类型

如果一个变量总是存储诸如"大白兔奶糖"之类的字符串而不包含3.141 592 6这样的数值,可将其声明为 String 类型。一个字符串可包含大约两亿(2的31次方)个 Unicode 字符。声明字符串变量的格式:

```
Dim S As String
```

然后可将字符串值赋予这个变量,并用字符串函数对其进行操作,如:

```
S = "大白兔奶糖"
```

默认情况下,String 类型变量或其参数是一个可变长度的字符串,随着对字符串赋予新数据，它的长度可增可减。

可以对 String 类型进行操作的基本函数有以下几种。

1. Len 函数

此函数返回字符串的长度，返回值为长整型(Long)，其语法为：

```
Len(string|varname)
```

说明：string 为任何有效的字符串表达式；varname 为任何有效的变量名称。如果 varname 是 Object，Len 函数视其为 String 并且总是返回其包含的字符数，如：

```
Dim A as String
Dim B as Integer
A = "大白兔奶糖"                      '初始化字符串
B = Len(A)                            '返回 10(一个汉字占 2B)
```

2. Trim、Ltrim 及 Rtrim 函数

Trim、Ltrim 及 Rtrim 函数完成将字符串中的一部分或全部空格去掉。Trim 去掉字符串中的全部空格，Ltrim 去掉字符串中起始的空格，而 Rtrim 将字符串末尾的空格都去掉，例如：

```
Dim A,B As String
A = " hello "                         '初始化字符串
B = Trim(A)                           'B = "hello"
B = Ltrim(B)                          'B = "hello "
B = Rtrim(B)                          'B = " hello"
```

3. Substring 方法

Substring 方法取代以前 VB 6.0 中的 Right、Left 及 Mid 等标准函数，用法是：

```
StrName.Substring(startChar,Length)
```

例如：

```
S.Substring(0,2)                      '相当于 Left(S,2)
S.Substring(S.Length(), - 4)          '相当于 Right(S,4)
```

6.1.4 Boolean 数据类型

Boolean 型数据，也称布尔型。如果变量的值只是 true/false、yes/no、on/off 等逻辑值信息，可将其声明为 Boolean 型。

Boolean 型数据占 4B。如果其他 Numeric 类型数据转换为 Boolean 型，则“0”转换为“False”，其他的非零数转换为“True”，Boolean 的默认值为“False”。

下面例子中，“blnRunning”是 Boolean 变量，存储简单的“yes/no”逻辑值信息：

```
Dim blnRunning As Boolean                    '查看磁带是否在转
If Recorder.Direction = 1 Then
    blnRunning = True
End if
While blnRunning
   …
While End
```

6.1.5 Date 数据类型

Date(日期)和 Time(时间)可包含在 Date 数据类型中,Date 类型的变量存储在 64 位(8B)的长整型中,代表的时间从公元 1 年 1 月 1 日到公元 9999 年 12 月 31 日,表示的时间从 0:00:00 到 23:59:59。

Date 类型的数据要写在两个"#"之间,如"# January 1,1993 #"或"#1 Jan 93 #",而且日期和时间的表示方式取决于计算机。

DateAndTime 类: DateAndTime 类可以返回各种形式的时间信息,常用的属性有"Now","Today"等,常用的方法有"Year"、"Month"、"MonthName"、"Weekday"、"WeekdayName"等。例如,将当前的日期及时间返回给"MyDate":

```
Dim MyDate As Date
Dim MyWeekdayName As String
MyDate = DateAndTime.Now
MyweekdayName = DateAndTime.WeekdayName(1) & CStr(MyDate)
```

6.1.6 Object 数据类型

Object 变量作为 32 位(4B)地址来存储,该地址可引用应用程序中或某些其他应用程序中的对象。

可以随后指定一个被声明为 Object 的变量去引用应用程序所识别的任何实际对象。Object 变量也可以用来存储各种类型的数据变量,这个功能使 Object 类型取代了 VB 6.0 中的 Variant 类型,如下例:

```
Dim objDb as Object
objDb = New DAO.Field()
```

在声明对象变量时,请使用特定的类,而不用一般的 Object(例如用 TextBox 而不用 Control,或者像上面的例子那样,用"Field"取代 Object)。

6.1.7 用户自定义类型

用户自定义类型在 Visual Basic.NET 中称为"structure"(结构),包含一个或多个不同种类的数据类型,尽管结构中的数据可以单独被访问,但是这些数据仍被认为是一个集合。将 VB 6.0 中用户自定义类型的关键字"Type"修改为"structure",从语法上与 C++

更相似。

一个结构的定义以“structure”关键字开始，以“End Structure”关键字结束。结构中的元素可以是任意的数据类型的组合，包括其他结构。结构一旦定义出来后就可以被用作变量声明、参数传递以及函数的返回值等用途。

定义一个结构的语法如下：

```
[Public|Private|Protected|]Structure structname
    {Dim|Public|Private|Friend}member1 As datatype1
    ...
    {Dim|Public|Private|Friend}memberN As datatypeN
End Structure
```

如下例定义一个“Employee”结构：

```
structure Employee
    Public GiverName As String          '雇员的姓
    Public FamilyName As String         '雇员的名
    Public Extension As Long            '雇员的电话
End Structure
```

用户自定义数据类型占用内存空间是其包含的所有数据类型所占用内存空间的总和。

6.2 常量和变量

Visual Basic. NET 中利用常量和变量来存储数据，常量和变量是程序设计的基础。

6.2.1 Visual Basic. NET 的常量

在实际编程中，经常遇到一种情形：代码中包含一些很难记住的数字，它们反复出现，且没有明确意义。在这种情况下，可以用常数来方便地改进代码的可读性和可维护性。

常数是用有意义的名字取代经常用到的数值或字符串。常量赋初值后不能再次对其赋值。

常数有以下两种来源。

(1) 内部的或系统定义的常数。这些常数是在 Visual Basic 对象库中定义的，由应用程序和控件提供。

(2) 由用户通过 const 语句声明定义的常数。

来自 Visual Basic 对象库的常数由以下形式构成：

```
NameSpaces1.NameSpaces2...ConstName
```

例如：

Microsoft. VisualBasic. MsgBoxStyle. OKOnly 是 Visual Basic 对话框中的一个常

数，值为0。

自定义常数的语法是：

```
[Public|Private|Protected|Friend|Protected Friend] const constname [As type] = expression
```

参数“constname”是有效的符号名，“expression”由数值常数或字符串常数及运算符组成；但需要注意的是，在“expression”中不能使用函数调用。“const”语句可表示数量、日期、时间和字符串等数据类型数据：

```
Const conPi = 3.14159265358979
Public Const conMaxPlanets As Integer = 9
Const conReleaseDate = #1/1/95#
Public Const conVersion = "07.10.A"
Const conCodeName = "Enigma"
```

如果用逗号进行分隔，则可在一行中放置多个常数声明：

```
Public Const conPi = 3.14, conMaxPlanets = 9, conWorldPop = 6E + 09
```

等号左边必须是左值，等号右边的表达式通常是数字或文字串，但也可以是其结果为数或字符串的表达式（尽管表达式不能包含函数调用），甚至可用先前定义过的常数定义新常数。

```
Const conPi2 = conPi * 2
```

当定义常数后，就可将其放置在代码中，使代码更可读。例如：

```
Const conPi = 3.14
Area = conPi * dblr ^2
```

在实际编程中，必须避免常量的循环引用。由于常数可以用其他常数定义，因此在两个以上常数之间不要出现循环或循环引用。当程序中有两个以上的公用常数，而且每个常数都用另一个去定义时就会出现循环。

例如：

```
'在 Module1 中：
Public Const conA = conB * 2                '在整个应用程序中有效
'在 Module2 中：
Public Const conB = conA/2                  '在整个应用程序中有效
```

如果出现这种循环，当试图运行此应用程序时，Visual Basic.NET 就会产生错误信息。不解决循环引用程序无法运行。为避免出现循环，通常将公共常数限制在单一模块内，或最多只存在于少数几个模块内。

6.2.2 Visual Basic.NET 的变量

变量是 Visual Basic.NET 程序运行中临时存储数据的内存空间。变量具有名字（用来引用变量所包含的值的词）和数据类型（确定变量能够存储的数据的种类）。例如，假定正在为糖果厂编一个销售糖果的程序。在销售实际发生之前并不知道糖果的价格和销量。此时，可以设计两个变量来保存未知数，将它们命名为"WowoPrice"和"WowoSold"。每次运行程序时，用户就这两个变量提供具体值。为了计算总的销售额，并且将结果显示在名叫"candySales"的文本框中，代码应该是这样的：

```
candySales.txt = WowoPrice * WowoSold
```

每次根据用户提供的数值，这个表达式可返回不同的金额。

1. 声明变量

在编程过程中，使用变量之前必须要用"Dim"语句来声明变量，其语法格式如下：

```
Dim Variablename As Type
```

在过程内部用"Dim"语句声明的变量，只有在该过程执行时才存在。过程一结束，存储该变量的内存空间随即释放。此外，过程中的变量值对过程来说是局部的，即在一个过程中无法访问另一个过程中的变量。由于这些特点，在不同过程中就可使用相同的变量名，而不必担心冲突发生以及编译时出现错误。

变量名有以下命名原则。

(1) 必须以字母开头。

(2) 不能包含嵌入的(英文)句号或者嵌入的类型声明字符。

(3) 不得超过255个字符。

(4) 在同一个范围内必须是唯一的。

范围就是可以引用变量的域，如一个过程、一个函数等。"Dim"语句中的可选的"As Type"子句，用于定义被声明变量的数据类型或对象类型。数据类型定义了变量所存储信息的类型。变量也可以包含来自 Visual Basic.NET 或其他应用程序的对象，如"Form"和"TextBox"等。

注意："As Type"在默认的情况下是必写的，如果要将"As Type"变成可选的，则需将工程属性页中的Build选项中Option strict设置为Off，这样在没有"As Type"的变量声明中，Object类型是其默认的数据类型。

1) 隐式声明

将工程属性页中的Build选项中Option strict设置为Off，则工程中便允许隐式声明，即在使用一个变量之前并不必先声明这个变量。例如：

```
Function SafeSqr(num)
    TempVal = Abs(num)
    SafeSqr = Sqr(TempVal)
End Function
```

Visual Basic.NET用这个名字自动创建一个变量，使用此变量时，可以认为它就是声明过的。虽然这种方法很方便，但是如果把变量名拼错了，会导致一个难以查找的错误。例如，假定这个函数写成：

```
Function SafeSqr(num)
    TempVal = Abs(num)
    SafeSqr = Sqr(TemVal)
End Function
```

看起来,这两段代码好像是一样的。但是因为在倒数第二行把“TempVal”变量名写成“TemVal”了,所以函数总是返回0。当 Visual Basic. NET 遇到新名字时,它分辨不出这是变量名写错了,于是用这个名字再创建一个新的变量。

2）显式声明

为了避免写错变量名引起的麻烦,可以规定,只要遇到一个未经明确声明就当成变量的名字,Visual Basic. NET 都发出错误警告。要显式声明,只须将工程属性页中的 Build 选项中的 Option Explicit 设置为 on 即可。如果对包含 SafeSqr 函数的窗体或标准模块执行该语句,那么 Visual Basic. NET 将认定“TempVal”和“Temval”都是未经声明的变量,并为两者都发出错误信息。随后就可以显式声明“TempVal”:

```
Function SafeSqr(num)
    Dim TempVal
    TempVal = Abs(num)
    SafeSqr = Sqr(TemVal)
End Function
```

在程序执行过程中,因为 Visual Basic 对拼错了的“TemVal”显示错误信息,所以能够立刻明白是什么问题。鉴于“Option Explicit”有助于编译系统的出错处理,所以一般在编写代码之前要将其设置为 on。

2. 变量的范围

变量的范围确定了能够访问该变量存在的那部分代码。根据可访问的范围,变量可分为:过程级变量、模块级变量和静态变量。

1）过程内部使用的变量

过程级变量只有在声明它们的过程中才能被识别,它们又被称为局部变量。用“Dim”关键字来声明它们,例如:

```
Dim intTemp As Integer
```

在整个应用程序运行时,用“Dim”声明的变量只在过程执行期间才存在。对任何临时计算来说,局部变量是最佳选择。例如,可以建立十几个不同的过程,每个过程都包含称作“intTemp”的变量。只要每个“intTemp”都声明为局部变量,那么每个过程只识别它自己的“intTemp”版本。任何一个过程都能够改变它自己的局部的“intTemp”变量的值,而不会影响到别的过程中的“intTemp”变量。

2）模块内部使用的变量

按照默认规定,模块级变量对该模块的所有过程都可用,但对其他模块的代码不可用。可在模块顶部的声明段用 Private 关键字声明模块级变量,从而建立模块级变量。例如:

```
Private intTemp As integer
```

在模块级，“Private”和“Dim”之间没有什么区别，但“Private”更好些，因为很容易把它和“Public”区别开来，使代码更容易理解。

为了使模块级的变量在其他模块中也有效，可用“Public”关键字声明公用变量，公用变量中的值可用于应用程序的所有过程。公用变量也必须在模块顶部的声明段来声明，例如：

```
Public intTemp As Integer
```

3）静态变量

变量有其生存的周期，在这一期间变量能够保持它们的值。在应用程序的存活期内一直保持模块级变量和公用变量的值。但是，对于“Dim”声明的局部变量以及声明局部变量的过程，仅当过程在执行时这些局部变量才存在。通常，当一个过程执行完毕，它的局部变量的值就已经不存在，而且变量所占据的内存也被释放。当下一次执行该过程时，它的所有局部变量将重新初始化。但可将局部变量声明定义成静态的，从而保留变量的值。在过程内部用“Shared”关键字声明一个或多个变量，其用法与“Dim”语句完全一样：

```
Shared Depth
```

例如，下面的函数将存储在静态变量“Accumulate”中的以前的运营总值与一个新值相加，以计算运营总值。

```
Function RunningTotal(num)
    shared ApplesSold As Integer
    ApplesSold = ApplesSold + num
    RunningTotal = ApplesSold
End Function
```

如果用“Dim”而不是“Shared”声明“ApplesSold”，则以前的累计值不会通过调用函数保留下来，函数只会简单地返回调用它的那个相同值。在模块的声明段声明“ApplesSold”，并使它成为模块级变量，由此也会收到同样的效果。但是，这种方法一旦改变变量的范围，过程就不再对变量排他性存取。由于其他过程也可以访问和改变变量的值，所以运营总值也许不可靠，代码将更难于维护。

注意：Visual Basic 以前版本是用“Static”关键字来声明变量，在 Visual Basic. NET 中“Shared”关键字取代了“Static”关键字，静态变量要慎用，因为一旦声明了静态变量，这个变量就会常驻内存，如果声明的静态变量很多，有可能影响系统的性能。

6.3 运算符、优先级与表达式

程序设计时经常用到的有 6 种运算：赋值运算（Assignment）、算术运算（Arithmetic）、二进制运算（Bitwise）、比较运算（Comparison）、连接运算（Concatenation）及逻辑运算（Logical），下面对这 6 种运算进行简单介绍。

6.3.1 赋值运算

Visual Basic. NET 的赋值运算符如表 6-2 所示。

表 6-2 赋值运算符

运算符	名　称	类　型	说　明
＝	赋值号	双目运算符	第二个操作数值传给第一个操作数
＋＝	加等号	双目运算符	第一个操作数加上第二个操作数传给第一个操作数
－＝	减等号	双目运算符	第一个操作数减去第二个操作数传给第一个操作数
*＝	乘等号	双目运算符	第一个操作数乘以第二个操作数传给第一个操作数
/＝	浮点除等号	双目运算符	第一个操作数除以第二个操作数传给第一个操作数
\＝	整除等号	双目运算符	第一个操作数整除第二个操作数传给第一个操作数
^＝	求指等号	双目运算符	第一个操作数连乘第二个操作数次传给第一个操作数
&＝	连接等号	双目运算符	第一个操作数连接第二个操作数传给第一个操作数

赋值运算符除“＝”(赋值号)外，大部分是 Visual Basic. NET 新增的运算符，在给变量赋值的时候，一般都先进行算术运算，如 i＋＝1 相当于 i＝i＋1。

6.3.2 算术运算

算术运算也就是通常所说的数学运算，算术运算是高级语言所要实现的最基本的功能。表 6-3 列出了这些算术运算符。

表 6-3 算术运算符

运算符	名称	类型	说　明
＋	加号	双目运算符	加号两边的操作数是数字类型时，要注意有没有溢出的可能；另外，Single 类型与 Long 类型相加时，返回值为 Double 类型，如果两个操作数都为 Empty，则返回值为 Integer；一个是 Empty，另一个不是时，另一个操作数即是返回值
－	减号或负号	双目运算符或单目运算符	做双目运算时同加号。单目运算时，表示一个数的相反数
*	乘号	双目运算符	同加号
/	浮点除号	双目运算符	操作数同时为 Byte、Integer 或 Single，返回值在不溢出时为 Single 或 Double
\	整除号	双目运算符	操作数可以是任何类型的数，但在运算时都被取整，返回值一般为 Byte、Single、Double
MOD	求余号	双目运算符	返回第一个操作数整除第二个操作数的余数，例如：10 MOD 3 结果为 1；12.6 MOD 5 结果为 3
^	求指号	双目运算符	对第一操作数进行连乘，连乘次数为第二个操作数，注意：求指号的运算顺序为从右到左，例如：3 ^3 ^3 结果为 19 683，而(3 ^3)^3 结果为 729

6.3.3 二进制运算

无论什么类型的操作数，都是以二进制形式存储在内存中。二进制运算就是内存中的二进制数进行操作的运算。二进制运算应用非常广泛，如网络应用中子网掩码的算法。表 6-4 列出了二进制运算的基本运算符。

表 6-4 二进制运算的基本运算符

运 算 符	名 称	类 型	说 明
BitAnd	按位与	双目运算符	0 BitAnd 0 值为 0 0 BitAnd 1 值为 0 1 BitAnd 0 值为 0 1 BitAnd 1 值为 1
BitNot	按位非	单目运算符	BitNot 0 值为 1 BitNot 1 值为 0
BitOr	按位或	双目运算符	0 BitOr 0 值为 0 0 BitOr 1 值为 1 1 BitOr 0 值为 1 1 BitOr 1 值为 1
BitXor	按位异或	双目运算符	O BitXor 0 为 0 O BitXor 1 为 1 1 BitXor 0 为 1 1 BitXor 1 为 1

6.3.4 比较运算

比较运算符用于比较运算，运算结果为 True 或 False。如果操作数包含 Empty，则按 0 进行处理。常用的比较运算符如表 6-5 所示。

表 6-5 比较运算符

运 算 符	名 称	类 型	说 明
<	小于	双目运算符	操作数可以是任何合理的表达式
<=	小于等于	双目运算符	同小于号
>	大于	双目运算符	同小于号
>=	大于等于	双目运算符	同小于号
=	等于	双目运算符	同小于号
<>	不等于	双目运算符	同小于号

除上述常用比较运算符外，Visual Basic. NET 还有两种比较运算符：Is 及 Like。

1. Is 运算符

Is 运算符操作数必须是 Object 类型数据，如果两个操作数表示同一个对象，那么返回 true；反之则返回 False。例如：

```
Dim MyObject,YourObject,ThisObject,OtherObject,ThatObject As Object
Dim Mycheck As Boolean
YourObject = MyObject
ThisObject = MyObject
ThatObject = OtherObject
MyCheck = YourObject Is ThisObject  '返回 True
MyCheck = ThatObject Is ThisObject  '返回 False
MyCheck = MyObject Is ThisObject  '返回 False
```

2. Like 运算符

Like 运算的第一操作数必须为 String 类型数据，第二操作数则可以是 String 或字符串的标准样式。字符串的标准样式主要由以下 5 点组成。

(1)“?”代表单个字符。

(2)“*”代表 0 或多个字符。

(3)“#”代表 0～9 的单个数字。

(4) [字符列表]代表任何在列表中的字符。

(5) [! 字符列表]代表任何不在列表中的字符。

例如：

```
Dim MyCheck As String
MyCheck = "aBBBa" Like "a*a"  '返回 True
MyCheck = "F" Like "[A-Z]"  '返回 True
MyCheck = "F" Like "[!A-Z]"  '返回 False
MyCheck = "a2a" Like "a#a"  '返回 True
MyCheck = "aM5b" Like "a[L-P]#[!c-e]"  '返回 True
MyCheck = "BAT123khg" Like "B?T*"  '返回 True
MyCheck = "CAT123khg" Like "B?T*"  '返回 True
```

6.3.5 连接运算

连接运算用来连接两个表达式。常用的连接运算符如表 6-6 所示。

表 6-6 连接运算符

运算符	名称	类型	说 明
+	加连接符	双目运算符	如果两个操作数为 String，就把这两个操作数连接成一个字符串，否则按加号处理
&	连接符	双目运算符	将操作数强行转换成 String，再进行连接运算

6.3.6 逻辑运算

逻辑运算符用于较复杂的逻辑运算，可对表达式进行逻辑判断并返回一个布尔值

True 或者 False。

例如，如果 X 大于或等于零，则求 X 的平方根。代码如下：

```
If X > 0 OR X = 0 Then
    X = Math.Sqrt(X)
End If
```

常用逻辑运算符如表 6-7 所示。

表 6-7　逻辑运算符

运算符	名称	类型	说　　明
AND	与	双目运算符	A AND B 表示 A 与 B，A、B 都为 True 时，结果为 True，否则为 False
NOT	非	单目运算符	NOT A 表示非 A，A 为 1 时，结果为 0；A 为 0 时，结果为 1
OR	或	双目运算符	A OR B 表示 A 或 B，A、B 都为 False 时，结果为 False，否则为 True
XOR	异或	双目运算符	A XOR B 表示 A 异或 B，A、B 不相等时，结果为 True，否则为 False

6.3.7　运算优先级

在一个表达式中，若运算不止一种时，则首先进行算术运算，其次是比较运算，最后是逻辑运算。同一种运算中，单目运算符的优先级高于双目运算符。优先级相同的运算，按从左到右的顺序进行处理(求指运算除外)。

字符串连接运算(&)排在所有算术运算之后，以及所有比较运算符之前。

在实际编程过程中，可以使用括号来改变运算顺序，强制命令表达式中的某些部分优先执行。在括号内部运算的优先级高于括号外边的运算，使用括号既省去了死记运算符优先级的麻烦，而且有利于程序的可读性和可维护性。

表 6-8 为各运算符的优先顺序。

表 6-8　运算符优先级

算术、二进制及连接运算符	比较运算符	逻辑运算符
求指号(^)	等号(＝)	Not
负号(－)	不等号(＜＞)	And
乘除号(*、/)	小于(＜)	Or
整除号(\)	大于(＞)	Xor
求余号(MOD)	小于等于(＜＝)	
加减号(＋、－)	大于等于(＞＝)	
二进制运算符(BitNot，BitAnd，BitOr，BitXor)	Like，Is	
连接运算符(&)		

小　结

本章主要向读者介绍了 VB. NET 数据类型与表达式的基本知识，VB. NET 基本数据类型知识，VB. NET 中变量与常量的知识以及 VB. NET 中运算符、优先级与表达式的知识，通过这三方面基础知识的介绍，帮助读者对 VB. NET 数据类型与表达式有初步的了解与认识。

第7章　流程控制语句

从本章开始，将引导读者逐步学习 Visual Basic.NET 流程控制语句。程序的执行就如同平常的生活一样，是有顺序性地在执行，整个执行的顺序与过程就是流程，在 Visual Basic.NET 编程开发过程中，需要对于程序执行的流程顺序因不同情况选取不同的流程，结构化程序的基本控制结构有三种，分别为顺序结构、分支结构和循环结构。各种复杂的程序就是由若干个基本结构组成，本章将从基本控制结构入手进行介绍。

本章主要内容：

- 顺序语句；
- 分支语句；
- 循环语句。

7.1　顺序语句

任何编程语言中最常见的程序控制语句就是顺序语句。顺序语句的程序设计是最简单的，只要按照解决问题的顺序写出相应的语句就行，它的执行顺序是自上而下，依次执行。

顺序语句可以独立使用构成一个简单的完整程序，常见的输入、计算，输出三部曲的程序就是顺序语句。

例1　现有 a=3，b=5，要求交换 a，b 的值。

顺序语句如下：

```
Dim a As Integer = 3
Dim b As Integer = 5
Dim c As Integer
c = a
a = b
b = c
```

7.2　分支语句

顺序语句是程序控制中最基础的语句，但在编程过程中很少出现只有顺序语句的情况。在实际编程中，经常需要根据不同的情况处理不同的问题，这时需要用到条件分支结构，条件分支结构通过分支语句来实现问题的分情况处理。在 Visual Basic.NET 中提供了多种形式的分支语句。

1. If...Then

If...Then 分支结构语法格式如下：

```
If 条件 Then
    语句块
End If
```

如果“语句块”中只有一条语句，则“End If”可以省略。

例：

```
If Score >= 90 Then Label1.Text = "优秀"
```

示例运行中将根据 Score>=90 这个表达式的值，决定是否把 Label1 对象的 Text 属性设置为“优秀”。如果 Score 变量的值大于等于 90，程序将设置该属性的值；否则，Visual Basic 跳过这条赋值语句，然后执行事件过程中的下一行语句。

2. If...Then...Else

语法格式如下：

```
If 条件 Then
    语句块 1
Else
    语句块 2
End If
```

此语句对条件进行判断，如果条件表达式的值为 True，程序执行语句块 1，然后跳转到 End If 语句之后继续执行；否则执行语句块 2。

该语句的另一种变化是利用关键字“ElseIf”实现多分支条件语句，其语法结构如下：

```
If 条件 Then
    语句块 1
ElseIf 条件 2 Then
语句块 2
ElseIf 条件 3 Then
语句块 3
...
ElseIf
    语句块 n
End If
```

ElseIf 子句的数量是没有限制的，程序从上到下依次测试条件，当一个条件为 True，就执行相应的语句块，然后跳转到 End If 语句之后继续执行；如果所有条件表达式的值都不是 True，那么执行 Else 子句下的语句块。

下面的代码展示了如何使用多行 If...Then 结构来确定个体工商户的生产经营所得税计算问题：

```
If AdjustedIncome <= 15000 Then
    '5 %税段
    TaxDue = AdjustedIncome * 0.05
ElseIf AdjustedIncome <= 30000 Then
    '10 %税段
    TaxDue = 750 + ((AdjustedIncome - 15000) * 0.10)
ElseIf AdjustedIncome <= 600000 Then
    '20 %税段
    TaxDue = 3750 + ((AdjustedIncome - 30000) * 0.20)
ElseIf AdjustedIncome <= 100000 Then
    '30 %税段
    TaxDue = 9750 + ((AdjustedIncome - 60000) * 0.30)
Else
    '35 %税段
    TaxDue = 14750 + ((AdjustedIncome - 100000) * 0.35)
End If
```

注意：总是可以添加更多的 ElseIf 块到 If...Then 结构中去。但是，当每个 ElseIf 都将相同的表达式比作不同的数值时，这个结构编写起来很乏味。在这种情况下，可以使用 Select Case 判定结构。

3. Select Case

Select Case 语句是一个多分支结构语句。Select Case 结构与 If...Then...Else 结构相似，但在处理依赖于某个关键变量或称作测试情况的分支时效率更高，程序的可读性更高。

Select Case 结构的语法如下所示：

```
Select Case 表达式
    Case 值 1
        语句块 1
    Case 值 2
        语句块 2
    Case 值 3
        语句块 3
    …
    Case Else
        语句块 n
    End Select
```

Select Case 结构以关键字"Select Case"开始，以关键字"End Select"结束。Select Case 结构中可以使用任意多个 Case 子句，Case 子句中也可以包括多个值，多个值之间使用逗号分隔。

下面的示例展示了程序中如何使用 Select Case 结构判断某人的年龄结构。

```
Select Case Age\10
case 0
    Label1.Text = "儿童"
```

```
Case 1
    Label1.Text = "少年"
Case 2,3,4,5,6,7,8,9,10
    Label1.Text = "成人"
Case Else
    Label1.Text = "年龄不合法"
End Select
```

注意：Select Case 结构每次都要在开始处计算表达式的值，而 If...Then...Else 结构为每个 ElseIf 语句计算不同的表达式，只有在 If 语句和每个 ElseIf 语句计算相同的表达式时，才能使用 Select Case 结构替换 If...Then...Else 结构。

7.3 循环语句

流程控制的另一种重要类型是循环控制，循环控制通过循环语句完成程序中重复执行的代码，重复执行一条或多条语句，Visual Basic.NET 的循环语句有以下三种结构。

1. For...Next 循环

For...Next 循环是固定循环语句，对语句块循环执行指定的次数。For...Next 循环的语法如下所示：

```
For 变量 = 初始值 To 结束值[Step 步长值]
    语句块
Next 变量
```

上述语法中，For、To、Next 是必需的关键字，等号(=)也不能省略。步长值可以是正数，也可以是负数。无 Step 时，步长值默认是 1。

例如，使用 For...Next 循环求 1～50 的和。

```
Module ForNextExample
    Sub  main()
        Dim I As Integer
        Dim sum As Integer = 0
        For i = 1 To 50
        Sum += i
        Next i
        Console.WriteLine(sum)
    End Sub
End Module
```

2. While 循环

While 循环是可变循环语句，只要条件为 True 就一直循环。While 循环的语法为：

```
While 条件
```

```
    语句块
End While
```

如果条件为 Null，则这个条件被认为是 False；如果条件为 True，则所有的语句将被执行，直到 End While。这时候控制权返还给 While，条件再次被检查，如果条件为 True，则继续执行 While 内部的语句；如果条件为 False，则继续执行 End While 后面的语句。

例如，使用 While 循环求 1～50 的和：

```
Module WhileExample
    Sub main()
        Dim I As Integer
        Dim sum As Integer = 0
        While I <= 50
            Sum  += i
            i = i + 1
        End While
        Console.WriteLine(sum)
    End Sub
End Module
```

3. Do...Loop 循环

Do...Loop 同样是可变循环，分别配合使用 While 和 Until，在指定条件为 True 或成为 True 之前执行循环。其语法格式为：

```
Do [{While|Until}条件]
    语句块
Loop
```

或

```
Do
    语句块
Loop [{While|Until}条件]
```

如果条件为 Null，则这个条件被认为是 False。

仍以求 1～50 的和为例：

```
Module DoLoopExample
    Sub main()
        Dim I As integer  =  1
        Dim sum As Integer  = 0
        Do While i <= 50
        Sum  += i
        i = i + 1
        Loop
        Console.WriteLine(sum)
    End Sub
End Module
```

7.4 应用举例与上机练习

通过前三节的介绍，在对顺序语句、分支语句以及循环语句有了初步了解后，本节主要通过应用举例与上机练习，帮助读者巩固学习 VB.NET 流程控制语句。

应用场景：某饼干厂，在管理库存过程中，要对产品类别进行查看与显示添加，即输入产品名称，显示该产品类别，并将类别添加到界面显示。

下面根据应用场景，进行应用举例和上机练习的介绍，具体步骤如下。

（1）新建一个工程，取名为“某饼干厂产品库存系统”。

（2）右键单击工程“饼干厂库存管理”，选择“添加”→“新建项”命令，选择 Windows Forms 下的“Windows 窗体”，名称为“某饼干厂产品信息.vb”。

（3）修改“某饼干厂产品信息”窗体的 Text 属性为“某饼干厂产品信息”，向窗体中添加两个标签（Label），分别修改其 Text 属性为“产品信息：”和“产品名称：”。

（4）向窗体中添加 ListView 控件，单击 ListView 右上角的三角标记，打开 ListView 任务编辑器，如图 7-1 所示。

单击“编辑列”，向其中添加三个成员，修改成员 ColumnHeader2 的 Text 属性为“产品名称”，成员 ColumnHeader3 的 Text 属性为“产品类别”，视图属性选择 Details。单击“编辑项”，向其中添加 6 个成员，如图 7-2 所示，依次为每个成员“数据”→SubItems 属性集合添加两个成员，并依次修改添加的第一个成员 ListViewSubItem 的 Text 属性值为“奥利奥”、“好吃点”、“德芙”、“冠生园”、“味多美”和“汇源”。最终达到如图 7-1 所示的效果。

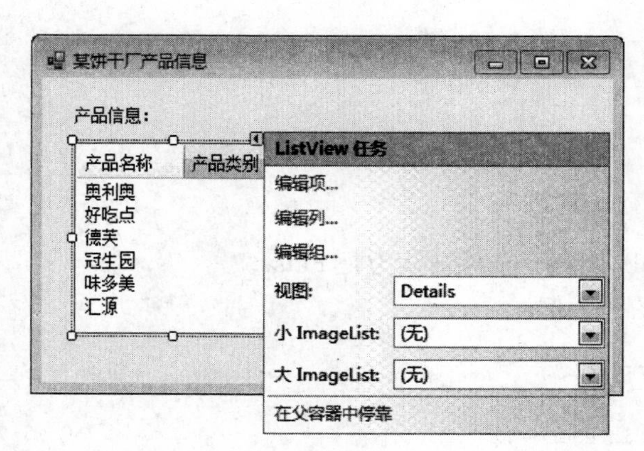

图 7-1　ListView 任务编辑器

（5）向窗体中添加一个文本框 TextBox 控件，添加一个按钮 Button 控件，并修改其 Text 属性为“查看并添加产品类别”，分别拖动其位置，最终达到如图 7-3 所示效果。

（6）在设计窗体中，单击“查看并添加产品类别”按钮，进入代码编辑界面，在代码编辑部分加入如下代码：

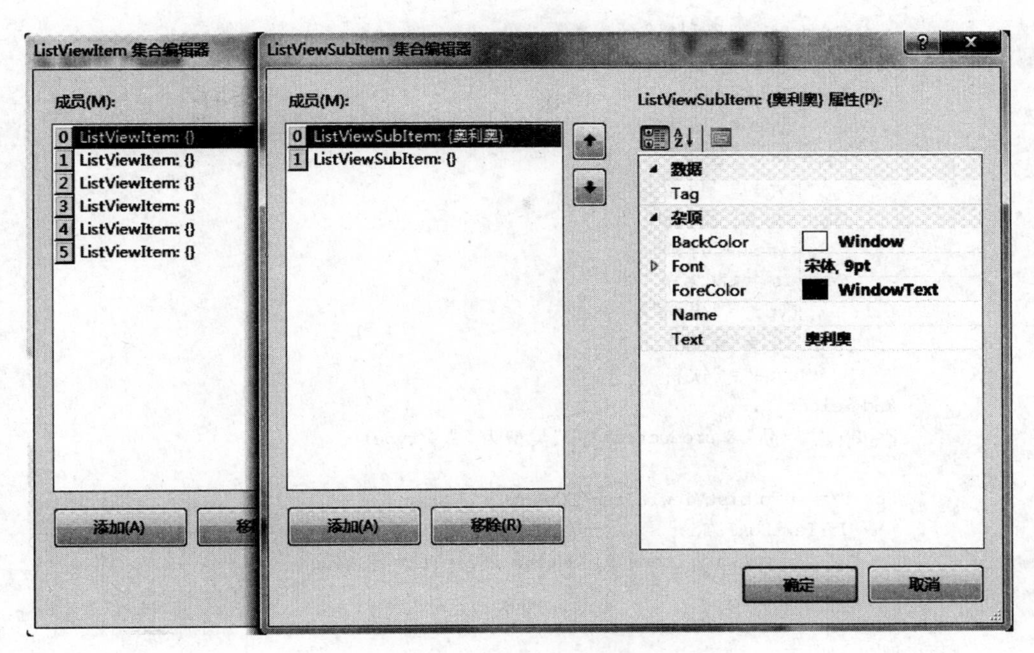

图 7-2　ListView 设置

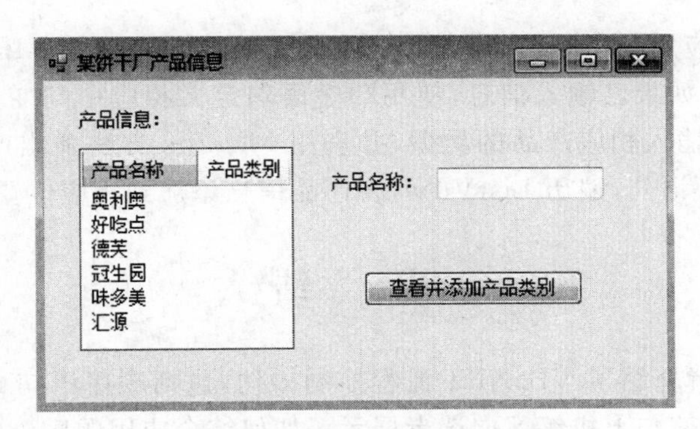

图 7-3　某饼干厂产品信息窗体设计

```
Private Sub Button1_Click(sender As System.Object, e As System.EventArgs)_
Handles Button1.Click
    '先使用分支语句 if 判断文本框中是否输入信息,如果已输入信息,使用 Select Case 分支
语句
    '输入相应产品的类型,最后使用 For…to…Next 循环语句,遍历 ListView,将产品信息添加到
    '相应位置。
    If TextBox1.Text = "" Then
        MsgBox("请输入要查看的产品名称")
    Else
        Dim type As String = ""
        Dim i As Integer
        Dim productname As String = Trim(TextBox1.Text)
        Select Case productname
```

```
            Case Is = "奥利奥"
                type = "奶油"
            Case Is = "好吃点"
                type = "威化"
            Case Is = "德芙"
                type = "巧克力"
            Case Is = "冠生园"
                type = "月饼"
            Case Is = "味多美"
                type = "蛋糕"
            Case Is = "汇源"
                type = "饮料"
        End Select
        MsgBox("产品" & productname & "类型为: " & type)

        For i = 0 To ListView1.Items.Count - 1 Step 1
            If TextBox1.Text = ListView1.Items(i).SubItems(1).Text Then
                ListView1.Items(i).SubItems(2).Text = type
            End If
        Next
    End If
End Sub
```

这段代码综合应用顺序语句、分支语句以及循环语句。先使用 If 分支语句判断文本框中是否输入信息，如果已输入信息，使用顺序语句定义相应中间变量，然后使用 Select Case 分支语句得到输入相应产品的类型，并利用 MsgBox 方法弹出产品类型，最后使用 For...to...Next 循环语句，遍历 ListView，将产品信息添加到相应位置。

小　结

本章主要向读者介绍了 VB. NET 流程控制语句，包括顺序语句、分支语句以及循环语句，并通过应用举例与上机练习向读者展示了如何综合应用顺序语句、分支语句和循环语句，加深读者对 VB. NET 流程控制语句的了解与认识。

第8章 数 组

从本章开始，将引导读者逐步学习 Visual Basic. NET 中数组的相关内容。数组(Arrays)可以把一系列相同类型的变量通过同一名称存储，并按序排列，使用被称为“索引”或“下标”的数字来区分数组中的每个变量。数组可以是一维的，也可以是多维的。在 Visual Basic. NET 中，所有的数组都是以 0 为起始长度的。

本章主要内容：

- 声明数组；
- 数组赋值；
- 遍历数组；
- 重设数组大小；
- 二维数组。

8.1 声明数组

数组的声明格式如下：

```
Dim 数组名(最大索引) As 数据类型
```

例如：

```
Dim x(9) As Integer
```

其中，x 是数组名，该数组的最大索引号是 9，因数组元素的索引都是从 0 开始，所以该数组的长度是 10，可以存放 10 个整数。

8.2 数组赋值

数组通常通过以下两种途径进行赋值。

(1) 通过使用索引号给数组的每个元素赋值，例如：

```
x(0) = 10
x(1) = 30
```

上述赋值语句将数组的第一个元素赋值为 10，第二个元素赋值为 30。

(2) 在声明数组的同时给数组赋值。在这种情况下，可以不指定数组最大索引号。例如：

```
Dim x() As Integer = {10,20,30,40,50,60,70,80,90,100}
```

8.3 遍历数组

数组遍历需要应用循环语句。针对数组遍历，Visual Basic. NET 提供了语法更加简洁的 For Each...Next 循环语句，其语法格式如下：

```
For Each 变量名 In 数组名
    语句块
Next
```

For Each...Next 循环语句将从头遍历数组中的每个元素，同时将元素赋值给变量，在循环体语句中使用变量就可以访问元素的值。

例如，使用 For Each...Next 循环语句遍历数组 x 中的元素并输出：

```
Mpdule BianLiExample
    SubMain()
        Dim x() As Integer = {10,20,30,40,50,60,70,80,90,100}
        For Each e In x
        Console.WriteLine(e)
        Next
    End Sub
End Module
```

除使用 For Each...Next 循环语句遍历数组外，Visual Basic. NET 也可以使用 For...Next 循环语句实现数组遍历。

例如：

```
Mpdule ArrayExample
    Sub Main()
        Dim x() As Integer = {10,20,30,40,50,60,70,80,90,100}
        For i As Integer = 0 To x.Length - 1
        Console.WriteLine(x(i))
        Next
    End Sub
End Module
```

8.4 重设数组大小

使用 ReDim 关键字可以重新设置数组的大小。例如，将数组 x 重新设置长度为 15，代码如下：

```
ReDim x(14)
```

使用 ReDim 重新设置数组时，数组原来的内容将被删除，重新初始化为默认值。可使用 Preserve 关键字保留数组原有内容不会丢失。例如：

```
ReDim Preserve x(14)
```

8.5 多维数组

多维数组可以理解为“数组的数组”，比一维数组多了“维数”的概念。可以用多维数组记录复杂的信息。例如，为了追踪计算机屏幕上的每一个像素，需要引用它的 X、Y 坐标，此时应该用多维数组存储值。

Visual Basic. NET 声明多维数组的语法如下：

```
Dim 数组名(维数 1 的最大索引,维数 2 的最大索引,…,维数 n 的最大索引) As 数据类型
```

例如，下面的语句声明了一个 10×10 的二维数组：

```
Dim MatrixA(10,10) As Double
```

多维数组元素总数为各个维的维数的乘积。

注意：在增加数组的维数时，数组所占的存储空间会大幅度增加，所以要慎用多维数组。使用 Object 数组时更要格外小心，因为它们需要更大的存储空间。可以利用 For 循环嵌套来有效地处理多维数组。

例如，在 MatrixA 中基于每个元素在数组中的位置为其赋值：

```
Dim I,J As Integer
Dim MatrixA(10,10) As Double
For I = 0 to 9
    For J = 0 to 9
        MatrixA(I,J) = I * 10 + J
    Next
Next
```

8.6 应用举例与上机练习

通过前 5 节的介绍，在对声明数组、数组赋值、遍历数组、重设数组大小以及二维数组有了初步了解后，本节主要通过应用举例与上机练习，帮助读者巩固学习 VB. NET 中数组的相关内容。

应用场景：某饼干厂，在管理库存过程中，要对产品收入进行相应计算，包括查询某特定产品的收入以及所有产品的收入。

下面根据应用场景，开始进行应用举例和上机练习的介绍，具体步骤如下。

(1) 右键单击已建立的工程“某饼干厂产品库存系统”，选择“添加”→“新建项”命令，选择 Windows Forms 下的“Windows 窗体”，名称为“产品收入计算. vb”。

(2) 修改“产品收入计算”窗体的 Text 属性为“产品收入计算”，向窗体中添加一个标签(Label)，修改其 Text 属性为“产品名称：”。

(3) 向窗体中添加一个文本框 TextBox 控件，两个按钮 Button 控件，分别修改按钮控件的 Text 属性为“产品收入查询”、“产品总收入查询”。最终效果如图 8-1 所示。

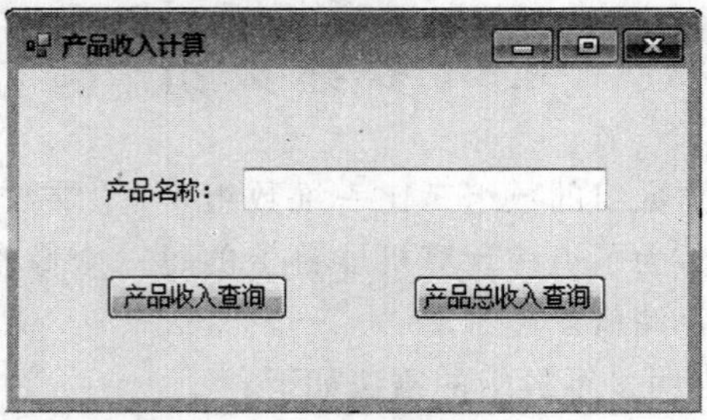

图 8-1　产品收入计算界面

(4) 在产品收入设计界面空白处,双击鼠标进入代码设计界面,写入如下代码:

```
'定义公共数组 ProductInfo(),并为其每行第一个变量分别赋值,然后在界面加载时,通过 For
'循环遍历数组,为数组每行第二个变量赋值。
Dim ProductInfo(  , ) As String = {{"奥利奥", ""}, {"好吃点", ""}, {"德芙", ""}, _
{"冠生园", ""}, {"味多美", ""}, {"汇源", ""}}
Private Sub 产品收入计算_Load(sender As System.Object, e As System.EventArgs) _
Handles MyBase.Load
    Dim i As Integer
    ProductInfo(0, 1) = 100
    For i = 1 To 5
        ProductInfo(i, 1) = 2 * (ProductInfo(i - 1, 1) - 25)
    Next
End Sub
```

(5) 在产品输入设计界面,双击"产品收入查询"按钮,进入代码设计界面,写入如下代码:

```
'定义 String 类型变量 income,先用 If 分支语句判断文本框是否为空,如果不为空,使用 For 循环
遍历'数组第一列,如果数组第一列中存在数据和文本框输入信息相同,返回相同数据所在行第二
列数据。
Private Sub Button1_Click(sender As System.Object, e As System.EventArgs)_
Handles Button1.Click
    Dim income As String = ""
    If TextBox1.Text = "" Then
        MsgBox("请输入查询的产品名称!")
    Else
        Dim i As Integer
        For i = 0 To 5
            If TextBox1.Text = ProductInfo(i, 0) Then
                income = ProductInfo(i, 1)
            End If
        Next
        If income = "" Then
            MsgBox("查询的产品名称不存在!")
        Else
            MsgBox("产品 " & TextBox1.Text & " 的收入为: " & income)
        End If
```

```
    End If
End Sub
```

(6) 在产品输入设计界面,双击"产品总收入查询"按钮,进入代码设计界面,写入如下代码:

```
'定义 Integer 循环变量 I,Integer 变量 sum,通过 For 循环遍历数组第二列,求出产品的总收入,
用转换'函数将结果转化为 Integer 类型。
Private Sub Button2_Click(sender As System.Object, e As System.EventArgs)_
Handles Button2.Click
    Dim i As Integer
    Dim sum As Integer = 0
    For i = 0 To 5
        sum += CUInt(ProductInfo(i, 1))
    Next
    MsgBox("产品总收入为:" & sum)
End Sub
```

(7) 单击"调试"按钮或按 F5 键启动调试,在文本框中输入"德芙",单击"产品收入查询"按钮,运行结果如图 8-2 所示。

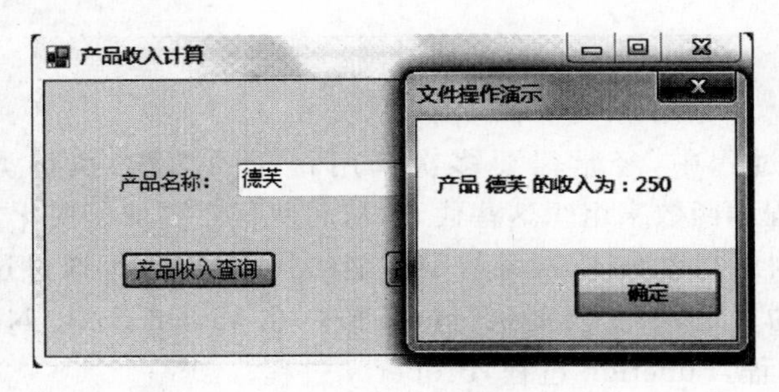

图 8-2　程序调试

本实例综合运用了二维数组的定义,数组赋值以及数组遍历。首先定义公共数组 ProductInfo(),并为其每行第一个变量分别赋值,然后在界面加载时,通过 For 循环遍历数组,为数组每行第二个变量赋值。然后主要运用了遍历数组查询数组中相应数据。

小　结

本章主要介绍了 VB. NET 中数组的相应知识,包括:声明数组、数组赋值、遍历数组、重设数组大小以及二维数组等,并通过应用举例与上机练习向读者展示了如何综合应用数组相关知识,加深读者对 VB. NET 中数组相关知识的了解与认识。

第 9 章　过程与参数

从本章开始，将引导读者逐步学习 Visual Basic. NET 中过程与参数的相关内容。编写程序实现复杂的功能时，往往把复杂的功能分解成若干简单的功能，每个功能用一个程序块(一个程序段)来实现，程序块之间相对独立，这种程序块称为过程。一个过程可以被另一个过程调用，由此，用这些过程可以构造成一个完整、复杂的应用程序。

本章主要内容：

- 过程；
- 参数；
- 例外处理。

9.1　过　程

应用程序开发过程中，经常需要多次调用相同的功能，执行类似的代码，Visual Basic. NET 通过过程和函数来组织这些代码，从而使程序更加模块化，易于使用和维护。

过程是由一系列语句组成，实现某特定功能的代码单元，可通过过程名调用此过程。过程是模块化编程的关键，用于反复执行的任务。在 Visual Basic. NET 中，提供了三种类型的过程：Sub 过程，Function 过程，Property 过程。

在 Visual Basic. NET 中，常用的过程主要为前两种 Sub 过程和 Function 过程。过程一般用 Sub 声明，函数一般用 Function 声明，两者的主要区别是函数一定要有返回值。

9.1.1　Sub 过程

Sub 过程也称为子过程，用来完成明确任务的语句块，其语法格式如下：

```
{Private|Public|Friend} Sub 过程名(参数序列)
    Statements
End Sub
```

Sub 过程可以带参数，也可以不带参数。带参数时，参数类似于变量声明，但在参数名之前需要使用 ByVal 或 ByRef 指明是值传递还是引用传递，参数之间必须使用逗号分隔。

在 Visual Basic. NET 中，Sub 过程分为通用过程和事件过程。

1. 通用过程

通用过程告诉应用程序如何完成一项指定的任务。一旦确定了通用过程，就必须由专有应用程序来调用。

2. 事件过程

当 Visual Basic. NET 中的对象对于某个事件的发生做出认定时，便自动用相应于事件的名字调用该事件的过程。因为过程名字在对象和代码之间建立了联系，所以说事件过程是附加在窗体和控件上的。

(1) 一个控件的事件过程将控件的实际名字(在 Name 属性中规定的)、下划线(_)和事件名组合起来。

例如，如果希望在单击了一个名为 btnPlay 的命令按钮之后，这个按钮会调用事件过程，则要使用 btnPlay_Click 过程。

(2) 一个窗体事件过程将窗体的名字空间、下划线和事件名组合起来。如果希望在单击窗体之后，窗体会调用事件过程，则要使用 Form_Click 过程(和控件一样，窗体也有唯一的名字，但不能在事件过程的名字中使用这些名字)。

用户虽然可以自己编写事件过程，但使用 Visual Basic. NET 提供的代码过程会更方便，这个过程自动将正确的过程名包括进来。从对象框中选择一个对象，从过程框中选择一个过程，就可在“代码编辑器”窗口中选择一个模板。在开始为控件编写事件过程之前先设置控件的 Name 属性，这样可以避免在编译时产生一定的错误隐患。如果对控件附加一个过程之后又更改控件的名字，那么也必须更改过程的名字，以符合控件的新名字。否则，Visual Basic 无法使控件和过程相符。过程名与控件名不符时，过程就称为通用过程。

关于事件过程将在后续章节详细介绍。

下述代码使用 Sub 过程实现两个数的求和。

```
Module SubExample
    Sub Add(ByVal x As Integer, ByVal y As Integer)
        Dim sum As Integer = x + y
        Console.WriteLine("{0} + {1} = {2}",x,y,sum)
    End Sub
    SubMain()
        Console.WriteLine("请输入第 1 个数: ")
        Dim a1 As Integer = Convert.ToInt32(Console.ReadLine())
        Console.WriteLine("请输入第 2 个数: ")
        Dim a2 As Integer = Convert.ToInt32(Console.ReadLine())
        Add(a1,a2)
    End Sub
End Module
```

在上述代码中，定义了一个名为 Add 的子过程，该过程带有两个参数，且参数都是值传递(ByVal)。在 Main 过程中，首先从控制台接收两个整数，然后调用 Add 子过程，并将这两个数作为参数进行值传递。

9.1.2 Funtion 过程

Function 过程也称为函数，同 Sub 过程类似，也是 Visual Basic. NET 的一个独立过程，可读取参数、执行一系列语句。与 Sub 过程不同的是，Function 过程具有返回值。Function 过程的语法格式如下：

```
{Private|Public|Friend|} Function 过程名(参数序列) As 返回类型
    过程体
End Function
```

Sub 过程与 Function 过程之间有以下三点区别。

(1) 一般来说，语句或表达式的右边包含函数过程名和参数(returnvalue = function)，这就调用了函数。

(2) 与变量完全一样，函数过程有数据类型。这就决定了返回值的类型(如果没有 As 子句，默认的数据类型为 Object)。

(3) 可以给过程名赋一个值，即为返回的值。

Function 过程返回一个值时，该值可成为表达式的一部分。

例如，

```
Module FunctionExample
    Function Add(ByVal x As Integer, ByVal y As Integer) As Integer
        Dim sum As Integer = x + y
        Return sum
    End Function
    Sub Main()
        Console.WriteLine("请输入第 1 个数: ")
        Dim a1 As Integer = Convert.ToInt32(Console.ReadLine())
        Console.WriteLine("请输入第 2 个数: ")
        Dim a2 As Integer = Convert.ToInt32(Console.ReadLine())
        Add(a1,a2)
    End Sub
End Module
```

在上述代码中，Add 过程的返回值为 Integer，并使用 Return 语句返回两个整数的和。

9.1.3 Property 过程

Property 过程是用来给属性赋值或者从属性取值的代码块，类似于 Java 中的 setter 和 getter 方法。Property 过程可以声明在模块、类或者结构体中。其语法格式如下：

```
{Private|Public|Friend} Property 属性名() As 数据类型
    Get
        Return 字段
    End Get
    Set(ByVal value As String)
        字段 = value
    End Set
End Property
```

在 Property 过程中存在两个子过程。Get 过程：获取属性值，即返回属性对应的字段值。Set 过程：设置属性值，即给属性对应的字段进行赋值。

下面的例子定义了一个类，该类中使用 Property 过程定义类的属性。

```
Public Class Student
    Private name As String
    Private age As Integer
    Public Property StuName() As String
        Get
            Return name
        End Get
        Set(ByVal value As String)
            Name = value
        End Set
    End Property
    Public Property StuAge() As String
        Get
            Return age
        End Get
        Set(ByVal value As String)
            age = value
        End Set
    End Property
End Class
```

在 Student 类中，定义了两个私有字段 name 和 age，然后利用 Property 定义两个属性 StuName 和 StuAge，每个属性提供 Get 和 Set 过程对属性字段进行操作。

9.1.4　调用过程

1. 调用 Sub 过程

与 Function 过程不同，在表达式中，Sub 过程不能用其名字调用，调用 Sub 过程的是一个独立的语句。Sub 过程还有一点与函数不同，它不会用名字返回一个值。但是，与 Function 过程一样，Sub 过程也可以修改传递给它们的任何变量的值。调用 Sub 过程有两种方法，如以下两个语句都调用了名为 MyProc 的 Sub 过程：

```
Call MyProc(FirstArgument,SecondArgument)
MyProc(FirstArgument,SecondArgument)
```

2. 调用函数过程

通常，调用自行编写的函数过程的方法和调用 Visual Basic. NET 内部函数过程（例如 Abs）的方法一样：即在表达式中写上它的名字。

下面的语句都调用函数 MyFunc：

```
TextBox1.Text = CStr(10 * MyFunc)
```

```
X = MyFunc()
```

像调用 Sub 过程那样，也能调用函数。下面的语句都调用同一个函数：

```
Call Year(Now)
Year(Now)
```

当用这种方法调用函数时，Visual Basic.NET 将放弃返回值。

3. 调用其他模块中的过程

在工程中的任何地方都能调用类模块或标准模块中的公用过程。调用其他模块中的过程的各种技巧，取决于该过程是在类模块中还是在标准模块中。

在类模块中调用过程要求调用与过程一致并且指向类实例的变量。例如，DemoClass 是类 Class1 的实例：

```
Dim DemoClass As New Class1
```

DemoClass.SomeSub 在引用一个类的实例时，不能用类名作限定符。必须首先声明类的实例为对象变量（在这个例子中是 DemoClass）并用变量名引用它。

标准模块中的过程如果过程名是唯一的，则不必在调用时加模块名。无论是在模块内，还是在模块外调用，结果总会引用这个唯一过程。如果过程仅出现在一个地方，这个过程就是唯一的。如果两个以上的模块都包含同名的过程，那就有必要用模块名来限定了。在同一模块内调用一个公共过程就会运行该模块内的过程。例如，对于 Module1 和 Module2 中名为 CommonName 的过程，从 Module2 中调用 CommonName 则运行 Module2 中的 CommonName 过程，而不是 Module1 中的 CommonName 过程。从其他模块调用公共过程名时必须指定那个模块。例如，若在 Module1 中调用 Module2 中的 CommonName 过程，要用下面的语句：

```
Module2.CommonName(arguments)
```

9.2 参　　数

子过程和函数都可以接收用于数据传递的参数。

1. 参数的数据类型

过程的参数默认为 Object 数据类型，不过，可以声明参数为其他数据类型。例如，为实现“根据星期几和时间，返回午餐菜单”功能，下面的函数将接收一个字符串和一个整数：

```
Function WhatsForLunch(WeekDay As String, Hour As Integer) As String
    If WeekDay = "Friday" Then
        WhatsForLunch = "Fish"
    Else
```

```
        WhatsForLunch = "Chicken"
    End If
    If Hour > 4 Then WhatsForLunch = "Too Late"
End Function
```

2. 按值传递参数

在 Visual Basic. NET 中传递参数的默认方式是按值传递。按值传递参数时，传递的只是变量的副本。如果过程改变了这个值，则所做变动只影响副本而不会影响变量本身。ByVal 是按值来传递的关键字。例如：

```
Sub PostAccounts(ByVal intAcctNum As Integer)
    语句块
End Sub
```

这里 ByVal 关键字可以省略。

3. 按地址传递参数

按地址传递参数是过程用变量的内存地址去访问实际变量的内容。如果给按地址传递参数指定数据类型，就必须将这种类型的值传给参数。Visual Basic 计算表达式，如果可能，还会按要求的类型将值传递给参数。把变量转换成表达式的最简单的方法就是把它放在括号内。用"ByRef"关键字指出参数是按地址来传递的，按地址传递的效率比较高，因为无论变量是什么类型，传进的都只是 4B。如下例：参数 RunningTotal 是按地址传进来的，因此传进的变量值为参数 AcctNum 的值。

```
Sub PostAccount(ByVal AcctNum As Integer,ByRef RunningTotal As Single)
    RunningTotal = AcctNum
End Sub
```

4. 可选参数

在过程的参数列表中列入"Optional"关键字，就可以指定过程的参数为可选的。指定可选参数，根据以下三条规则。

(1) 每个可选的参数一定要有一个默认值；

(2) 可选参数的默认值必须是个常数；

(3) 可选参数的后面的所有参数也需是可选参数。

下面的例子给出了带有可选参数的过程的定义：

```
Sub subName(Optional ByVal MyCountry As String = "China")
    ...
End Sub
```

当调用这个过程的时候，可以选择是否给过程传递参数，如果不传递参数，则过程使用默认的参数。

5. 参数数组

通常情况下,过程调用中的参数个数应等于过程说明的参数个数。如果通过参数数组向过程传递参数,在定义过程的时候,就不必知道参数数组中的元素的个数,参数数组的大小由每次调用过程时决定。

"ParamArray"关键字用来声明参数数组,其规则如下。

(1) 一个过程只能有一个参数数组,而且参数数组必须在其他参数的后面。

(2) 参数数组必须是按值传递的,通过关键字"ByVal"指定。

(3) 参数数组必须是一维数组,参数数组本身的每个元素必须是同一种类型的,如果没定义,按 Object 类型处理。

(4) 参数数组一旦声明就是可选参数,它的默认值就是每种类型的 Empty 值。

下面的例子说明了参数数组的使用。

求多个整数的和:

```
Module ParamArrayExample
    Sub Sum(ByVal ParmArray s() As Integer)
        Dim x As Integer = 0
        For I As Integer = 0 To s.Length - 1
            x += s(i)
        Next
        Console.WriteLine("和是: {0}",x)
    End Sub
    Sub Main()
        Dim y() As Integer = {10,20,30,40,50}
        Sum(y)
        Sum(10,15,20)
    End Sub
End Module
```

在上述代码中,在 Main()中有两种不同的参数调用 Sum 过程,一种是参数数组,另一种是数值列表,无论哪种形式,参数数组都会接收。

9.3 例外处理

在面向对象编程中,每个对象可以根据外界动作进行响应,事件就是一种预先定义好的并针对对象的指定动作,由用户或系统激活,实现对对象的操作。

9.3.1 自定义事件

Visual Basic.NET 用 WithEvents 语句和 Handles 子句为指定事件处理程序提供声明。用 WithEvents 语句的对象引发的事件,可以由任何过程用该事件的 Handles 语句来处理。例如下面的程序代码:

```
Public Class TestEvent
```

```
    Public Event MyEvent(ByVal s As String)           '自定义事件
    Public Sub StartEvent(ByVal value As String)      '触发事件函数
        RaiseEvent MyEvent(value)                     '触发事件
    End Sub
    Dim WithEvents mEvent As TestEvent                '用 WithEvents 关键字声明对象变量
      Sub ExamEvents()
          mEvent = New TestEvent()
          mEvent.RaiseEvents()
      End Sub
      Sub mEvent_EventHandler() Handels mEvent.MyEvent
          MsgBox("收到事件")
      End Sub
End Class

Class exam
  Shared SubMain()
      Dim exam As New TestEvent()
      Exam.ExamEvent()
  End Sub
End Class
```

因为 WithEvents 语句和 Handles 子句所用的声明语法使对事件处理的编码和调试更容易,因此它们通常是事件处理程序的最佳选择。但使用 WithEvents 变量时需注意以下问题。

(1) 不能把 WithEvents 变量声明为 Object。

(2) 不能用 WithEvents 对共享事件做声明处理。

(3) 不能创建 WithEvents 变量数组。

(4) 声明 WithEvents 变量时不能使用 New 关键字,必须先声明变量再创建类的实例。

(5) WithEvents 变量使单个事件处理程序能够处理多个事件,但多事件处理程序不能处理同一事件。

在 Visual Basic. NET 中,继承是完全支持事件的。如果在基类中定义一个 Public 事件,则该事件可以通过基类的代码或者任何由基类继承而来的子类所触发。

事件可以定义任何一种作用域。如果定义 Private 事件,那么该事件只能通过发送对象来获得; 如果是 Public 事件,则可以被任何对象访问; Protected 事件可以通过定义类或者子类来创建对象进行访问; Friend 事件可以被项目中的任何对象访问。

和方法不同,事件不能使用 Overloads 关键字来进行重载。因为类可以使用特定名字定义事件,任意子类自动从父类重载得到事件,所有 Override 关键字就没有任何作用,因此不能用于事件中。

9.3.2　自定义事件

事件可以定义为 Shared。共享方法可以触发共享事件,但无法触发非共享事件。例如:

```
Public Class EventSource
    Shared Event SharedEvent()
    Public Shared Sub DoShared()
        RaiseEvent SharedEvent()
    End Sub
End Class
```

共享事件可由共享方法或非共享方法触发，例如：

```
Public Class EventSource
    Public Event TheEvent()
    Shared Event SharedEvent()
    Public  Sub DoSomething()
        RaiseEvent TheEvent()
        RaiseEvent SharedEvent()
    End Sub
End Class
```

如果从一个共享方法中触发一个非共享事件，则会导致一个语法错误。

9.3.3 在不同工程之间触发事件

在 VB 中无法完成在不同工程之间的事件触发，但在 VB. NET 中通过使用 Event 和 RaiseEvent 关键字并配合 Delegate 关键字则可以实现它。

1. 创建远程事件源

当我们仍要使用 RaiseEvent 语句来触发事件的时候，如果要在其他 VB. NET 工程中的代码接收代码，需要采用不同的方法来声明事件。特殊地，需要在类外部要触发事件的地方通过使用 Delegate 语句定义事件作为 delegate。

接着创建一个新的类库，将它命名为 EventSource 并且增加一个简单类命名为 RemoteClass。

假定想触发一个事件，这个事件返回一个字符串参数。首先要利用参数的类型来声明一个 Delegate：

```
Public Delegate Sub RemoteEventHandler(ByVal SomeString As String)
```

通常情况下 VB. NET 会自动创建这个 Delegate。然而，有时候这个 Delegate 不能从其他工程中进行访问，所以还是对它进行显式的声明。

以下是我们创建的类，它可以触发事件：

```
Public Class RemoteClass
    Public Event RemoteEvent As RemoteEventHandler
    Public Sub DoSomething()
    RaiseEvent RemoteEvent(anyevent)
    End Sub
End Class
```

这段代码功能成功地实现关键取决于事件本身的定义：

```
Public Event RemoteEvent As RemoteEventHandler
```

该事件并没有显式地定义其参数，而是依赖于 Delegate 来定义。反而，这个事件是定义为一个特殊的类型，即刚才定义 Delegate 的类型。

另外，用于触发事件的代码只是应用了一个简单的 RaiseEvent 语句：

```
RaiseEvent RemoteEvent(anyevent)
```

这条语句提供的参数数值用于当事件被触发时的返回值。

2. 接收远程事件

在单一的 VB. NET 工程中，可以编写代码类接收事件。具体可以增加一个 Windows 应用工程来解决，可以右击它并选择 Set As Startup Project 选项，这样它就可以在按 F5 键的时候被运行了。

为了访问触发事件的类，必须给 EventSource 工程增加一个引用，具体操作如下：选择菜单项 Project(工程)→Add Reference(增加引用)。

之后，可以增加一个按钮到窗体上，并且打开窗体的代码窗口，再引入以下的远程类名空间：

```
Imports System.ComponentModel
Imports System.Drawing
Imports System.WinForms
Imports EventSource
```

在窗体 A 中，可以使用 WithEvents 关键字来定义远程类。

```
Public Class FormA
Inherits System.WinForms.Form
Private WithEvents objRemote As RemoteClass
```

当 objRemote 项在左上角的类名字下拉表中被选择的时候，可以在代码窗口右上角的方法名字下拉列表中看到事件的列表。选择这个选项时，以下的代码就将被创建：

```
Public Sub objRemote_RemoteEvent() Handles objRemote.RemoteEvent
End Sub
```

非常不幸，这些代码在执行中是有问题的，因为它没有提供我们所传递的参数。因此需要增加参数到声明中去：

```
Public Sub objRemote_RemoteEvent(ByVal Data As String)
Handles objRemote.RemoteEvent
    Messagebox.Show(Data)
End Sub
```

还需要增加代码来在对话框中显示结果。具体做法为：增加一个按钮到窗体中去，并为按钮增加以下的代码：

```
Protected Sub Button1_Click(ByVal sender As Object, ByVal e As System.EventArgs)
    objRemote = New RemoteClass()
    objRemote.DoSomething()
End Sub
```

至此就成功完成了从一个工程中触发事件，并且在另外一个工程中接收到这些触发的事件。

9.4 应用举例与上机练习

通过前三节的介绍，对过程与参数、例外处理有了初步了解后，本节主要通过应用举例与上机练习，帮助读者巩固学习 VB. NET 过程与参数。

应用场景：某饼干厂，在管理库存过程中，要实现对产品信息的修改，包括从数据库中加载所有产品名称，然后输入相应信息对产品信息进行修改。

下面根据应用场景，开始进行应用举例和上机练习的介绍，具体步骤如下。

(1) 右键单击工程“饼干厂产品库存系统”，选择“添加”→“新建项”命令，选择 Windows Forms 下的“Windows 窗体”，名称为“修改产品信息. vb”。

(2) 修改“修改产品信息”窗体的 Text 属性为“修改产品信息”，向窗体中添加一个组框(GroupBox)控件，修改其 Text 属性为“修改产品信息”，添加 5 个标签(Label)，分别修改其 Text 属性为“选择要修改的产品：”、“产品名称：”、“产品类型：”、“产品单位：”、“产品单价：”。

(3) 向窗体中添加一个 ComboBox 控件，修改其 Name 属性为“CB_Name”，4 个 TextBox 控件，分别修改其 Name 属性为“TB_Name_C”、“TB_Type_C”、“TB_Unit_C”、“TB_Price_C”和一个 Button 控件，修改 Button 控件的 Text 属性为“修改信息”。最终效果如图 9-1 所示。

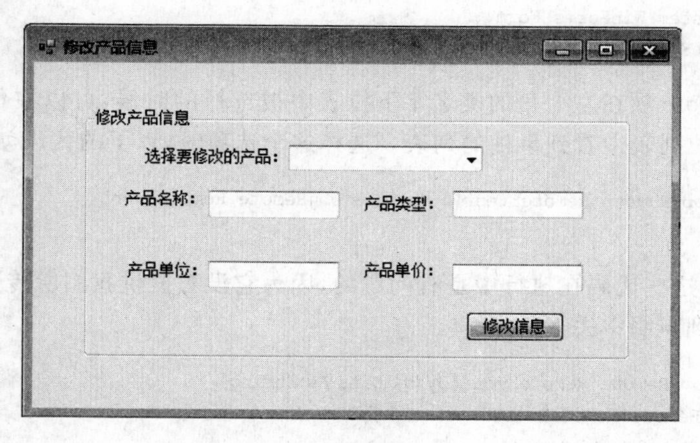

图 9-1 窗体设计

(4) 在产品收入设计界面空白处，双击鼠标进入代码设计界面，在“Public Class 修改产品信息”上侧添加如下代码：

```
'添加 Data.OleDb 引用
Imports System.Data.OleDb
```

在"Public Class 修改产品信息"下侧添加如下代码:

```
'定义连接字符串,定义 OleDbCommand 命令与 OleDbDataReader 读取器
Dim MyConnection As New OleDbConnection("Provider = Microsoft.Jet.OLEDB.4.0; _
Data Source = D:\源程序\db.mdb")
Dim MyCommand As OleDbCommand
Dim MyReader As OleDbDataReader
```

(5) 在代码设计界面,定义 Sub 过程与 Function 函数,添加如下代码:

```
'定义 Sub 过程: LoadData()向 ComboBox 中加载数据库读出信息
Sub LoadData()
    '打开数据库连接,编写查询语句,执行查询,然后向 ComboBox 中加载读取信息。
    MyConnection.Open()
    MyCommand = New OleDbCommand("SELECT ProductName  FROM ProductInfo ", MyConnection)
    MyReader = MyCommand.ExecuteReader()
    While MyReader.Read
        CB_Name.Items.Add(MyReader("ProductName"))
    End While
    MyConnection.Close()
    MyReader.Close()
    MyCommand.Dispose()
End Sub
'定义 Function 函数: UpdateData()函数通过传递参数,向数据库中更新相应信息。
Function UpdateData(ByRef SetName As String, ByRef SetType As String, ByRef SetPrice_
As Integer, ByRef SetDan As String, ByRef BeName As String)
    '打开数据库连接,根据传递的参数编写数据库更新语句,执行 SQL 语句,返回值。
    MyConnection.Open()
    MyCommand = New OleDbCommand("Update ProductInfo set [ProductName] = '" & SetName _
    & "',[ProductType] = '" & SetType & "',[ProductPrice] = '" & SetPrice & "', _
    [ProductDanwei] = '" & SetDan & "' where ProductName = '" & BeName & "'", MyConnection)
    MyCommand.ExecuteNonQuery()
    MyConnection.Close()
    MyCommand.Dispose()
    Return 1
End Function
```

(6) 为界面加载与 Button 控件添加事件。在产品收入设计界面空白处,双击鼠标进入代码设计界面,添加如下代码:

```
'界面加载添加事件: 界面加载时,调用 LoadData()过程,向 ComboBox 中加载数据。
Private Sub 修改产品信息_Load(sender As System.Object, e As System.EventArgs) _
Handles MyBase.Load
    LoadData()
End Sub
'给"修改信息"按钮添加事件: 调用 UpdateData(),传递输入的参数,执行产品信息更新。
Private Sub Button1_Click(sender As System.Object, e As System.EventArgs)_
```

```
Handles Button1.Click
    '首先用 if 分支语句判读输入信息是否为空,如果不为空,调用 UpdateData()函数,传递输入
的参'数,执行产品信息更新,并根据返回的值判段更新是否完成,产品更新完成后调用 LoadData
()
    '过程重新向 ComboBox 中加载信息。
    If TB_Name_C.Text = "" Or TB_Type_C.Text = "" Or TB_Unit_C.Text = ""_
    Or TB_Price_C.Text = "" Then
        MsgBox("请输入完整的产品更新信息!",MsgBoxStyle.Information,"饼干厂产品库存系
统")
    Else
        Dim i As Integer = 0
        Dim price As Integer = CUInt(TB_Price_C.Text)
        i = UpdateData(TB_Name_C.Text, TB_Type_C.Text, price, TB_Unit_C.Text, CB_Name.
Text)
        If i = 1 Then
            MsgBox("该产品信息已更新!", MsgBoxStyle.Information, "饼干厂产品库存系统")
            TB_Name_C.Text = ""
            TB_Type_C.Text = ""
            TB_Unit_C.Text = ""
            TB_Price_C.Text = ""
            CB_Name.Items.Clear()
            LoadData()
        Else
            MsgBox("该产品信息更新失败!", MsgBoxStyle.Information, "饼干厂产品库存系
统")
        End If
    End If
End Sub
```

本实例综合运用了 Sub 过程与 Function 函数的定义调用以及参数的传递过程。首先分别定义 Sub 过程 LoadData()与 Function 函数 UpdateData(),然后通过在界面加载与按钮事件中调用 Sub 过程与 Function 函数,并通过传递相应参数完成操作。

小　结

本章主要介绍了 VB.NET 中过程与参数的相关知识,包括过程介绍、Sub 过程、Function 过程、Property 过程,可选参数、参数数组以及例外处理,并通过应用举例与上机练习向读者展示了 Sub 过程与 Function 函数以及参数传递的综合应用,加深读者对 VB.NET 中过程与参数的了解与认识。

第 10 章 VB.NET 界面设计技术

软件行业发展到今天，软件设计已可以分为编码设计与 UI 设计。UI 设计即 User Interface(用户界面)的设计，就像工业产品中的工业制造设计一样，是产品的重要卖点。一个友好美观的界面不仅可以提高软件自身的品位，拉近人与计算机的距离，同时如果可以让软件变得舒适、简单、自由、充分体现软件的定位和特点，则更具有实际意义。

1991 年，Microsoft 推出 Visual Basic 1.0 时，作为第一个“可视”的编程软件，因其连接编程语言和用户界面的进步，而被许多人认为是软件开发史上一个具有划时代意义的事件，深受广大程序员们的喜爱。而如今，VB 被整合到.NET Framework 平台上，作为一个面向对象的语言，在界面设计上，使其更具优势。

在 Visual Basic.NET 中，界面设计主要涉及窗体和控件的学习。在界面设计之前，首先需要了解应用程序的用途，然后根据需要考虑：采用什么样式；需要多少窗体，它们分别是哪些；应该包括哪些菜单，菜单实现怎样的功能；需不需要创建工具栏；怎样与用户实现沟通，采用怎样的对话框；以及需要给用户提供哪些帮助等。

本章将通过实例具体介绍 Visual Basic.NET 应用程序的界面设计，并将其与具体的代码结合起来。

本章主要内容：

- 控件概述，控件的基本属性，控件的基本事件，窗体常用控件简介；
- 界面设计概述，菜单、工具栏、状态栏、对话框；
- MDI 界面设计。

10.1 窗体和常用控件简介

在有了前面几章对于 Visual Basic.NET 的基本语法和编程规则学习的基础之上，就可以进入图形界面编程了。本节主要介绍窗体的属性和事件以及常用控件的使用。

10.1.1 窗体

窗体是在 Windows 环境下建立直观的应用程序的基础，是 Visual Basic 程序设计的对象。窗体就像一个绘图板，可以放置多个对象，形成美观的用户界面。窗体可以看作是控件的容器，应用程序中组成用户界面的控件必须放置到窗体中。每个应用程序至少有一个窗体，这是使用其他对象时不可缺少的载体，用户使用窗口与应用程序进行交互。

Windows 应用程序一般有三种主要的窗体界面样式：单文档界面(SDI)、多文档界面(MDI)和资源管理器样式界面。

打开 Visual Studio,先来创建一个新的解决方案,单击“文件”→“新建项目”,弹出如图 10-1 所示对话框。

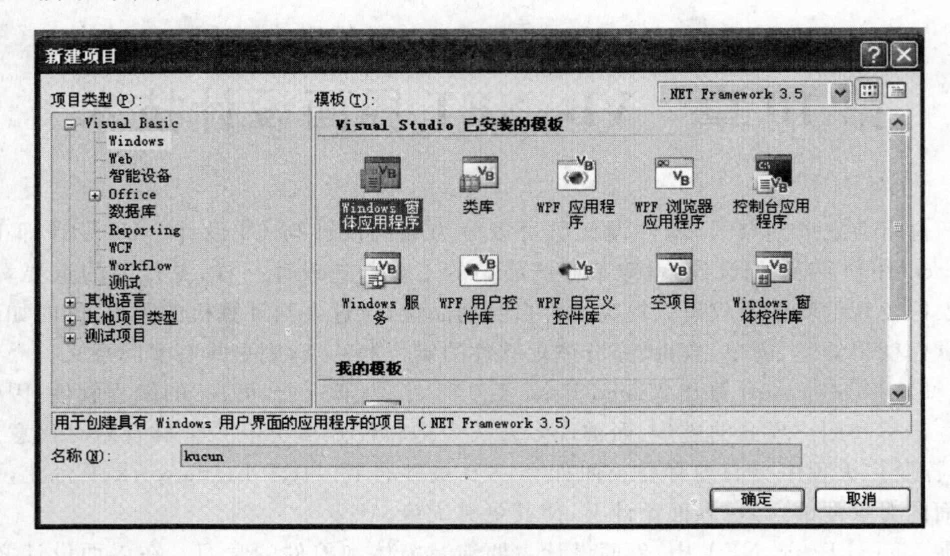

图 10-1 “新建项目”对话框

在“模板”一栏里选择“Windows 窗体应用程序”,并可在下方的“名称”文本框里输入项目名称,此处输入“kucun”,单击“确定”按钮,即可进入 Visual Basic. NET 集成开发环境,如图 10-2 所示。

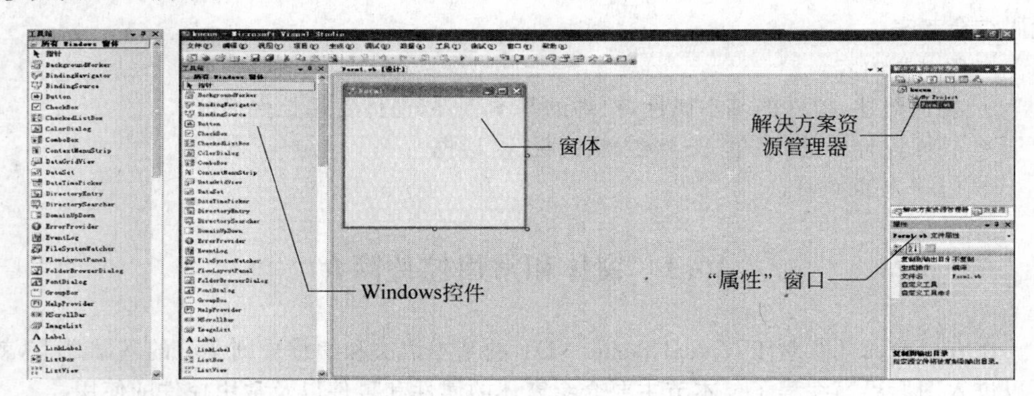

图 10-2 Visual Basic. NET 集成开发环境及工具箱

在图 10-2 中,当建立了一个 VB. NET 应用程序之后,在 Visual Studio 窗口左边会出现工具栏,其中显示了所有的 Windows 窗体控件。在“所有 Windows 窗体”一栏下,Visual Studio 将这些控件分栏归类,表 10-1 按照这些分类简要描述了所有 Windows 控件。

1. 窗体基本属性

窗体基本属性如表 10-1 所示。

表 10-1　窗体基本属性

属　　性	说　　明
Name	用来获取或设置窗体的名称，在应用程序中可通过 Name 属性来引用窗体
WindowState	用来获取或设置窗体的窗口状态。取值有三种：Normal（窗体正常显示）、Minimized（窗体以最小化形式显示）和 Maximized（窗体以最大化形式显示）
Text	该属性是一个字符串属性，用来设置或返回在窗口标题栏中显示的文字
Width	用来获取或设置窗体的宽度
Height	用来获取或设置窗体的高度
Left	用来获取或设置窗体的左边缘的 x 坐标（以像素为单位）
Top	用来获取或设置窗体的上边缘的 y 坐标（以像素为单位）
AutoScroll	用来获取或设置一个值，该值指示窗体是否实现自动滚动。如果此属性值设置为 true，则当任何控件位于窗体工作区之外时，会在该窗体上显示滚动条。另外，当自动滚动打开时，窗体的工作区自动滚动，以使具有输入焦点的控件可见
BackColor	用来获取或设置窗体的背景色
BackgroundImage	用来获取或设置窗体的背景图像
Enabled	用来获取或设置一个值，该值指示控件是否可以对用户交互做出响应。如果控件可以对用户交互做出响应，则为 true；否则为 false。默认值为 true
Font	用来获取或设置控件显示的文本的字体
ForeColor	用来获取或设置控件的前景色
Visible	用于获取或设置一个值，该值指示是否显示该窗体或控件。值为 true 时显示窗体或控件，为 false 时不显示

2. 窗体常用方法和事件

窗体常用方法和事件如表 10-2 所示。

表 10-2　窗体常用方法/事件

方法/事件	说　　明
Show 方法	该方法的作用是让窗体显示出来，其调用格式为：窗体名. Show()，其中窗体名是要显示的窗体名称
Hide 方法	该方法的作用是把窗体隐藏出来，其调用格式为：窗体名. Hide()，其中窗体名是要隐藏的窗体名称
Refresh 方法	该方法的作用是刷新并重画窗体，其调用格式为：窗体名. Refresh()，其中窗体名是要刷新的窗体名称
Activate 方法	该方法的作用是激活窗体并给予它焦点。其调用格式为：窗体名. Activate()，其中窗体名是要激活的窗体名称
Close 方法	该方法的作用是关闭窗体。其调用格式为：窗体名. Close()，其中窗体名是要关闭的窗体名称
ShowDialog 方法	该方法的作用是将窗体显示为模式对话框。其调用格式为：窗体名. ShowDialog()
Load 事件	该事件在窗体加载到内存时发生，即在第一次显示窗体前发生
Activated 事件	该事件在窗体激活时发生
Deactivate 事件	该事件在窗体失去焦点成为不活动窗体时发生
Resize 事件	该事件在改变窗体大小时发生

续表

方法/事件	说　明
Paint 事件	该事件在重绘窗体时发生
Click 事件	该事件在用户单击窗体时发生
DoubleClick 事件	该事件在用户双击窗体时发生
Closed 事件	该事件在关闭窗体时发生

10.1.2 常用控件

下面具体介绍几个常用的控件：Button 按钮、Label 标签、TextBox 文本框、ListBox 列表框、ComboBox 组合框、GroupBox 分组框、RadioButton 单选按钮、CheckBox 复选框以及 Timer 定时器控件。

1. Butten 按钮

Button(按钮)是 Windows 应用程序中最常用的控件之一，是用户向应用程序发命令的主要方式之一。如果按钮具有焦点，就可以使用鼠标左键、Enter 键或空格键触发该按钮的 Click 事件。通过设置窗体的 AcceptButton 或 CancelButton 属性，无论该按钮是否有焦点，都可以使用户通过按 Enter 或 Esc 键来触发按钮的 Click 事件。

1）常用属性

Button 按钮控件常用属性如表 10-3 所示。

表 10-3　Button 控件常用属性

属　性	说　明
Name	控件的名称，用于与其他控件区别。窗体中如果放置两个 Button 按钮，系统会自动将它们命名为 Button1 和 Button2
Text	设置 Button 按钮上显示的文本。可以在字母前加“&”字符来设置热键
BackgroundImage	设置 Button 按钮上要显示的图形
Enabled	用于设置 Button 按钮是否可用。当该属性值为 True 时，按钮可以响应外部事件；当属性值为 False 时，则按钮不能响应外部事件
Visible	控制 Button 按钮是否可见。值为 true 时显示 Button，为 false 时不显示
FlatStyle	用来设置按钮的外观

2）常用事件

Button 按钮控件常用事件如表 10-4 所示。

表 10-4　Button 按钮控件常用事件

事　件	说　明
Click 事件	当用户用鼠标左键单击按钮控件时，将发生该事件
MouseDown 事件	当用户在按钮控件上按下鼠标按钮时，将发生该事件
MouseUp 事件	当用户在按钮控件上释放鼠标按钮时，将发生该事件
MouseMove 事件	当用户将鼠标指针放于元素上并且移动鼠标指针时发生

2. Label 标签

Label 标签控件,主要用来显示文本,用作标题名、栏目名、标识等。

1）常用属性

Label 标签常用属性如表 10-5 所示。

表 10-5 Label 标签常用属性

属　　性	描　　述
Name	设置 Label 控件的名称
Enabled	指示是否已启用该控件,属性值为 True 和 False
Visible	指示该控件是否可见,属性值为 True 和 False
Font	设置控件中所显示文本的字体
BackColor	组件背景的颜色。当该属性值设置为 Color. Transparent 时,标签将透明显示,即背景色不再显示出来
Text	编辑控件中所显示的文本
TextAlign	设置控件中文本的对齐方式
AutoSize	属性值为 True 和 False 的属性,对于文本不换行的标签控件,当属性值为 True 时,控件中文本大小的变化会引起控件跟随变化
BorderStyle	有 None、Fixed Single、Fixed3D 三个属性值。None 表示控件无边界；FixedSingle 表示控件为单线边界；Fixed3D 表示控件有立体边界
Image	用于设置控件的背景图片
ImageAlign	用于设置背景图片的对齐方式
Location	设置控件左上角相对于容器左上角的坐标

2）常用事件

Label 控件的常用事件是 Click 事件。

3. TextBox 文本框

TextBox 文本框控件,用于接收信息、显示输入/输出信息等,同时可以进行输入和编辑文本。

1）常用属性

TextBox 文本框常用属性如表 10-6 所示。

表 10-6 TextBox 文本框常用属性

属　　性	描　　述
Name	设置 TextBox 控件的名称
Enabled	指示是否已启用该控件,属性值为 True 和 False
CharacterCasing	指示所有文本应该保持不变(属性值选 Normal),还是应转换为大写(属性值选 Upper),还是应该转化为小写(属性值选 Lower)
BackColor	组件背景的颜色
MaxLength	指定可在编辑控件中输入的最大字符数。默认值为 32 767
MultiLine	控制编辑控件的文本是否可以多行显示。属性值为 True 和 False

续表

属　性	描　述
Text	设置与控件关联的文本
TextAlign	指示如何对齐编辑控件的文本
Font	设置 TextBox 控件中文本的字体
PasswordChar	指示文本框作为密码框时,为隐藏真实字符,指定作为替代所显示的字符。如属性值设置为"*"时,则所输入的字符全部用"*"代替
ReadOnly	只读属性,指示文本框中的字符是否可以被改写。属性值为 True 和 False
ScrollBars	指示是否设置滚动条。有 4 个属性值,当值为默认值 None 时,表示无滚动条;当值为 Horizontal 时,表示有水平滚动条;当值为 Vertical 时,表示有垂直滚动条;当值为 Both 时,同时设置水平和垂直滚动条

2) 常用方法和事件

TextBox 文本框常用方法和事件如表 10-7 所示。

表 10-7　TextBox 常用事件和方法

方法/事件	说　明
AppendText 方法	把一个字符串添加到文件框中文本的后面
Clear 方法	从文本框控件中清除所有文本
Focus 方法	为文本框设置焦点。如果焦点设置成功,值为 true,否则为 false
Copy 方法	将文本框中的当前选定内容复制到剪贴板上
Cut 方法	将文本框中的当前选定内容移动到剪贴板上
Paste 方法	用剪贴板的内容替换文本框中的当前选定内容
GotFocus 事件	该事件在文本框接收焦点时发生
LostFocus 事件	该事件在文本框失去焦点时发生
TextChanged 事件	该事件在 Text 属性值更改时发生。无论是通过编程修改还是用户交互更改文本框的 Text 属性值,均会引发此事件

3) TextBox 控件应用举例

例 10.1　编写一个库存管理系统登录验证的小程序,为安全起见,当库存管理系统的管理员想要运行库存管理系统程序时,首先要经过验证,获得权限通过后,才可进行相关操作。

按照如图 10-3 所示的界面放置相关控件,控件属性设置如表 10-8 所示。这里假定用户名为"abc",密码为"123"。

表 10-8　控件及属性设置

控　件	属　性	属 性 值
标签 1	Name Text	Label1 库存管理系统
标签 2	Name Text	Label2 管理员用户名:

续表

控　件	属　性	属 性 值
标签 3	Name Text	Label3 管理员密码：
文本框 1	Name Text	TextBox1 空
文本框 2	Name Text PasswordChar	TextBox2 空 *
按钮 1	Name Text	Button1 登录
按钮 2	Name Text	Button2 取消

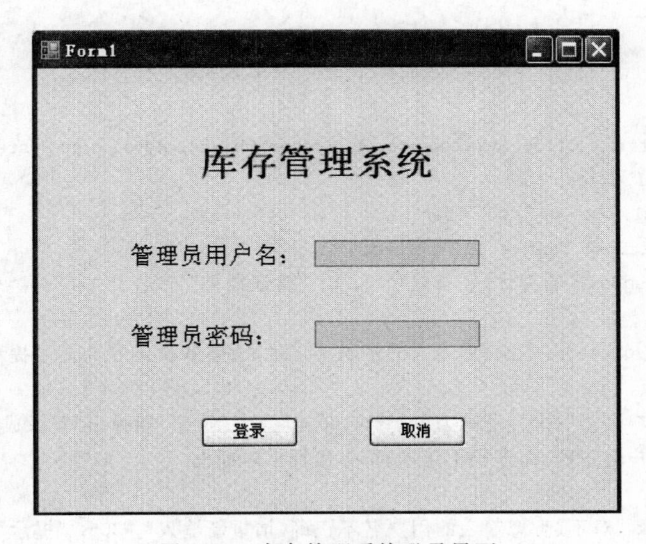

图 10-3　库存管理系统登录界面

在程序代码窗口中添加如下代码：

```
PrivateSub TextBox1_TextChanged(ByVal sender As System.Object, ByVal e As System.EventArgs)_
Handles TextBox1.TextChanged
    If TextBox1.Text = "abc"Then
        MsgBox("恭喜你,用户名输入正确!", 0, "验证结果")
        TextBox2.Focus()
    '当输入为"abc"时,验证通过,弹出对话框,并让 TextBox2 控件获得焦点
    ElseIf TextBox1.Text.Length = 4 Then
        MsgBox("对不起,您输入的用户名不正确,请重新输入", 305, "提示")
        TextBox1.Text = ""
    '当输入不正确且输入字符长度等于 4 时,弹出提示对话框,并将 TextBox1 控件文本重置为空
    EndIf
```

```
EndSub

PrivateSub TextBox2_TextChanged(ByVal sender As System.Object, ByVal e As System.EventArgs) _
Handles TextBox2.TextChanged
    If TextBox1.Text <>"abc"Then
        MsgBox("请您先输入正确的用户名", 305, "提示")
        TextBox1.Focus()
    '如果在用户名未输入正确的情况下,就对 TextBox2 控件进行输入,则会弹出提示对话框,
同时
    '让 TextBox1 文本框获得焦点
    ElseIf TextBox2.Text.Length = 4 Then
        MsgBox("对不起,您输入的密码不正确,请重新输入", 305, "提示")
        TextBox2.Text = ""
        '当输入不正确,且输入字符长度为 4 时,弹出错误对话框,并将 TextBox2 文本框重置
为空
  EndIf
EndSub

Private Sub Button1_Click(ByVal sender As System.Object, ByVal e As System.EventArgs) _
Handles Button1.Click
    If TextBox1.Text = "abc" Then
        If TextBox2.Text = "123" Then
            MsgBox("恭喜你,登录成功!", 0, "验证结果")
        Else
            MsgBox("对不起,您输入的密码不正确,请重新输入", 305, "提示")
        End If
        '当用户名为"abc",密码为"123"时,单击"登录"按钮,则弹出"登录成功"的对话框,
        '当用户名正确,而密码不正确时,弹出提示对话框
    Else
        MsgBox("对不起,您输入的用户名不正确,请重新输入", 305, "提示")
        '当用户名不正确时,弹出提示对话框
    End If
End Sub

Private Sub Button2_Click(ByVal sender As System.Object, ByVal e As System.EventArgs) _
Handles Button2.Click
    End                    '单击"取消"按钮时,退出程序
End Sub
```

4. ListBox 列表框

ListBox 列表框控件,用于显示用户可以从中显示项的列表。

1）常用属性

ListBox 列表框控件常用属性如表 10-9 所示。

表 10-9　ListBox 列表框控件常用属性

属　性	描　述
Name	设置 ListBox 控件的名称
Enabled	指示是否已启用该控件，属性值为 True 和 False
BackColor	组件背景的颜色
Items	该属性用来编辑和管理 ListBox 控件中的项。单击属性右边的按钮，可以弹出编辑对话框
Font	设置 ListBox 控件中文本的字体
HorizontalScrollbar	指示 ListBox 控件是否为超出文本框边缘的项显示水平滚动条
HorizontalExtent	设置列表框沿水平方向可以滚动的宽度，以像素为单位。只有当 HorizontalScrollbar 属性值为 True 时才有效
SelectionMode	指示列表框将是单项选择、多项选择还是不可选择。有 4 个属性值，当值为 None 时，控件中项目均不可选；值为 One 时，控件中项目为单项选择，默认值为 One；值为 MultiSimple 时控件可以仅用鼠标选择多项；值为 MultiExtended 时，可以选择连续多项，选择时，按住 Ctrl 键可以一次选择多项，而按住 Shift 键则可以选择中间所有项
Sorted	指示控制列表是否对项目进行排序。属性值为 True 和 False，当选择 True 时，即进行排序时，控件中项目按照先英文、后中文，短字符前、长字符后的规则排序

2）常用方法和事件

ListBox 列表控件常用方法和事件如表 10-10 所示。

表 10-10　ListBox 常用方法和事件

方法/事件	说　明
SetSelected 方法	用来选中某一项或取消对某一项的选择
Items. Add 方法	用来向列表框中增添一个列表项
Items. Insert 方法	用来在列表框中指定位置插入一个列表项
Items. Remove 方法	用来从列表框中删除一个列表项
Items. Clear 方法	用来清除列表框中的所有项
IndexOf 方法	用于返回列表框中指定值的项目的索引值
DoubleClick 事件	双击控件时所触发的事件
SelectedIndexChanged 事件	当在列表框中从一项选择到另一项时，选中项的索引值发生改变，就会触发 SelectedIndexChanged 事件

3）ListBox 控件应用举例

例 10.2　编写一个包含两个 Button 控件和两个 ListBox 控件的"产品添加"小程序，当单击其中一个按钮时，将一个 ListBox 控件中的项添加到另外一个 ListBox 控件中，当单击另外一个按钮时，从第二个 ListBox 控件中删除项。

按照如图 10-4 所示的界面放置相关控件，控件属性设置如表 10-11 所示。

表 10-11　控件及属性设置

控　件	属　性	属 性 值
列表框 1	Name Items	ListBox1 德芙 奥利奥 好吃点 冠生园 味多美
列表框 2	Name Items	ListBox2 空
按钮 1	Name Text	Button1 >>
按钮 2	Name Text	Button2 <<

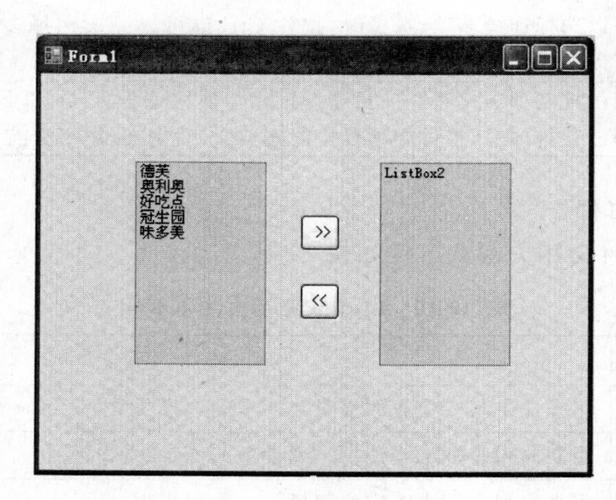

图 10-4　产品添加界面

在程序代码窗口中添加如下代码：

```
Private Sub Button1_Click(ByVal sender As System.Object, ByVal e As System.EventArgs) _
Handles Button1.Click
    Dim i As Integer                        '整型变量 i 在下面遍历列表框 2 中的项时使用
    Dim str As Boolean                      '布尔型变量 str 在判断列表框 2 是否为空时使用
    If ListBox2.Items.Count > 0 Then
        For i = 0 To ListBox2.Items.Count - 1      '列表框 2 非空时,遍历各项
            If ListBox1.SelectedItem.ToString <> ListBox2.Items(i).ToString Then
                str = True       '若所遍历项与列表框 1 中所选项不同,则可添加,str 为"True"
            Else
                str = False
                Exit For                   '一旦相同,则不可添加,str 为"False",并退出 For 循环
            End If
        Next
    Else
```

```
        ListBox2.Items.Add(ListBox1.SelectedItem)
        Exit Sub               '若列表框为空,则直接添加列表框 1 中所选项,并退出该过程
    End If

    If str = True Then
        ListBox2.Items.Add(ListBox1.SelectedItem)'str 为"True",添加列表框 1 中所选项
    Else
        MsgBox("您已添加该项!", 305, "提示")                  '否则,弹出对话框,提示已添加
    End If
End Sub

Private Sub Button2_Click(ByVal sender As System.Object, ByVal e As System.EventArgs) _
Handles Button2.Click
    ListBox2.Items.Remove(ListBox2.SelectedItem)                  '将列表框中选中的项删除
End Sub
```

5. ComboBox 组合框控件

ComboBox 组合框控件,也称组合框,可看作文本框和列表框的功能组合,可在控件的文本框中输入信息,也可在控件的列表框中选择项目。

1）常用属性

ComboBox 组合框控件常用属性如表 10-12 所示。

表 10-12　ComBox 组合框控件常用属性

属　性	描　述
Name	设置 ComboBox 控件的名称
BackColor	设置 ComboBox 控件的背景颜色
Enabled	指示是否已启用该控件,属性值为 True 和 False
Text	当 DropDownStyle 属性值为 Simple 或 DropDown 时,Text 属性设定控件文本框中显示的文本内容,而当 DropDownStyle 属性值为 DropDownList 时,Text 属性值无效
DropDownStyle	该属性控制组合框的外观和功能,有三个属性值 Simple、DropDown 和 DropDownList。选择 Simple 时,由一个可输入的文本编辑框和它下方的列表框组成,列表框始终显示,当选择其中的项时,输入框中显示被选项;选择 DropDown 时,与 Simple 不同的是,列表框被隐藏,单击输入框后面的向下箭头,可打开下拉列表;选择 DropDownList 时,则只可选择下拉列表中的项,不可进行输入
Items	编辑 ComboBox 控件框中的项
Font	设置 ComboBox 控件中文本的字体
MaxDropDownItems	指定在下拉列表中显示的最多项数。默认属性值为 8
Sorted	指示是否对组合框中列表部分的项进行排序。属性值为 True 和 False,选择 True 时,即进行排序时,控件中项目按照先英文、后中文,短字符前、长字符后的规则排序

2）常用事件

ComboBox 组合框控件常用事件如表 10-13 所示。

表 10-13　ComboBox 常用事件

事　件	说　明
SelectedIndexChanged 事件	默认事件，当控件中选中项的索引值发生改变时所触发的事件
TextChanged 事件	当控件的 Text 属性值发生变化时所触发的事件

3）ComboBox 控件应用实例

例 10.3　编写一个"管理员信息录入"的小程序。需要管理员将自己的姓名、性别以及来自何处的信息录入提交。

按照如图 10-5 所示的界面放置相关控件，控件属性设置如表 10-14 所示。

表 10-14　控件及属性设置

控　件	属　性	属　性　值
标签 1	Name Text	Label1 管理员信息录入
标签 2	Name Text	Label2 姓名：
标签 3	Name Text	Label3 性别：
标签 4	Name Text	Label4 来自：
文本框 1	Name Text	TextBox1 空
组合框 1	Name Text Items	ComboBox1 男 男 女
组合框 2	Name Text Items	ComboBox2 北京市 北京市 非北京市
组合框 3	Name Text Items	ComboBox3 东城区 东城区 西城区 朝阳区 海淀区 丰台区 其他区
按钮 1	Name Text	Button1 提交
按钮 2	Name Text	Button2 取消

图 10-5　管理员信息录入界面

在程序代码窗口中添加如下代码：

```
Dim str As String
Private Sub ComboBox1_SelectedIndexChanged(ByVal sender As System.Object, ByVal e As _
System.EventArgs) Handles ComboBox1.SelectedIndexChanged
    If ComboBox1.Text = "男" Then
        str = "先生"                    '当在组合框 1 中选择"男"时,将"先生"赋值给 str
    Else
        str = "女士"                    '当在组合框 1 中选择"女"时,将"女士"赋值给 str
    End If
End Sub

Private Sub ComboBox2_SelectedIndexChanged(ByVal sender As System.Object, ByVal e As _
System.EventArgs) Handles ComboBox2.SelectedIndexChanged
    If ComboBox2.Text = "北京市" Then
        ComboBox3.Enabled = True      '当组合框 2 中选择"北京市"时,将组合框 3 设置为可选
    Else
        ComboBox3.Enabled = False     '否则,将组合框 3 设置为不可选
        ComboBox3.Text = ""
    End If
End Sub

Private Sub Button1_Click(ByVal sender As System.Object, ByVal e As System.EventArgs) _
Handles Button1.Click
    MsgBox("恭喜您!来自" & ComboBox2.Text & ComboBox3.Text & "的" & TextBox1.Text & str &
",您的信息提交成功!")                 '将各信息拼接成字符串后通过消息框显示出来
End Sub
```

```
Private Sub Button2_Click(ByVal sender As System.Object, ByVal e As System.EventArgs) _
Handles Button2.Click
    End                                        '退出
End Sub
```

6. GroupBox 分组框、RadioButton 单选按钮和 CheckBox 复选框

GroupBox 分组框控件通常用来对窗体上功能相近的控件集合进行逻辑分组，以便于用户在操作过程中识别。其典型应用是对于 RadioButton 控件的逻辑分组。可以通过 GroupBox 控件的 Text 属性为 GroupBox 中的控件向用户提供提示信息。

RadioButton 单选按钮控件，为用户提供两个或两个以上互斥选项组成的选项组，用户一次只能选择其中的一个按钮。例如，对于一个人的性别，只有"男"或者"女"，因此可以使用单选按钮。

CheckBox 复选框控件，在应用程序中允许用户进行多项选择的控件。不同于 RadioButton，对于 CheckBox 可以选定任意数目的选项。

1）常用属性

GroupBox 分组框控件中最常用属性为 Text，一般用来给出分组提示。RadioButton 单选按钮控件常用属性如表 10-15 所示。

表 10-15　RadioButton 单选框控件常用属性

名　称	说　明
Checked	用来设置或返回单选按钮是否被选中，选中时值为 true，没有选中时值为 false
AutoCheck	如果 AutoCheck 属性被设置为 true(默认)，那么当选择该单选按钮时，将自动清除该组中所有其他单选按钮。对一般用户来说，不需改变该属性，采用默认值(true)即可
Appearance	用来获取或设置单选按钮控件的外观。当其取值为 Appearance. Button 时，将使单选按钮的外观像命令按钮一样：当选定它时，它看似已被按下。当取值为 Appearance. Normal 时，就是默认的单选按钮的外观
Text	用来设置或返回单选按钮控件内显示的文本，该属性也可以包含访问键，即前面带有"&"符号的字母，这样用户就可以通过同时按 Alt 键和访问键来选中控件

CheckBox 复选框控件常用属性如表 10-16 所示。

表 10-16　CheckBox 复选框控件常用属性

名　称	说　明
TextAlign	用来设置控件中文字的对齐方式，该属性的默认值为 ContentAlignment. MiddleLeft，即文字左对齐、居控件垂直方向中央
ThreeState	用来返回或设置复选框是否能表示三种状态，如果属性值为 true 时，表示可以表示三种状态——选中、没选中和中间态(CheckState. Checked、CheckState. Unchecked 和 CheckState. Indeterminate)，属性值为 false 时，只能表示两种状态——选中和没选中
Checked	用来设置或返回复选框是否被选中，值为 true 时，表示复选框被选中，值为 false 时，表示复选框没被选中
CheckState	用来设置或返回复选框的状态

2）常用事件

RadioButton 单选按钮控件和 CheckBox 复选框控件常用事件如表 10-17 所示。

表 10-17 RadioButton、CheckBox 控件常用事件

事　件	说　明
Click 事件	当单击单选按钮时，将把单选按钮的 Checked 属性值设置为 true，同时发生 Click 事件
CheckedChanged 事件	当 Checked 属性值更改时，将触发 CheckedChanged 事件

3）应用举例

例 10.4 编写一个“商品合计”的小程序。在这个小程序里，可以查看商品的单价，又可以合计出所选择商品种类、数量后的总价。

按照如图 10-6 所示的界面放置相关控件，控件属性设置如表 10-18 所示。

表 10-18 控件及属性设置

控　件	属　性	属 性 值
标签 1	Name Text	Label1 商品合计
标签 2	Name Text	Label2 单价：
标签 3	Name Text	Label3 商品
标签 4	Name Text	Label4 数量
分组框 1	Name Text	GroupBox1 查看单价
分组框 2	Name Text	GroupBox2 商品合计
单选框 1	Name Text	RadioButton1 奥利奥
单选框 2	Name Text	RadioButton2 冠生园
单选框 3	Name Text	RadioButton3 味多美
复选框 1	Name Text	CheckBox1 奥利奥
复选框 2	Name Text	CheckBox2 冠生园
复选框 3	Name Text	CheckBox3 味多美

续表

控　件	属　性	属　性　值
文本框 1	Name Text Enabled	TextBox1 空 False
文本框 2	Name Text	TextBox1 空
文本框 3	Name Text	TextBox1 空
文本框 4	Name Text	TextBox1 空
文本框 5	Name Text	TextBox1 空
按钮 1	Name Text	Button1 总计

图 10-6　商品合计程序界面

在程序代码窗口中添加如下代码：

```
Private Sub RadioButton1_CheckedChanged(ByVal sender As System.Object, ByVal e As _ System.
EventArgs) Handles RadioButton1.CheckedChanged
    TextBox1.Text = "100 元"          '当选择"奥利奥"时,单价的文本框中显示"100 元"
End Sub

Private Sub RadioButton2_CheckedChanged(ByVal sender As System.Object, ByVal e As _ System.
EventArgs) Handles RadioButton2.CheckedChanged
    TextBox1.Text = "500 元"          '当选择"冠生园"时,单价的文本框中显示"500 元"
End Sub
```

```
Private Sub RadioButton3_CheckedChanged(ByVal sender As System.Object, ByVal e As _ System.
EventArgs) Handles RadioButton3.CheckedChanged
    TextBox1.Text = "150 元"           '当选择"味多美"时,单价的文本框中显示"150 元"
End Sub

Dim sum As Integer                     '用整型变量 sum 接收对总计的计算结果
Private Sub Button1_Click(ByVal sender As System.Object, ByVal e As System.EventArgs) _
Handles Button1.Click
    sum = 0                            'sum 初始值为 0
    If CheckBox1.Checked = True Then
        sum += 100 * Val(TextBox2.Text)    '奥利奥的数量与单价相乘后加总到 sum 中
    End If
    If CheckBox2.Checked = True Then
        sum += +500 * Val(TextBox3.Text) '冠生园的数量与单价相乘后加总到 sum 中
    End If
    If CheckBox3.Checked = True Then
        sum += +150 * Val(TextBox4.Text) '味多美的数量与单价相乘后加总到 sum 中
    End If
    TextBox5.Text = sum                    '将最终的 sum 总计显示在文本框 5 中
End Sub
```

7. Timer 定时器

Timer 控件又称定时器控件或计时器控件,该控件的主要作用是按一定的时间间隔周期性地触发 Timer 事件,因此在该事件的代码中可以放置一些需要每隔一段时间重复执行的程序段。在程序运行时,定时器控件是不可见的,因此在界面设计时自动放在窗体的下方。

1）常用属性

Timer 定时器常用属性如表 10-19 所示。

表 10-19 Timer 定时器常用属性

名　称	说　明
Interval	获取或设置在启动回发之前需要等待的毫秒数。即获取或设置两次调用 Timer_Tick 事件的间隔,以 ms 为单位
Enabled	获取或设置一个值,该值指示 Timer 控件在经过 Interval 属性中指定的毫秒数后是否启动到服务器的回发。该属性值为 True 时,可以触发 Timer_Tick 事件；若属性为 False,则不能触发 Time_Tick 事件

2）常用事件

Timer 定时器控件常用事件如表 10-20 所示。

表 10-20 Timer 定时器常用事件

事　件	说　明
Tick 事件	每隔 Interval 时间后将触发一次该事件

3）Timer 控件应用举例

例 10.5 编写一个实时展示时间的小程序。单击“开始”按钮时，显示出当前时间，并且时间走动，当单击“结束”按钮时，显示的时间停止不动。

按照如图 10-7 所示的界面放置相关控件，控件属性设置如表 10-21 所示。

表 10-21 控件及属性设置

控　件	属　性	属　性　值
标签 1	Name Text	Label1 当前时间：
文本框 1	Name Text	TextBox1 空
按钮 1	Name Text	Button1 开始
按钮 2	Name Text	Button2 结束

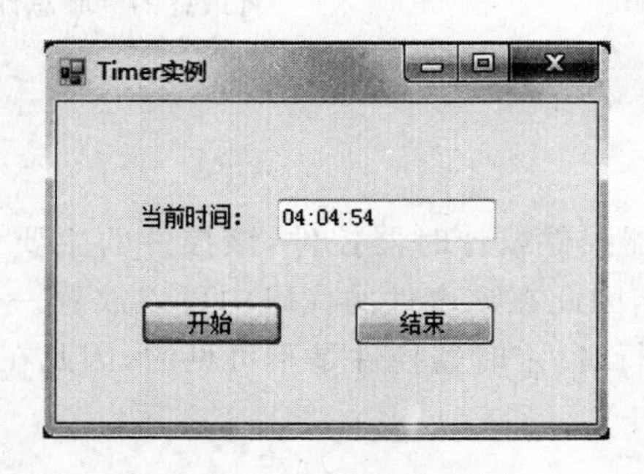

图 10-7 Timer 实例

在程序代码窗口中添加如下代码：

```
Private Sub Button1_Click(sender As System.Object, e As System.EventArgs) _
Handles Button1.Click
    Timer1.Enabled = True                        'timer1 的 Enabled 属性设置为 true
    TextBox1.Text = Format(Now, "hh:mm:ss") '当前时间显示
End Sub
Private Sub Timer_Tick(sender As System.Object, e As System.EventArgs) Handles Timer1.Tick
    TextBox1.Text = Format(Now, "hh:mm:ss") '显示当前时间
End Sub
Private Sub Button2_Click(sender As System.Object, e As System.EventArgs) _
Handles Button2.Click
    Timer1.Enabled = False                       'timer1 的 Enabled 属性设置为 fasle
End Sub
```

8. **综合举例**

在对 VB. NET 中窗体和常用控件有了基本的了解后，下面进行常用控件使用的综合

举例,帮助读者熟悉控件的属性与使用。

例 10.6 场景假设:某信息服务公司需要进行用户注册界面设计,用户注册时需要用户提供用户名、密码、性别、所在地区和爱好等信息,同时在用户注册界面显示当前系统时间和公司广告介绍。

为实现用户注册界面设计要求,本实例将综合运用 Lable、TextBox、GroupBox、RadioButton、CheckBox、ComboBox、ListBox 和 Button 控件。控件属性设置如表 10-22 所示。

表 10-22 控件及属性设置

控 件	属 性	属 性 值
标签 1	Name Text	Label1 当前时间:
标签 2	Name Text	Label2 00:00:00
标签 3	Name Text	Label3 用户注册
标签 4	Name Text	Label4 用户名:
标签 5	Name Text	Label5 密码:
标签 6	Name Text	Label6 性别:
标签 7	Name Text	Label7 所在地区:
标签 8	Name Text	Label8 爱好:
文本框 1	Name Text	TextBox1 空
文本框 2	Name Text	TextBox2 空
分组框 1	Name Text	GroupBox1 空
分组框 2	Name Text	GroupBox2 请选择
单选按钮 1	Name Text	RadioButton1 男
单选按钮 2	Name Text	RadioButton2 女

续表

控　件	属　性	属 性 值
组合框 1	Name Items	ComboBox1 东城区 西城区 海淀区 朝阳区 丰台区 石景山区
复选框 1	Name Text	CheckBox1 运动
复选框 2	Name Text	CheckBox2 音乐
复选框 3	Name Text	CheckBox3 旅游
复选框 4	Name Text	CheckBox4 读书
复选框 5	Name Text	CheckBox5 IT 电子
复选框 6	Name Text	CheckBox6 摄影
按钮 1	Name Text	Button1 提交
按钮 2	Name Text	Button2 取消
列表框 1	Name Items	ListBox1 欢迎您的到来！ 我们提供信息服务 为您提高企业效益 祝您身心健康！
定时器 1	Name Enabled Interval	Timer1 False 1000
定时器 2	Name Enabled Interval	Timer2 False 2000

操作步骤：

(1) 打开创建的项目“控件操作演示”，右键单击“解决方案资源管理器”中的项目，选择“添加”→“新建项”→“Windows 窗体”命名为“注册界面”。

(2) 首先进行显示当前系统时间设计，在创建的 Windows 窗体中添加两个 Label 和一个 Timer 控件，如图 10-8 所示进行布局。设置 Label1 的 Text 属性值为“当前时间：”，Label2 的 Text 属性值为“00:00:00”，Timer1 的 Enabled 属性值为“False”，Interval 属性值为“1000”。双击 Timer1，进入代码编辑界面，添加如下代码：

```
Private Sub Timer1_Tick(sender As System.Object, e As System.EventArgs) Handles Timer1.Tick
    '为 Timer_Tick 事件添加内容，将当前时间转化为"hh:mm:ss"形式，然后赋值给 Label2 的 Text
'属性，并显示出来
    Label2.Text = Format(Now, "hh:mm:ss")
End Sub
```

(3) 进行用户输入的用户名、密码部分设计，向 Windows 窗体中添加三个 Label 和两个 TextBox 控件，界面布局如图 10-8 所示。设置 Label3 的 Text 属性为“用户注册”，Font 字体格式属性为“微软雅黑-常规-小二”，设置 Lable4 的 Text 属性为“用户名：”，Lable5 的 Text 属性为“密码：”，TextBox1 属性使用默认值，设置 TextBox2 的 PasswordChar 属性为“＊”即 TextBox2 中输入的数据显示为“＊”。

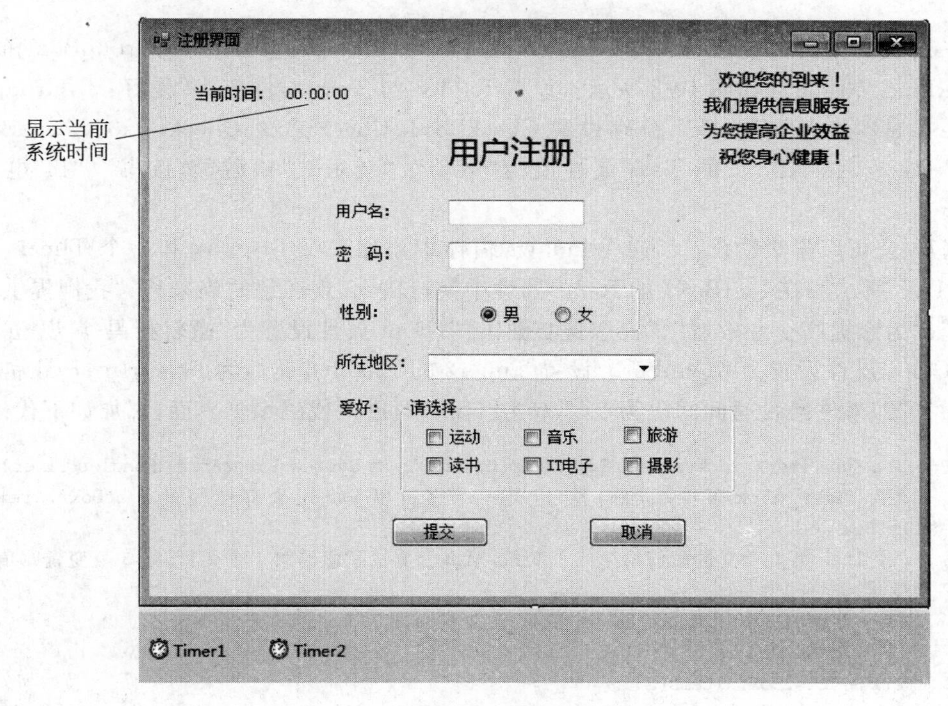

图 10-8　界面布局

(4) 性别选择部分设计：向 Windows 窗体中添加一个 Label，一个 GroupBox 和两个 RadioButton 控件，界面布局如图 10-8 所示。设置 Label6 的 Text 属性值为“性别：”，GroupBox 的 Text 属性值为“爱好”，RadioButton1 的 Text 属性值为“男”、Checked 属性值为“True”即默认其为选中状态，RadioButton2 的 Text 属性值为“女”。

(5) 所在地区部分功能设计：向 Windows 窗体中添加一个 Label，一个 ComboBox，界面布局如图 10-8 所示。设置 Label7 的 Text 属性为“所在地区：”，在 ComboBox 的 Items 属性中换行添加“东城区”、“西城区”、“海淀区”、“朝阳区”、“丰台区”、“石景山区”，如图 10-9 所示。

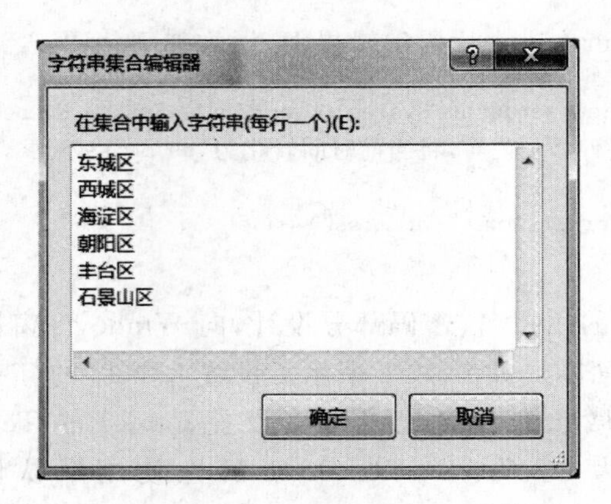

图 10-9 ComoBox 控件 Items 属性

(6) 爱好选择功能设计：向 Windows 窗体中添加一个 Label，一个 GroupBox 和 6 个 CheckBox，界面布局如图 10-8 所示。设置 Lable8 的 Text 属性值为“爱好：”，GroupBox 的 Text 属性值为“请选择”，分别设置 CheckBox1、CheckBox2、CheckBox3、CheckBox4、CheckBox5、CheckBox6 的 Text 属性值为“运动”、“音乐”、“旅游”、“读书”、“IT 电子”、“摄影”。

(7) 公司广告滚动设计：向 Windows 窗体中添加一个 LiseBox 和一个 Timer，布局如图 10-8 所示。在 ListBox1 的 Items 属性中换行输入“欢迎您的到来！”、“我们提供信息服务”、“为您提高企业效益”、“祝您身心健康！”，Font 属性设置为“微软雅黑-常规-五号”，BackColor 属性设置为 MenuBar。设置 Timer2 的 Enabled 属性为 False，Interval 属性值为“2000”即事件触发时间间隔为 2s。双击 Timer2，进入代码编辑界面，添加如下代码：

```
Private Sub Timer2_Tick(sender As System.Object, e As System.EventArgs) Handles Timer2.Tick
    '为 Timer_Tick 事件添加内容，定义一个字符串 str 用来存储变量 ListBox1.Item(3),
将 ListBox
    '中 Item 第 1 个变量赋值给第 4 个变量,第 2 个变量赋值给第 1 个变量,第 3 个变量赋值给第
2 个变量
    'str 存储的变量值赋值给第 3 个变量
    Dim str As String
    str = ListBox1.Items(3)
    ListBox1.Items(3) = ListBox1.Items(0)
    ListBox1.Items(0) = ListBox1.Items(1)
    ListBox1.Items(1) = ListBox1.Items(2)
    ListBox1.Items(2) = str
End Sub
```

(8) “提交”与“取消”按钮设计：向 Windows 窗体中添加两个 Button，布局如图 10-8 所示。设置 Button1 的 Text 属性值为“提交”，Button2 的 Text 属性值为“取消”。双击 Button1 进入代码编辑界面，添加如下代码：

```
Private Sub Button1_Click(sender As System.Object, e As System.EventArgs) _
Handles Button1.Click
    '定义 String 类型变量 sex 存储性别,username 存储用户名,address 存储所在地,hobby 存储
```

用户爱好

```
    '如果 TextBox1 为空,弹出提示框,并将 TextBox1 设置为焦点,如果不为空,判断 TextBox2 是否
    '为空,如果为空,弹出提示框,并将 TextBox2 设置为焦点,如果不为空,将 TextBox1 的 Text 属性赋
    '值给 username,ComboBox1 选中的 Item 赋值给 address,然后判断 RadioButton 的选中状态,将被选
    '中的 RadioButton 的 Text 属性赋值给 sex,然后判断 CheckBox 的选中状态,将被选中的 CheckBox 的
    'Text 属性通过字符串拼接赋值给 hobby,然后将用户输入信息拼接成字符串用对话框显示
    Dim sex As String = ""
    Dim username As String = ""
    Dim address As String = ""
    Dim hobby As String = ""
    If TextBox1.Text = "" Then
        MsgBox("用户名不能为空")
        TextBox1.Focus()
    Else
        If TextBox2.Text = "" Then
            MsgBox("密码不能为空")
            TextBox2.Focus()
        Else
            username = TextBox1.Text
            address = ComboBox1.SelectedItem
            If (RadioButton1.Checked = True) Then
                sex = RadioButton1.Text
            End If
            If (RadioButton2.Checked = True) Then
                sex = RadioButton1.Text
            End If
            If (CheckBox1.Checked = True) Then
                hobby += CheckBox1.Text + " "
            End If
            If (CheckBox2.Checked = True) Then
                hobby += CheckBox2.Text + " "
            End If
            If (CheckBox3.Checked = True) Then
                hobby += CheckBox3.Text + " "
            End If
            If (CheckBox4.Checked = True) Then
                hobby += CheckBox4.Text + " "
            End If
            If (CheckBox5.Checked = True) Then
                hobby += CheckBox5.Text + " "
            End If
            If (CheckBox6.Checked = True) Then
                hobby += CheckBox6.Text + " "
            End If
            MessageBox.Show("恭喜您注册成功!" + vbCrLf + "您的注册信息为: " + vbCrLf +
"用户名: " + username _
                        + vbCrLf + "性别: " + sex + vbCrLf + "所在地区: " + address _
                        + vbCrLf + "兴趣爱好: " + hobby)
        End If
```

```
    End If
End Sub
```

双击 Button2，进入代码编辑界面，添加如下代码：

```
Private Sub Button2_Click(sender As System.Object, e As System.EventArgs) _
Handles Button2.Click
    '将 TextBox1 和 TextBox2 清空，并将 TextBox1 设为焦点
    TextBox1.Clear()
    TextBox2.Clear()
    TextBox1.Focus()
End Sub
```

(9) 界面加载设计：双击设计界面空白处，进入代码编辑界面，添加如下代码：

```
Private Sub 用户注册_Load(sender As System.Object, e As System.EventArgs) _
Handles MyBase.Load
    '将 Timer1 和 Timer2 的 Enabled 属性设置为 True，ComboBox1 默认选中的 Item 设置为"东
城区"
    Timer1.Enabled = True
    Timer2.Enabled = True
    ComboBox1.SelectedItem = "东城区"
End Sub
```

(10) 编译并运行程序，在用户名处填写"张三"，密码"zsan"，性别选择"男"，所在地区选择"朝阳区"，爱好选择"运动"、"音乐"，单击"确定"按钮，程序运行结果如图 10-10 所示。

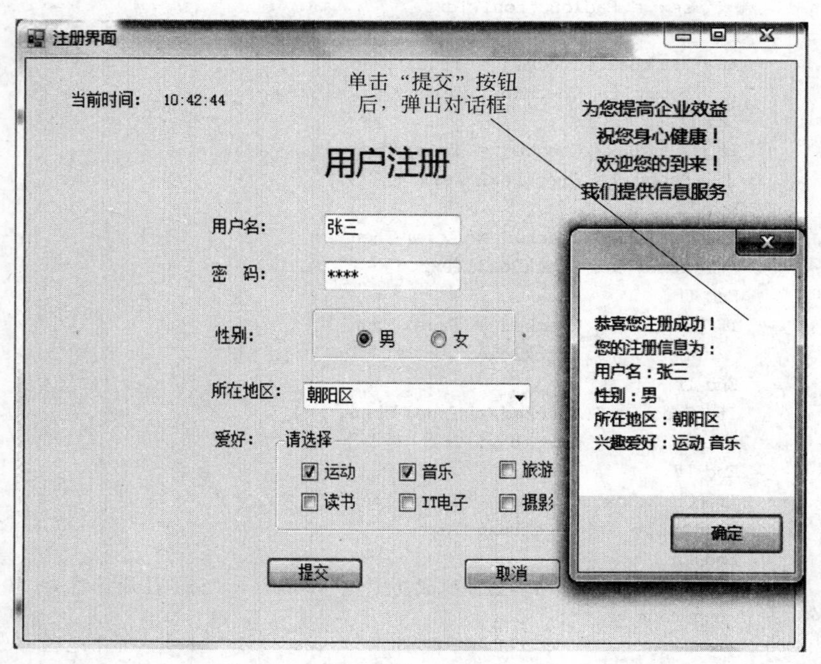

图 10-10　程序运行结果

10.2 界面设计技术简介

读者已经对窗体和具体控件的使用有了基本的了解，但是，一个比较完整的应用程序，就像 Word、Excel 一样，在主窗体中都会设有菜单、工具栏和状态栏。本节将对这些内容进行具体介绍。

10.2.1 界面设计概述

Windows 视窗操作系统，作为划时代的拥有图形操作界面的操作系统，以其视窗的美观、人性化和方便的操作性而在当今占领绝对市场份额。而在计算机语言方面，随着与 Windows 一脉相承的可视化开发工具 VB. NET 的出现，使软件开发的界面设计工作变得更为简单，窗体、控件的设计与应用，省去了许多代码的编写。但对于微软的这一套东西，也必须掌握一定的界面设计原则和 VB. NET 平台下对于界面的编程技巧，否则很难设计出符合通用 Windows 标准或满足用户需求的操作界面。

一般来讲，良好的界面设计都要遵循以下一些用户界面规范。

1. 易用性原则

按钮名称应该易懂，用词准确，要能望文生义，不产生歧义，能与同一界面上的其他按钮区分，理想情况是用户不用查阅帮助就能很快熟悉界面的功能并进行相关操作。具体例如：

(1) 完成同一功能或任务的元素放在集中位置，减少鼠标移动的距离。

(2) 按功能将界面划分局域块，并要有功能说明或标题。

(3) 同一界面上的控件数最好不要超过 10 个。

2. 规范性原则

Windows 的界面设计，一般包含菜单条、工具栏、工具箱、状态栏、滚动条以及右键快捷菜单，界面遵循规范化的程度越高，易用性通常就越好。小型软件一般不提供工具箱。具体例如：

(1) 完成相似功能的菜单、工具或显示一类信息的状态用横线隔开放在同一位置。

(2) 菜单前的图标、工具栏的图标要能够反映要完成的操作。

(3) 一组菜单的使用有先后要求或有向导作用时，按先后次序排列。没有顺序要求的菜单项按使用频率和重要性排列，常用的、重要的放在开头，不常用的、次要的靠后放置。

3. 合理性原则

屏幕对角线相交的位置是用户直视的地方，正上方 1/4 处为易吸引用户注意力的位置，在放置窗体时要注意利用这两个位置。具体例如：

(1) 父窗体、主窗体的中心位置要在对角线焦点附近。

（2）多个子窗体弹出时应该依次向右下方偏移，以显示出窗体标题为好。

（3）重要的命令按钮与使用较多的按钮放在界面的主要位置。

4. 美观与协调性原则

为让用户感觉界面协调舒适，一般多采用美学观点，力求在有效的范围内吸引用户的注意力。具体例如：

（1）长宽接近黄金点比例，切忌长宽比例失调或宽度超过长度。

（2）布局要合理，不宜过密或过疏，合理利用空间。

（3）按钮大小基本相近，忌用太长的名称。按钮的大小要与界面的大小和空间相协调。

而在具体的用户界面设计过程中，形成了一般的工作流程。用户界面设计的一般工作流程分为结构设计、交互设计、视觉设计三个部分。

1. 结构设计

结构设计也称概念设计，是界面设计的骨架。通过用户研究和任务分析，制定出产品的整体架构。在结构设计中，目录体系的逻辑分类和语词定义是用户易于理解和操作的重要前提。

2. 交互设计

交互设计的目的是提供产品的易用性。任何产品功能的实现都是通过人机交互来完成的。因此，人的因素应作为设计的核心被体现出来。交互设计的原则例如：

（1）有明确的错误提示。操作失误后，系统能够提供有针对性的提示。

（2）让用户控制界面。提供如“下一步”、“完成”按钮，面对不同层次提供多种选择，给不同层次的用户提供多种可能性。

（3）允许兼用鼠标和键盘。同一种功能，同时可以用鼠标和键盘。提供多种可能性。

3. 视觉设计

在结构设计的基础上，参照目标群体的心理模型和任务达成进行视觉设计。通过对色彩、字体、页面等的良好设计，达到使用户愉悦使用的目的。视觉设计的原则例如：

（1）界面清晰明了，允许用户定制界面。

（2）减少短期记忆的负担，让计算机帮助记忆，如输入用户名、密码进入下一界面时，可以选择让机器记住。

（3）依赖认知而非记忆，尽量使用真实世界的比喻。如打印图标的用户一看便记住其功能。

下面介绍菜单栏、工具栏、状态栏及对话框的具体设计。并最终完成一个小例子。

10.2.2 菜单

菜单是 Windows 应用程序中最常用、用户最常操作的控件，它不仅提供了在应用程序中导航的简单方式，每一个菜单项都因其特定的功能而存在。一个好的应用程序应该有一个设计合理、方便使用的菜单系统。

VB. NET 中使得菜单的制作变得简单、方便，下面详细介绍菜单的创建过程。

(1) 创建一个新项目，取名为"UI"，打开窗体，双击工具箱中的 MenuStrip 控件，则默认在窗体顶端创建了一条菜单栏。菜单栏前端有一个显示"请在此处键入"的文本框，如图 10-11 所示。

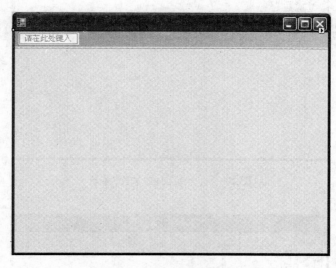

图 10-11　添加菜单栏控件后的窗体

(2) 现在首先创建"文件"菜单，"文件"菜单下设置"新建"、"打开"、"保存"、"退出"4 个菜单项。当用鼠标单击文本框进入编辑状态时，在右方和下方会同时出现两个文本框，右方的文本框用于创建与"文件"菜单同级的菜单，而下方的文本框用于创建"文件"菜单的菜单项或子菜单。先在文本框中输入"&F 文件"，按回车键，如图 10-12 所示。我们发现图中文本框位置出现"F 文件"的式样，所以，输入"&"符号其实是给"F"添加了下划线，其作用是给"文件"菜单添加了一个访问键。也就是说，如果同时按下 Alt 键与 F 键，就会打开"文件"菜单，这是用鼠标直接单击"文件"菜单的另外一种访问方式。

(3) 同理，在下方的文本框中一次输入"新建(&N)"、"打开(&O)"、"保存(&S)"，即为"文件"菜单添加了"新建"、"打开"、"保存"三个菜单项。在"保存"菜单项下的文本框中输入"-"，这是菜单项的分隔符，这里认为"新建"、"打开"、"保存"三个菜单项完成一类任务，故归为一类，用分隔符与第 4 项菜单项"退出"隔开。在"-"分隔符下的文本框中接着输入"退出(&X)"，完成如图 10-13 所示的效果。

(4) 继续为"文件"菜单创建同级的"编辑"菜单，以及"编辑"菜单下的"撤销"、"剪切"、"复制"、"粘贴"4 项子菜单，其中后三项归为一类，用分隔符与第一项"撤销"分隔开。这部分设计请读者自行完成，之后得到如图 10-14 所示的界面。

MenuStrip 菜单栏控件也拥有自己的事件，以上只是完成了简单菜单的界面设计，还需要为菜单项编写事件过程，这样才能在单击菜单项时让它发挥作用。单击菜单项，是一个 Click 事件，这里以"文件"菜单中的"退出"菜单项的 Click 事件来说明。

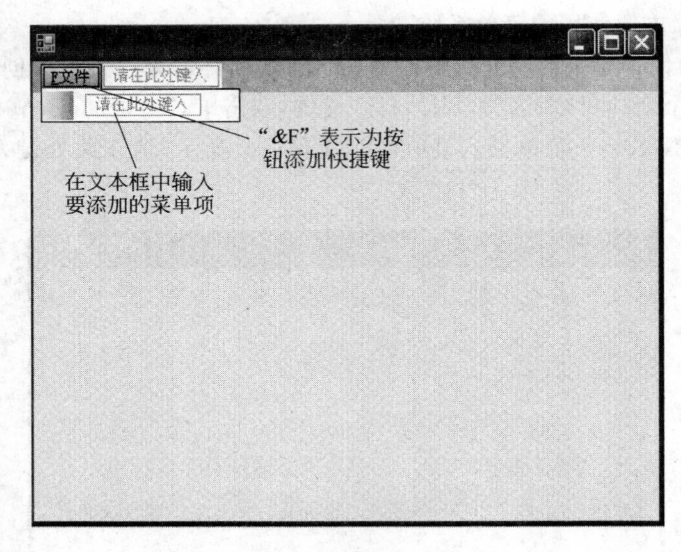

图 10-12　开始创建"文件"菜单

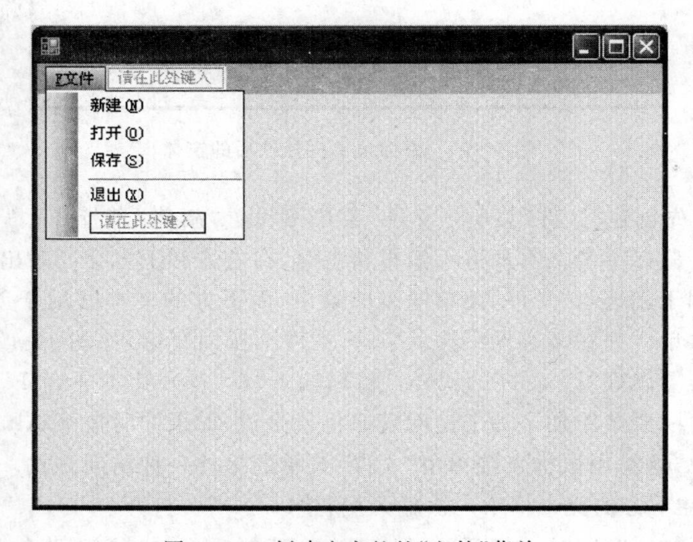

图 10-13　创建出完整的"文件"菜单

双击"退出"菜单项，进入代码编辑窗口，会发现菜单项的默认事件就是 Click 事件。在空程序体中输入如下代码：

```
Application.Exit()
```

运行程序，单击"文件"菜单中的"退出"项，则退出程序运行。

MenuStrip 菜单控件作为主菜单，固定放置在窗体界面的最上端供用户使用。还有另外一种菜单即上下文菜单，即有时为了让用户快速访问使用得最频繁的命令，用户可以通过单击鼠标右键来访问这些命令，这些命令在一个弹出的菜单中被罗列出。上下文菜单的创建通过工具栏中的 ContextMenuStrip 控件来完成。下面在窗体中创建一个文本

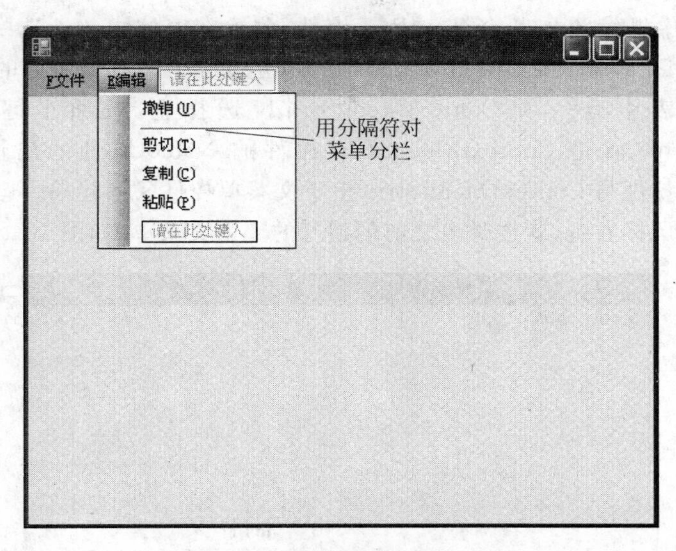

图 10-14　创建出完整的"编辑"菜单

框,通过创建该文本框的上下文菜单来说明 ContextMenuStrip 控件的使用。

(1) 在如图 10-14 所示的窗体上首先添加一个 ContextMenuStrip 控件,它会默认地被放置在 MenuStrip 控件的下方,与 MenuStrip 控件相同,当用鼠标单击输入框进入编辑状态时,会在右方和下方同时出现两个可输入文本框,但不同的是,右方的文本框用于设置子菜单项,而下方的文本框用于设置同级菜单或菜单项。另外有一点不同于 MenuStrip 控件的是,可以用 ContextMenuStrip 控件只创建一个最高级别的菜单,即只有菜单项,而不必须有子菜单,如果需要再选择创建。

为此上下文菜单创建与主菜单中"编辑"菜单同样的菜单项,即拥有"撤销"、"剪切"、"复制"、"粘贴"4 个菜单项,并用分隔符隔开,如图 10-15 所示。

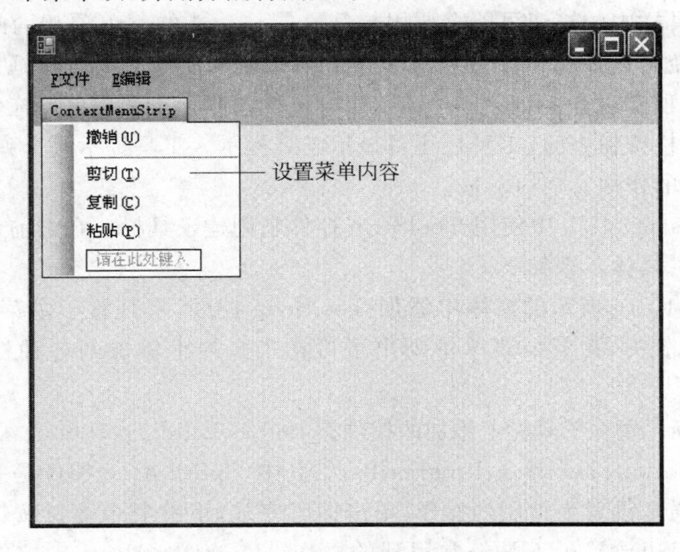

图 10-15　设计好完整的上下文菜单

(2) 在窗体中继续添加一个 TextBox 控件,放置在窗体中央。选中该 TextBox 控件,在"属性"窗口中找到其 ContextMenuStrip 属性,单击其属性值后面的向下箭头,会发现在其下拉列表中有一项 ContextMenuStrip1,选择它,按回车键。这里属性值 ContextMenuStrip1 就是 ContextMenuStrip 控件的 Name 属性的属性值,这样就把 TextBox 文本框控件与 ContextMenuStrip 上下文菜单控件联系起来。运行程序,在中央的文本框上单击鼠标右键,就会弹出之前创建好的上下文菜单,如图 10-16 所示。

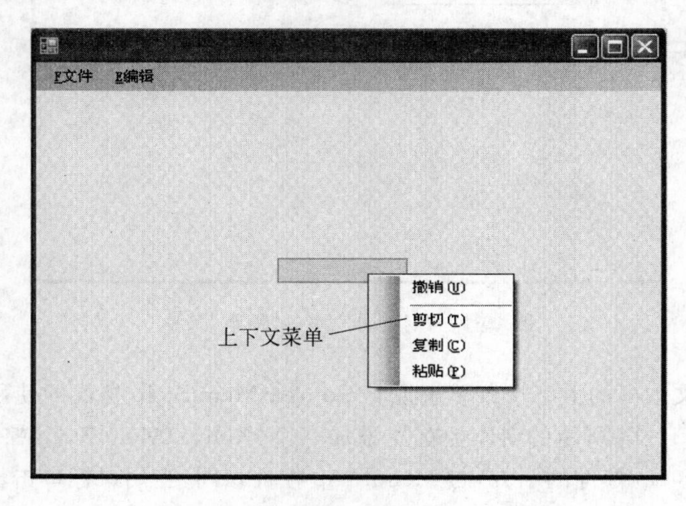

图 10-16 右击文本框弹出上下文菜单

10.2.3 工具栏

工具栏,是在软件程序中,综合各种工具,让用户方便使用的一个区域。工具栏是显示位图式按钮行的控制条,位图式按钮用来执行命令。单击工具栏中的按钮相当于选择菜单项,单击工具栏中的按钮可能会调用与某一同一功能的菜单项相同的处理程序。也可以配置按钮,使其在外观和行为上表现为普通按钮、单选按钮或复选框。工具栏通常一般与框架窗口的顶部对齐,但也可"浮动",用户可更改其大小并用鼠标拖动它。当用户将鼠标移动到工具栏按钮上时,工具栏还可显示工具提示。工具提示是个弹出的小窗口,用于简要描述按钮的作用。

在 Visual Basic. NET 中使用 ToolStrip 控件来创建工具栏。在之前创建好的窗体上继续添加工具栏,具体步骤如下。

(1) 在如图 10-16 所示的窗体中添加 ToolStrip 控件,将其置于主菜单栏下方,并单击控件上的向下箭头,在下拉菜单中列出了可在工具栏上添加的各种控件,如图 10-17 所示。

如图 10-17 所示可在工具栏上添加的控件有 Button、Label、SplitButton、DropDownButton、Separator、ComboBox、TextBox、ProgressBar。其中,SplitButton 控件是一个带下拉菜单的按钮,该按钮通常设置为常用的操作,单击即可完成,下拉菜单通过按钮旁的一个向下的小箭头打开,里边放置了不是经常用到的操作。DropDownButton 控件与 SplitButton

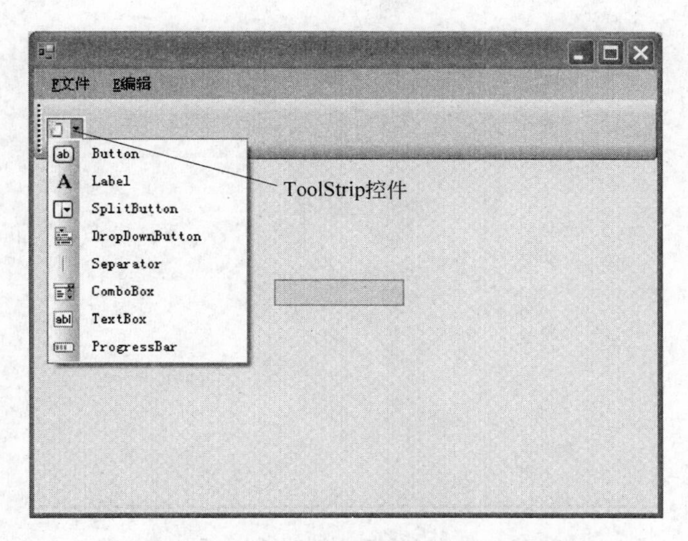

图 10-17　显示工具栏上可添加的各种控件

控件的外观相同，但 DropDownButton 控件只是一个下拉菜单，并没有可提供快捷操作的按钮可以单击。Separator 是一个分隔符，与菜单设计中的分隔符一样，是用来对不同类的一组命令按钮进行分隔。而 ProgressBar 控件则是一个进度条，用来向用户显示操作进度。

(2) 先添加一个按钮，用鼠标选中该按钮，将其 Text 属性值设置为“新建”，再将其 DisplayStyle 属性值设置为 ImageAndText，这样之前设置的 Text 属性值会与未设置图片的部分一同显示在 ToolStrip 控件上。单击 Image 属性值后的 ... 按钮，会出现如图 10-18 所示的对话框。

图 10-18　对按钮设置图像的“选择资源”对话框

单击“导入...”按钮即可从计算机当中选择图片，与之前设置的“新建”文本一起显示在 ToolStrip 控件上添加的按钮位置上，如图 10-19 所示。

(3) 按照同样的方式，再添加一个按钮，一个 SplitButton 控件与一个 DropDownButton

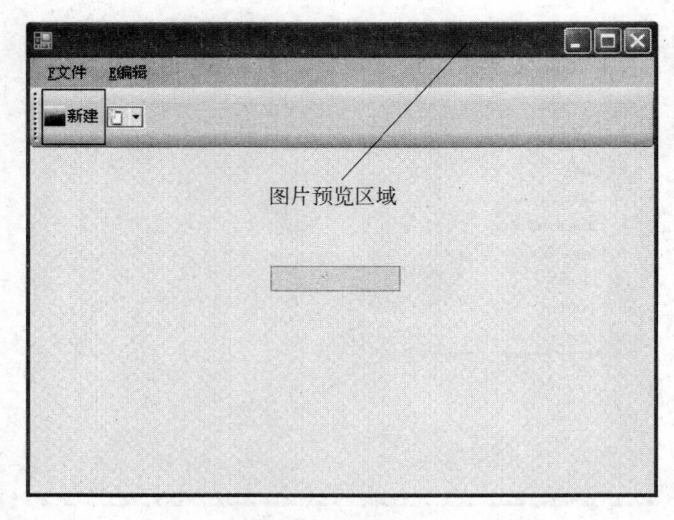

图 10-19 设置好"新建"按钮的图片后的工具栏

控件，将它们的 Text 属性值分别设置为"打开"、"保存"和"编辑"，并在"保存"的 SplitButton 控件的下拉菜单中添加一个菜单项为"另存为"，在"编辑"的 DropDownButton 控件的下拉菜单中依次添加"剪切"、"复制"和"粘贴"三个菜单项，然后把三个控件的 DisplayStyle 属性的属性值均设置为 ImageAndText，并分别通过这三个控件的 Image 属性给它们均添加显示图片，最终形成如图 10-20 所示的窗体界面(图中给出了两个界面，是为了能够向读者展现出 SplitButton 控件的下拉菜单与 DropDownButton 控件的下拉菜单)。这些均请读者自己独立完成。

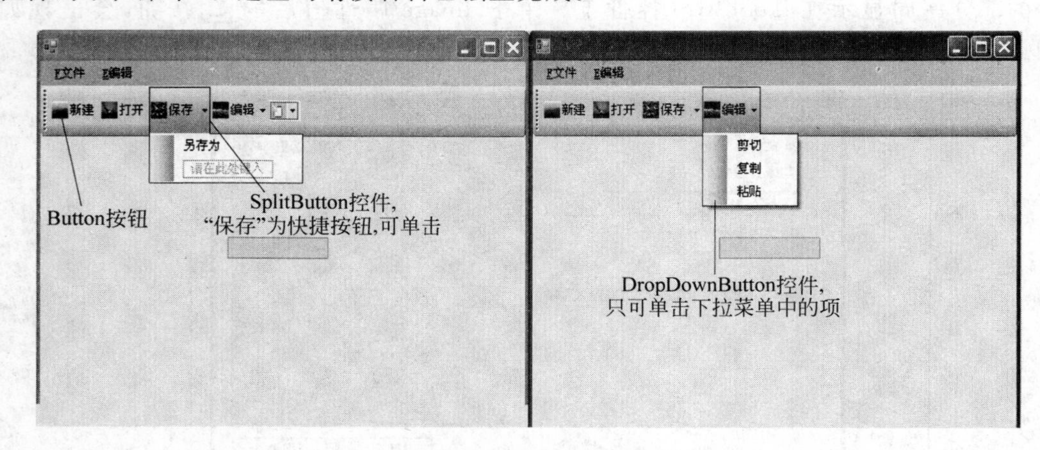

图 10-20 最终的工具栏界面

10.2.4 状态栏

状态栏是用来向用户显示用户所需的相关控件、操作的状态信息，以及系统信息和对用户的提示信息。如当前鼠标的位置坐标或所选控件的位置坐标，以及显示的比例大小、操作进度、系统时间等。它默认设置在应用程序窗口的底部区域。

在 Visual Basic.NET 中，使用 StatusStrip 控件创建状态栏。下面来演示一下。在如图 10-20 所示的窗体中，添加 StatusStrip 控件，它将默认被放置在窗体的最下方。如同 ToolStrip 控件一样，在 StatusStrip 状态栏中可添加 4 种控件：StatusLabel、ProgressBar、DropDownButton 以及 SplitButton。下面通过添加两个 StatusLabel 控件来做演示。

首先添加第一个 StatusLabel 控件，将其 Text 属性值设置为空，其他属性值默认。接着添加第二个 StatusLabel 控件。将其 Spring 属性值设置为 True，其他不变。然后切换到代码编辑器，按照如下代码为 ToolStrip 控件上的 4 个控件分别设置 Click 事件处理程序：

```
Private Sub ToolStripButton1_Click(ByVal sender As System.Object, ByVal e _
AsSystem.EventArgs) Handles ToolStripButton1.Click
    ToolStripStatusLabel1.Text = "您单击了新建按钮!"
End Sub

Private Sub ToolStripButton2_Click(ByVal sender As System.Object, ByVal e _
As System.EventArgs) Handles ToolStripButton2.Click
    ToolStripStatusLabel1.Text = "您单击了打开按钮!"
End Sub

Private Sub ToolStripSplitButton1_ButtonClick(ByVal sender As System. _Object, ByVal e As
System.EventArgs) Handles?_ ToolStripSplitButton1.ButtonClick
    ToolStripStatusLabel1.Text = "您单击了保存按钮!"
End Sub

Private Sub ToolStripDropDownButton1_Click(ByVal sender As System. _Object, ByVale As
System.EventArgs) Handles ToolStripDropDownButton1.Click
    ToolStripStatusLabel1.Text = "您单击了编辑按钮!"
End Sub
```

以上代码实现的功能是，当单击 ToolStrip 控件上的任意按钮时，会在 StatusStrip 控件的 ToolStripStatusLabel1 区域显示相应的提示信息“您单击了××按钮!”也可以为 TextBox 控件默认的 TextChanged 事件添加如下代码：

```
Private Sub TextBox1_TextChanged(ByVal sender As System.Object, ByVal e As System._
EventArgs) Handles TextBox1.TextChanged
    ToolStripStatusLabel1.Text = "您输入了" & TextBox1.Text  '显示文本框中输入的字符
End Sub
```

代码实现的功能是，当在 TextBox 的文本框中输入文本后，就会在 StatusStrip 控件的 ToolStripStatusLabel1 区域把所输入的内容显示出来。下面来操作状态栏中另外一个显示区域 ToolStripStatusLabel2 的显示信息。为窗体的 Load 事件添加如下代码：

```
Private Sub Form1_Load(ByVal sender As System.Object, ByVal e As _System.EventArgs)Handles
MyBase.Load
    ToolStripStatusLabel2.Text = DateTime.Now  '将当前时间显示在状态栏区域 2 中
End Sub
```

这样就会在状态栏的 ToolStriopStatusLabel2 的区域显示系统的当前时间。运行程序，单击“新建”按钮，如图 10-21 所示。

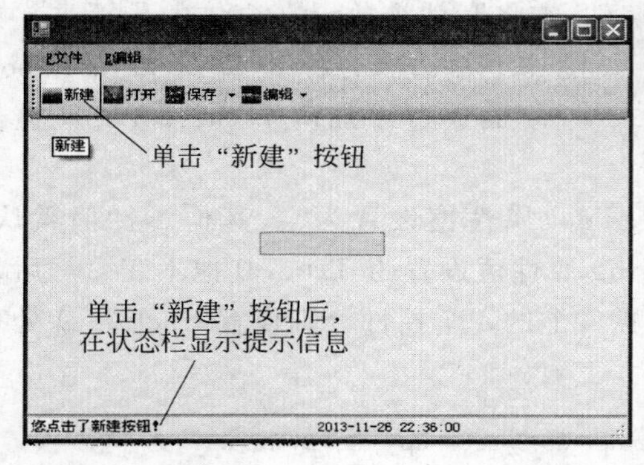

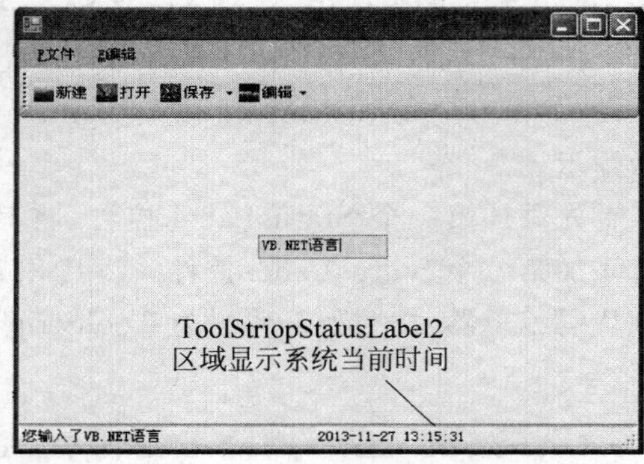

图 10-21　窗体状态栏展示

10.2.5　对话框

对话框是一种次要窗口，可以用来完成特定命令或任务，它包含显示信息、按钮和各种选项。作为用户与程序交流的一种方式，当用户对对话框进行设置后，程序就会执行相应的命令。

这一部分主要介绍两个对话框的应用：InputBox 输入对话框和 MsgBox 输入对话框。

1. 输入对话框

在表 10-1 中，并没有给出输入对话框控件的描述，因为在 Visual Stuido 中，它并没有作为控件显示在工具箱的“所有 Windows 窗体”列表中。而是作为一个 InputBox 函数出现，当对话框显示提示信息后，程序会等待用户输入文本或单击按钮，然后将文本框中的内容作为字符串格式返回。其语法格式如下：

```
InputBox(Prompt As String,[Title As String = ""],[DefaultResponse As String = ""],[XPos As _
Integer = -1], _ [YPos As _ Integer = -1])
```

其中，除了第一个 Prompt 参数是必选的以外，其余 4 个参数均为可选。Prompt 作为消息显示在对话框中的 String 表达式。Prompt 的最大长度大约为 1024 个字符，具体取决于所用字符的宽度。如果 Prompt 包含多行，则可以在每行之间使用回车符（Chr(13)）、换行符（Chr(10)）或回车/换行符的组合（Chr(13)&Chr(10)）来分隔各行。Title 为可选参数，显示在对话框标题栏中的 String 表达式。如果省略 Title，则标题栏中显示应用程序名称。DefaultResponse 也是可选的 String 表达式。如果未提供其他输入，则作未默认响应显示在文本框中。如果省略 DefaultResponse，则显示的文本框内容为空。Xpos 与 Ypos 是整数型格式参数，用来指定输入框左上角相对于屏幕左上角的位置。它们必须同时出现或同时被省略。

下面完成一个小例子。在如图 10-21 所示的窗体中，单击“新建”按钮，弹出输入对话框，输入新建文件名称后单击“确定”按钮，然后输入的文件名会显示在 TextBox 文本框中，同时在状态栏的 ToolStripStatusLabel1 区域中显示出 TextBox 文本框中的内容。具体步骤如下。

在如图 10-21 所示的窗体中双击“新建”按钮，打开代码编辑器，光标停留在 ToolStripButton1 默认的 Click 事件的处理程序体中，输入如下代码：

```
Private Sub ToolStripButton1_Click(ByVal sender As System.Object, ByVal e _
As System.EventArgs) Handles ToolStripButton1.Click
    ToolStripStatusLabel1.Text = "您单击了新建按钮!"  '单击按钮后在状态栏显示提示信息
    Dim str As String = InputBox("请输入您新建文件的名称: ", "新建文件")
    TextBox1.Text = str                               '在文本框中显示输入的字符串
End Sub
```

保存，运行程序，单击“新建”按钮，会弹出如图 10-22 所示的对话框。

图 10-22 “新建文件”对话框

在文本框中输入“VB. NET 文件”，单击“确定”按钮。窗体界面如图 10-23 所示。

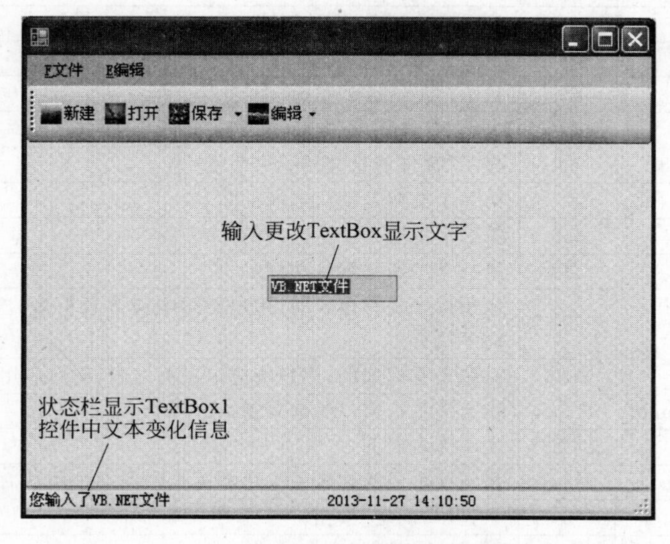

图 10-23 在输入对话框中单击“确定”按钮后的窗体界面

2. MsgBox 对话框

与输入对话框一样，MsgBox 对话框也是作为函数出现的。MsgBox 命令在 VB 以前的版本中通常是用来显示消息框,但在 VB.NET 语言中还是将它保留了下来。MsgBox 对话框作为输出对话框,用来在屏幕上显示一条简短信息,并等待用户单击按钮,然后返回一个 MsgBoxResult 类型的值。其函数名就是 MsgBox,语法格式如下:

```
MsgBox(Prompt As Object,[Buttons As Microsoft.VisualBasic.MsgBoxStyle = _MsgBoxStyle.
OkOnly],[Title As Object = Nothing])
```

其中,与输入对话框一样,Prompt 参数是必选,作为消息显示在对话框中的 String 表达式。Prompt 的最大长度大约为 1024 个字符,具体取决于所用字符的宽度。如果 Prompt 包含多行,则可以在每行之间使用回车符(Chr(13))、换行符(Chr(10))或回车/换行符的组合(Chr(13)&Chr(10))来分隔各行。Buttons 为可选参数,为数值表达式,是多个值的总和,这些值指定要显示的按钮的数目和类型、要使用的图标样式、默认按钮的标识以及消息框的模态。如果省略 Buttons,则默认值为 0。其中各图标样式、默认按钮标识、消息框模态的设置值如表 10-23 所示。Title 为可选参数,显示在对话框标题栏中的 String 表达式。如果省略 Title,则标题栏中显示应用程序名称。

表 10-23 Button 参数中图标样式、默认按钮标识、消息框模态的设置值

枚　举	值	说　明
OkOnly	0	只显示"确定"按钮
OkCancel	1	显示"确定"和"取消"按钮
AbortRetryIgnore	2	显示"中止"、"重试"和"忽略"按钮
YesNoCancel	3	显示"是"、"否"和"取消"按钮
YesNo	4	显示"是"和"否"按钮
RetryCancel	5	显示"重试"和"取消"按钮
Critical	16	显示"关键消息"图标
Question	32	显示"警告查询"图标
Exclamation	48	显示"警告消息"图标
Information	64	显示"警告消息"图标
DefaultButton1	0	第一个按钮是默认选择的
DefaultButton2	256	第二个按钮是默认选择的
DefaultButton3	512	第三个按钮是默认选择的
ApplicationModal	0	应用程序是有模式的,用户必须响应消息框后,应用程序才能继续向下执行
SystemModal	4096	系统是有模式的,用户响应消息框之前,所有应用程序都被挂起
MsgBoxSetForeground	65 536	指定消息框窗口为前景窗口
MsgBoxRight	524 288	文本为右对齐
MsgBoxRtlReading	1 048 576	指定文本应为在希伯来语和阿拉伯语系统中从右到左显示
OkOnly	0	只显示"确定"按钮
OkCancel	1	显示"确定"和"取消"按钮
AbortRetryIgnore	2	显示"中止"、"重试"和"忽略"按钮
YesNoCancel	3	显示"是"、"否"和"取消"按钮
YesNo	4	显示"是"和"否"按钮

续表

枚　举	值	说　明
RetryCancel	5	显示“重试”和“取消”按钮
Critical	16	显示“关键消息”图标
Question	32	显示“警告查询”图标
Exclamation	48	显示“警告消息”图标
Information	64	显示“警告消息”图标
DefaultButton1	0	第一个按钮是默认选择的
DefaultButton2	256	第二个按钮是默认选择的
DefaultButton3	512	第三个按钮是默认选择的
ApplicationModal	0	应用程序是有模式的,用户必须响应消息框后,应用程序才能继续向下执行
SystemModal	4096	系统是有模式的,用户响应消息框之前,所有应用程序都被挂起
MsgBoxSetForeground	65 536	指定消息框窗口为前景窗口
MsgBoxRight	524 288	文本为右对齐
MsgBoxRtlReading	1 048 576	指定文本应为在希伯来语和阿拉伯语系统中从右到左显示

表中共分 5 组值：第一组为从 0～5 的 6 个值,描述的是对话框中显示的按钮的数目和类型；第二组 16、32、48、64 的 4 个值描述图标样式；第三组的 0、256、512 描述哪个按钮是默认被选择的；第四组 0 和 4096 描述了对话框的样式；最后第五组的 65 536、524 288、1 048 576 三个值描述对话框窗口是否为前景窗口以及文本的对齐方式和方向。从 5 个组当中各选一个值相加,可以得到一个唯一确定的值,不会有重复,因而可以确定一个唯一的对话框。下面做一个小例子。

现在将图 10-23 中界面中央的文本框作为用户名输入框,在该输入框的后面添加一个按钮,将按钮的 Text 属性值改为“验证”。就像在许多网站上进行用户注册时,网站要求用户名必须用邮箱注册,这里也要求所输入的用户名必须为邮箱格式。这里只做简单的格式验证,即只要输入的字符串的格式符合“*@*”格式即为正确的输入。“*@*”中的两个“*”号是通配符,可以匹配任意个任意字符,即只要在“@”前后有任意个任意字符,即为符合要求的输入。对于输入框的默认事件 TextChanged,与之前一样,给予下列代码：

```
Private Sub TextBox1_TextChanged(ByVal sender As System.Object, ByVal e _
As System.EventArgs) Handles TextBox1.TextChanged
    ToolStripStatusLabel1.Text = "您输入了" & TextBox1.Text
End Sub
```

而对于新添加的 Button 的默认 Click 事件,给予以下代码：

```
Private Sub Button1_Click(ByVal sender As System.Object, ByVal e _As System.EventArgs)
Handles Button1.Click
    Dim a As String = "*@*"
    Dim b As String = TextBox1.Text
    If b Like a Then
        MsgBox("恭喜你,输入正确!", 0, "验证结果")
```

```
        Else
            MsgBox("您输入的用户名不正确,请重新输入!", 305, "验证结果")
        End If
    End Sub
```

上述代码将 a 作为标准格式的字符形式，b 接受文本框中输入的字符串，关键字“Like”即是将 b 的字符串的格式与 a 进行比较，符合则返回“True”，不符合则返回“False”。符合时，用 MsgBox 对话框输出“恭喜你，输入正确！”的提示信息，并将 MsgBox 函数的 Buttons 参数设置为 0，即在第一组中选择值为 0 的“只显示‘确定’按钮”。在第二组中没有做出选择，即输出框中将没有图标。第三组中依然选择值为 0 的“第一个按钮是默认的”，因为只有一个“确定”按钮，所以它就是默认按钮。第四组中还是选择值为 0 的“有模式的”，即用户必须对输出框做出响应，否则不能对程序进行任何其他操作。在第五组中没有做出选择。所以 5 组中选择项的值相加为 0。同时最后的参数 Title，设置为“验证结果”，即在弹出的对话框的标题栏上将显示“验证结果”。运行程序，输入“a@a”，如图 10-24 所示。

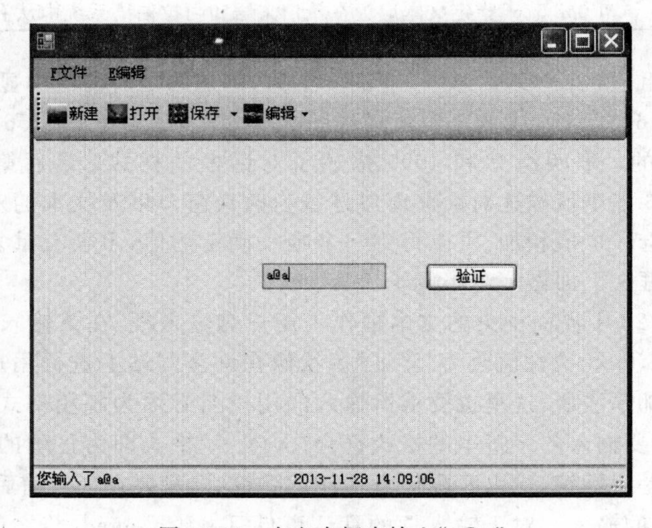

图 10-24　在文本框中输入“a@a”

单击“验证”按钮，就会弹出 MsgBox 输出对话框，如图 10-25(a)所示。

而当输入错误时，例如当运行程序，在文本框中输入“abc”时，将弹出如图 10-25(b)所示的对话框。

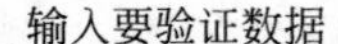

(a) 输入正确时弹出的对话框　　(b) 输入错误时弹出的对话框

图 10-25　输入正确与输入错误时弹出的对话框

10.3　MDI界面设计

MDI即Multiple Document Interface(多文档界面),与它相对应的是SDI(Single Document Interface,单文档界面)。所谓单文档界面是指应用程序在每个窗体中只能显示一个"文档"(这里"文档"可以是实际的磁盘文件,也可以是一组相关的项,如体系结构的绘图的项),当再打开一个文档(可以是不同类型的文档)时,将重新打开新的独立窗体,两个窗体之间没有联系。如Windows中的记事本,图10-26中,a、b、c、d 4个txt文件,分别在4个独立的窗体中打开,它们之间互不影响。

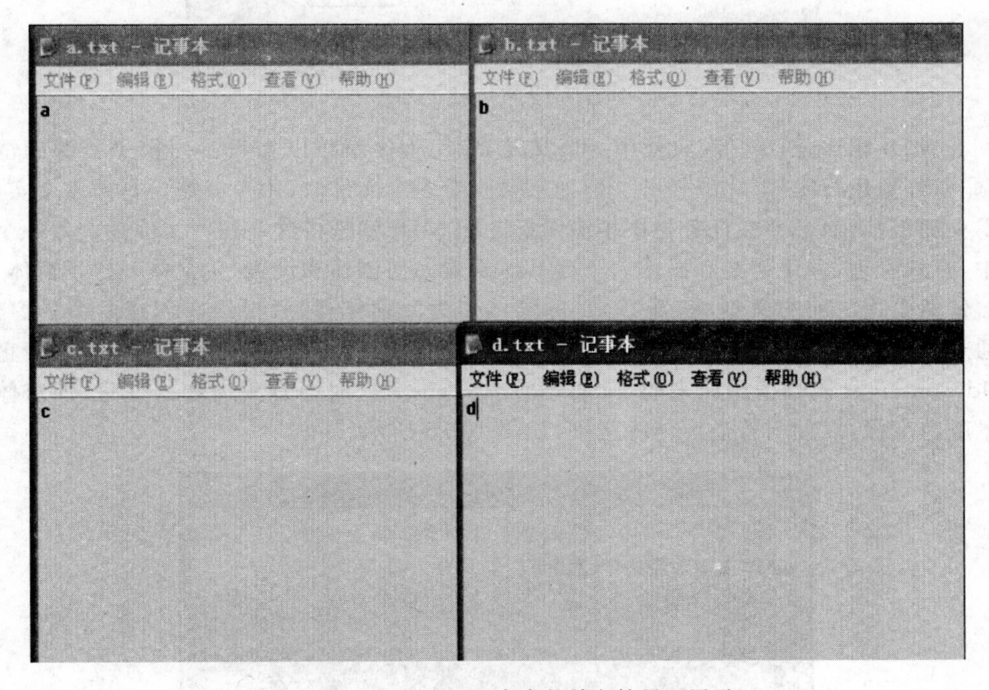

图10-26　Windows记事本的单文档界面展示

而多文档界面分为两种窗体:父窗体和子窗体。当打开多个文档(可以是不同类型)时,它们分别在不同的子窗体中打开,但这些子窗体同时被放入一个容器窗体当中,这个容器窗体就是父窗体,负责管理各个子窗体的操作。通常在父窗体的工具栏下方,有一列选项卡,通过这些选项卡可以实现子窗体之间的切换。同时子窗体间可进行数据剪贴和连接工作。如Visual Stuido本身就可看作是一个MDI窗体,如图10-27所示,在编辑区上方有两个选项卡:Form1.vb和Form1.vb[设计]。窗体设计器窗口中的文档与代码编辑器窗口中的文档是不同类型的文档,它们首先通过各自的子个体打开,然后各附带一个选项卡一起被放在Visual Studio的容器窗口当中。像之前的操作,很多时候需要在这两个窗口之间进行切换,那么用鼠标单击这两个选项卡标签就行。有时候通过在窗体设计器中直接双击控件,切换到代码编辑器,是为了可以直接找到该控件的事件处理程序,以方便操作。

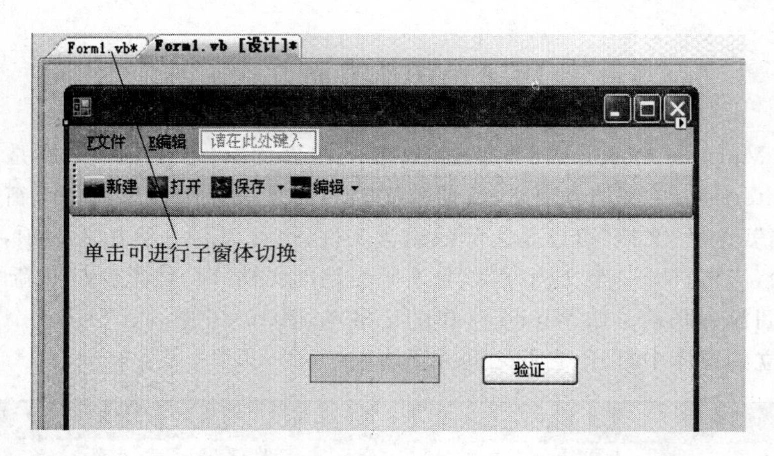

图 10-27 作为 MDI 窗体的 Visual Studio 窗口

与 MDI 相比，SDI 一次只使用一个文档，应用程序就可以在只占用很少资源的情况下，非常好地执行操作，完成任务。但如果要查看多个文件时，用户就需要打开多个实例，显得桌面很乱，而且会在任务栏中填满图标。而 MDI 就是将这些相关文件都放入一个容器中，有效管理，方便切换和操作。下面具体看看如何创建和设置"父窗体"与"子窗体"。

依然沿用之前的窗体，将图 10-21 的窗体作为父窗体，然后再给它创建两个子窗体，并通过代码将它们联系起来。首先改变该窗体的 Text 属性值为"父窗体"，并将它的 IsMdiContainer 属性值由原来的 False 改变为 True。这时会看到窗体的变化，即窗体的背景颜色变深，以便与普通窗体相区别，如图 10-28 所示。

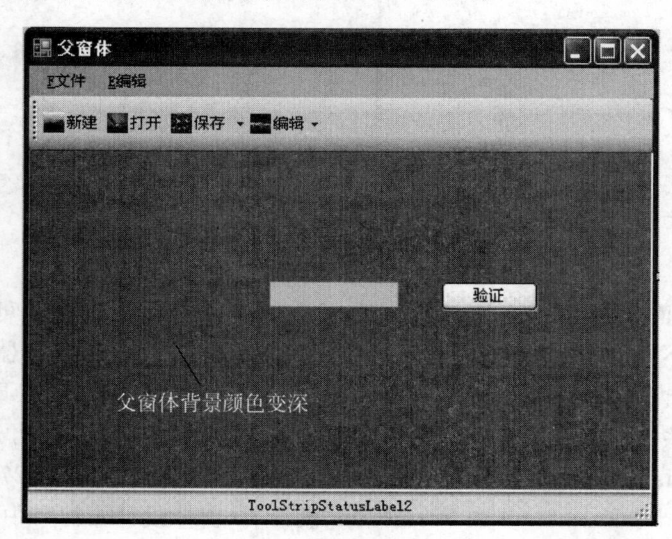

图 10-28 将 IsMdiContainer 属性设置为 True 后的窗体

接着通过"项目"菜单下的"添加 Windows 窗体"命令，为项目添加两个新的窗体，并把它们的 Text 属性值设置为"子窗体 A"和"子窗体 B"。

然后切换到"父窗体"窗口，将工具栏移动到窗口下方，因为它可能会影响到子窗体的显示。将 Button 按钮“验证”的 Text 属性值改为“打开子窗体”。双击该按钮进入代码编辑器，删除之前的代码，输入以下代码：

```
Select Case TextBox1.Text
    Case "A"
        Dim form2 As New Form2()
        form2.MdiParent = Me                   '将本窗体设置为 form2 窗体的父窗体
        form2.Show()
    Case "B"
        Dim form3 As New Form3()
        form3.MdiParent = Me                   '将本窗体设置为 form3 窗体的父窗体
        form3.Show()
    Case Else
        MsgBox("不存在该子窗体,请重新输入!", 305, "错误")
End Select
```

以上代码表示，如果在文本框中输入“A”，那么单击按钮以后就会打开“子窗体 A”，当在文本框中输入“B”时，单击 Button 就会打开“子窗体 B”，如图 10-29 所示。

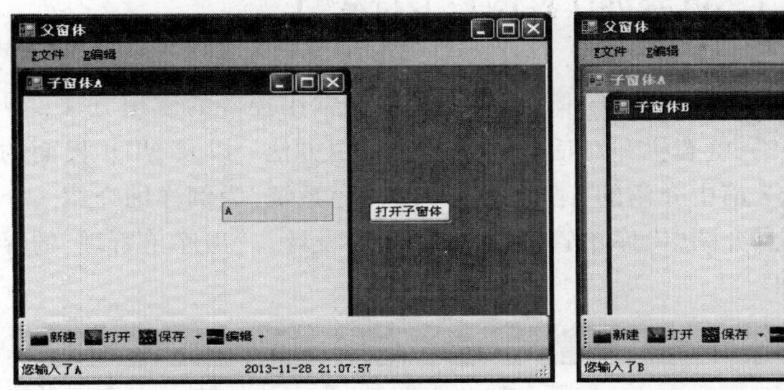

图 10-29　依次输入“A”、“B”，打开“子窗体 A”、“子窗体 B”

另外，可以通过代码设置子窗体的排列方式。具体做法如下：在父窗体中继续添加 4 个 Button。分别将它们的 Text 属性值设置为“排列”、“层叠”、“水平”和“垂直”。然后分别为它们的 Click 事件添加如下代码：

```
Private Sub Button2_Click(ByVal sender As System.Object, ByVal e _As System.EventArgs)
Handles Button2.Click
    Me.LayoutMdi(MdiLayout.ArrangeIcons)
End Sub

Private Sub Button3_Click(ByVal sender As System.Object, ByVal e _As System.EventArgs)
Handles Button3.Click
    Me.LayoutMdi(MdiLayout.Cascade)
End Sub

Private Sub Button4_Click(ByVal sender As System.Object, ByVal e _As System.EventArgs)
Handles Button4.Click
```

```
    Me.LayoutMdi(MdiLayout.TileHorizontal)
End Sub

Private Sub Button5_Click(ByVal sender As System.Object, ByVal e _As System.EventArgs)
Handles Button5.Click
    Me.LayoutMdi(MdiLayout.TileVertical)
End Sub
```

则单击“排列”按钮，表示将所有 MDI 子图标均排列在 MDI 父窗体的工作区域内；单击“层叠”按钮，表示所有 MDI 子窗体均层叠在 MDI 父窗体的工作区域内；单击“水平”按钮，表示所有 MDI 子窗体均水平平铺在 MDI 父窗体的工作区域内；单击“垂直”按钮，表示所有 MDI 子窗体均垂直平铺在 MDI 父窗体的工作区域内。

另外需要说明的是，MDI 默认的是，当单独关闭某个子窗体时，并不影响父窗体和其他的子窗体。而当关闭父窗体时，所有子窗体都会被关闭，且子窗体的关闭发生在父窗体关闭之前。

10.4 界面设计举例与上机练习

前面几节已经简单介绍了 VB.NET 窗体的属性、事件和常用控件的使用方法；界面的设计技术，包括菜单、工具栏、状态栏和对话框的创建和使用方法；以及 MDI 界面的简单介绍和设计。本节将以第 3 篇中介绍的“某饼干厂产品库存系统”为例详细介绍一个具体界面的设计过程。这里重点介绍“出库单管理”模块的界面设计。“出库单管理”的界面如图 10-30 所示，具体步骤如下。

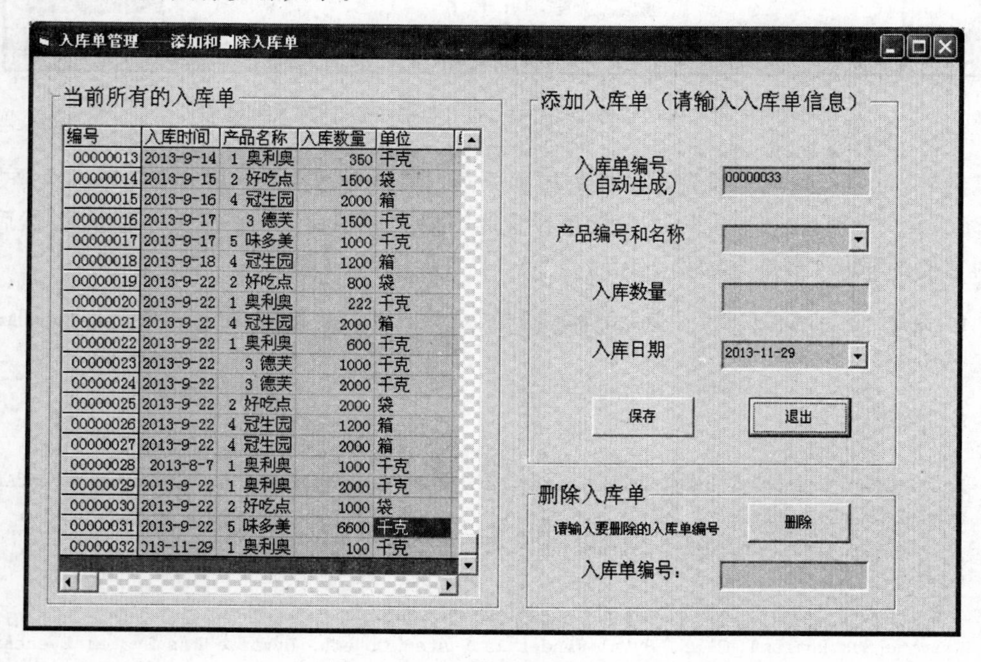

编号	入库时间	产品名称	入库数量	单位
00000013	2013-9-14	1 奥利奥	350	千克
00000014	2013-9-15	2 好吃点	1500	袋
00000015	2013-9-16	4 冠生园	2000	箱
00000016	2013-9-17	3 德芙	1500	千克
00000017	2013-9-17	5 味多美	1000	千克
00000018	2013-9-18	4 冠生园	1200	箱
00000019	2013-9-22	2 好吃点	800	袋
00000020	2013-9-22	1 奥利奥	222	千克
00000021	2013-9-22	4 冠生园	2000	箱
00000022	2013-9-22	1 奥利奥	600	千克
00000023	2013-9-22	3 德芙	1000	千克
00000024	2013-9-22	3 德芙	2000	千克
00000025	2013-9-22	2 好吃点	2000	袋
00000026	2013-9-22	4 冠生园	1200	箱
00000027	2013-9-22	4 冠生园	2000	箱
00000028	2013-8-7	1 奥利奥	1000	千克
00000029	2013-9-22	1 奥利奥	2000	千克
00000030	2013-9-22	2 好吃点	1000	袋
00000031	2013-9-22	5 味多美	6600	千克
00000032	013-11-29	1 奥利奥	100	千克

图 10-30 “出库单管理”的界面

(1) 首先新建一个“Windows 窗体应用程序”项目，项目名称这里命名为“ChuKuDan”。将其 Text 属性值设置为“入库单管理—添加和删除入库单”。另外，这里将 Size 属性值设置为长 670，宽 530。读者可视情况自行设置。

(2) 在窗体上添加 GroupBox 控件，该控件在表 10-1 中有过描述，用来在一组控件周围显示一个带有可选标题的框架。添加好后，先把它的 Text 属性设置为“当前所有的入库单”，作为该框架的标题显示。将其 Size 属性值设置为长 395，宽 435。然后找到其 Font 属性，将字体大小设置为“三号”，如图 10-31 所示。

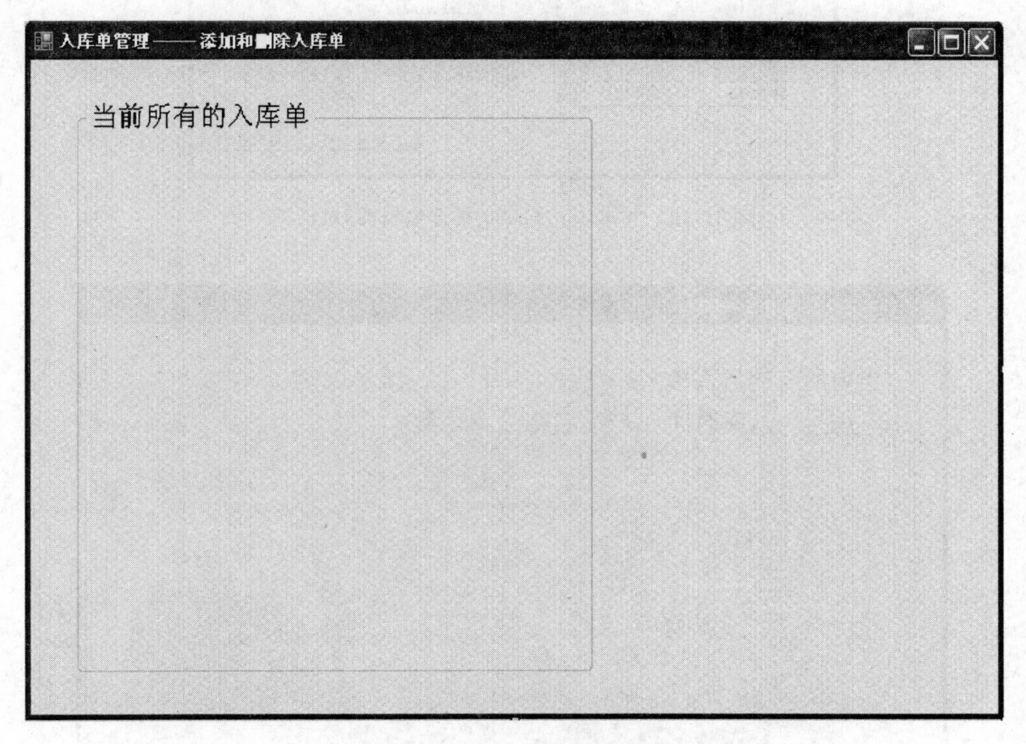

图 10-31 添加 GroupBox 控件后的窗体

(3) 添加 ListView 控件，将 Size 属性值设置为“355，384”，并在 GroupBox 控件中间对称放置好。选中 ListView 控件，单击右上角处的小三角按钮，打开“ListView 任务”窗口，在“视图”下拉菜单中选择 Details 一项，然后单击“编辑列”，打开如图 10-32 所示的“ColumnHeader 集合编辑器”对话框。

通过单击“添加”按钮，为 ListBox 依次添加 5 个成员，即添加 5 列，将它们的 Text 属性值分别设置为“编号”、“入库时间”、“产品名称”、“入库数量”、“单位”和“单价”，然后单击“确定”按钮。此时窗体如图 10-33 所示。

(4) 这里先手动为入库单添加几项。在“ListView 任务”窗口中，单击“编辑项”，打开如图 10-34 所示的“ListViewItem 集合编辑器”对话框。

单击“添加”按钮，会在“成员”框中添加一项 ListViewItem，将其位于右边“属性”窗口中的 Text 属性值设置为“001”，即将要在“编号”一列中添加“001”项。然后找到“数

图 10-32 “ColumnHeader 集合编辑器”对话框

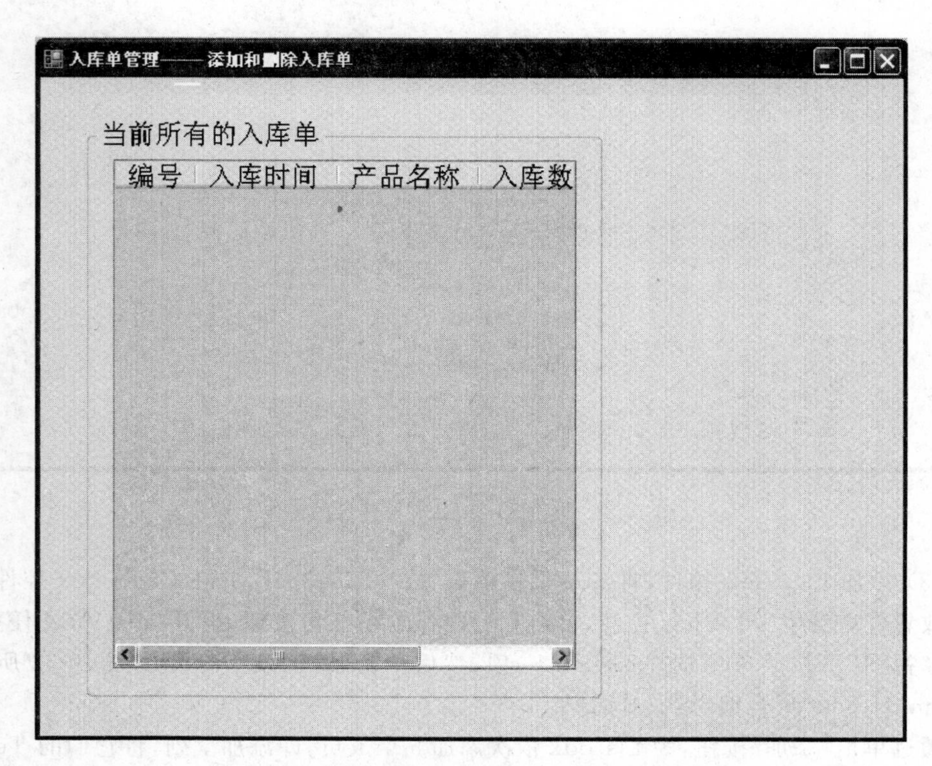

图 10-33 添加并设置好 ListBox 控件后的窗体

据”一栏的 SubItems 属性，单击属性值后的 按钮，打开如图 10-35 所示的“ListViewSubItem 集合编辑器”对话框。

单击“添加”按钮，依次在“成员”框中添加 5 项，并分别将它们位于右边“属性”窗口中的 Text 属性值设置为“2013.11.1”、“2 好吃点”、“100”、“袋”和“120”，这些值会“入库时

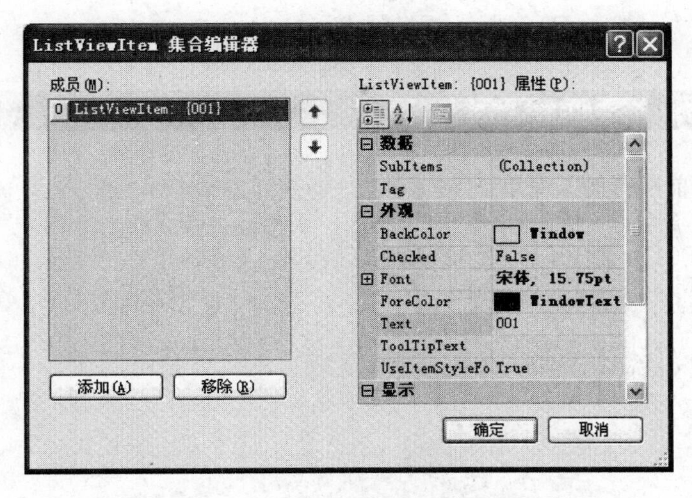

图 10-34　“ListViewItem 集合编辑器”对话框

间”、“产品名称”、“入库数量”、“单位”和“单价”4 列中依次显示出来，按照同样做法，再为“当前入库单”添加一项“002”，其 SubItem 项的 Text 属性值依次设置为“2013. 11. 2”、“1 奥利奥”、“200”、“千克”和“100”，如图 10-36 所示。

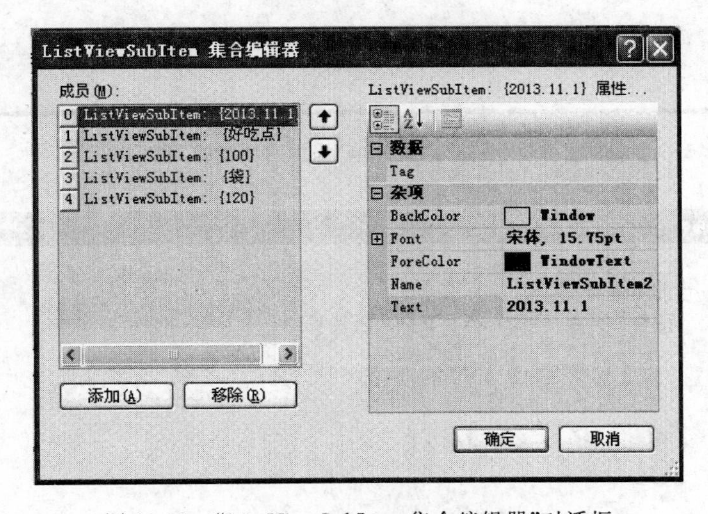

图 10-35　“ListViewSubItem 集合编辑器”对话框

这里需要说明的是，在实际开发这个库存管理系统时，我们的界面设计在 GroupBox 中放置的并不是 ListView 控件，而是 DataGridView 控件，但由于 DataGridView 控件需要连接数据库才能使用，所以这里就先用 ListView 控件给读者展示一下效果。而连接数据库的知识以及对 DataGridView 控件的使用，在后面的章节中会有详细的介绍。

(5) 在如图 10-37 所示的位置继续为窗体添加一个 GroupBox 控件，并将其 Text 属性值设置为“添加入库单(请输入入库单信息)”，在 Font 属性中将字体大小设置为“四号”。在该 GroupBox 控件内放置 4 个 Label 控件，Text 属性值分别设置为“入库单编号”、“产品编号和名称”、“入库数量”和“入库日期”。再添加两个 Button 控件，Text 属性

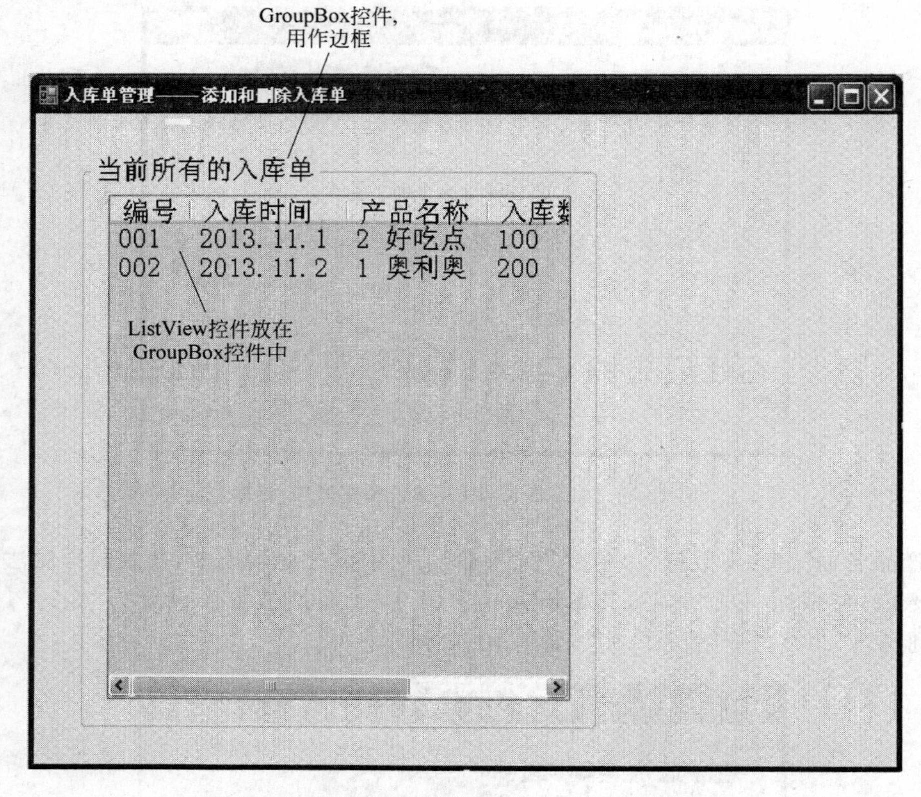

图 10-36 手动为“入库单”添加两项“001”和“002”

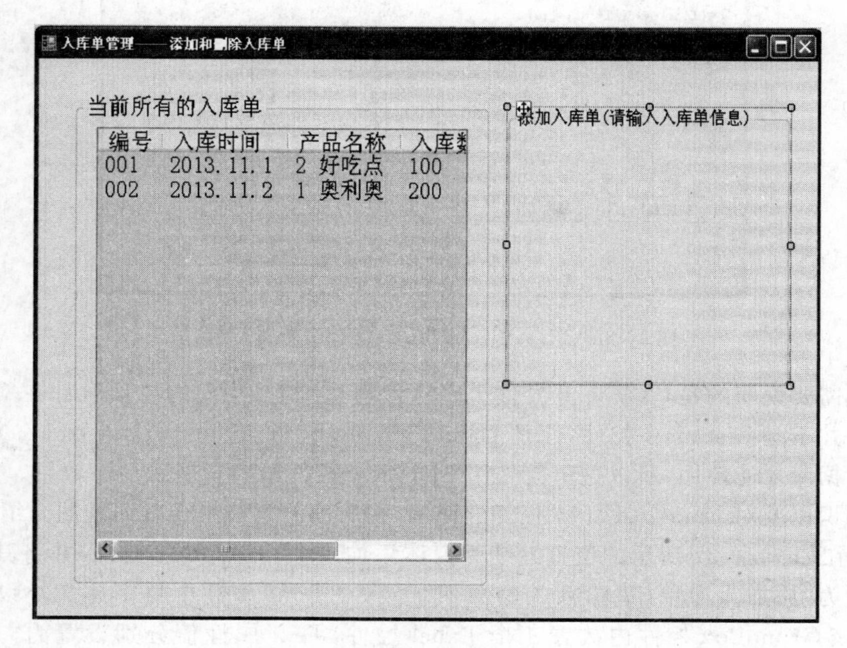

图 10-37 添加第二个 GroupBox 控件

值分别设置为"保存"和"退出"。最后添加三个 TextBox 和一个 ComboBox 控件，ComboBox 控件的 DropDownStyle 属性值选择 DropDownList，然后在 Items 属性中添加字符串："1 奥利奥"、"2 好吃点"和"3 德芙"，设置好后将它放于"产品编号和名称"Label 控件后，如图 10-38 所示。

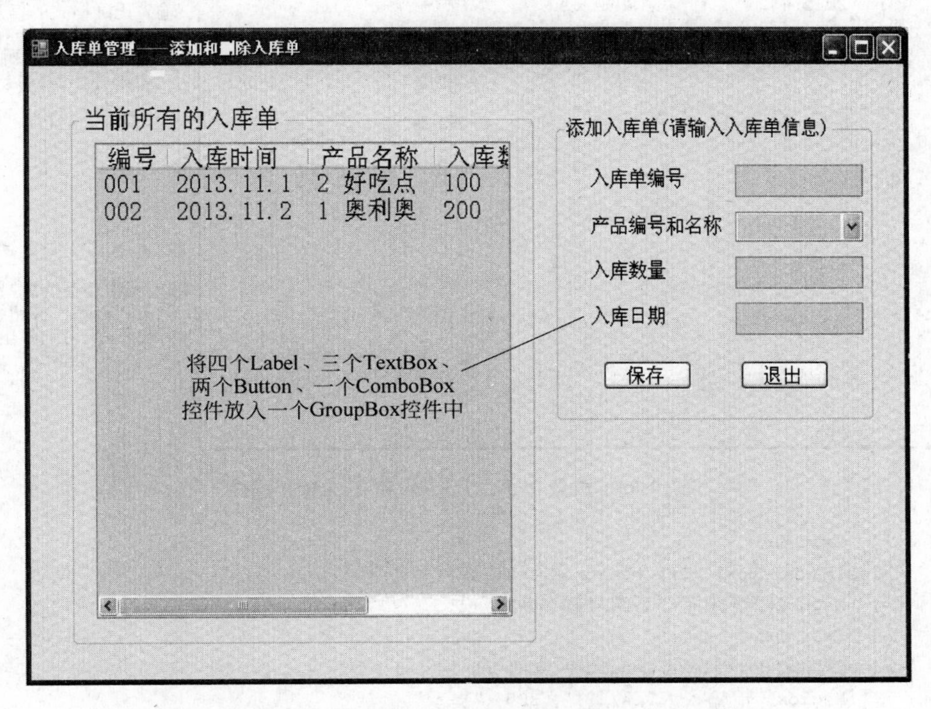

图 10-38　放置 Label、Button、TextBox 和 ComboBox 控件

(6) 添加第三个 GroupBox 控件，Text 属性值设置为"删除入库单"，Font 属性中字体大小设置为"四号"。其中放置两个 Label 控件，Text 属性值分别为"请输入要删除的入库单编号"和"入库单编号："，并把 Font 属性中字体大小设置为"五号"按钮的 Text 属性值设置为"删除"；以及一个 TextBox 控件，如图 10-39 所示放置。

这样界面布置就完成了，下面来为各个控件添加事件控制的代码。

(7) 这里主要是对三个按钮："保存"、"退出"和"删除"添加事件处理的代码，在程序中它们的 Name 属性值依次为"Button1"、"Button2"和"Button3"。

首先在 Form1 类的程序体内添加内部的全局变量 i：

```
Dim i As Integer = 1'i 用来模拟 ListView 控件中项的最大索引值
```

然后对三个按钮添加代码如下：

```
Private Sub Button1_Click(ByVal sender As System.Object, ByVal e _
As System.EventArgs) Handles Button1.Click
    Dim x As Integer
    If TextBox1.Text.Length = 0 Then        '验证文本框内容，文本框为空时报错
        MsgBox("请输入入库单编号!", 305, "提示")
```

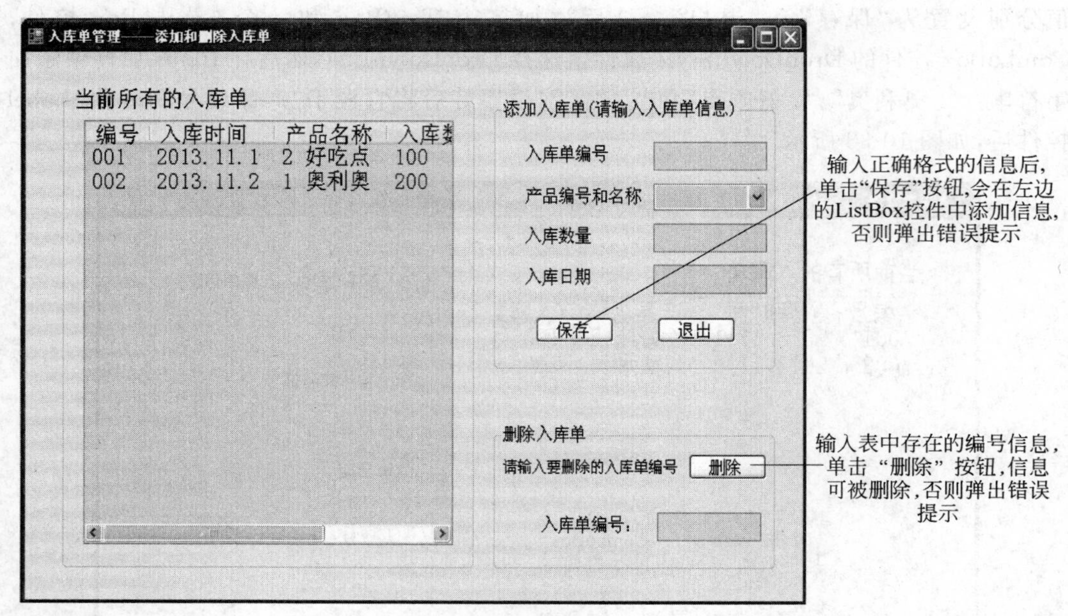

图 10-39 放置 Label、Button 和 TextBox 控件

```
        Exit Sub
    ElseIf ComboBox1.Text.Length = 0 Then
        MsgBox("请选择产品编号和名称!", 305, "提示")
        Exit Sub
    ElseIf TextBox2.Text.Length = 0 Then
        MsgBox("请输入入库数量!", 305, "提示")
        Exit Sub
    ElseIf TextBox3.Text.Length = 0 Then
        MsgBox("请输入入库日期!", 305, "提示")
        Exit Sub
    End If

For x = 0 To ListView1.Items.Count - 1 Step 1
        If TextBox1.Text = ListView1.Items(x).Text Then
            MsgBox("您输入的入库单编号已存在!", 305, "提示")
            Exit Sub
        End If
    Next                                    '这段 For 循环代码用来确保入库单编号不被重复

    ListView1.Items.Add(TextBox1.Text)    '为 ListView 控件添加项
    i = i + 1
    ListView1.Items(i).SubItems.Add(TextBox3.Text)  '添加子项
    ListView1.Items(i).SubItems.Add(ComboBox1.Text)
    ListView1.Items(i).SubItems.Add(TextBox2.Text)
    If ComboBox1.Text = "1 奥利奥" Then               '根据所选产品名称确定单位和单价
        ListView1.Items(i).SubItems.Add("千克")
        ListView1.Items(i).SubItems.Add("100")
```

```
        ElseIf ComboBox1.Text = "2 好吃点" Then
            ListView1.Items(i).SubItems.Add("袋")
            ListView1.Items(i).SubItems.Add("120")
        Else
            ListView1.Items(i).SubItems.Add("盒")
            ListView1.Items(i).SubItems.Add("110")
        End If
    End Sub

    Private Sub Button2_Click(ByVal sender As System.Object, ByVal e _As System.EventArgs)
    Handles Button2.Click
        End                                                         '退出程序
    End Sub

    Private Sub Button3_Click(ByVal sender As System.Object, ByVal e _As System.EventArgs)
    Handles Button3.Click
        Dim j As Integer

        If TextBox4.Text.Length = 0 Then
            MsgBox("请输入入库单编号!", 305, "提示")
        Else
            For j = 0 To ListView1.Items.Count - 1 Step 1'利用 j 模拟索引值
                If TextBox4.Text = ListView1.Items(j).Text Then
                    ListView1.Items.RemoveAt(j)   '当 Text 相同时,j 即为被删除项的索引值
                    i = i-1                       '删除一项时,ListView 控件中项的最大索引值减 1
                    j = 0                         '在下面的 If 语句中,利用 j 判断是否有项被删除
                    Exit Sub                      '当有一项被删除时,跳出该处理过程
                End If
            Next
        End If

        If j <> 0 Then
            MsgBox("该入库单编号不存在!", 305, "提示")  '如没有项被删除时,给出提示
        End If
    End Sub
```

这样就在没有连接数据库的情况下,模拟出了入库单管理的界面。读者可试着在计算机中按照上述步骤完成这个界面设计,并试试单击三个按钮,看它们是怎样完成工作的。

如果读者已经可以比较熟练地完成这些控件的使用,可试着独立完成“入库单查询”界面的设计,如图 10-40 所示。

要求:

(1) 设计为 MDI 界面。

(2) 可单独依据“日期”、“入库单编号”或“产品编号和名称”查询出入库单中的条目。

(3) 在单击“显示全部记录”按钮后,弹出子窗体,子窗体中利用 ListBox 控件将查询结果显示出来。

(4) 单击“退出”按钮后,退出程序。

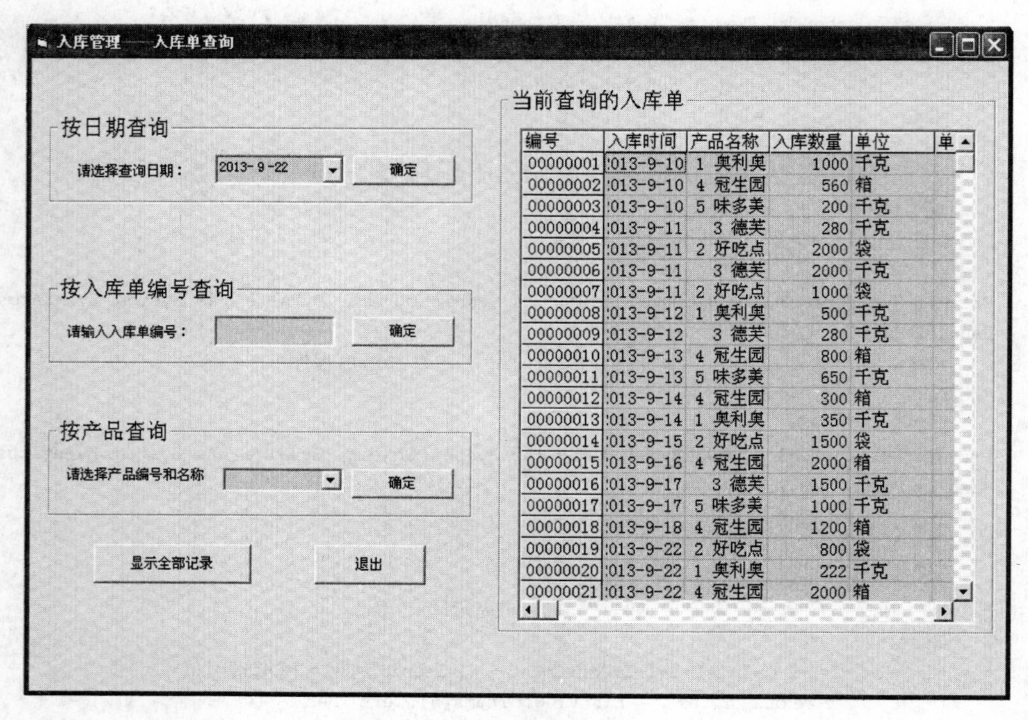

图 10-40 “入库单查询”的界面

小　　结

本章主要向读者介绍了 Visual Basic. NET 中的常用控件，界面设计以及 MDI 界面设计技术。其中常用控件一节着重介绍了控件的基本属性、基本事件以及几个重点的常用控件，界面设计技术一节着重介绍了菜单栏、工具栏、状态栏和对话框的使用。通过本章的学习，读者应该达到以下目标：掌握 Visual Basic. NET 常用标准控件的使用方法；掌握 Visual Basic. NET 中为应用程序添加菜单、工具栏、状态栏和消息框的方法；掌握 Visual Basic. NET MDI 应用程序的开发方法。

第11章　VB. NET面向对象程序设计简介

面向对象的程序设计是一种计算机编程构架。它的基本原则之一是："计算机程序是由单个能够起到子程序作用的单元或对象组成的。"现代程序设计语言为什么会向面向对象程序编程靠拢？面向对象语言 VB. NET、C++、Java 为什么这么普及？这是因为面向对象编程具备了封装性、继承性的特点，具有代码维护方便、可扩展性好、支持代码重写技术等优点。这些优点是面向过程语言所不具备的。VB. NET 完全具备了面向对象的特性，它支持对象、类的概念，能方便地实现继承、多态和封装。通过本章的学习读者能够对 VB. NET 中的面向对象编程技术有一定的了解。

本章主要内容：

- 面向对象概念的基本介绍；
- 类和对象的概念及类的创建；
- 类的封装性；
- 类的继承性；
- 类的多态性；
- 命名空间的使用；
- Me、Mybase 和 Myclass 关键字的用法。

11.1　VB. NET中的面向对象

11.1.1　面向对象简介

面向对象程序设计(Object-Oriented Programming，OOP)是一种计算机编程架构。20世纪60年代，世界上公认的第一个面向对象程序设计语言 Simula 问世，它首次提出了类和对象的概念。经过数十年的发展，一些功能强大的面向对象程序设计语言相继问世，如 C++，C#，Java 等。VB. NET 正是一种完全面向对象的程序设计语言，所谓"面向对象"是指将程序中遇到的所有实体都看作一个"对象"(Object)，并将相同特征的对象归于一个"类"(Class)中。

OOP 是相对于结构化程序设计(Structure Programming)而言的，表示采用面向对象的思想进行软件的编制。它是当今最流行的编程模式。传统的结构化程序设计是一种面向过程的方法，它是一种自上而下的线性的编程过程，开发人员需要按照事情的发展一步步编写相应的代码。面向对象编程和传统的编程思想有所不同，因为它把一个新的概念——对象，作为程序代码的整个结构的基础和组成元素。面向对象编程的核心思想是软件系统对现实世界的直接模拟，尽量实现将现实世界中的事物直接映射到软件系统的解空间。

这里举一个例子来更好地理解面向过程程序设计与面向对象程序设计的差别。例如，在设计某饼干厂产品库存系统的管理员登录程序时，面向过程的程序设计思路是：①为用户创建一个可输入管理员号码及密码的应用程序界面。②判断用户提供的管理员号码和密码是否为空，若为空给出提示，否则继续。③判断输入的用户名是否合法，是则继续，否则给出提示。④判断输入的密码与管理员号码是否匹配，是则登录，否则给出提示。可以看出整个程序的设计思路是按照事情的发展过程进行的。

面向对象的程序设计思路为：①为用户创建一个可输入管理员号码及密码的应用程序界面。②将用户看作一个对象。③用户对象有一个用于检查管理员号码和密码是否合法的方法。④根据用户提交的数据，调用该方法进行检验，根据结果确定用户登录是否成功。可以看出整个程序的实际思路是把用户看作对象调用方法解决问题。

相比面向过程程序设计而言，面向对象程序设计的优点就在于程序设计的可重用性和可扩展性比较强，具有模块化、抽象性、继承性及多态性等特点，特别适合复杂大型软件的开发，为提高软件的可靠性和可维护性提供了有效的手段和途径。

11.1.2 类和对象

类(Class)与对象(Object)是面向对象技术中最重要的两个概念，是面向对象程序设计的核心。对象是程序代码的整个结构基础和组成元素，对不同的对象进行抽象、概括和分类就形成了类。对象是具体的，而类是抽象的。对象是类的具体化实例，是由数据以及作用于数据的操作构成的统一整体。

举一个例子，李玲是一个研究生，这里"李玲"就是一个具体的对象，而"研究生"就是一个类，它是所有与"李玲"相似的人的一种概括。"研究生"类是满足所有研究生的属性和行为的抽象，而把"研究生"类的所有属性赋予具体的数据就代表了一个具体的人物，如"李玲"、"陈明"都是"研究生"类的实例。

如何表示和描述对象呢？这就涉及对象的语义和语法问题。类和对象是由字段、属性、方法和事件4部分组成的。

字段是类定义中的数据，也叫类的变量。字段就像直接在Class代码块内部声明的变量。类既可以包含公共字段又可以包含私有字段。

```
Public Class Student
    Public Name As String
Dim Birthdate As Date
Private ID As String
End Class
```

类的字段可以是基本的数据类型，也可以是由其他类类型声明的对象。字段可以拥有VB所允许的任意作用域关键字（访问修饰符），如Private（表示只能被该类内部的其他成员访问）、Friend（表示只能由定义该类的项目中的所有类访问）、Protected（表示只有本类或者派生类中的代码可以访问）、Protected Friend（本类或派生类中的代码可以访问，该类所在项目中的所有类可以访问）和 Public（表示内部或外部的代码都可以访问）。当用 Public 修饰一个变量时，变量定义的关键字 Dim 可以省略。

属性是用于读取和写入字段值，是一种读写字段的特殊方法。用户可以像使用变量一样使用属性来存储对象的特征信息。假如想要保存一个人的信息，可以通过定义属性变量来描述一个人的特征，如果把这个人对象命名为 Man，可以设置属性变量 Age 来描述对象人的年龄特征；设置属性变量 Height 来描述对象人的身高特征。在 VB. NET 中可以利用 Property...End Property 代码块实现一个属性，这是一个属性过程，该属性过程包括 Get 和 Set 两个子过程：前者定义该属性返回哪个值，后者定义如何将值指定给该属性。属性过程的语法格式如下：

```
[访问修饰符] Property 属性变量名
    Get
    Return 属性值
    End Get
    Set(ByVal value AS 数据类型)
    属性值 = value
    End Set
End Property
```

当然在 VB. NET 中要设置或改变对象的属性值，也可以使用“对象名. 属性名＝表达式”直接用“＝”的方法对属性赋值。

方法可以视为对象要执行的操作，子程序和函数都被称为方法。方法通常用于对字段进行计算和操作，也就是对类中的数据进行操作以实现特定的功能。例如，Phone 对象可以有 StartPhone、Message、Picture 方法。因此如果要开启手机，就需要定义一个完成开机操作的 StartPhone 方法，通过调用 StartPhone 方法完成开机操作。同理通过调用 Message 方法完成发信息操作，调用 Picture 方法完成拍照操作。再比如在学生类 Student 中定义 GetStudentInfo 方法，该方法能够完成获取学生信息的操作，当一个 Student 对象调用 getStudentInfo 方法时就可以获取学生的所有信息。

VB. NET 中支持 Sub 和 Function 过程来创建方法。用 Sub 创建方法，它将不返回数值，若是利用 Function 来创建一个方法，它将返回一个数值作为结果。如：

```
Sub MyWorks()
End Sub
Function MyValue()As Integer
End Function
```

事件可以视为对象能响应的动作。事件是一个信号，它会告知应用程序有重要的情况发生。事件允许对象在事件调用的时候做出相应的动作。例如，用户单击窗体上的某个控件时，窗体可能引发一个 Click 事件并调用一个处理该事件的过程。

事件和字段、属性、方法一样，都是向外部提供公开接口的一部分。属性让应用程序查看和修改对象的数据，方法让程序调用对象的行为并执行操作。属性和方法相结合可以让程序发送信息给对象，事件则执行相反的操作，它们让对象发送信息给程序。事件的创建需要两个步骤：首先是事件的声明，使用 Event 语句可以声明事件，将事件添加给

类,类对象可以在需要向程序通知改动情况时引发事件。Event 的语法如下:

```
[访问修饰符][Shadows]Event 事件名称(形式参数列表)
[Implements interface.event]
```

Shadows 关键字表示该事件替换父类中具有相同名称但不一定有相同参数的事件。Implements interface. event 表示该事件是用来实现在接口中声明过的事件。

在声明事件后,要使事件真正发生必须使用 RaiseEvent 语句引发该事件。

```
RaiseEvent eventname[(argumentlist)]
```

必须在声明事件的类、模块或结构的范围内引发事件,如派生类不能引发从基类继承的事件。

11.1.3 封装

封装是指对象只显露公用的属性、方法和事件,而将如何实现的过程隐藏在类的内部。简单地说封装技术使类具有黑匣子的特征,进去的是数据出来的是结果,至于过程则不需要关注。

举几个例子就容易理解了,一台计算机就是一个封装体。从一名设计者的角度来讲,不仅需要考虑计算机内部的各种元器件,还要考虑内存、主板、显卡等的连接与组装。但是从使用者的角度来讲,只需要关心其品牌、型号、外观、重量的属性,根本不用关心其内部结构。再比如,一个 Person 要去找 ATM 取钱(Withdraw),用户实际上只需要知道需要多少钱,告诉 ATM 一些简单的输入参数,如卡号、密码,ATM 就会给用户相应数目的钱。用户得到钱以后并不清楚 ATM 是如何给钱的,但用户清楚怎么操作可以得到钱。这时,ATM 作为一个"黑盒子",它提供一种"接口",外面的对象可以使用这个"接口"但是并不需要关心此"接口"如何工作。从这两个例子中可以看出,封装的目的在于把对象的设计者和对象的使用者分开,使用者不必知晓行为实现的细节,只需要通过设计者提供的接口来访问该对象。

类通过封装的方式隐藏它的内部细节,因此封装有时也被称为信息隐藏。通过对外部应用程序来隐藏内部细节,类可以防止外部的代码对这些内部细节随意进行操作。该方法减少了应用程序不同部分之间的相关性,并且只允许由其共有接口明确许可的相关性。

11.1.4 继承

广义地说,继承是指能够直接获得已有的性质和特征,而不必重复定义它们。在面向对象的软件技术中,继承是指程序人员可以在现有类的基础上创建新类,子类继承父类所有的属性、方法和事件,并可以重写或者隐藏父类的属性或方法,同时可以定义新的属性、方法和事件。被继承的类称为父类或基类,继承的类称为子类或派生类。继承具有传递性,如果类 C 继承类 B,类 B 继承类 A,则类 C 继承类 A。一个类继承了它所在类等级中在它上层的全部父类的所有属性和方法,即处于某类的对象除了具备该类所描述的性质外,还具有该类上层全部父类所具有的性质。继承的优势在于降低了软件开发的复杂性和费用,代码的可重复性和可扩展性大大增加。

VB. NET 允许一个子类可以从另外一个子类继承而来,但是 VB. NET 不允许同时继承多个父类,即不允许多重继承,子类只能继承一个父类。

开始使用继承实现一个类时,必须先从父类开始。父类可以是. NET 系统类库构架中的一部分,也可以是其他应用程序或. NET 程序集的一部分,甚至可以是现有应用程序的一部分。有了父类就可以创建一个或多个子类。

在 VB. NET 中创建的所有类都是可继承的,除非使用 NotInheritable 关键字定义类。

```
Public NotIneritable Class Class1
…
End Class
```

在类定义中可使用 Inherits 语句将类定义为某个类的派生类,而且 Inherits 语句必须是类代码中的第一个非注释语句。例如,如下代码说明 Class1 是 Class2 的父类,Class2 继承 Class1 的所有属性、方法和事件:

```
Public Class Class2
Inherits Class1
…
End Class
```

子类继承父类后,可以拥有父类的所有属性、方法和事件,子类也可以添加新的属性、方法和事件,以扩展父类的功能,例如,Student 类提供了 name 属性,假如子类 GraduateStudent 中还需要添加一个非正式的其他 name 属性,并且用户又不想修改现有的 Student 类,这时使用 name 属性重载是最好的选择。重载的方法是使用 OverLoads 关键字实现。

```
Public Class GraduateStudent
    Inherits Student
    Public OverLoads Sub name()
    …
    End Sub
End Class
```

重载是对同一种行为的不同描述,但结果大致相同,比如吃饭这个行为,用户可以定义给它不同的参数,如不接受参数时,在默认的餐馆独自吃默认的鸡饭;提供一个位置参数时,可以选择在某个地方独自吃鸡饭;提供位置和菜单就可以在某个餐馆自己吃想要的东西;提供位置、人物和菜单就可以选择在哪里、和谁吃什么。总之,这些行为保持相同的名称,提供不同的参数,但达到相同的目的。

如果子类需要修改所继承的属性或方法,可以通过重写来实现。重写的作用在于:子类重写父类的方法后,具有自己特有的行为。但重写适用于方法与属性,声明参数与修饰符必须与父类中的完全一致。

重写是对继承自父对象的行为或特性重新构造，使其虽然名称上和父对象的行为或特性相同，但做的事情完全不同。比如，回家这个方法，您父亲可能直接回到自己的房子里，而您可能会直接睡在朋友里或公司。注意重载和重写的区别，一个是提供不同的访问形式来实现相同的功能，一个是提供相同的形式而实现不同的功能。

如果在父类中定义某个属性或方法时使用 Overridable 关键字，则允许在子类中重写该属性或方法。当然即使在父类中将某个属性或方法定义为可以重写，在子类中仍然可以不重写，而直接继承过来。

例如，在父类 Class1 中，按照如下格式定义 name 方法可以在子类中重写。

```
Public Class Class1
    Public Overridable Sub name()
    …
    End Sub
End Class
```

如果要在子类中重写所继承的方法，需要 Overrides 关键字重写父类的属性。例如，如下语句可重写从 Class1 中继承的 name 方法：

```
Public Class Class2
Inherits Class1
    Public Overrides Sub name()
    …
    End Sub
End Class
```

重写与重载的区别在于，前者要求完全修改基类同名方法的代码，而重载只是扩展基类方法的一个同名方法。

11.1.5 多态

多态按字面的意思是一种事物表现出的多种形态。“多态性”指定义具有功能不同但名称相同的方法或属性的多个类的能力，这些类可由客户端代码在运行时交换使用。对不同的对象发出相同的消息会有不同的行为。例如，某个 Window（窗户）类的 Open 方法是通过 Push 方式来实现的，而 Window 类的派生类 Subwindow 表示的是推拉窗，其 Open 方法需要通过 Move 方法来实现，这就需要从子类中修改从其父类中继承而来的 Open 方法，使之与父类的 Open 方法有不同的表现，这就是“多态性”。

多态设计的优点在于可以方便地从父类中派生新类，添加并调用新功能而不用更改原来的调用程序。

大部分面向对象的编程系统都通过继承提供多态性。基于继承的多态性涉及在基类中定义方法并在派生类中使用新实现重写它们。例如，可以定义一个类 BaseTax，该类提供计算某个州/省的销售税的基准功能。从 BaseTax 派生的类（如 CountyTax 或 CityTax）可以根据相应的情况实现方法，如 CalculateTax。多态性来自这样一个事实：可以调用属于从 BaseTax 派生的任何类的某个对象的 CalculateTax 方法，而不必知道该对象属于哪个类。下面示例中的 TestPoly 过程演示基于继承的多态性。

```
'
Const StateRate As Double = 0.053
'
Const CityRate As Double = 0.028
Public Class BaseTax
    Overridable Function CalculateTax(ByVal Amount As Double) As Double
        '
        Return Amount * StateRate
    End Function
End Class

Public Class CityTax
    '
    Inherits BaseTax
    '
    Private BaseAmount As Double
    Overrides Function CalculateTax(ByVal Amount As Double) As Double
        '
        '
        BaseAmount = MyBase.CalculateTax(Amount)
        Return CityRate * (BaseAmount + Amount) + BaseAmount
    End Function
End Class

Sub TestPoly()
    Dim Item1 As New BaseTax
    Dim Item2 As New CityTax
    '
    ShowTax(Item1, 22.74)
    '
    ShowTax(Item2, 22.74)
End Sub

Sub ShowTax(ByVal Item As BaseTax, ByVal SaleAmount As Double)
    '
    Dim TaxAmount As Double
    TaxAmount = Item.CalculateTax(SaleAmount)
    MsgBox("The tax is: " & Format(TaxAmount, "C"))
End Sub
```

在此示例中，ShowTax 过程接受 BaseTax 类型的名为 Item 的参数，但还可以传递从该 BaseTax 类派生的任何类，如 CityTax。这种设计的优点在于可添加从 BaseTax 类派生的新类，而不用更改 ShowTax 过程中的客户端代码。

在 VB.NET 中也可以使用接口来完成多态性的实现。接口描述属性和方法的方式与类相似，但与类不同，接口不能提供任何实现。多个接口具有允许软件组件的系统不断发展而不破坏现有代码的优点。

若要使用接口实现多态性，应在几个类中以不同的方式实现接口。客户端应用程序可以以完全相同的方式使用旧实现或新实现。基于接口的多态性的优点是，不需要重新编译现有的客户端应用程序就可以使用新的接口实现。下面的示例定义名为 Shape2 的接口，该接口在名为 RightTriangleClass 2 和 RectangleClass2 的类中实现。名为 ProcessShape2 的过程调用 RightTriangleClass 2 或 RectangleClass2 实例的 CalculateArea 方法：

```
Sub TestInterface()
    Dim RectangleObject2 As New RectangleClass2
    Dim RightTriangleObject2 As New RightTriangleClass2
    ProcessShape2(RightTriangleObject2, 3, 14)
    ProcessShape2(RectangleObject2, 3, 5)
End Sub

Sub ProcessShape2(ByVal Shape2 As Shape2, ByVal X As Double, _
      ByVal Y As Double)
    MsgBox("The area of the object is " _
& Shape2.CalculateArea(X, Y))
End Sub

Public Interface Shape2
    Function CalculateArea(ByVal X As Double, ByVal Y As Double) As Double
End Interface

Public Class RightTriangleClass2
    Implements Shape2
    Function CalculateArea(ByVal X As Double, _
          ByVal Y As Double) As Double Implements Shape2.CalculateArea
        'Calculate the area of a right triangle.
        Return 0.5 * (X * Y)
    End Function
End Class

Public Class RectangleClass2
    Implements Shape2
    Function CalculateArea(ByVal X As Double, _
          ByVal Y As Double) As Double Implements Shape2.CalculateArea
        'Calculate the area of a rectangle.
        Return X * Y
    End Function
End Class
```

11.1.6 命名空间

命名空间(Namespace)是.NET 管理类的一种命名方案，它提供了一种组织相关类的方式，通过把相似的类放在一个命名空间中来规范类。VB.NET 程序使用命名空间加以组织，这既是为了在内部组织程序，也是为了组织向其他程序公开程序元素的方式。提供了导入指令以便于命名空间的使用。与其他实体不同，命名空间是无限的，并且可在同一个程序中多次声明和跨许多程序声明，每个声明共同构成同一个命名空间。在下面的示例中，两个命名空间声明共同构成同一个声明空间，并声明了两个完全限定名为 N1.

N2. A 和 N1. N2. B 的类。

```
Namespace N1.N2
    Class A
    End Class
End Namespace
Namespace N1.N2
    Class B
    End Class
End Namespace
```

由于两个声明共同构成同一个声明空间，每个声明均包含同名成员的声明会导致错误。存在一个全局命名空间，它没有任何名称，而且它的嵌套命名空间和类型总是可以被不受限定地访问。全局命名空间中声明的命名空间成员的范围是整个程序文本。否则，完全限定名为 N 的命名空间中声明的类型或命名空间的范围就是这样的程序文本：即程序文本所使用的每个命名空间的相应完全限定名以 N 开头或是 N 本身。

命名空间的命名是使用点语法命名方案，改命名方案中隐含了层次结构的意思。点语法的命名方案的第一部分是命名空间，全名的最后一部分是类型名。微软的. NET Framework 类库经常使用的和重要的命名空间就是按照点语法命名方案，如 System. Windows. Forms(用于在屏幕上绘制窗体)、System. IO(用于进行文件处理)、System. Drawing(用于创建图形)、System. NET(提供网络和 Internet 功能)等。

在程序中使用命名空间的好处是：可以以简化的形式来使用类。例如，在程序访问 SQL Server 数据库用到 SqlConnection 或 SqlCommand 类时，实际的全称应该是 System. Date. SqlClient. SqlConnection 和 System. Date. SqlClient. SqlCommand。如果在程序中要用到 SqlConnection 或 SqlCommand 类的简写形式，就要使用语句 Imports System. Data. SqlClient 导入命名空间 System. Data. SqlClient。

导入命名空间的方法有两种，第一种方法是在"解决方案资源管理器"窗口中，执行"添加引用"命令来导入命名空间；第二种方法就是利用上面提到的使用 Imports 语句添加。

Imports 语句将实体名称导入源文件，使得可以不加限定地引用名称，在包含 Imports 语句的源文件的成员声明中，可直接引用给定命名空间中包含的类型，如下例所示：

```
Imports N1.N2
Namespace N1.N2
    Class A
    End Class
End Namespace
Namespace N3
    Class B
    Inherits A
    End Class
End Namespace
```

在此例的源文件中，命名空间 N1. N2 的类型成员直接可用，因此类 N3. B 从类 N1. N2. A 派生。Imports 语句出现在所有选项语句之后，但在所有类型声明之前，编译环境还可以定义隐式的 Imports 语句。Imports 语句使名称在源文件中可用，但不在全局命名空间的声明空间中进行任何声明。导入的名称范围在源文件所包含的命名空间成员声明上扩展。Imports 语句的范围明确不包括其他 Imports 语句，也不包括其他源文件，且语句不能相互引用。

11.2 Me、Mybase 和 Myclass 关键字

11.2.1 Me 关键字

Me 关键字提供了一种引用当前正在其中执行代码的类或结构的特定实例的方法。Me 的行为类似于引用当前实例的对象变量或结构变量。在向另一个类、结构或模块中的过程传递关于某个类或结构的当前执行实例的信息时，使用 Me 尤其有用。例如，假定在某模块中有以下过程。

```
Sub ChangeFormColor(FormName As Form)
    Randomize()
    FormName.BackColor = Color.FromArgb(Rnd() * 256, Rnd() * 256, Rnd() * 256)
End Sub
```

可以使用以下语句来调用此过程并将 Form 类的当前实例作为参数传递。

```
ChangeFormColor(Me)
```

又例如，在 Form1 窗体模块中 Me 就代表 Form1，Form1. Caption 在 Form1 窗体模块中可以用 Me. Caption 使用。

11.2.2 Mybase 关键字

MyBase 关键字的行为与引用当前类实例的父类的对象变量的行为相似。MyBase 通常用于访问派生类中被重写或被隐藏的父类成员，它代表了父类中的所有方法。具体而言，MyBase. New 用于从派生类构造函数中显式调用父类构造函数。

在子类中重写父类的方式时，可以使用 MyBase 关键字来原样调用父类中的方法。例如：

```
Public Class Class1
    Public Overridable Function GetData(ByVal X As Integer) As Integer
        GetData = X * X
    End Function
End Class

Public Class Class2
Inherits Class1
  Public Overrides Function GetData(ByVal X As Integer) As Integer
```

```
        GetData = Mybase.GetData(X) * X
    End Function
End Class
```

在上述代码中,类 Class2 是类 Class1 的子类,在其中重写 Class1 的方法 GetData,在该方法中通过 Mybase 关键字调用 Class1 的方法 GetData,因而类 Class2 中定义的 GetData 方法实际上返回的是 X 的立方。

11.2.3　MyClass 关键字

MyClass 关键字的行为类似于这样的对象变量:它引用最初实现的类的当前实例。MyClass 类似于 Me,但在调用 MyClass 中的每个方法和属性时,可将此方法或属性当作 NotOverridable 中的方法或属性对待。因此,方法或属性不受派生类中重写的影响。如果类的方法在父类中定义但没有在派生类中提供该方法的实现,则 MyClass 用法与 MyBase 相同。

小　结

本章首先简要介绍了面向对象程序设计的一些基本概念,然后通过一些简单的示例讲解了 VB.NET 中的面向对象技术,包括类和对象、类的封装、类的继承、类的多态和命名空间,还介绍了 Me、MyBase 和 MyClass 关键字。这里将本章要求掌握的重点内容小结如下。

面向对象技术是一种以对象为基础、以事件为驱动来进行程序设计的方法。

类(Class)与对象(Object)是面向对象技术最重要的两个概念。类可以看作是对象的模型,而对象是类的具体化,是类的实例。

面向对象技术要求类必须具备封装、继承和多态这三个基本特征。封装是指对象只显露公用的属性、方法和事件,而将如何实现的过程隐藏在类的内部。继承是指程序设计人员可以在现有类的基础上创建新类。多态是把一系列具体事物的共同点抽象出来,再通过这个抽象的对象,与不同的具体对象进行对话,对不同类的对象发出相同的消息将会有不同行为。

命名空间是.NET 管理类的一种命名方案,采用结构化的方式进行分层管理。在不同的命名空间定义的同名类,不会引起冲突。VB.NET 的每个解决方案都有一个根命名空间,是该解决方案中所有类的基命名空间,这个根命名空间默认与解决方案同名。

MyClass 的行为类似于引用最初实现时类的当前实例的对象变量。MyClass 与 Me 类似,但对它的所有方法的调用都按该方法为 NotOverridable,MyBase 关键字的行为类似于引用类的当前实例的基类的对象变量,如果类的方法在父类中定义但没有在派生类中提供该方法的实现,则 MyClass 用法与 MyBase 相同。

总之,通过本章的学习,应很好地理解类和对象的概念,初步掌握类的创建方法,了解 VB.NET 的命名空间,关键字 Me、MyBase 和 MyClass 的使用,并在以后的实践中逐步掌握面向对象的程序设计技术。

第 12 章　简单数据库编程

随着计算机软、硬件的不断发展，对数据的管理也经历了不同的阶段，包括人工管理阶段，文件系统管理阶段，至今已发展到数据库管理阶段。数据库技术是计算机应用技术中的一个重要组成部分，它所研究的问题是如何科学地组织和存储数据，使得对大量数据的管理比用文件管理具有更高的效率，因此涉及的两个主要方面是：数据的组织和数据的管理。

以一定的方式组织并存储在一起的相互有关的数据的集合称为数据库。对数据库的管理由数据库管理系统来实现，数据库管理系统是用户与数据库之间的接口，它提供了对数据库使用和加工的操作，如对数据库的建立、修改、检索、计算、统计、删除等。

本章主要内容：

- 数据库的基本概念；
- Access 数据库；
- VB. NET 数据库连接技术；
- 数据绑定和操作方法。

12.1　数据库原理简介

12.1.1　关系数据库

1. 数据模型

计算机并不能直接处理现实中的具体事物，所以必须通过人将现实中的具体事物转换成计算机可以处理的信息，这就要用到数据模型。数据模型就是现实世界的模拟，它包括数据结构、数据操作和完整性约束三大要素。数据结构是指相互之间存在着一种或多种关系的数据元素的集合和该集合中数据元素之间的关系组成。数据操作是指对数据进行分类、归并、排序、存取、检索和输入、输出等标准操作。完整性约束是为保证数据库中数据的正确性和相容性，对关系模型提出的某种约束条件或规则。完整性通常包括域完整性、实体完整性、参照完整性和用户定义完整性，其中域完整性、实体完整性和参照完整性，是关系模型必须满足的完整性约束条件。

2. 数据模型的类型

数据库概念被提出后，先后出现了几种数据模型。其中基本的数据模型有三种：层次模型、网络模型和关系模型。网络模型和层次模型又称为非关系模型。20 世纪 60 年代末提出的关系模型具有数据结构简单灵活、易学易懂而且具有雄厚的数学基础等特点。从 20 世纪 70 年代开始流行,发展到现在已成为数据库的标准模型。目前广泛使用的数据库软件都是基于关系模型的关系数据库管理系统。

3. 关系数据库

关系数据库,是建立在关系模型基础上的数据库,借助于集合代数等概念和方法来处理数据库中的数据,同时也是一个被组织成一组拥有正式描述性的表格,该形式的表格作用的实质是装载着数据项的特殊收集体,这些表格中的数据能以许多不同的方式被存取或重新召集而不需要重新组织数据库表格。关系数据库的定义造成元数据的一张表格或造成表格、列、范围和约束的正式描述。每个表格(有时被称为一个关系)包含用列表示的一个或更多的数据种类。每行包含一个唯一的数据实体,这些数据是被列定义的种类。当创造一个关系数据库的时候,可以定义数据列的可能值的范围和可能应用于那个数据值的进一步约束。而 SQL 是标准用户和应用程序到关系数据库的接口。其优势是容易扩充,且在最初的数据库创造之后,一个新的数据种类能被添加而不需要修改所有的现有应用软件。目前主流的关系数据库有 Oracle、DB2、SQL Server、Sybase、MySQL 等。

12.1.2 表和关系

表是以行和列的形式组织起来的数据的集合,一个数据库包括一个或多个表。例如,在某饼干厂产品库存系统的数据库中,会有产品信息表,可能包含产品的名称、产品的价格、产品的规格等。同时还会有管理员信息表,可能包含管理员的各种信息,如管理员的账户、管理员的密码等。在管理员信息表中,每行都包含有关特定管理员的所有信息:登录账号、登录密码等。在关系型数据库当中一个表就是一个关系,一个关系数据库可以包含多个表。在关系数据库中,有些表存在以下关系。

(1) 一对一关系。这种关系是指一个表中的记录最多只能与另一表中的一个记录相匹配;反之亦然。如果相关列都是主键或都具有唯一约束,则可以创建一对一关系。

(2) 一对多关系。这种关系是指一个表中的记录与另一表中的多个记录有关。例如,产品大类表与产品表就是一种一对多的关系,一个产品大类可能包含多种具体产品。

12.1.3 数据库建立、查询、更新、删除等操作

1. 表的创建

建立数据库首先就要建立表。所有的更新、查询、删除等功能都是在已经建立好的表中来进行的。SQL 使用 CREATE TABLE 命令来定义基本表,其基本格式如下:

```
CREATE TABLE <表名>
(<列名><数据类型>[列的约束条件],
<列名><数据类型>[列的约束条件],
...
```

```
<列名><数据类型>[列的约束条件]
[,表的约束条件]);
```

其中,<表名>是所要定义的表的名称,它可以由一个或多个属性列来组成。在创建表的格式中,方括号中的是可以省略的内容。表必须含有一个以上的列。列与列之间用逗号分开。有约束条件的将约束条件写在该列的后面,约束条件将在建表的同时被存入数据字典中。当用户操作表中数据时由 DBMS 自动检查该操作是否违背这些约束条件。如果约束条件涉及表中的多个列时,必须将约束条件定义在该表级上。

下面举个例子来说明如何在数据库中创建表。

例:创建某饼干厂产品库存系统中产品信息表 productinfo,它由产品 ProductID、产品名称 ProductName、产品类型 ProductType、产品单价 ProductPrice 和产品单位 ProductDanwei 组成。要求 ID 号不能为空,且值唯一;产品名称列也不可以为空。SQL 语句如下:

```
CREATE TABLE productinfo
(ProductID integer NOT NULL UNIQUE,
ProductNamevarchar(20) NOT NULL,
ProductType varchar(20),
ProductPrice integer,
ProductDanwei varchar(20));
```

在定义表的时候要指定表中各列的数据类型和长度。在 SQL 中主要的数据类型见表 12-1。

表 12-1　SQL 语句中的数据类型

数据类型名称	定义标识	说　明
字符型	CHAR(n)	定义字符型
	VARCHAR(n)	变长字符型
二进制型	BINARY(n)	最长 255 字节,由 0~9,A~F 或 a~f 组成
	VARBINARY(n)	以 0x 开头,两个字符构成一个字节
日期时间型	DATE	占 8 个字节
整数型	INTEGER	代替了老版本中的 INT、SMALLINT、TINYINT
精确数值型	DECIMAL	可以确定精度和小数位数
近似数值型	FLOAT	确定 1~15 位之间的精度
	REAL	确定 1~7 位之间的精度
文本型	TEXT	数据应在单引号内

2. 表的查询

查询数据是一项常用的数据操作,是检索记录的数据库命令。在 SQL 中用命令 SELECT…FROM 来实现,具体格式如下:

```
SELECT <列名>[,<列名>]...
FROM <表名>[,<表名>]
```

```
[WHERE <条件表达式>]
[GROUP BY <列名>[HAVING <条件表达式>]]
[ORDER BY <列名>[ASC|DESC]];
```

1）使用 SELECT…FROM 检索记录

SELECT…FROM 子句是每一个检索数据的查询的中心，它告诉数据库引擎此次查询操作要返回哪些字段。其最为简单的语句格式如下：

```
SELECT * FROM <表名>;
```

其中，* 代表返回表中所有的列。在 SQL 的查询语句中，使用 SELECT 语句来确定要查找的字段，使用 FROM 语句指定操作的数据源。这里所谓的数据源可以是一个表或者一个视图。

例如，在某饼干厂产品库存系统数据库中查询出库单的 SQL 语句为

```
SELECT * FROM chukudan;
```

执行以上的 SQL 语句将产生表 12-2 的结果。

表 12-2　所有出库单数据

OutputID	OutputDate	OutputProductID	OutputQuantity	OutputPrice
10000001	2013/9/11	1	800	120
10000002	2013/9/11	4	500	100
10000003	2013/9/12	3	1200	120
10000004	2013/9/12	2	1000	150
10000005	2013/9/13	3	800	120
10000006	2013/9/14	4	1000	100
10000007	2013/9/15	2	2000	140
10000008	2013/9/15	3	500	125
10000009	2013/9/16	3	500	120
10000010	2013/9/17	4	1500	95
10000011	2013/9/18	3	1000	125
10000012	2013/9/19	4	1200	100
10000013	2013/9/20	4	200	105
10000014	2013/9/23	2	200	120
10000015	2013/9/23	2	500	150

这样的命令使用起来很方便，但却很低效，因此，最好在查询时说明限制条件，加上限制条件可以提高检索的效率。

2）使用 WHERE 说明条件

WHERE 语句告诉数据库引擎根据所提供的条件限定检索的记录。这些条件应该是一个逻辑表达式，具有确定的真假意义。WHERE 子句是可选的，在使用它时，它应该列在 SELECT 语句中的 FROM 子句下面。在 WHERE 语句中可以使用的逻辑运算符见表 12-3。

表 12-3　WHERE 语句中的逻辑运算符

运算符分类	运　算　符	功　　能
比较运算符	＜	小于
	＜＝	小于等于
	＞	大于
	＞＝	大于等于
	！＜	不小于
	！＞	不大于
	＜＞	不等于
范围运算符	BETWEEN…AND	表达式值在指定范围内
	NOT BETWEEN…AND	表达式值不在指定范围内
列表运算符	IN	表达式为列表中指定项
	NOT IN	表达式不为列表中指定项
模式匹配符	LIKE	表达式与指定的字符通配格式相同
	NOT LIKE	表达式与指定的字符通配格式不相同
空值判断符	IS NULL	表达式为空
	NOT IS NULL	表达式非空
逻辑运算符	AND	逻辑与
	OR	逻辑或
	NOT	逻辑非

例如，在某饼干厂产品库存系统数据库中查询产品编号为 2 的所有出库单的 SQL 语句为

```
SELECT * FROM chukudan
WHERE OutputProductID = 2;
```

执行以上的 SQL 语句将产生表 12-4 的结果。

表 12-4　产品编号为 2 的所有出库单

OutputID	OutputDate	OutputProductID	OutputQuantity	OutputPrice
10000004	2013/9/12	2	1000	150
10000007	2013/9/15	2	2000	140
10000014	2013/9/23	2	200	120
10000015	2013/9/23	2	500	150
10000018	2013/9/23	2	500	120

3）使用 GROUP BY 对查询结果分组

在 SQL 中，用于对查询结果进行分组的关键字是 GROUP BY。使用 GROUP BY 子句可以将查询结果按某一列或多列的值分组，值相等的为一组。需要注意的是，如果在 SELECT 子句中使用一个集合函数，那么在 SELECT 子句中列出的任何单独的列也必须在 GROUP BY 子句中列出。

例如，在某饼干厂产品库存系统数据库中按照产品编号对各产品的出库数量进行统

计的 SQL 语句为

```
SELECT OutputProductID,SUM(OutputQuantity)
FROM chukudan
GROUP BY OutputProductID;
```

查询结果见表 12-5。

表 12-5　各类产品出库数量

OutputProductID	SUM(OutputQuantity)
1	2900
2	4200
3	4500
4	4400

有关集合函数 SUM()的具体用法参见集合函数。

4）使用 HAVING 子句

HAVING 子句用来限制一个查询所返回的组，用 HAVING 子句可以显示使用 GROUP BY 关键字确定的组合记录中满足 HAVING 从句所限定条件的记录。

5）使用 ORDER BY 对查询结果排序

使用 ORDER BY 子句可以使数据库引擎对检索的结果进行排序，ORDER BY 子句列在 SELECT 语句的末尾。排序可以针对一个字段，也可以针对多个字段。排序有两种形式：一种是升序，一种是降序，默认情况下，ORDER BY 子句将按升序进行排序。在一个 SELECT 查询之后，包含一个 ORDER BY 子句便可以实现对查询结果的排序。

当 ORDER BY 后面的排序字段有两个或多个时，则先按照第一个字段进行排序。只有在该字段出现相同值的时候，才按照下一个字段排序。

例如，在某饼干厂产品库存系统数据库中按照产品编号对各产品的出库数量进行统计的 SQL 语句为

```
SELECT OutputProductID,SUM(OutputQuantity)
FROM chukudan
GROUP BY OutputProductID
ORDER BY(SUM(OutputQuantity));
```

查询结果见表 12-6。

表 12-6　各类产品出库数量(排序)

OutputProductID	SUM(OutputQuantity)
1	2900
2	4200
4	4400
3	4500

6）集合函数

在 SQL 中，集合函数可以增强检索功能。主要的集合函数见表 12-7。

表 12-7　SQL 中集合函数

函　数	参　数	功　能
COUNT	[DISTINCT|ALL] *	统计记录个数
COUNT	DISTINCT|ALL<列名>	统计一列中个数
SUM	DISTINCT|ALL<列名>	计算一列值的总和
AVG	DISTINCT|ALL<列名>	计算一列值的平均值
MAX	DISTINCT|ALL<列名>	求一列中的最大值
MIN	DISTINCT|ALL<列名>	求一列中的最小值

7）高级查询

(1) 多表连接查询

有时候需要查询的数据不在一张表中，而存在于两张或更多的表中，此时就需要用到多表连接查询。多表连接查询，可以将多个表连接起来作为查询对象供用户查询需要的数据。具体格式如下：

```
SELECT <列名> [,<列名>]...
FROM <表名 1 >,<表名 2 >
WHERE <表名 1 >.<列名 1 > = <表名 2 >.<列名 2 >
[AND <条件表达式>]
[GROUP BY <列名>[HAVING <条件表达式>]]
[ORDER BY <列名>[ASC|DESC]];
```

其中，表 1 和表 2 连接的列名分别为列名 1 和列名 2。

例如，在介绍 GROUP BY 子句时使用的例子中，最终展示的是出库单中产品的编号 OutputProductID，现在将最终的展示列换为产品的名称 ProductName，完成这个功能的 SQL 语句为

```
SELECT OutputProductID , ProductName,SUM(OutputQuantity)
FROM chukudan,ProductInfo
WHEREchukudan.OutputProductID = ProductInfo.ProductID
GROUP BYOutputProductID, ProductName
ORDER BY(SUM(OutputQuantity));
```

查询结果见表 12-8。

表 12-8　各类产品出库数量(增加产品名)

OutputProductID	ProductName	SUM(OutputQuantity)
1	奥利奥	2900
2	好吃点	4200
3	冠生园	4400
4	德芙	4500

(2) 子查询

子查询是嵌套在子语句中的查询,比如在 SELECT、HAVING、WHERE 等语句中嵌套使用 SELECT 语句,就称其为子查询。这时候子查询的结果就被当作主查询的输入来使用,使用子查询可以完成比较复杂的任务,这正是 SQL 结构化的体现。但需要注意的是,ORDER BY 不可以用于子查询。因为 ORDER BY 子句只能对最终的查询结果进行排序;子查询在 SELECT 中只可以有一个列,除非在主查询中为了进行子查询使用了多个列来比较其选中的列。

例如,在某饼干厂产品库存系统数据库中,需要统计各类产品库存的数量,并查看哪些产品超过了库存上限阈值,从而将这些类产品通知管理员,以下 SQL 语句可以解决以上描述的问题。

```
SELECT OutputProductID , ProductName, SUM(InputQuantity) - SUM(OutputQuantity)
FROM chukudan,ProductInfo,rukudan
WHEREchukudan.OutputProductID = ProductInfo.ProductID
AND   ProductInfo.ProductID = rukudan.InputProductID
HAVING(SUM(InputQuantity) - SUM(OutputQuantity))>= (
SELECT high FROM thres)
GROUP BY OutputProductID, ProductName;
```

查询结果见表 12-9。

表 12-9 库存数量超过库存上限阈值的产品

OutputProductID	ProductName	SUM(InputQuantity)-SUM(OutputQuantity)
2	好吃点	6300
3	德芙	5360
4	冠生园	5100

3. 表的更新

SQL 中对已经建立好的表进行列的更新时是通过命令 ALTER TABLE 来实现的。用 ADD 来添加列,用 DROP 来删除列,用 MODIFY 来修改列的属性。格式如下:

```
ALTER TABLE <表名>
[ADD <新列名><数据类型>[列的约束]]
[DROP <约束名称>]
[MODIFY <列名><数据类型>];
```

例如,对前面建立的 productinfo 表进行修改。添加一列产品的产地,数据类型为 VARCHAR,长度为 20。对应的 SQL 语句为

```
ALTER TABLE productinfo
ADD Place VARCHAR(20);
```

执行以上 SQL 语句,进入数据库查询 productinfo 表结构,将会多出 Place 列。

4. 表的删除

表的删除可以使用DROP TABLE语句实现。如果要将刚建立的表删除,则可以使用如下的SQL语句。要注意的是,在删除表的同时,建立在表上的索引、视图都将自动被删除。具体格式如下:

```
DROP TABLE <表名>;
```

12.1.4 记录操作

1. 插入记录

向一个新表或现有的表添加行可以使用INSERT命令。INSERT的语法如下所示:

```
INSERT INTO <表名>[(<列名>,...)]
VALUES(<数据>,...);
```

例如,在某饼干厂产品库存系统数据库中向productinfo表中添加一行数据,分别为ProductID为1, ProductName为奥利奥, ProductType为奶油, ProductPrice为100, ProductDanwei为千克的Insert语句如下:

```
INSERT INTO productinfo
(ProductID, ProductName, ProductType, ProductPrice, ProductDanwei)
VALUES(1,'奥利奥','奶油',100,'千克');
```

这里要注意:每一个字符串都要用单引号括起来。为了往表中插入数据,要在关键字INSERT INTO之后紧跟着表名,然后是左圆括号,接着是以逗号分开的一系列的列名,再是一个右圆括号,然后在关键字VALUES之后跟着一系列用圆括号括起的数值。这些数值是要往表格中填入的数据,它们必须与指定的列名相匹配。字符串必须用单引号括起来,而数字就不用。在上面的例子中,'1'必须与列ProductID相匹配,而奶油必须与列ProductType相匹配。

简单来说,当向数据库表格中添加新记录时,在关键词INSERT INTO后面输入所要添加的表格名称,然后在括号中列出将要添加新值的列的名称。最后,在关键词VALUES的后面按照前面输入的列的顺序对应地输入所有要添加的记录值。

2. 更新记录

在很多时候都需要修改记录数据。例如,每当管理员修改密码时,必须更新他们的登录密码;当饼干的价格变化时,必须相应地更改其价格等。因为INSERT INTO命令只能用来向表中添加新行,不能修改现有的数据。想要更改现有的表数据,必须使用UPDATE命令。

UPDATE语句用于更新或者改变匹配指定条件的记录,它是通过构造一个WHERE语句来实现的。其语句格式如下:

```
UPDATE <表名>
SET <列名> = <数据>
    [,<列名>= <数据>...]
WHERE <条件表达式>;
```

例如,在某饼干厂产品库存系统数据库中将 productinfo 表中 ProductID 为 1 的产品价格 ProductPrice 改为 150 的 UPDATE 语句如下:

```
UPDATEproductinfo
SET ProductPrice = 150
WHERE ProductID = 1;
```

在某饼干厂产品库存系统数据库中将 productinfo 表中 ProductID 为 1 的产品名称改为新奥利奥,产品价格 ProductPrice 改为 200,产品单位改为袋的 UPDATE 语句如下:

```
UPDATEproductinfo
SET ProductName = '新奥利奥',
    ProductPrice =200,
    ProductDanwei ='袋'
WHERE ProductID = 1;
```

使用 UPDATE 语句时,关键一点就是要设定好用于进行判断的 WHERE 条件从句。

3. 删除记录

有时候需要从数据库中删除行。DELETE 语句是用来从表中删除记录或者行,其语句格式为

```
DELETEF ROM <表名>
WHERE <条件表达式>
```

例如,要删除饼干厂产品库存系统数据库中出库单的所有数据,可以使用如下 DELETE 语句:

```
DELETE FROMchukudan;
```

这条语句没有 WHERE 语句,所以它将删除所有的记录,因此如果没有使用 WHERE 的时候,要千万小心。

如果只要删除 productinfo 表中 ProductID 为 1 的数据行,可以使用以下的 DELETE 语句:

```
DELETE FROMproductinfo
WHERE ProductID = 1;
```

如果只要删除 productinfo 表中 ProductName 为新奥利奥或者好吃点的行,可以使用如下 DELETE 语句:

```
DELETE FROM productinfo
WHERE ProductName = '新奥利奥'
OR ProductName = '不好吃';
```

为了从表中删除一个完整的记录或者行，就直接在 DELETE FROM 后面加上表的名字，并且利用 WHERE 指明符合什么条件的行要删除即可。如果没有使用 WHERE 子句，那么表中的所有记录或者行将被删除。

12.2 Access 数据库简介

1. Microsoft Office Access 简介

Microsoft Office Access 是微软把数据库引擎的图形用户界面和软件开发工具结合在一起的一个数据库管理。它是桌面型关系数据库，只适合数据量少的应用，在处理少量数据和单机访问的数据库时是很好的，效率也很高，具有操作灵活、转移方便、运行环境简单等优点。但是它同时访问的客户端不能多于 4 个。

Microsoft Office Access 以它自己的格式将数据存储在基于 Access Jet 的数据库引擎里。它还可以直接导入或者链接数据（这些数据存储在其他应用程序和数据库）。

Microsoft Office Access 拥有的报表创建功能能够处理任何它能够访问的数据源。Access 提供功能参数化的查询，这些查询和 Access 表格可以被诸如 VB6 和.NET 的其他程序通过 DAO 或 ADO 访问。在 Access 中，VB 能够通过 ADO 访问参数化的存储过程。与一般的 CS 关系型数据库管理不同，Access 不执行数据库触发，预存程序或交互式登录操作。Access 2010 包括嵌入 ACE 数据引擎的表级触发和预存程序，在 Access 2010 中，表格、查询、图表、报表和宏在基于网络的应用上能够进行分别开发。Access 2010 与 Microsoft SharePoint 2010 的集成也得到了很大改善。

Access 数据库由 7 种对象组成，它们是表、查询、窗体、报表、宏、页和模块。

表(Table)——表是数据库的基本对象，是创建其他 5 种对象的基础。表由记录组成，记录由字段组成，表用来存储数据库的数据，故又称数据表。

查询(Query)——查询可以按索引快速查找到需要的记录，按要求筛选记录并能连接若干个表的字段组成新表。

窗体(Form)——窗体提供了一种方便的浏览、输入及更改数据的窗口。还可以创建子窗体显示相关联的表的内容。窗体也称表单。

报表(Report)——报表的功能是将数据库中的数据分类汇总，然后打印出来，以便分析。

宏(Macro)——宏相当于 DOS 中的批处理，用来自动执行一系列操作。Access 列出了一些常用的操作供用户选择，使用起来十分方便。

模块(Module)——模块的功能与宏类似，但它定义的操作比宏更精细和复杂，用户可以根据自己的需要编写程序。模块使用 Visual Basic 编程。

页——是一种特殊的直接连接到数据库中数据的 Web 页。通过数据访问页将数据发布到 Internet 或 Intranet 上，并可以使用浏览器进行数据的维护和操作。

2. Microsoft Office Access 数据库的优点

Access 是一种关系型数据库管理系统，其主要特点如下。

1）存储方式单一

Access 管理的对象有表、查询、窗体、报表、页、宏和模块，以上对象都存放在后缀为.mdb 的数据库文件中，便于用户的操作和管理。

2）面向对象

Access 是一个面向对象的开发工具，利用面向对象的方式将数据库系统中的各种功能对象化，将数据库管理的各种功能封装在各类对象中。它将一个应用系统当作是由一系列对象组成的，对每个对象它都定义一组方法和属性，以定义该对象的行为和特征，用户还可以按需要给对象扩展方法和属性。通过对象的方法、属性完成数据库的操作和管理，极大地简化了用户的开发工作。同时，这种基于面向对象的开发方式，使得开发应用程序更为简便。

3）界面友好、易操作

Access 是一个可视化工具，风格与 Windows 完全一样，用户想要生成对象并应用，只要使用鼠标进行拖放即可，非常直观方便。系统还提供了表生成器、查询生成器、报表设计器以及数据库向导、表向导、查询向导、窗体向导、报表向导等工具，使得操作简便，容易使用和掌握。

4）集成环境、处理多种数据信息

Access 基于 Windows 操作系统下的集成开发环境，该环境集成了各种向导和生成器工具，极大地提高了开发人员的工作效率，使得建立数据库、创建表、设计用户界面、设计数据查询、报表打印等可以方便有序地进行。

5）支持 ODBC

利用 Access 强大的 DDE（动态数据交换）和 OLE（对象的连接和嵌入）特性，可以在一个数据表中嵌入位图、声音、Excel 表格、Word 文档，还可以建立动态的数据库报表和窗体等。Access 还可以将程序应用于网络，并与网络上的动态数据相连接。利用数据库访问页对象生成 HTML 文件，轻松构建 Internet/Intranet 的应用。

3. Microsoft Office Access 数据库的缺点

安全性不够，加了用户级密码容易破解，如果作为服务器，对服务器要求很高，否则容易造成 MDB 损坏。

并发数 255，但是对高强度操作适应性差，如果服务器不够好，网络不够好，编程的方法不够好，多人同时访问就能导致 MDB 损坏。

不能将 VBA 代码开发的软件系统直接编译成.EXE 可执行文件，不能脱离 Access 或者 Access Runtime 环境，该环境相对其他软件体积较大（50MB 左右）。

每个数据库文件最大限制只有 2GB，对于大型网站显然不能够胜任。

12.3 VB.NET 数据库连接技术

12.3.1 ADO.NET 结构原理

ADO.NET 用来实现 Microsoft Access、XML 等数据源的一致访问。应用程序可以使用 ADO.NET 来连接到这些数据源,并检索、操作和更新数据。System.Data 命名空间提供 ADO.NET 结构的类的访问。

在 Visual Basic.NET 中使用 ADO.NET 时,必须引用 System.Date 命名空间,还要根据所选用的数据源(如 Access 或 SQL Server)引用 System.Data.OleDb 或 System.Data.SqlClient 命名空间。

ADO.NET 组件包含的两个核心组件会完成此任务:DataSet 和.NET Framawork 数据提供程序,后者是一组包括 Connection、Command、DataReader 和 DataAdapter 对象在内的组件。ADO.NET 体系结构如图 12-1 所示。

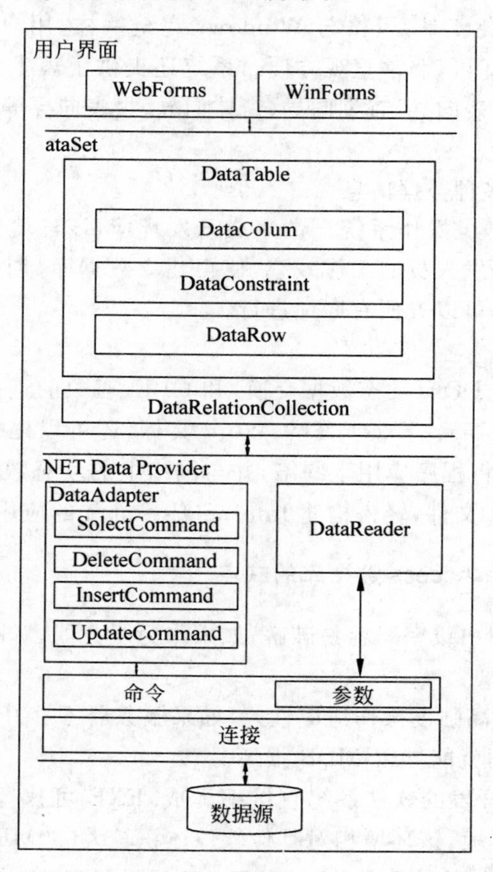

图 12-1 ADO.NET 体系结构

12.3.2 ADO.ENT 中的命名空间和类

命名空间(NameSpace)记录了对象的名称与所在的路径。使用 ADO.NET 中的对象时,必须首先声明命名空间,这样编译器才知道到哪里去加载这些对象。下面将分别介绍 ADO.NET 中主要的命名空间。

System.Data 包含具有以下用途的类:访问和管理多种不同来源的数据。顶层命名空间和许多子命名空间一起形成 ADO.NET 体系结构和 ADO.NET 数据提供程序。例如,提供程序可用于 SQL Server、Oracle、ODBC 和 OleDB。其他子命名空间包含由 ADO.NET 实体数据模型(EDM)和 WCF 数据服务使用的类。具体如表 12-10 所示。

表 12-10 System.Data 命名空间的主要类

对象名称	对象功能
DataSet	数据在内存中的缓存
DataTable	内存中的数据表
DataTableCollection	内存中的 DataTable 集合
DataView	内存中某个 DataTable 的视图
DataRow	DataTable 中的某行数据
DataRowCollection	DataTable 中行的集合
DataRowView	DataRow 的视图
DataColumn	DataTable 的列结构
DataColumnCollection	某个 DataTable 对象的 DataColumn 集合
DataRelation	两个 DataTable 之间的关系
DataRelationCollection	DataSet 中所有的 DataRelation 对象的集合
Constraint	DataColumn 对象上的约束
ConstraintCollection	某个 DataTable 上所有的 Constraint 对象的集合
DataTableReader	以一个或多个只读、只进结果集的形式获取 *N* 个 DataTable 对象的内容
DataException	使用 ADO.NET 时发生的意外

System.Data.Common 命名空间包含由各种.NET Framework 数据提供程序共享的类。.NET Framework 数据提供程序描述用于在托管空间中访问数据源(如数据库)的类的集合。支持的提供程序包括用于 ODBC 的.NET Framework 数据提供程序、用于 OLEDB 的.NET Framework 数据提供程序、用于 Oracle 的.NET Framework 数据提供程序以及用于 SQL Server 的.NET Framework 数据提供程序。System.Data.Common 中的类旨在给开发人员提供一种方法以编写将作用于所有.NET Framework 数据提供程序的 ADO.NET 代码。具体如表 12-11 所示。

表 12-11 System.Data.Common 命名空间的主要类

对象名称	对象功能
DataAdapter	一组 SQL 命令和一个数据库连接,用于填充 DataSet 和更新数据源
DbCommand	表示要对数据源执行的 SQL 语句或存储过程
DbConnection	表示到数据库的连接

续表

对象名称	对象功能
DbDataAdapter	继承 DataAdapter 的大部分功能
DbDataReader	从数据源返回只读的、向前的数据
DbException	数据源引发的异常
DbParameter	为 DbCommand 对象设置参数
DbTransaction	事务

System. Data. OleDb 命名空间为 OLE DB. NET Framework 数据提供程序。用于 OLE DB 的. NET Framework 数据提供程序描述了用于访问托管空间中的 OLE DB 数据源的类集合。使用 OleDbDataAdapter 可以填充驻留在内存中的 DataSet，该数据集可用于查询和更新数据源。具体如表 12-12 所示。

表 12-12 System. Data. OleDb 命名空间的主要类

对象名称	对象功能
OleDbCommand	对数据源执行的 SQL 语句或存储过程
OleDbConnection	连接数据源
OleDbDataAdapter	数据命令集和到数据源的连接，它们用于填充 DataSet 以及更新该数据源
OleDbDataReader	从数据源提取只读、向前的数据
OleDbError	从数据源返回的错误或者警告信息
OleDbException	数据源引发的异常
OleDbParameter	设置 OleDbCommand 对象的参数
OleDbTransaction	设置事务

System. Data. SqlClient 命名空间为 SQL 服务器. NET Framework 数据提供程序。SQL Server. NET Framework 数据提供程序描述了用于在托管空间中访问 SQL Server 数据库的类集合。使用 SqlDataAdapter 可以填充驻留在内存中的 DataSet，该数据集可用于查询和更新数据库。具体如表 12-13 所示。

表 12-13 System. Data. SqlClient 命名空间的主要类

对象名称	对象功能
SqlCommand	对数据源执行的 SQL 语句或存储过程
SqlConnection	连接数据源
SqlDataAdapter	数据命令集和到数据源的连接，它们用于填充 DataSet，以及更新该数据源
SqlDataReader	从数据源提取只读、向前的数据
SqlError	从数据源返回的错误或者警告信息
SqlException	数据源引发的异常
SqlParameter	设置 SqlCommand 对象的参数
SqlTransaction	设置事务

System. Data. OracleClient 命名空间是用于 Oracle 的. NET Framework 数据提供程序。用于 Oracle 的. NET Framework 数据提供程序描述了用于在托管空间中访问

Oracle 数据源的类集合。使用 OracleDataAdapter 类可以填充驻留在内存中的 DataSet，查询该数据集以及使用该数据集更新数据源。具体如表 12-14 所示。

表 12-14　System. Data. OracleClient 命名空间的主要类

对象名称	对象功能
OracleCommand	对数据源执行的 SQL 语句或存储过程
OracleConnection	连接数据源
OracleDataAdapter	数据命令集和到数据源的连接，它们用于填充 DataSet 以及更新该数据源
OracleDataReader	从数据源提取只读、向前的数据
OracleError	从数据源返回的错误或者警告信息
OracleException	数据源引发的异常
OracleParameter	设置 OracleCommand 对象的参数
OracleTransaction	设置事务

12.3.3　ADO.NET 的核心对象

ADO.NET 中提供了 5 个核心对象，分别为 Connection 对象、Command 对象、DataReader 对象、DataAdapter 对象和 DataSet 对象，这 5 个对象的功能如表 12-15 所示。

表 12-15　ADO.NET 中 5 个核心对象

对象名称	对象功能
Connection	用来与特定的数据源建立连接
Command	用来对数据源执行 SQL 命令，以获取数据、插入数据或删除数据等
DataReader	从数据源中提供高性能的数据流
DataAdapter	提供连接数据源与 DataSet 对象的桥梁。把 DataAdapter 对象所执行 SQL 命令的结果填入 DataSet 中，并更新和解析回数据来源
DataSet	表示在内存中的高速缓存数据，由多个 DataTable 组成

5 个核心对象之间的关系如图 12-2 所示。

下面将分别对以上 5 个核心对象进行介绍。

1. Connection 对象

Connection 对象用来与特定的数据源建立连接。常见的 Connection 对象分为 SqlConnection 和 OleDbConnection，其中 SqlConnection 连接对象为 SQL Server，OleDbConnection 连接对象为 Microsoft Access。

1）Connection 对象的常用属性

（1）ConnectionString 属性：用于设置或取得连接数据库的字符串。通过字符串来对数据库进行连接。连接字符串的格式很简单，但包括内容较多，有 Provider（数据库提供者的类型）、服务器（Server）、用户账号（UserID）、用户密码（PassWord）、要连接的数据

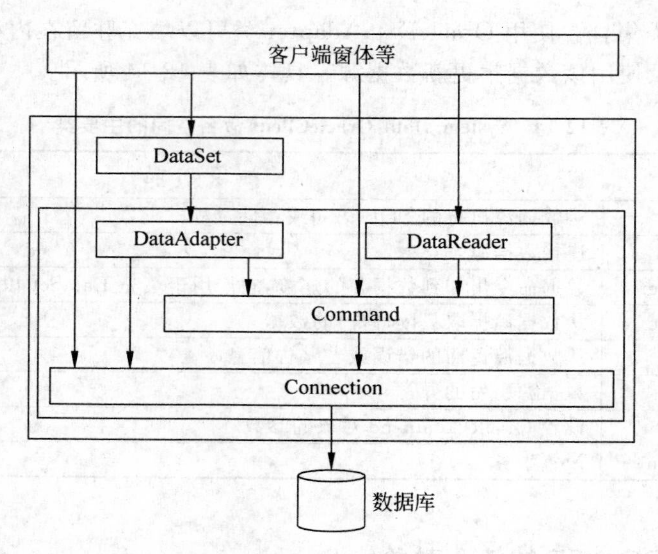

图 12-2　5 个核心对象之间的关系

库(Database)和对数据库的访问模式(Mode)等。ConnectionString 属性可以在程序中设置,但对于初学者,通过可视化对象创建连接对象会更方便。

(2) Database 属性：用于设置或取得数据源名称,在建立与 ODBC 数据源的连接时,该属性有效。

(3) DataSource 属性：用于获得被连接的数据库文件的名称,包括文件的路径,为只读属性。

(4) Provider 属性：用于获得数据库提供者的类型。

(5) State 属性：用于读取被连接的数据库的状态,为只读属性,其取值如表 12-16 所示。

表 12-16　State 属性的取值

取　值	含　义
ConnectionState. Broken	与数据库的连接被打断
ConnectionState. Closed	与数据库的连接被关闭
ConnectionState. Connection	正在与数据库连接
ConnectionState. Executing	正在对数据库操作
ConnectionState. Fetching	正在读取或写入数据
ConnectionState. InTransation	正在传送数据
ConnectionState. Open	与数据库的连接被打开

2) Connection 对象的常用方法

(1) Open 方法：用于打开已经建立连接的数据库。只有打开数据库才能对其进行进一步操作。

(2) Close 方法：用于关闭与数据库的连接。数据库操作完成毕后必须要关闭与数据库的连接,否则会出现错误。

(3) Dispose 方法：用于释放 Connection 对象占用的系统资源。

3) Connection 对象的常用事件

(1) sInfoMessage 事件：通过 InfoMessage 事件可以获得在进行数据库操作时的许多信息，如连接的错误信息和来源等。当进行连接操作时会触发该事件，可以从参数对象获得信息。

(2) StateChange 事件：当与数据库的连接状态（State 属性）发生变化时，StateChange 事件会被触发，通过该事件可以获得变化前后的连接状态信息。

2. Command 对象

使用 Connection 对象与数据库建立连接后，就可以用 Command 对象对数据源执行 SQL 命令，以获取数据、插入数据或删除数据等。常见的 Command 对象分为 SqlCommand 和 OleDbCommand，其中 SqlCommand 连接对象为 SQL Server，OleDbCommand 连接对象为 Microsoft Access。

1) Command 对象的常用属性

(1) CommandText 属性：用于设置对数据源执行的 SQL 语句。

(2) CommandType 属性：用于获取或设置 Command 对象执行命令的类型，是 CommandType 枚举型属性，包括 Text（SQL 命令，默认值）、StoredProceduce（存储过程）、TableDirect（表名，Command 对象将表名传递给数据库服务器）。

(3) Connection 属性：用于获取或设置 Command 对象使用的 Connection 对象的名称。

2) Command 对象的常用方法

(1) ExecuteNonQuery 方法：用于执行 CommandText 属性指定的内容，返回数据表被影响的行数。该方法用于执行对数据库的更新操作。

(2) ExecuteReader 方法：用于执行 CommandText 属性指定的内容，返回 DataReader 对象。

(3) ExecuteScalar 方法：用于执行 CommandText 属性指定的内容，返回结果表中的第一行第一列的值，该方法只能执行 Select 命令。

(4) Dispose 方法：该方法同 Connection 对象的 Dispose 方法类似，用于释放 Command 对象占用的系统资源。

3. DataReader 对象

当开发者只需要循序地读取数据而不需要执行其他操作时，可以使用 DataReader 对象。DataReader 对象只是一次一笔地向下循序地读取数据源中的数据，而且这些数据是只读的，并不允许执行其他的操作。因为 DataReader 对象在读取数据的时候限制了每次只允许读取一笔，而且只能读，所以使用起来不但节省资源而且效率高。使用 DataReader 对象除了效率高之外，还可以降低网络的负载，因为不用把数据全部传回。常见的 DataReader 对象分为 SqlDataReader 和 OleDbDataReader，其中 SqlDataReader 连接对象为 SQL Server，OleDbDataReader 连接对象为 Microsoft Access。

1）DataReader 对象的常用属性

（1）FieldCount 属性：用来获取当前行的字段数目，是只读属性，返回值为整型。

（2）IsClose 属性：用来判断当前的记录集是否关闭，返回值为 Boolean 型。

（3）Item 属性：用于获取当前行指定列的值。

2）DataReader 对象的常用方法

（1）Read 方法：是 DataReader 对象使用最频繁的方法，用于读取记录集中当前行的全部内容，读取后自动将行指针加 1。

（2）Close 方法：用于关闭记录集，切断与数据库的连接。

（3）IsDBNull 方法：该方法获取一个指示列中是否包含不存在的或已丢失的数据的值。

（4）GetName 方法：用于获得指定列的名称。

（5）NextResult 方法：该方法指示当读取批处理 SQL 语句的结果时，使数据读取器前进到下一个结果。

（6）Get××方法：用于读取指定字段的内容，包括 GetBoolean、GetByte、GetChar、GetDecimal、GetDouble 等，它们的典型特征是 Get 后面是 Visual Basic. NET 中各种有效的数据类型。

4. DataAdapter 对象

DataAdapter 对象主要是在数据源和 DataSet 之间执行数据传输方面的操作，可以使用 DataAdapter 对象下达命令，并将取得的数据放入到 DataSet 对象中，把用户对 DataSet 对象中的表中数据的更改写回到数据库中。常见的 DataAdapter 对象分为 SqlDataAdapter 和 OleDbDataAdapter，其中 SqlDataAdapter 连接对象为 SQL Server，OleDbDataAdapter 连接对象为 Microsoft Access。

1）DataAdapter 对象的常用属性

（1）InsertCommand 属性：该属性获取或设置 SQL 语句或存储过程，用于向数据集中插入记录。

（2）SelectCommand 属性：该属性获取或设置 SQL 语句或存储过程，用于选择数据源中的记录。

（3）UpdateCommand 属性：该属性获取或设置 SQL 语句或存储过程，用于更新数据源中的记录。

（4）DeleteCommand 属性：该属性获取或设置 SQL 语句或存储过程，用于从数据集中删除记录。

2）DataAdapter 对象的常用方法

（1）Fill 方法：使用指定的 ADO 对象从指定的数据表中提取数据来填充指定的 DataSet，返回一个 Integer 类型值。

（2）Update 方法：该方法为指定的数据集中每个已插入、已更新或已删除的行调用相应的 Insert、Update 或 Delete 语句。

（3）GetFillParameters 方法：该方法获取执行 SQL 语句时由用户设置的参数。

5. DataSet 对象

DataSet 对象是 ADO. NET 的主要组件，它是一个容器，可以把从数据源取得的数据保存在其中，DataSet 中可以包含多个数据表，形象地说，它是一个内存中的数据库。

可以在一个 DataSet 中存储多个数据表，DataSet 包含数据集中的表和关系，其 Tables 属性包含数据集中所有的 DataTable，Relations 属性包含数据集中的所有关系（DataRelation），而每张表又包含列（Columns 对象）和行（Rows 对象），当然还包含约束的集合（Constraints 对象），所以 DataSet 对象由 DataTable、DataRelation、DataRow、DataColumn 和 Constraints 构成。

1）DataSet 对象的常用属性

（1）CaseSensitive 属性：该属性用于控制 DataTable 中的字符串比较是否区分大小写，返回 Boolean 类型值。

（2）DataSetName 属性：该属性是当前 DataSet 的名称。如果不确定，则该属性值设置为“NewDataSet”。如果将 DataSet 内容写入到 XML 文件中，则 DataSetName 是 XML 文件的根节点名称。

（3）DesignMode 属性：如果在设计时使用组件中的 DataSet，DesignMode 返回 True，否则返回 False。

（4）HasErrors 属性：该属性表示 DataSet 对象是否包含错误。如果将一批更改提交给数据库并将 DataAdapter 对象的 ContinueUpdateOnError 属性设置为 True，则在提交更改后必须检查 DataSet 的 HasErrors 属性，以确定是否有更新失败。

（5）NameSpace 和 Prefix 属性：这两个属性指定 XML 的命名空间和前缀。

（6）Relations 属性：该属性返回一个 DataRelationCollection 对象。

（7）Tables 属性：该属性检查现有的 DataTable 对象，通过索引访问 DataTable，可以提高效率。

2）DataSet 对象的常用方法

（1）AcceptChanges 和 RejectChanges 方法：接受或放弃 DataSet 中所有挂起的更改。调用 AcceptChanges 时，RowState 属性值为 Added 或 Modified 的所有行的 RowState 属性将被设置为 UnChanged。任何标记为 Dalete 的 DataRow 对象被从 DataSet 中删除。调用 RejectChanges 时，任何标记为 Added 的 DataRow 对象将会被从 DataSet 中删除，其他修改过的 DataRow 对象将返回到前一状态。

（2）Clear 方法：该方法清除 DataSet 中的所有 DataRow 对象。该方法比释放一个 DataSet 然后再创建一个相同结构的新 DataSet 要快。

（3）Clone 和 Copy 方法：使用 Copy 方法会创建与原 DataSet 具有相同结构和相同行的新 DataSet。使用 Clone 方法会创建具有相同结构的新 DataSet，但不包含任何行。

（4）GetChanges 方法：该方法返回与原 DataSet 对象具有相同结构的新 DataSet，并且包含原 DataSet 中所有挂起更改的行。

（5）GetXml 和 GetXmlSchema 方法：使用 GetXml 方法获取由 DataSet 的内容与其架构信息转换为 XML 格式的字符串。如果只希望返回架构信息，可以使用

GetXmlSchema。

(6) HasChange 方法：表示 DataSet 中是否包含挂起更改的 DataRow 对象。

(7) Merge 方法：从另一个 DataSet、DataTable 或现有 DataSet 中的一组 DataRow 对象中载入数据。

(8) ReadXml 和 WriteXml 方法：使用 ReadXml 方法从文件、TextReader、数据流或者 XmlReader 中将 XML 数据载入到 DataSet 中。

(9) Reset 方法：将 DataSet 返回到未初始化状态。如果想放弃现有 DataSet 并且开始处理新的 DataSet，使用 Reset 方法比创建一个 DataSet 的新实例好。

除了通过代码来创建 DataSet 以外，还可以使用 Visual Studio 的可视化操作来实现 DataSet 的创建。根据不同的数据源，DataSet 数据集的创建操作过程有一些差别。下面分别针对以 SQL Server 与 Access 数据库为数据源的情况，通过 Visual Studio 来实现数据集 DataSet 的创建步骤进行说明。

3)以 SQL Server 数据库为数据源

(1) 打开 Visual Studio 选择 Visual Basic→Windows 窗体应用程序，在项目名称中将名字改为“库存管理”，单击“确定”按钮，如图 12-3 所示。

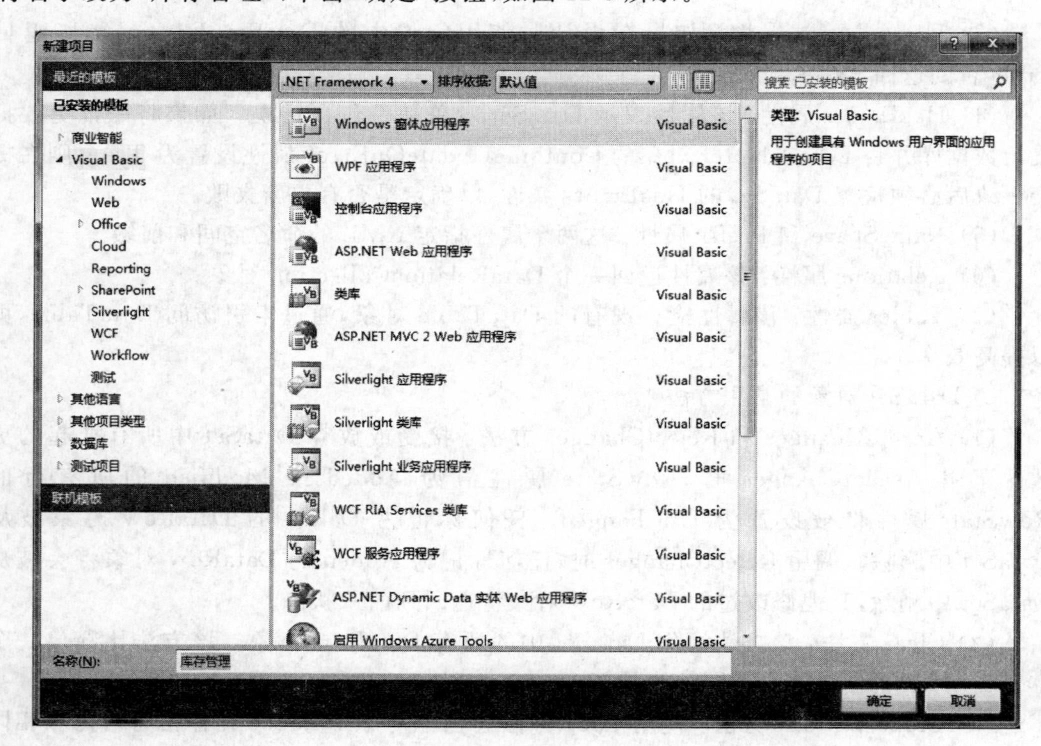

图 12-3 使用 Visual Studio 创建 VB 项目

(2) 在“数据”菜单中，选择“添加新数据源”命令，如图 12-4 所示。

(3) 选择数据库，单击“下一步”按钮，选择数据集，单击“下一步”按钮，单击“新建连接”按钮，在“服务器名”文本框名中，输入要连接的服务器名，选择“使用 SQL Server 身份

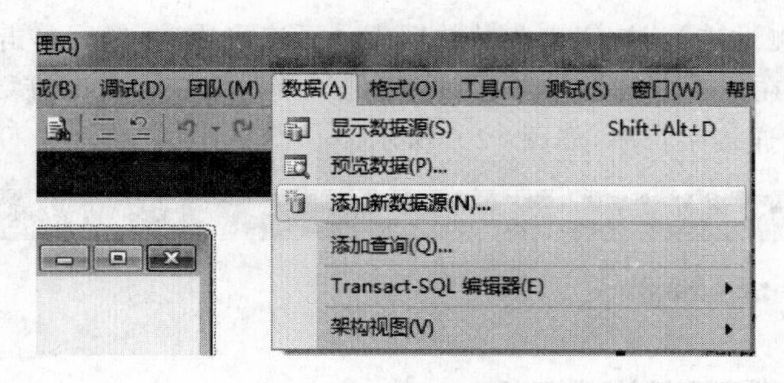

图 12-4　添加数据源

验证"单选按钮，输入登录数据库服务器的用户名称和密码，选择要连接的数据库kucunguanli，如图 12-5 所示。

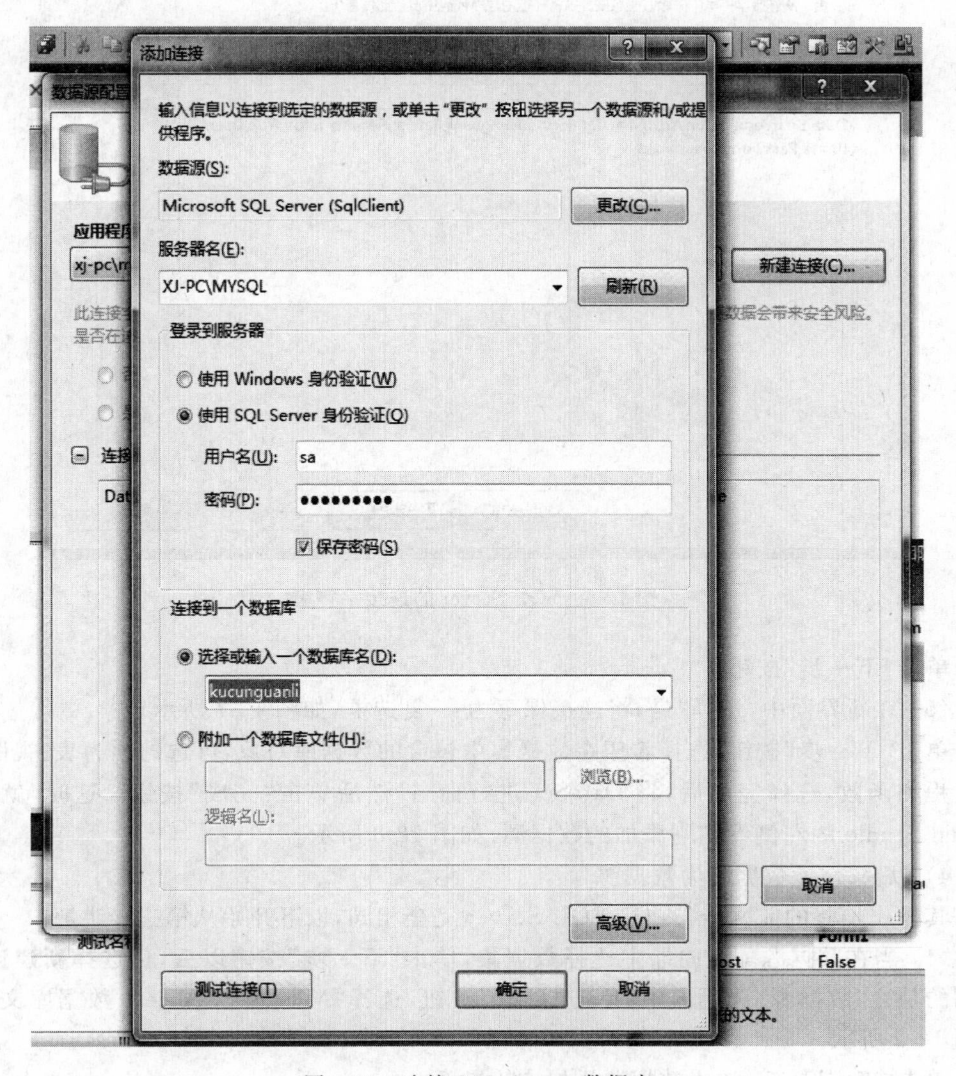

图 12-5　连接 SQL Server 数据库

还可以单击"测试连接"按钮来测试数据库是否连接成功,然后单击"确定"按钮。

(4) 选择"是,在连接字符串中包含敏感数据"单选按钮。此时在数据源配置向导下方就会看到完整的连接字符串,如图 12-6 所示。

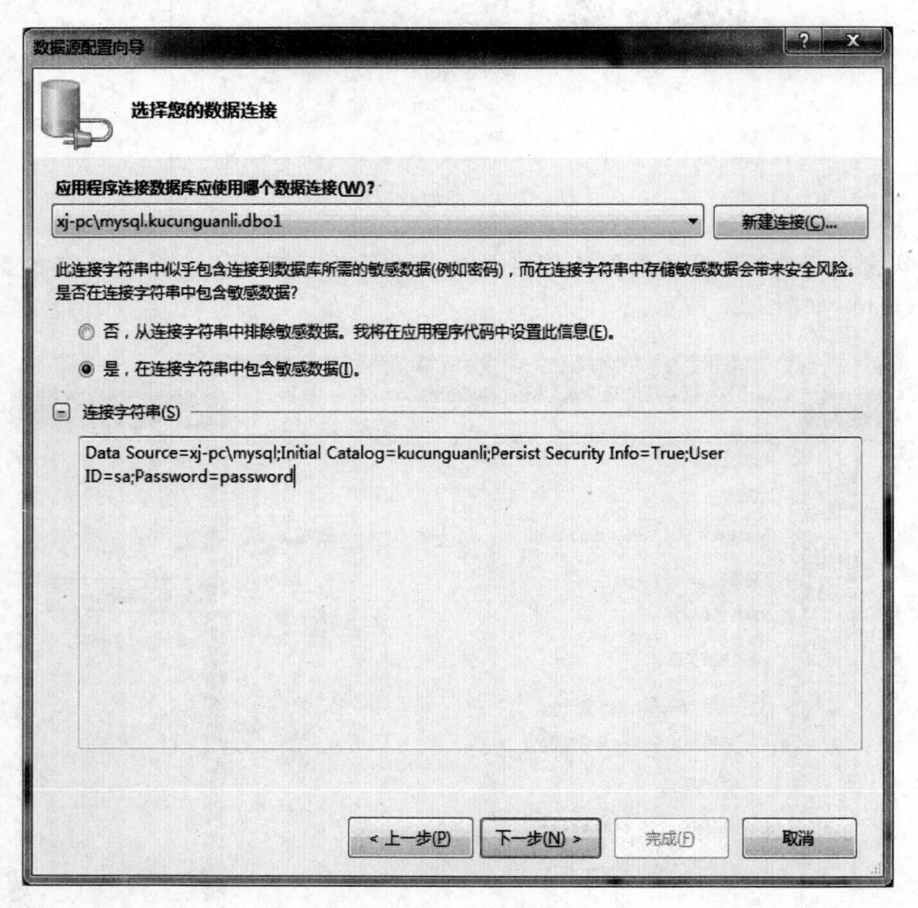

图 12-6　SQL Server 的连接字符串

单击"下一步"按钮。

(5) 在新界面中,选择"是,将连接保存为:"复选框,如图 12-7 所示。

单击"下一步"按钮,选择希望在数据集中包含的数据库对象,可选的项为表、视图、存储过程和函数,选择完成后,将 DataSet 进行命名,然后单击"完成"按钮。这时,就会在 Visual Studio 的左侧看到刚添加的数据源,如图 12-8 所示。

4) 以 Access 数据库为数据源

其操作步骤的前两步与连接 SQL Server 完全相同,以下开始从第三步讲解。

(1) 当在数据源配置向导中选择数据集,单击"下一步"按钮以后,仍选择新建连接,不同的是在"数据源"选项卡中,单击"更改"按钮,选择"Microsoft Access 数据库文件",如图 12-9 所示。

单击"确定"按钮,进入数据源添加连接界面。

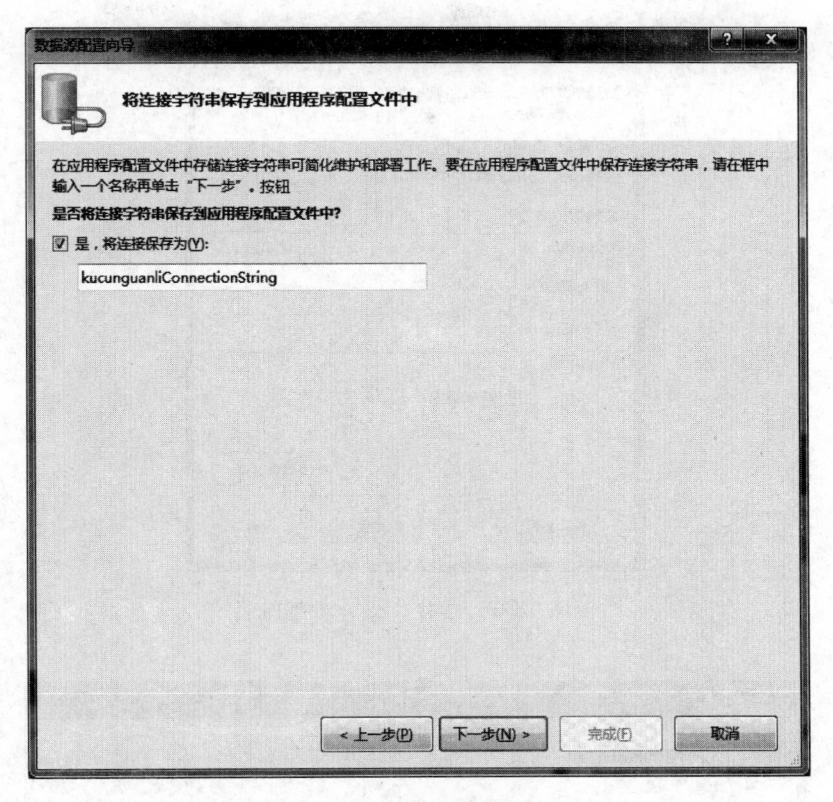

图 12-7 保存连接字符串

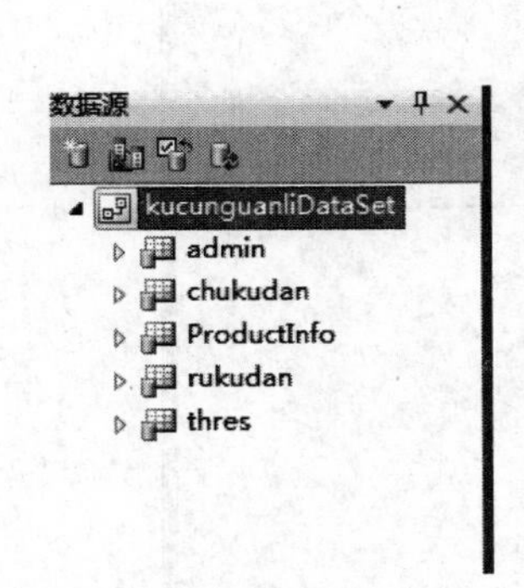

图 12-8 添加的 SQL Server DataSet

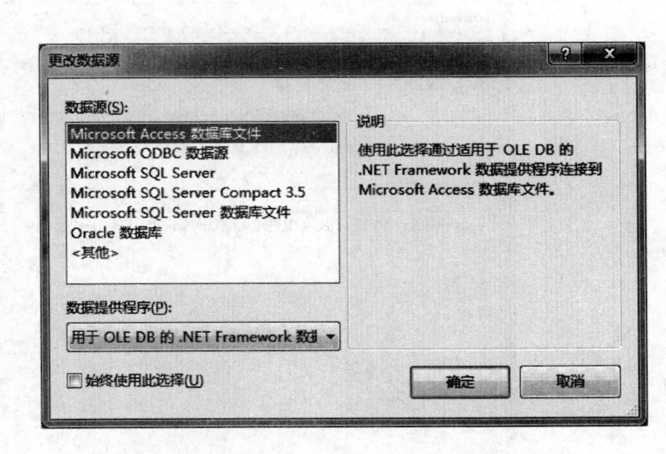

图 12-9 选择“Microsoft Access 数据库文件”

(2) 单击“数据库文件名”右侧的“浏览”按钮，选择待连接的 Access 数据库所在的路径，如图 12-10 所示。

此时仍然可以单击“测试连接”按钮来查看连接是否成功，在确定连接成功以后，单击“确定”按钮。

(3) 此时在数据源配置向导下方将会出现本次连接的连接字符串，如图 12-11 所示。

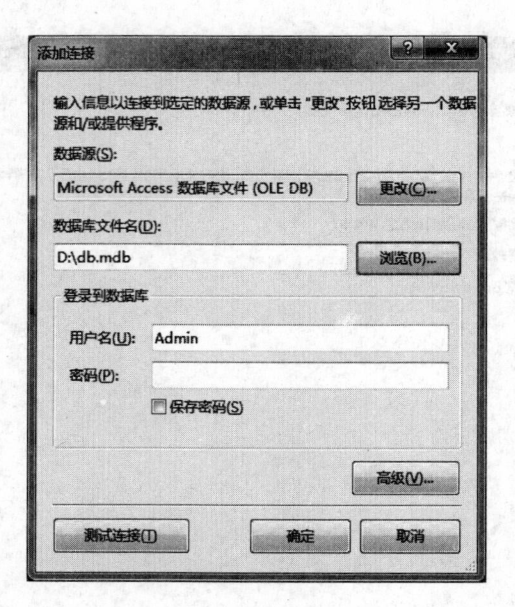

图 12-10 连接 Access 数据库

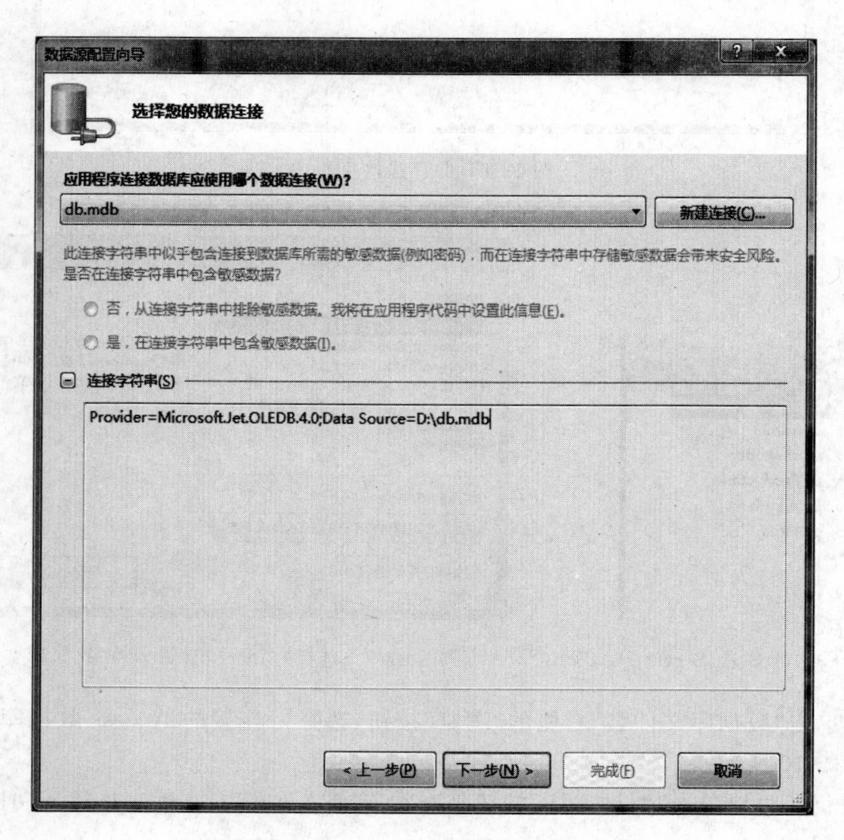

图 12-11 Access 数据库连接字符串

(4) 单击“下一步”按钮，选择希望数据集中包含哪些数据库对象，可选项目为表和视图。然后单击“完成”按钮。此时会在 Visual Studio 左侧出现刚添加的数据源，如图 12-12 所示。

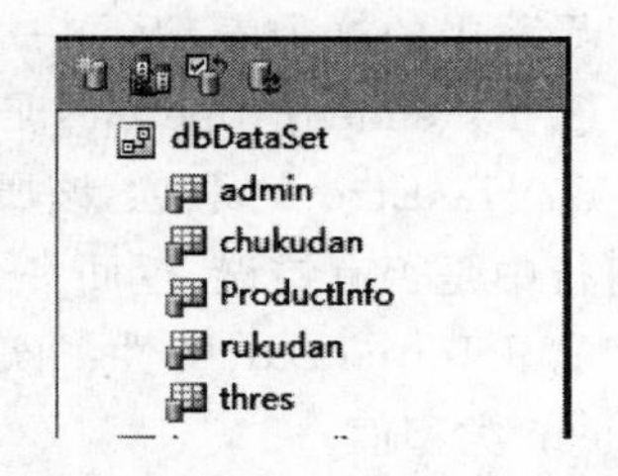

图 12-12 添加的 Access DataSet

5) 添加表

一个 DataSet 包含多个 DataTable，可以把多个表添加到数据集中，如下语句将多个 DataTable 添加到 DataSet 对象的 Table 集合中。

```
Dim ds As DataSet = New DataSet
Dim dt AsDataTable = New DataTable()
dt.TableName = "table1"            '设置表名
Dim dt1 As DataTable = New DataTable()
dt1.TableName = "table2"
Dim dt2 As DataTable = New DataTable()
dt2.TableName = "table3"
ds.Tables.Add(dt)
ds.Tables.Add(dt)
ds.Tables.Add(dt)
'也可以使用如下代码把新建的表 table1、table2 和 table3 添加到数据集中。
'ds.Tables.Add("table1")
```

DataTable 对象只能存在于至多一个 DataSet 对象中。如果希望将 DataTable 添加到多个 DataSet 中，就必须使用 Copy 方法或 Clone 方法。Copy 方法创建一个与原 DataTable 结构相同并且包含相同行的新 DataTable。Clone 方法创建一个与原 DataTable 结构相同，但没有包含任何行的新 DataTable。

(1) DataTable

创建 DataTable 并实例化，语句如下：

```
Dim dt As DataTable = New DataTable()
Dim dt As DataTable = New DataTable(tableName As String)
```

DataTable 对象有两个构造函数，参数 tableName 指定需要创建的表名。

(2) DataTable 常用属性

① CaseSensitive 属性：该属性指定表中的字符串比较是否区分大小写，返回一个 Boolean 类型值。

② ChildRelations 属性：该属性获取此表中子关系的集合。

③ Columns 属性：该属性获取属于此表的列的集合。

④ Constraints 属性：该属性获取属于此表的约束的集合。

⑤ DataSet 属性：该属性获取此表所属的 DataSet。

⑥ DefaultView 属性：该属性获取可能包含选择视图或游标位置的表的自定义视图。

⑦ DisplayExpression 属性：该属性获取或设置一个表达式，该表达式返回的值表示

用户界面中的这个表，返回一个 String 类型值。

⑧ ExtendedPropereies 属性：该属性获取自定义用户信息的集合。

⑨ HasErrors 属性：该属性获取一个值，该值指示该表所属的 DataSet 的任何表的任何行中是否有错误，返回一个 Boolean 类型值。

⑩ IsInitialized 属性：该属性获取一个值，指示是否已初始化 DataTable。返回 Boolean 类型值。

⑪ PrimaryKey 属性：该属性获取或设置充当数据表主键的列的数组，返回一个 DataColumn 类型值。

⑫ Rows 属性：该属性获取属于该表的行的集合，返回类型为行集合类型 DataRowCollection。

⑬ TableName 属性：该属性获取或设置 DataTable 的名称，返回类型为 String 类型。

(3) DataTable 常用方法

① Clear 方法：该方法清除表内容。

② Clone 方法：该方法克隆 DataTable 的结构，包括所有表的架构和约束，返回类型为表类型。

③ Copy 方法：该方法复制该表的结果和数据，返回一个 DataTable。

④ GetErrors 方法：该方法获取包含错误的 DataRow 对象的数组，返回一个 DataRow 对象。

(4) DataTable 常用事件

① ColumnChanged 事件：该事件在列的内容被改变之后触发。

② ColumnChanging 事件：该事件在列的内容被改变之前触发。

③ RowChanged、RowChaning、RowDeleted 和 RowDeleting 事件：这些事件在行被改变或删除之后或之前触发。

12.3.4 数据库连接方法与步骤

VB. NET 在访问数据库之前，首先必须建立该数据源的连接。在 ADO. NET 中，一共有两个数据提供者可以创建和管理与数据库的连接，分别是 The SQL Server. NET Data Provider 和 The OLE DB. NET Data Provider。其中 The SQL Server. NET Data Provider 利用 SqlConnection 对象来连接 SQL Server 7.0 版或更高版本数据库，以 System. Data. SqlClient 作为命名空间；The OLE DB. NET Data Provider 利用 OleDbConnection 对象来连接其他数据库，使用 System. Data. OleDb 命名空间。它们在后续的操作中使用的对象和方法也不完全一样。一般来说，连接数据库操作可以在 Form 窗体初始化时进行，也就是在 Form 的 InitializeComponent()过程中。下面分别介绍使用 The SQL Server. NET Data Provider 和 The OLE DB. NET Data Provider 连接数据库的方法和步骤。

1. 用 The SQL Server.NET Data Provider 连接数据库

The SQL Server. NET Data Provider 利用 SqlConnection 对象来连接 SQL Server 7.0 或更高版本的数据库。SqlConnection 对象位于命名空间 System. Data. SqlClient 下。其连接代码格式如下：

```
Dim sqlConnection1 As SqlClient.SqlConnection
'定义一个 SqlConnection 变量 sqlConnection1
Dim strConnect As String = "data source = local;initial catalog = _
kucunguanli; Persist Security Info = True;user id = sa;password = password;"
'定义一个连接字符串 strConnect
sqlConnection1 = New System.Data.SqlClient.SqlConnection(strConnect)
'将连接字符串 strConnect 赋值给 sqlConnection1
sqlConnection1.open                                 '打开数据库
sqlConnection1.close                                '关闭连接,释放资源
```

以上代码中,连接字符串服务器名 data source 为本地数据库服务器,也可以写成 IP 地址,如 172.25.68.229,如果是本地数据库服务器,还可以有以下几种写法"(local)"或者"."“127.0.0.1”、本地机子名称。数据库名 initial catalog 为"kucunguanli",表示要连接的数据库名为"kucunguanli"。Persist Security Info 为 True 表示"ADO 在数据库连接成功后是否保存密码信息"。用户名 user id 为"sa"和密码 password 为"password"表示登录数据库服务器用户名称和密码。连接字符串决定了连接某台服务器,某个数据库,还有连接方式及要求。

2. 用 The OLE DB.NET Data Provider 连接数据库

OleDbConnection 主要用来连接除 SQL Server 以外的其他类型的数据库,当然它也能连接 SQL Server,只不过此时效率没有使用 SqlConnection 对象那么高。The OLE DB. NET Data Provider 通过位于命名空间 System. Data. OleDb 类库下的 OleDbConnection 对象来连接不同类型的数据库。下面举例说明。

1）连接 SQL Server 数据库

下面这段代码实现使用 The OLE DB. NET Data Provider 连接 SQL Server 数据库的功能。定义了一个 OleDbConnection 变量 oleDbConnection1,一个用于保存连接字符串的字符串变量 strConnect,将 strConnect 赋值给 oleDbConnection1,从而通过 oleDbConnection1 的打开和关闭来实现数据库的打开和关闭。连接的数据库名仍为 kucunguanli,数据库服务器名为本地数据库服务器,登录名称为"sa",登录密码为"password",其连接代码具体格式如下：

```
Dim oleDbConnection1 As OleDb.OleDbConnection
Dim strConnect As Sting = "Provider = SQLOLEDB;Persist Security Info = Ture;Data
Source = local;Initial Catalog = kucunguanli;User ID = sa;Password = password;"
oleDbConnection1 = New System.Data.OleDb.OleDbConnection(strConnect)
```

以上连接字符串中,"Provider= SQLOLEDB"表示数据的提供者为 SQLOLEDB,即

SQL Server 数据库；“Data Source＝local”表示本地数据库服务器；“Initial Catalog ＝ kucunguanli”表示连接的 SQL Server 数据库名为 kucunguanli；“User ID ＝ sa; Password ＝ password”分别表示数据库服务器的登录名称为“sa”、登录密码为“password”。

2）连接 Access 数据库

下面这段代码实现使用 The OLE DB..NET Data Provider 连接 Access 数据库的功能。定义了一个 OleDbConnection 变量 oleDbConnection1，一个用于保存连接字符串的字符串变量 strConnect，将 strConnect 赋值给 oleDbConnection1，从而通过 oleDbConnection1 的打开和关闭来实现数据库的打开和关闭。连接的 Access 数据库名为“db.mdb”，存放在 d:\目录下，其连接代码具体格式如下：

```
Dim oleDbConnection1 As OleDb.OleDbConnection
Dim strConnect As Sting = "Provider = Microsoft.Jet.OLEDB.4.0;Data Source = d:\db.mdb"
oleDbConnection1 =  New System.Data.OleDb.OleDbConnection(strConnect)
```

以上连接字符串中，“Provider＝Microsoft.Jet.OLEDB.4.0”表示数据的提供者为 Microsoft.Jet.OLEDB.4.0，即 Access 数据库；“Data Source＝d:\db.mdb”表示数据源 Access 数据库存放路径为 d:\db.mdb。

3）连接 Oracle 数据库

下面这段代码实现使用 The OLE DB.NET Data Provider 连接 Oracle 数据库的功能。定义了一个 OleDbConnection 变量 oleDbConnection1，一个用于保存连接字符串的字符串变量 strConnect，将 strConnect 赋值给 oleDbConnection1，从而通过 oleDbConnection1 的打开和关闭来实现数据库的打开和关闭。其连接代码具体格式如下：

```
Dim oleDbConnection1 As OleDb.OleDbConnection
Dim strConnect As Sting = "Provider = MSDAORA;Data Source = local;User ID = 用户 ID; _
Password = 密码;"
oleDbConnection1 =  New System.Data.OleDb.OleDbConnection(strConnect)
```

其中，连接字符串中的“Provider＝MSDAORA”表示数据的提供者为 MSDAORA，即 Oracle 数据库；“Data Source＝local”表示数据库服务器为本地数据库服务器；“User ID＝用户 ID;Password＝密码”分别表示数据库服务器的登录名称和登录密码。

12.4 数据绑定和操作方法

12.4.1 常用数据控件简介

1. TextBox

文本框（TextBox）是文字输入的好帮手，因为它使用简单、操作方便，所以是最常使用的文字输入控件。在工具箱的公共控件中可以找到 TextBox 的图标 abl TextBox，TextBox 的常用属性、方法与事件如表 12-17～表 12-19 所示。

表 12-17　TextBox 的常用属性

属性名称	功能说明
Font	设定或取得 TextBox 字体
Text	设定或取得 TextBox 的文字

表 12-18　TextBox 的常用方法

属性名称	功能说明
Clear()	清除 TextBox 中所有内容
Copy()	将 TextBox 的内容复制到剪贴板

表 12-19　TextBox 的常用事件

属性名称	功能说明
Click	TextBox 被单击时触发
Copy()	将 TextBox 的内容复制到剪贴板

例 12.1　在饼干厂产品库存系统中，添加和删除出库单界面，出库单编号、出库数量和出库单价都是 TextBox 控件，其中出库单编号是系统自动生成，出库数量和出库单价需要管理员进行填写。当管理员将以上信息填写完整以后，单击“保存”按钮，系统就会将管理员新填写的出库单信息添加到出库单中，具体界面如图 12-13 所示。

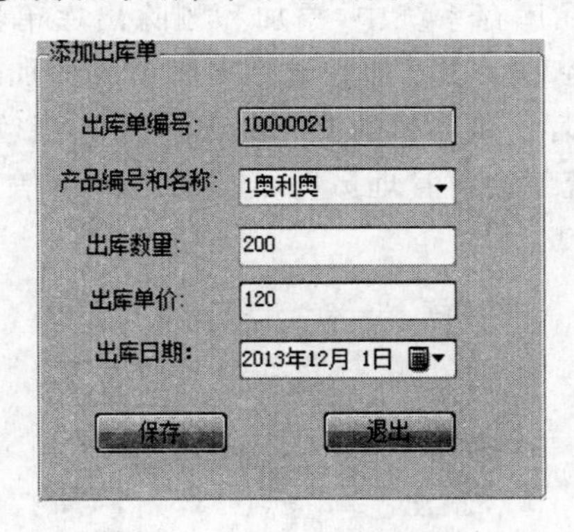

图 12-13　TextBox 控件实例

2. ComboBox

下拉列表（ComboBox）控件：在工具箱的公共控件中可以找到它的图标 ComboBox，如果程序有多个选项，需要用户选择其中一个的时候，ComboBox 就是最合适的工具。使用 ComboBox 让程序与用户可以通过选择选项来交互。ComboBox 使用时机为多项目中选择一个，如在选择饼干种类的时候，分为奥利奥、好吃点、德芙等分类，用户只能选择一种分类，也就符合多项目单一选择的情况。ComboBox 控件的常见属性和方法如表 12-20～表 12-22 所示。

表 12-20　ComboBox 控件的常见属性

属性名称	功能说明
Font	设置或取得 ComboBox 的字体
Items	取得 ComboBox 的所有项目的集合
MaxLength	设置或取得 ComboBox 中每个项目能显示的字符串长度
SelectedItem	取得当前 ComboBox 中被选中的项目
DropDownStyle	主要用来设置下拉列表的样式，共有三种：DropDown、Simple、DropDownList，若要让用户只能选择项目而不能输入文字，就要使用 DropDownList 参数

表 12-21　ComboBox 控件的常见方法

方法名称	功能说明
Items. Add(0)	在 ComboBox 中添加新的选项 0
Items. Insert(I,0)	在 ComboBox 中第 I 个位置插入新的选项 0
Items. Clear	清除 ComboBox 中所有项目

表 12-22　ComboBox 控件的常见方法

方法名称	功能说明
Click	ComboBox 被单击时触发
SelectedIndexChanged	ComboBox 中所选中的项目发生改变时触发

例 12.2　在饼干厂产品库存系统中，添加和删除出库单界面，添加出库单中的产品编号和名称是 ComboBox 控件。在添加和删除出库单界面加载时，系统自动将所有的产品编号和名称加载到产品编号和名称的 ComboBox 中。当管理员将其他信息填写完整以后，单击“保存”按钮，系统就会将管理员新填写的出库单信息添加到出库单中，具体界面如图 12-14 所示。

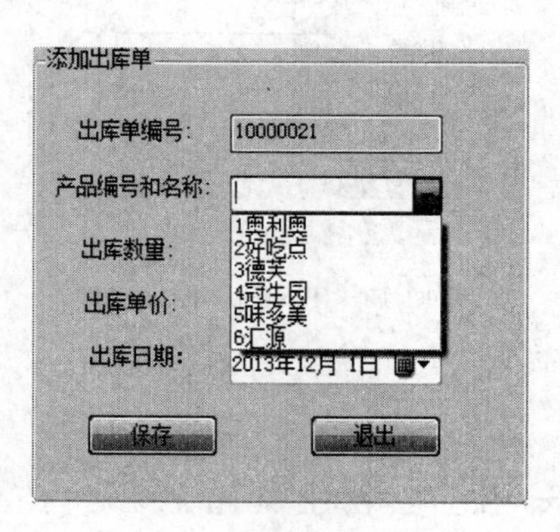

图 12-14　ComboBox 控件实例

其中加载产品编号和名称的代码如下：

```
'先引入需要的命名空间,定义了一个 OleDbConnection 对象的变量 MyConnection 用于连接 Access
'数据库 db.mdb,
'定义了一个 OleDbCommand 对象的变量 MyCommand,用于保存从产品表中查询产品编号和产品名的
```

```
SQL'语句,
'定义了一个 OleDbDataReader 对象的变量 MyReader 用于保存执行 SQL 语句的结果,其中 ComboBox
控件名
'为"CB_Name"
Imports System.Data.OleDb
Imports System.Data
Imports System.Data.Common
Public Class 添加和删除出库单
    Dim MyConnection As New OleDbConnection("Provider = Microsoft.Jet.OLEDB.4.0; _
    Data Source = D:\源程序\db.mdb")
    Dim MyCommand As OleDbCommand
    Dim MyReader As OleDbDataReader
    Private Sub 添加和删除出库单_Load(sender As System.Object, e As System.EventArgs) _
    Handles MyBase.Load
        MyConnection.Open()
        MyCommand = New OleDbCommand("SELECT ProductID,ProductName  FROM ProductInfo ", _
        MyConnection)
        MyReader = MyCommand.ExecuteReader()
        While MyReader.Read
            CB_Name.Items.Add(MyReader("ProductID") & MyReader("ProductName"))
        End While
        MyConnection.Close()
        MyReader.Close()
        MyCommand.Dispose()
    End Sub
End Class
```

3. ListBox

列表框(ListBox)控件：在工具箱的公共控件中可以找到它的图标 ListBox，使用时机与 ComboBox 相同，均为多项目中选择一个控件，用法也与 ComboBox 几乎差不多，例如，在所有的产品包括奥利奥、好吃点、德芙等中选择一种产品，也可以使用 ListBox 进行显示。ListBox 控件的常见属性和方法如表 12-23 和表 12-24 所示。

表 12-23 ListBox 控件的常见属性

属性名称	功能说明
Font	设置或取得 ListBox 的字体
Items	取得 ListBox 的所有项目的集合
MaxLength	设置或取得 ListBox 中每个项目能显示的字符串长度
SelectedItem	取得当前 ListBox 中被选中的项目
方法名称	功能说明
Items.Add(0)	在 ListBox 中添加新的选项 0
Items.Insert(I,0)	在 ListBox 中第 I 个位置插入新的选项 0
Items.Clear	清除 ListBox 中所有项目

表 12-24 ListBox 控件的常见方法

事件名称	功能说明
Click	ListBox 被单击时触发
SelectedIndexChanged	ListBox 中所选中的项目发生改变时触发

例 12.3 在饼干厂产品库存系统中，添加和删除出库单界面，添加出库单中，将产品编号和名称改成 ListBox 控件，在添加和删除出库单界面加载时，仍然自动将所有的产品编号和名称加载到产品编号和名称的 ListBox 中。当管理员将其他信息填写完整以后，单击“保存”按钮，系统会将管理员新填写的出库单信息添加到出库单中，具体界面如图 12-15 所示。

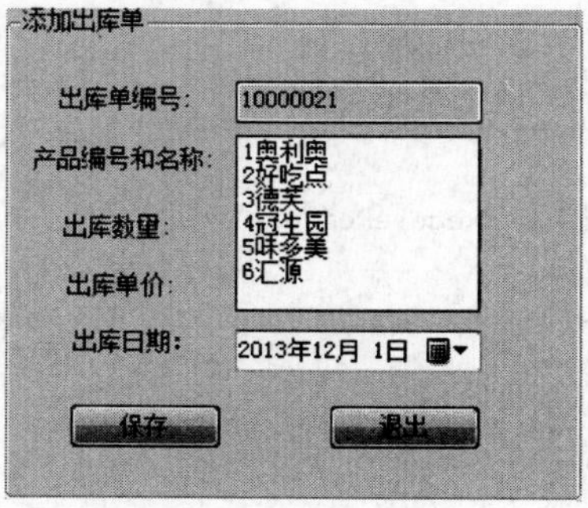

图 12-15 ListBox 控件实例

具体代码如下所示：

```
'先引入需要的命名空间,定义了一个 OleDbConnection 对象的变量 MyConnection 用于连接 Access
'数据库 db.mdb,
'定义一个 OleDbCommand 对象的变量 MyCommand,用于保存从产品表中查询产品编号和产品名的
'SQL 语句,定义了
'一个 OleDbDataReader 对象的变量 MyReader 用于保存执行 SQL 语句的结果,其中 ListBox 控件名
'为"ListBox1"
Imports System.Data.OleDb
Imports System.Data
Imports System.Data.Common
Public Class 添加和删除出库单
    Dim MyConnection As New OleDbConnection("Provider = Microsoft.Jet.OLEDB.4.0; _
    Data Source = D:\源程序\db.mdb")
    Dim MyCommand As OleDbCommand
    Dim MyReader As OleDbDataReader
    Private Sub 添加和删除出库单_Load(sender As System.Object, e As System.EventArgs) _
    Handles MyBase.Load
        MyConnection.Open()
        MyCommand = New OleDbCommand("SELECT ProductID,ProductName  FROM _ProductInfo ",
        MyConnection)
        MyReader = MyCommand.ExecuteReader()
        While MyReader.Read
            ListBox1.Items.Add(MyReader("ProductID") & MyReader("ProductName"))
        End While
```

```
        MyConnection.Close()
        MyReader.Close()
        MyCommand.Dispose()
    End Sub
End Class
```

4. DataGridView

DataGridView 控件可以用来自定义方格中显示的数据列(字段)与数据行。此控件的前身为 DataGrid 控件,经过微软的调整之后进化成为 DataGridView 控件。关于 DataGrid 与 DataGridView 的差异,如表 12-25 所示,它不单是功能强大,而且可以很灵活的方式来显示数据。

表 12-25 DataGrid 与 DataGridView 的比较

	DataGrid	DataGridView
产品时期	Visual Studio. NET 2003	Visual Studio. NET 2005
显示数据方式	受外部的数据源的限制	有绑定、非绑定和虚拟三种模式
字段类型	较少	较多
数据格式化与显示	较少	较多
阶层式显示两个相关的数据表	有	无

编号	出库日期	产品编号	产品名称	出库数量
10000001	2013/9/11	1	奥利奥	800
10000002	2013/9/11	4	冠生园	500
10000003	2013/9/12	3	德芙	1200
10000004	2013/9/12	2	好吃点	1000
10000005	2013/9/13	3	德芙	800
10000006	2013/9/14	4	冠生园	1000
10000007	2013/9/15	2	好吃点	2000
10000008	2013/9/15	3	德芙	500
10000009	2013/9/16	3	德芙	500
10000010	2013/9/17	4	冠生园	1500
10000011	2013/9/18	3	德芙	1000
10000012	2013/9/19	4	冠生园	1200
10000013	2013/9/20	4	冠生园	200

图 12-16 DataGridView 控件实例

DataGridView 控件的重要属性说明(以图 12-16 为例)如下。

字段名称(ColumnName):包括"编号"、"出库日期"、"产品编号"、"产品名称"、"出库数量"、"产品单位""出库价格"等。

字段(Column):又称"数据列",以字段名称为"产品名称"而言,其字段内容包括:奥利奥、冠生园、德芙、好吃点等。

数据行(Row):以第一个数据行来讲,包含:10000001、2013/9/11、1 、奥利奥、800、

千克等。

单元格(Cell)：为"字段"与"数据行"交集的结果，如字段名称为"产品名称"且位于第三个数据行的单元格为"德芙"。

DataGridView 控件在工具箱内公共控件中可以找到它的图标。它的基本成员就已经超过百个，可以算是在工具箱所有控件中拥有最多成员的控件。

DataGridView 控件的常见属性和方法如表 12-26～表 12-28 所示。

表 12-26 DataGridView 控件的常见属性

属性名称	功能说明
AllowUserToAddRows	设定用户是否可以加入数据行(DataRow)
AllowUserToDeleteRows	设定用户是否可以删除数据行(DataRow)
AllowUserToOrderColumns	设定是否可以手动调整字段位置
AllowUserToResizeColumns	设定是否可以手动调整字段大小
AllowUserToResizeRows	设定是否可以手动调整数据行大小
AlternatingRowsDefaultCellStyle	设定奇数列单元格模式
AutoGenerateColumns	当设定了 DataSource 或 DataMemeber 属性时，是否会自动建立数据列
AutoSizeColumnsMode	设定字段自动大小模式
AutoSizeRowsMode	设定数据行自动大小模式
BackgroundColor	设定背景颜色
BackgroundImage	在 DataGridView 控件中设定背景图像
ColumnCount	用来获取或设定字段数目
Columns	所有字段集合
CurrentCell	获取或设定目前单元格(Cell)
CurrentRow	获取目前数据行
EditMode	设定编辑模式
Item	用来获取行与列交集的单元格内容值
MultiSelect	是否支持选取一个以上的数据行、数据列或单元格
NewRowIndex	获取新记录数据行的索引值
ReadOnly	设定时可编辑单元格
RowCount	获取或设定数据行的数目
RowHeadersDafaultCellStyle	获取或设定数据行首单元格所有默认的模式
Rows	所有数据行集合
SelectedCells	获取用户所选的单元格集合
SelectedColumns	获取用户所选的字段集合
SelectedRows	获取用户所选的数据行集合
SelectedMode	设定如何选取单元格
SortedColumn	获取目前排列所依据的字段
SourceName	获取或设定 DataGridView 控件连接来源的名称
Visible	获取或设定 DataGridView 是否可见
Height	获取或设定 DataGridView 的高度
Width	获取或设定 DataGridView 的宽度

表 12-27 DataGridView 控件的常见方法

属性名称	功能说明
AutoResizeColumn	调整指定的字段宽度
AutoResizeColumns	调整所有的字段宽度
AutoResizeRow	调整指定的数据行宽度
AutoResizeRows	调整所有的数据行宽度
CopyPicture	将 DataGridView 以图片的方式将内容复制到剪贴板中
Dispose	释放 DataGridView 控件所占用的资源
GetCellCount	获取符合筛选条件的单元格数目
RefreshEdit	重新整理目前单元格的值,并舍弃先前的任何值
SelectAll	选取所有单元格
UpdateCellValue	更新指定位置单元格内容

表 12-28 DataGridView 常用事件

属性名称	功能说明
AllowUserToAddRowsChanged	在 AllowUserToAddRows 属性值变更时触发
CellClick	在单击单元格任何部分时便会触发
CellDoubleClick	在双击单元格任何部分时便会触发
CellEnter	当单元格变更或在控件中输入焦点时
CellFormatting	在单元格的内容需要格式化来显示数据时触发
CellStateChanged	发生在单元格状态变更时,例如,当单元格失去焦点或获取焦点时
CellValueNeeded	在 DataGridView 的 VirtualMode=True,且单元格内容有值,才能格式化来显示
ColumnAdded	发生在字段中加入控件时
DefaultValueNeeded	发生在用户进入新记录的数据行时,方便为该数据填入默认值
UserAddedRow	发生在用户完成新数据行加入 DataGridView 控件时

例 12.4 在饼干厂产品库存系统中,添加和删除出库单项,在添加和删除出库单界面加载时,系统会将当前所有的出库单显示给管理员,在实现这个功能的时候,使用的便是 DataGridView。其具体显示界面如图 12-17 所示。

编号	出库日期	产品编号	产品名称	出库数量
10000001	2013/9/11	1	奥利奥	800
10000002	2013/9/11	4	冠生园	500
10000003	2013/9/12	3	德芙	1200
10000004	2013/9/12	2	好吃点	1000
10000005	2013/9/13	3	德芙	800
10000006	2013/9/14	4	冠生园	1000
10000007	2013/9/15	2	好吃点	2000
10000008	2013/9/15	3	德芙	500
10000009	2013/9/16	3	德芙	500
10000010	2013/9/17	4	冠生园	1500
10000011	2013/9/18	3	德芙	1000
10000012	2013/9/19	4	冠生园	1200
10000013	2013/9/20	4	冠生园	200

图 12-17 饼干厂产品库存系统中所有出库单

具体代码如下：

```
'先引入需要的命名空间,定义了一个 OleDbConnection 对象的变量 MyConnection 用于连接 Access
数据库
'定义了一个 OleDbCommand 对象的变量 MyCommand,用于保存从出库单表中查询出库单相关信息的
SQL 语句
'定义了一个 OleDbDataAdapter 变量 myDA,用于保存执行 SQL 语句的结果,定义了一个 DataSet 变
量 myDataSet 作
'为 DataGridView1 的数据源
Imports System.Data.OleDb
Imports System.Data
Imports System.Data.Common
Public Class 添加和删除出库单
    Dim MyConnection As New OleDbConnection("Provider = Microsoft.Jet.OLEDB.4.0; _
    Data Source = D:\源程序\db.mdb")
    Dim MyCommand As OleDbCommand
    Private Sub 添加和删除出库单_Load(sender As System.Object, e As System.EventArgs)_
    Handles MyBase.Load
        MyCommand = New OleDbCommand("select OutputID AS 编号, OutputDate AS 出库日期, _
        OutPutProductID AS 产品编号, ProductName AS 产品名称, OutputQuantity AS 出库数量, _
        ProductDanwei AS 产品单位,OutputPrice AS 出库价格 from chukudan,productinfo _
        where chukudan.OutputProductID = productinfo.ProductID order by _
        chukudan.OutputID", MyConnection)
        MyConnection.Open()
        Dim myDA As OleDbDataAdapter = New OleDbDataAdapter(MyCommand)
        Dim myDataSet As DataSet = New DataSet()
        myDA.Fill(myDataSet, "MyTable")
        DataGridView1.DataSource = myDataSet.Tables("MyTable").DefaultView
        myDA.Dispose()
        myDataSet.Dispose()
        MyConnection.Close()
        MyCommand.Dispose()
    End Sub
End Class
```

12.4.2 数据操作

数据操作包括数据查询、数据添加、数据修改和数据删除。

1. 数据查询

查询数据,即将在数据库中满足用户查询条件的数据查询出来并展示给用户。例如,在某饼干厂产品库存系统中,在出库管理模块中出库单的查询,一共分为三种方式不同的查询：按日期查询、按出库单编号查询和按产品查询。在出库单查询界面加载时,系统会将所有出库单信息显示在界面右边的 DataGridView 控件中,操作界面如图 12-18 所示。

实现在出库单查询界面加载时,系统将所有出库单信息显示在界面右边的

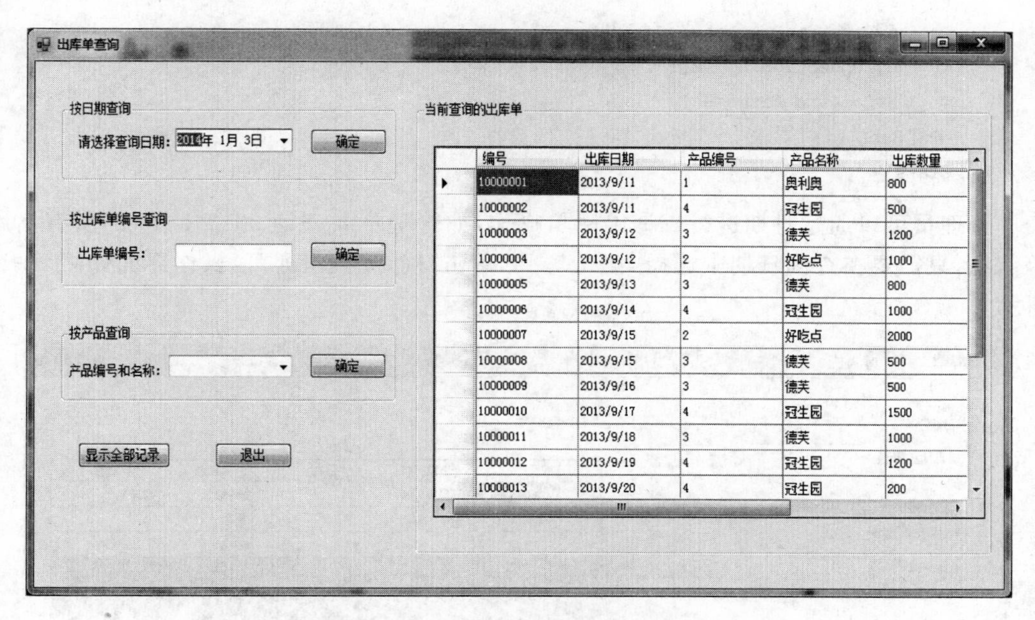

图 12-18　饼干厂产品库存系统中所有出库单的查询

DataGridView 控件中的具体代码如下。

```
'先引入需要的命名空间,定义了一个 OleDbConnection 对象的变量 MyConnection 用于连接 Access
'数据库 db.mdb,定义了一个 OleDbCommand 对象的变量 MyCommand,用于保存从出库单表中查询出
库单
'相关信息的 SQL 语句,定义了一个 OleDbDataAdapter 变量 myDA,用于保存执行 SQL 语句的结果,
'定义了一个 DataSet 变量 myDataSet 作为 DataGridView1 的数据源
Imports System.Data.OleDb
Public Class 出库单查询
    Dim MyConnection As New OleDbConnection("Provider = Microsoft.Jet.OLEDB.4.0; _
    Data Source = D:\源程序\db.mdb")
    Dim MyCommand As OleDbCommand
    Private Sub 出库单查询_Load(sender As System.Object, e As System.EventArgs) _
    Handles MyBase.Load
        MyCommand = New OleDbCommand("select OutputID AS 编号, OutputDate AS 出库日期, _
        OutPutProductID AS 产品编号, ProductName AS 产品名称, OutputQuantity AS _
        出库数量,ProductDanwei AS 产品单位,OutputPrice AS 出库价格 from chukudan,_
        ProductInfo where chukudan.OutputProductID = ProductInfo.ProductID order by _
        chukudan.OutputID ", MyConnection)
        MyConnection.Open()
        Dim myDA As OleDbDataAdapter = New OleDbDataAdapter(MyCommand)
        Dim myDataSet As DataSet = New DataSet()
        myDA.Fill(myDataSet, "MyTable")
        DataGridView1.DataSource = myDataSet.Tables("MyTable").DefaultView
        myDA.Dispose()
```

```
        myDataSet.Dispose()
        MyConnection.Close()
        MyCommand.Dispose()
    End Sub
End Class
```

管理员可以通过日期进行查询出库单操作，如管理员要查询2013/9/15的所有出库单信息，只需要在查询日期中选择2013/9/15，单击“确定”按钮即可，操作界面如图12-19所示。

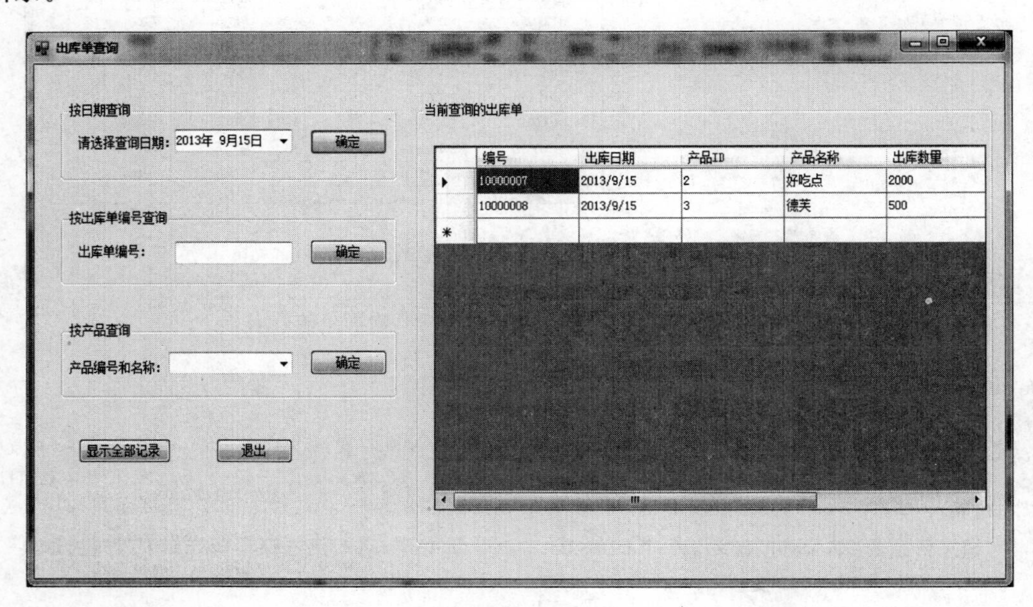

图12-19 按日期进行出库单的查询

按出库日期查询出库单的具体实现代码如下：

```
'先引入需要的命名空间，定义了一个 OleDbConnection 对象的变量 MyConnection 用于连接 Access
'数据库 db.mdb，定义了一个 OleDbCommand 对象的变量 MyCommand，用于保存从出库单表中按照出库日
'期查询出库单相关信息的 SQL 语句，定义了一个 OleDbDataAdapter 变量 myDA，用于保存执行 SQL 语句的结果，
'定义了一个 DataSet 变量 myDataSet 作为 DataGridView1 的数据源.其中，按日期查询
'出库单相关信息的"确定"按钮 Name 属性为"D确定"，DateTimePicker 的 Name 属性为"DateTimePicker1"
Imports System.Data.OleDb
Public Class 出库单查询
    Dim MyConnection As New OleDbConnection("Provider = Microsoft.Jet.OLEDB.4.0; _
    Data Source = D:\源程序\db.mdb")
    Dim MyCommand As OleDbCommand
    Private Sub 确定_Click(sender As System.Object, e As System.EventArgs) _
```

```
    Handles 确定.Click
        MyCommand = New OleDbCommand("select OutputID AS 编号, OutputDate AS 出库日期, _
        OutPutProductID AS 产品编号, ProductName AS 产品名称, OutputQuantity AS _
        出库数量,ProductDanwei AS 产品单位,OutputPrice AS 出库价格 from chukudan, _
        ProductInfowhere chukudan.OutputProductID = ProductInfo.ProductID  and _
        chukudan.OutputDate = #"& DateTimePicker1.Value.Date & "# order by _
        chukudan.OutputID ",MyConnection)
        MyConnection.Open()
        Dim myDA As OleDbDataAdapter = New OleDbDataAdapter(MyCommand)
        Dim myDataSet As DataSet = New DataSet()
        myDA.Fill(myDataSet, "MyTable")
        DataGridView1.DataSource = myDataSet.Tables("MyTable").DefaultView
        myDA.Dispose()
        myDataSet.Dispose()
        MyConnection.Close()
        MyCommand.Dispose()
    End Sub
End Class
```

管理员还可以通过出库单编号进行出库单查询,如管理员需要查询出库单编号为10000001的出库单信息,只需要将"10000001"输入出库单编号查询的TextBox中,单击"确定"按钮即可,具体操作界面如图12-20所示。

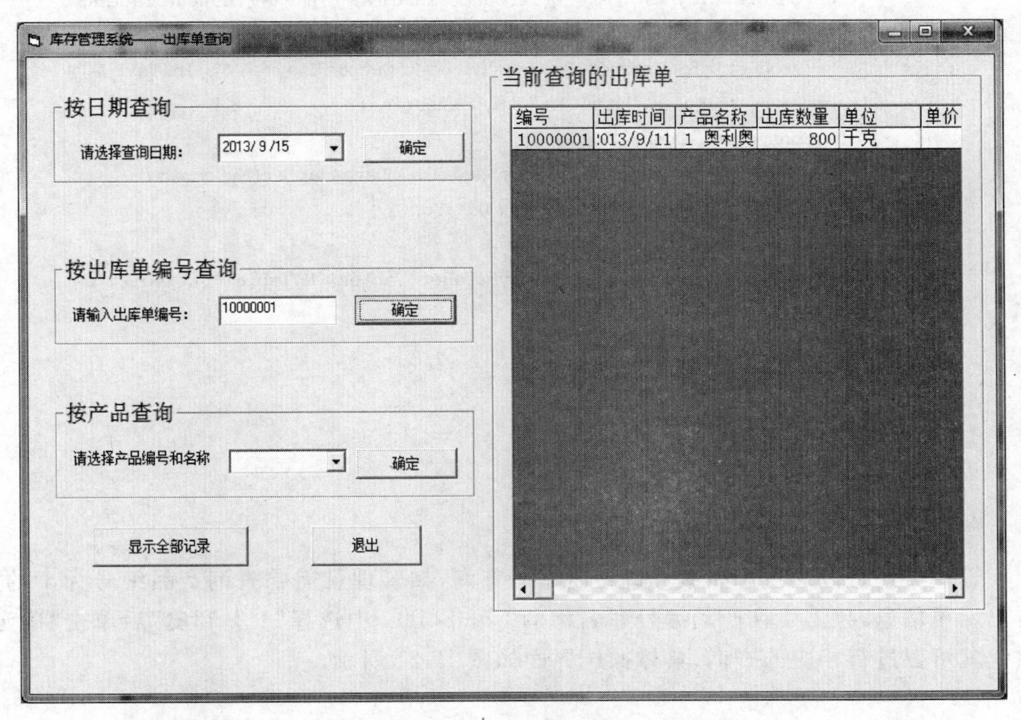

图12-20 按出库单编号查询出库单

按出库单编号查询出库单的具体实现代码如下：

```
'先引入需要的命名空间,定义了一个 OleDbConnection 对象的变量 MyConnection 用于连接 Access
'数据库 db.mdb,定义了一个 OleDbCommand 对象的变量 MyCommand,用于保存从出库单表中按照
'出库单号查询出库单相关信息的 SQL 语句,定义了一个 OleDbDataAdapter 变量 myDA,用于保存执
行 SQL 语句的结果,
'定义了一个 DataSet 变量 myDataSet 作为 DataGridView1 的数据源.其中,按出库单编号
'查询出库单相关信息的"确定"按钮 Name 属性为"N确定",供管理员输入出库单编号的 TextBox
的 Name
'属性为"TB_In"。
Imports System.Data.OleDb
Public Class 出库单查询
    Dim MyConnection As New OleDbConnection("Provider = Microsoft.Jet.OLEDB.4.0; _
    Data Source = D:\源程序\db.mdb")
    Dim MyCommand As OleDbCommand
    Private Sub N确定_Click(sender As System.Object, e As System.EventArgs) _
    Handles B确定.Click
        If TB_In.Text = "" Then
            MsgBox("请输入出库单编号!", MsgBoxStyle.Information, "饼干厂产品库存系统")
        Else
            MyCommand = New OleDbCommand("select OutputID AS 编号, OutputDate AS _
            出库日期,  OutPutProductID AS 产品编号, ProductName AS 产品名称, _
            OutputQuantity AS 出库数量,ProductDanwei AS 产品单位,OutputPrice AS _
            出库价格 from chukudan,ProductInfo where chukudan.OutputProductID _
             = ProductInfo.ProductID  and chukudan.OutputID = '" & TB_In.Text & "' _
            order by chukudan.OutputID ", MyConnection)
            MyConnection.Open()
            Dim myDA As OleDbDataAdapter = New OleDbDataAdapter(MyCommand)
            Dim myDataSet As DataSet = New DataSet()
            myDA.Fill(myDataSet, "MyTable")
            DataGridView1.DataSource = myDataSet.Tables("MyTable").DefaultView
            myDA.Dispose()
            myDataSet.Dispose()
            MyConnection.Close()
            MyCommand.Dispose()
        End If
    End Sub
End Class
```

管理员还可以通过产品编号进行出库单查询，如管理员需要查询产品编号为 1 的所有出库单信息，只需要在产品编号和名称的 ComboBox 中选择“1 奥利奥”后单击“确定”按钮就可以进行相应的查询，具体操作界面如图 12-21 所示。

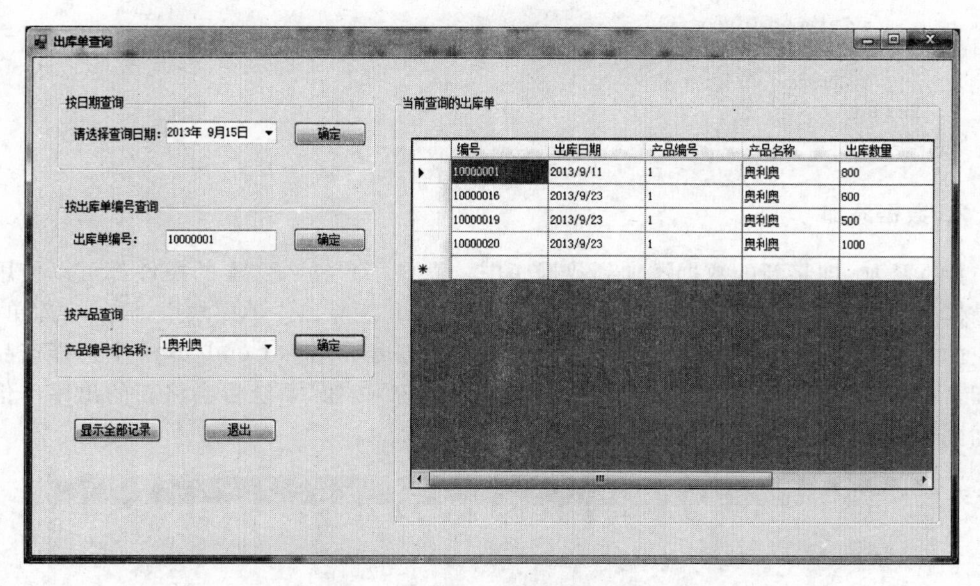

图 12-21　按产品编号查询出库单

按产品编号查询出库单的具体实现代码为：

```
'先引入需要的命名空间,定义了一个 OleDbConnection 对象的变量 MyConnection 用于连接 Access
'数据库 db.mdb,定义了一个 OleDbCommand 对象的变量 MyCommand,用于保存从出库单表中按照产
品名
'称查询出库单相关信息的 SQL 语句,定义了一个 OleDbDataAdapter 变量 myDA,用于保存执行 SQL
语句的结果,
'定义了一个 DataSet 变量 myDataSet 作为 DataGridView1 的数据源。其中,按产品编号
'查询出库单相关信息的"确定"按钮的 Name 属性为"Search",供管理员选择产品编号和名称的
ComboBox 的
'Name 属性为"CB_Name"。
Imports System.Data.OleDb
Public Class 出库单查询
    Dim MyConnection As New OleDbConnection("Provider = Microsoft.Jet.OLEDB.4.0; _
    Data Source = D:\源程序\db.mdb")
    Dim MyCommand As OleDbCommand
    Private Sub Search_Click(sender As System.Object, e As System.EventArgs) _
    Handles Search.Click
        Dim ProductID As Integer = Val(Trim(CB_Name.Text))
        MyCommand = New OleDbCommand("select OutputID AS 编号, OutputDate AS 出库日期, _
        OutPutProductID AS 产品编号, ProductName AS 产品名称, OutputQuantity AS _
        出库数量,ProductDanwei AS 产品单位,OutputPrice AS 出库价格 from chukudan, _
        ProductInfo where chukudan.OutputProductID = ProductInfo.ProductID _
        and chukudan.OutputProductID = " & ProductID & " order by _
        chukudan.OutputID ", MyConnection)
        MyConnection.Open()
        Dim myDA As OleDbDataAdapter = New OleDbDataAdapter(MyCommand)
        Dim myDataSet As DataSet = New DataSet()
        myDA.Fill(myDataSet, "MyTable")
        DataGridView1.DataSource = myDataSet.Tables("MyTable").DefaultView
        myDA.Dispose()
```

```
            myDataSet.Dispose()
            MyConnection.Close()
            MyCommand.Dispose()
        End Sub
End Class
```

2. 数据添加

数据添加,即将新的数据添加到数据库中。需要用户输入文本的控件都可以使用这项操作。例如,在某饼干厂产品库存系统中,在添加和删除出库单模块中,添加出库单,在相应的文本框中输入出库数量、出库单价,在产品编号和名称 ComboBox 中选择产品编号和名称,出库日期控件选择出库日期后,单击"确定"按钮,系统将会将新的出库单信息添加到数据库出库单表中,操作界面如图 12-22 所示。

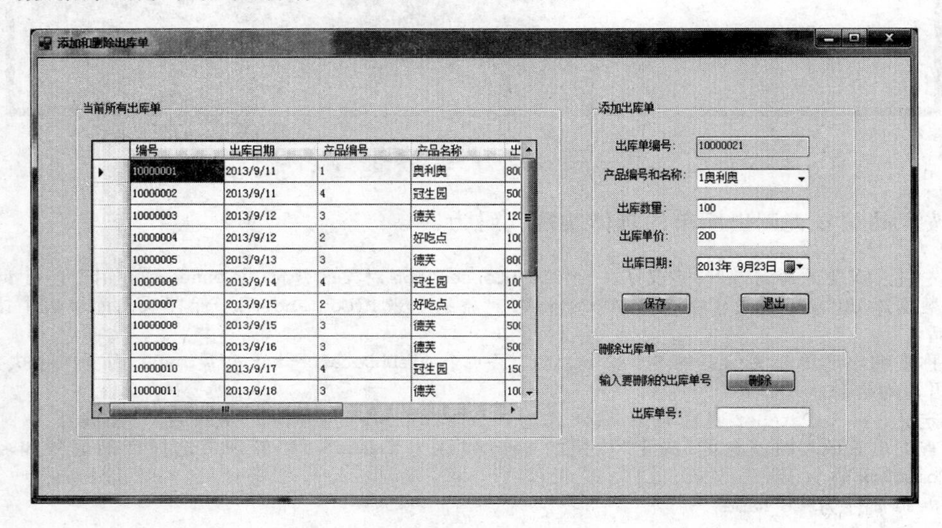

图 12-22 添加出库单

该界面添加出库单部分的具体实现代码如下:

```
'先引入需要的命名空间,定义了一个 OleDbConnection 对象的变量 MyConnection 用于连接 Access
'数据库 db.mdb,定义了一个 OleDbCommand 对象的变量 MyCommand,用于保存将新出库单信息添加到
'出库单表中的 SQL 语句。其中,供管理员输入出库单编号 TextBox 的 Name 属性为"TB_Num"; 供管理员
'选择产品编号和名称 ComboBox 的属性为"CB_Name"; 供管理员输入出库数量 TextBox 的 Name 属性
'为"TB_Out"; 供管理员输入出库价格 TextBox 的 Name 属性为"TB_Price"; 供管理员选择出库时间的
'DateTimePicker 的 Name 属性为"DateTimePicker1"
Imports System.Data.OleDb
Imports System.Data
Imports System.Data.Common
Public Class 添加和删除出库单
    Dim MyConnection As New OleDbConnection("Provider = Microsoft.Jet.OLEDB.4.0; _
    Data Source = D:\源程序\db.mdb")
```

```
    Dim MyCommand As OleDbCommand
    Private Sub 保存_Click(sender As System.Object, e As System.EventArgs) _
    Handles 保存.Click
        Dim ProductID As Integer = Val(Trim(CB_Name.Text))
        If TB_Out.Text = "" Or TB_OutNum.Text = "" Then
            MsgBox("请输入完整出库信息!", MsgBoxStyle.Information, "饼干厂产品库存系统")
        Else
            MyConnection.Open()
            MyCommand = New OleDbCommand("insert into  chukudan values('" & TB_Num.Text _
            & "', '"& DateTimePicker1.Value.Date & "','" & ProductID & "','" _
            & TB_Out.Text  & "','"& TB_Price.Text & "')", MyConnection)
            MyCommand.ExecuteNonQuery()
            MyConnection.Close()
            MyCommand.Dispose()
            MsgBox("出库单信息已添加!", MsgBoxStyle.Information, "饼干厂产品库存系统")
            TB_Out.Text = ""
            TB_OutNum.Text = ""
        End If
    End Sub
End Class
```

3. 数据修改

数据修改，即对已存在的数据进行更改，使用后添加的数据替换之前数据库中存在的数据，多应用于 TextBox 中由用户输入的数据来替换数据库中原来的数据。例如，在某饼干厂产品库存系统中，库存阈值的设置，用户在设置库存积压阈值后，单击“确定”按钮，系统将会用新的库存积压阈值来替换原来的阈值，操作界面如图 12-23 所示。

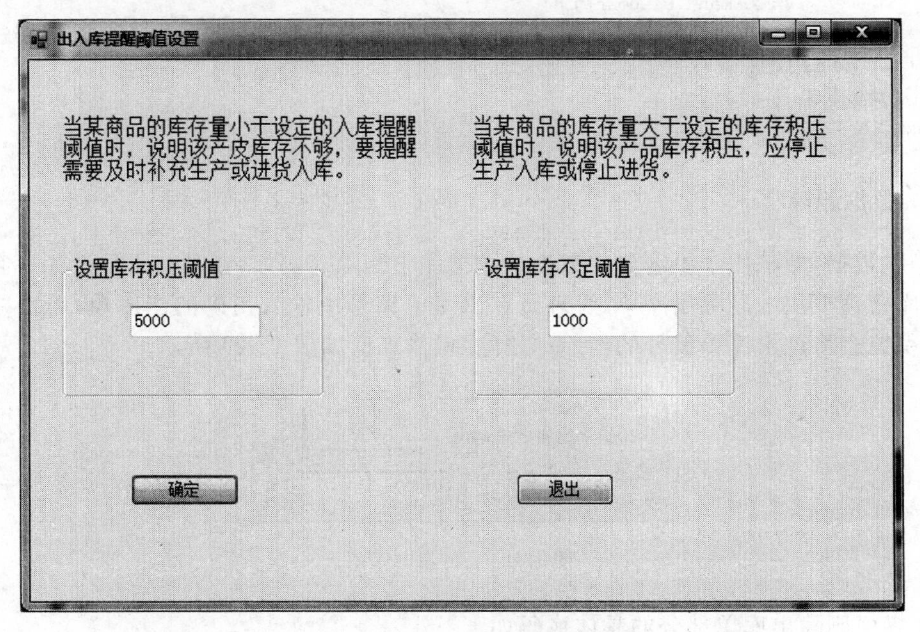

图 12-23 上下限阈值的修改

该界面更新上下限阈值功能的具体代码如下：

```
'先引入需要的命名空间,定义了一个 OleDbConnection 对象的变量 MyConnection 用于连接 Access
'数据库 db.mdb,定义了一个 OleDbCommand 对象的变量 MyCommand,用于保存更新阈值表中的上下限
'阈值的 SQL 语句。其中,供管理员输入上限阈值的 TextBox 的 Name 属性为"high"; 供管理员输入下限
'阈值的 TextBox 的 Name 属性为"low"
Imports System.Data.OleDb
Imports System.Data
Imports System.Data.Common
Public Class 出入库提醒阈值设置
    Dim MyConnection As New OleDbConnection("Provider = Microsoft.Jet.OLEDB.4.0; _
    Data Source = D:\源程序\db.mdb")
    Dim MyCommand As OleDbCommand
    Private Sub 确_Click(sender As System.Object, e As System.EventArgs) Handles 确.Click
        If high.Text = ""or low.Text = ""Then
            MsgBox("请输入完整的上下限阈值!" ,MsgBoxStyle.Information, _"饼干厂产品库
            存系统")
        Else
            Dim Up As Integer = high.Text
            Dim Down As Integer = low.Text
            MyConnection.Open()
            MyCommand = New OleDbCommand("Update thres set low = '"& Down& "', high = '" _
            & Up& "'", MyConnection)
            MyCommand.ExecuteNonQuery()
            MyConnection.Close()
            MyCommand.Dispose()
            MsgBox("新阈值已设定!", MsgBoxStyle.Information, "饼干厂产品库存系统")
        End If
    End Sub
End Class
```

4. 数据删除

删除数据,即将用户不需要的数据从数据库中删除。例如,在某饼干厂产品库存系统中,出库管理模块中删除出库单,管理员在出库单编号中输入正确的出库单,单击“删除”按钮,系统会将该出库单编号的出库单删除,操作界面如图 12-24 所示。

图 12-24 删除出库单

该界面删除出库单部分的具体代码如下：

```
'先引入需要的命名空间,定义了一个 OleDbConnection 对象的变量 MyConnection 用于连接 Access
```

```
'数据库 db.mdb,定义了一个 OleDbCommand 对象的变量 MyCommand,用于保存从出库单表中删除指定的
'出库单的 SQL 语句。其中,供管理员输入要删除出库单编号 TextBox 的 Name 属性为"TB_OutNum"。
Imports System.Data.OleDb
Imports System.Data
Imports System.Data.Common
Public Class 添加和删除出库单
    Dim MyConnection As New OleDbConnection("Provider = Microsoft.Jet.OLEDB.4.0; _
    Data Source = D:\源程序\db.mdb")
    Dim MyCommand As OleDbCommand
    Private Sub 删除_Click(sender As System.Object, e As System.EventArgs) _
    Handles 删除.Click
        If TB_OutNum.Text = "" Then
            MsgBox("请输入出库单号!", MsgBoxStyle.Information, "饼干厂产品库存系统")
        Else
            MyConnection.Open()
            MyCommand = New OleDbCommand("delete * from  chukudan where  OutputID = '" _
            & TB_OutNum.Text & "'", MyConnection)
            MyCommand.ExecuteNonQuery()
            MyConnection.Close()
            MyCommand.Dispose()
            TB_OutNum.Text = ""
            MsgBox("出库单信息已删除!", MsgBoxStyle.Information, "饼干厂产品库存系统")
        End If
    End Sub
End Class
```

12.5　应用举例与上机练习

通过前 4 节的介绍,在对数据库原理、Access 数据库、VB.NET 数据库连接技术以及数据绑定和操作方法有了初步了解后,本节主要通过某饼干厂产品库存系统登录、入库、出库、查询、修改信息等实例与练习,帮助读者巩固学习简单数据库编程。

下面开始进行应用举例与上机练习的介绍。

首先新建一个项目,取名为"饼干厂产品库存系统"。然后逐步进行系统登录、入库、出库、查询、修改信息实例介绍与上机练习。

12.5.1　系统登录实例与练习

例 12.5　系统登录实例主要实现管理员在登录系统时账号和密码的验证。共使用了 4 类控件：分别为三个 Label、两个 Button、一个 ComboBox 和一个 TextBox。所有控件初始属性设置如表 12-29 所示。

表 12-29　系统登录实例控件初始属性值设定

控　件	属　性	属 性 值
标签 1	Name	Label1
	Text	某饼干厂库存管理系统
	Font	宋体,15.75pt,style=Bold
标签 2	Name	Label2
	Text	请选择管理员号码:
	Font	宋体，9pt
标签 3	Name	Label3
	Text	请输入管理员密码:
	Font	宋体，9pt
按钮 1	Name	B_Enter
	Text	确定
按钮 2	Name	B_Cancle
	Text	取消
组合框 1	Name	ComboBox_Num
	Items	空
文本框 1	Name	TB_Pass
	Text	空

具体实现步骤如下。

(1) 右键单击已建立的项目"某饼干厂产品库存系统",选择"添加"→"新建项"命令，选择 Windows Forms 下的"Windows 窗体",名称改为"系统登录.vb"。

(2) 在窗体中添加三个 Label 控件、两个 Button 控件、一个 TextBox 控件和一个 ComoBox 控件,修改其相应属性值,达到如图 12-25"系统登录"界面所示的效果。

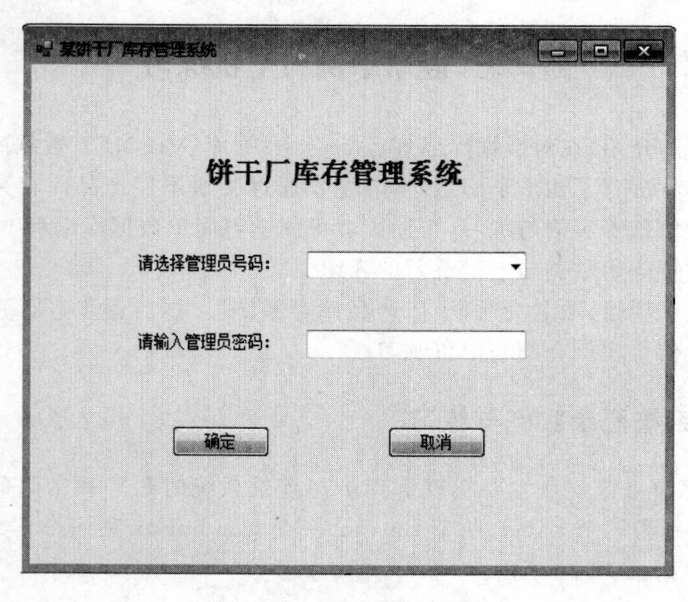

图 12-25　"系统登录"界面

（3）代码编写与相关代码说明。

```
'先引入需要的命名空间，在 Public Class 下添加继承与定义公共变量，定义了一个 OleDbConnection
'对象的变量 MyConnection 用于连接 Access 数据库 db.mdb,定义了一个 OleDbCommand 对象的变量
'MyCommand，用于保存从管理员表中查询特定管理员密码的 SQL 语句，定义了一个 OleDbDataReader
'对象的变量 MyReader,用于保存执行 SQL 语句的结果。
Imports System.Data.OleDb
Inherits System.Windows.Forms.Form
Dim MyConnection As New OleDbConnection("Provider = Microsoft.Jet.OLEDB.4.0; _
Data Source = D:\源程序\db.mdb")
Dim MyCommand As OleDbCommand
Dim MyReader As OleDbDataReader
```

1. 系统登录界面首次加载

在系统登录设计界面，双击空白处，进入编辑界面，添加以下代码：

```
'主界面加载时，从管理员表中读出管理员 ID，添加到 Name 属性为 ComboBox_Num 的 ComboBox 中
Private Sub Main_Load(sender As System.Object, e As System.EventArgs) Handles MyBase.Load
    MyConnection.Open()
    MyCommand = New OleDbCommand("SELECT adminID  FROM admin ", MyConnection)
    MyReader = MyCommand.ExecuteReader()
    While MyReader.Read
        ComboBox_Num.Items.Add(MyReader("adminID"))
    End While
    MyReader.Close()
    MyCommand.Dispose()
    MyConnection.Close()
End Sub
```

这段代码，主要为系统登录界面首次加载时，向 ComoBox 中添加数据库管理员表中管理员 ID，用于用户选择。代码首先打开与数据库的连接，定义 SQL 查询管理员 ID 语句，执行 SQL 语句，将执行结果添加到 ComoBox 中。

2. "确定"按钮及登录程序

在设计界面，双击"确定"按钮，进入编辑界面，添加以下代码。

```
"确定"按钮被单击后，查询出特定管理员的密码，判断该管理员的密码是否匹配，匹配成功显示主界面
Private Sub B_Enter_Click(sender As System.Object, e As System.EventArgs) Handles B_
Enter.Click
    Dim PassWord As String = ""
    MyConnection.Open()
    MyCommand = New OleDbCommand("SELECT password  FROM admin where adminID = '" _
```

```
        & ComboBox_Num.Text & "'", MyConnection)
        MyReader = MyCommand.ExecuteReader()
        While MyReader.Read
            PassWord = MyReader("password")
        End While
        MyReader.Close()
        MyCommand.Dispose()
        MyConnection.Close()
        If TB_Pass.Text = "" Then
            MsgBox("请输入用户密码!", MsgBoxStyle.Information, "饼干厂产品库存系统")
            TB_Pass.Focus()
            Exit Sub
        Else
            If TB_Pass.Text = PassWord Then
                主页界面.Show()
                Me.Finalize()
            Else
                MsgBox("请输入正确密码!", MsgBoxStyle.Information, "饼干厂产品库存系统")
            End If
        End If
    End Sub
```

这段代码主要为验证输入的密码与用户密码是否匹配。程序首先打开数据库链接，查询 ComoBox 中选中的管理员 ID 对应的密码。然后通过 TB_Pass. Text = ""判断用户是否已输入密码，如果用户已输入密码，判断用户输入密码与查询密码是否相同，如果两者相同，打开主界面，如果两者不同，弹出提示信息“请输入正确密码!”，如果用户还未输入密码，弹出提示框“请输入用户密码!”。

3. “取消”按钮及其程序

在设计界面，双击“取消”按钮，进入编辑界面，输入以下代码：

```
'“取消”按钮被单击后,关闭自身界面
Private Sub B_Cancle_Click(sender As System.Object, e As System.EventArgs) _
Handles B_Cancle.Click
    Me.Finalize()
End Sub
```

当单击“取消”按钮时，系统关闭登录界面。

12.5.2 添加和删除入库单实例与练习

例 12.6 添加和删除入库单实例主要实现添加入库单和删除入库单。共使用了 7 类控件：分别为 6 个 Label、3 个 GroupBox、3 个 Button、1 个 ComboBox、3 个 TextBox、1 个 DateTimePicker 和 1 个 DataGridView。所有控件初始属性设置如表 12-30 所示。

表 12-30　添加和删除入库单实例控件初始属性值设定

控　件	属　性	属　性　值
标签 1	Name	Label1
	Text	入库单编号：
	Font	宋体，9pt
标签 2	Name	Label2
	Text	产品编号和名称：
	Font	宋体，9pt
标签 3	Name	Label3
	Text	入库数量：
	Font	宋体，9pt
标签 4	Name	Label4
	Text	入库单位：
	Font	宋体，9pt
标签 5	Name	Label5
	Text	输入要删除的入库单号
	Font	宋体，9pt
标签 6	Name	Label6
	Text	入库单号：
	Font	宋体，9pt
分组框 1	Name	GroupBox1
	Text	当前所有入库单
分组框 2	Name	GroupBox2
	Text	添加入库单
分组框 3	Name	GroupBox3
	Text	删除入库单
按钮 1	Name	保存
	Text	保存
按钮 2	Name	退出
	Text	退出
按钮 3	Name	删除
	Text	删除
组合框 1	Name	CB_Num
	Items	空
文本框 1	Name	TB_Num
	Text	空
文本框 2	Name	TB_In
	Text	空
文本框 3	Name	TB_InNum
	Text	空
DateTimePicker	Name	DateTimePicker1
DataGridView	Name	DataGridView1

具体实施步骤如下。

(1) 右键单击已建立的工程“某饼干厂产品库存系统”,选择“添加”→“新建项”命令,选择 Windows Forms 下的“Windows 窗体”,名称为“添加和删除入库单.vb”。

(2) 在窗体中添加三个 GroupBox 控件、6 个 Label 控件、三个 Button 控件、三个 TextBox 控件、两个 ComoBox 控件和一个 DataGridView 控件,修改其相应属性值,达到如图 12-26“添加和删除入库单”界面所示的效果。

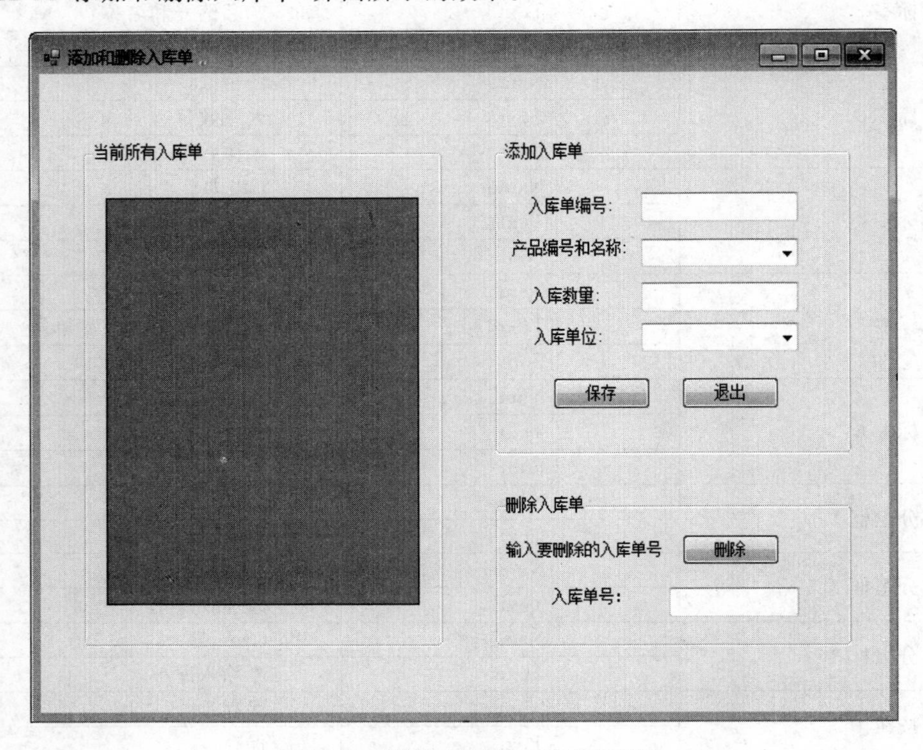

图 12-26 “添加和删除入库单”界面

(3) 代码编写与相关代码说明。

```
'先引入需要的命名空间,在 Public Class 下添加继承与定义公共变量,定义了一个 OleDbConnection
'对象的变量 MyConnection 用于连接 Access 数据库 db.mdb,定义了一个 OleDbCommand 对象的变量
'MyCommand,定义了一个 OleDbDataReader 对象的变量 MyReader,用于保存执行 SQL 语句的结果.
Imports System.Data.OleDb
Inherits System.Windows.Forms.Form
Dim MyConnection As New OleDbConnection("Provider = Microsoft.Jet.OLEDB.4.0; _
Data Source = D:\源程序\db.mdb")
Dim MyCommand As OleDbCommand
Dim MyReader As OleDbDataReader
```

① 添加和删除入库单界面首次加载。

在添加和删除入库单设计界面,双击空白处,进入编辑界面,输入以下代码:

```
'主界面加载时,将所有入库单的信息显示在 DataGridView1 控件中,自动生成入库单的编号,并将
'新的入库单编号显示在 name 属性为"TB_Num"的 TextBox 中,加载所有产品的编号和名称到 Name
属性
'为"CB_Name"的 ComboBox 中.
Private Sub 添加和删除入库单_Load(sender As System.Object, e As System.EventArgs) _
Handles MyBase.Load
    Dim tempIDTxt As String = ""
    Dim tempIDNumber As Integer
    '加载入库单的所有信息
    MyConnection.Open()
    MyCommand = New OleDbCommand(select  InputID AS 编号, InputDate AS 入库时间, _
    InputProductID AS 产品编号, ProductName  AS 产品名称, InputQuantity AS 入库数量, _
    ProductDanwei AS 产品单位, ProductPrice AS 入库价格 from rukudan,productinfo where _
    rukudan.InputProductID = productinfo.ProductID order by rukudan.inputID ", MyConnection)
    Dim myDA As OleDbDataAdapter = New OleDbDataAdapter(MyCommand)
    Dim myDataSet As DataSet = New DataSet()
    myDA.Fill(myDataSet, "MyTable")
    DataGridView1.DataSource = myDataSet.Tables("MyTable").DefaultView
    myDA.Dispose()
    myDataSet.Dispose()
    MyConnection.Close()
    MyCommand.Dispose()
    '计算入库单编号,并显示出来
    MyConnection.Open()
    MyCommand = New OleDbCommand("SELECT max(InputID) as MaxInputID FROM _
    rukudan ", MyConnection)
    MyReader = MyCommand.ExecuteReader()
    While MyReader.Read
        tempIDTxt = MyReader("MaxInputID")
    End While
    MyConnection.Close()
    MyReader.Close()
    MyCommand.Dispose()
    tempIDNumber = Val(tempIDTxt) + 1
    tempIDTxt = Str(tempIDNumber)
    TB_Num.Text = Format$(tempIDTxt, "00000000")
    '加载产品编号和名称
    MyConnection.Open()
    MyCommand = New OleDbCommand("SELECT ProductID,ProductName  FROM _
    ProductInfo ", MyConnection)
    MyReader = MyCommand.ExecuteReader()
    While MyReader.Read
        CB_Name.Items.Add(MyReader("ProductID") & MyReader("ProductName"))
    End While
    MyConnection.Close()
    MyReader.Close()
    MyCommand.Dispose()
End Sub
```

这段代码,主要为添加和删除入库单界面首次加载时,系统执行的向 DataGridView

中添加当前 rukudan 表中信息、自动生成入库单编号、加载产品单位和加载产品编号名称。向 DataGridView 中添加当前 rukudan 表中信息，首先编写 SQL 查询语句，定义 OleDbDataAdapter，并利用 OleDbDataAdapter 存储查询结果，定义 DataSet，然后利用 OleDbDataAdapter 存储的查询结果填充 DataSet 中的表，然后将 DataSet 中的表作为数据源与 DataGridView 绑定；自动生成入库单编号，首先查询 rukudan 表中最大 InputID，然后通过将其+1、格式转化等操作赋值给文本框；加载产品单位和加载产品编号名称首先执行相应 SQL 语句，然后将执行结果添加到 ComoBox 中。

② “保存”按钮及保存程序。

在设计界面，双击“保存”按钮，进入编辑界面，输入以下代码：

```
'“保存”按钮被单击后，将新添加的入库单信息添加到入库单表单中
Private Sub 保存_Click(sender As System.Object, e As System.EventArgs) Handles 保存.Click
    Dim ProductID As Integer = Val(Trim(CB_Name.Text))
    Dim tryIn As Integer = TB_In.Text
    If TB_In.Text = "" Then
        MsgBox("请输入入库数量!", MsgBoxStyle.Information, "饼干厂产品库存系统")
    Else
        MyConnection.Open()
        MyCommand = New OleDbCommand("insert into  rukudan values('" & TB_Num.Text _
        & "'," & ProductID & "," & tryIn & ",'" & DateTimePicker1.Value.Date _
        & "')", MyConnection)
        MyCommand.ExecuteNonQuery()
        MyConnection.Close()
        MyCommand.Dispose()
        MsgBox("入库单已添加!", MsgBoxStyle.Information, "饼干厂产品库存系统")
        TB_In.Text = ""
    End If
End Sub
```

这段代码主要是向 rukudan 表中添加入库单信息，首先定义产品编号变量并赋值、定义日期变量，并将当前日期赋值给日期变量。然后通过 TB_In.Text = ""判断入库数量是否为空，如果入库数量不为空，打开数据库连接，并执行相应的 SQL 语句实现入库单的插入操作，弹出提示框“入库单已添加!”；如果入库数量为空，弹出提示框“请输入入库数量!”。

③ “退出”按钮及其程序。

在设计界面，双击“退出”按钮，进入编辑界面，输入以下代码：

```
'"退出"按钮被单击后，将加载主界面，关闭自身界面
Private Sub 退出_Click(sender As System.Object, e As System.EventArgs) Handles 退出.Click
    主页界面.Show()
    Me.Finalize()
End Sub
```

当单击“退出”按钮，系统关闭当前界面，并返回主页界面。

④“删除”按钮及删除程序。

在设计界面，双击“删除”按钮，进入编辑界面，输入以下代码：

```
'"删除"按钮被单击后,将从入库单表中删除管理员输入的入库单编号对应的入库单信息
Private Sub 删除_Click(sender As System.Object, e As System.EventArgs) Handles 删除.Click
    If TB_InNum.Text = "" Then
    '判断入库单号是否为空
        MsgBox("请输入入库单号!", MsgBoxStyle.Information, "饼干厂产品库存系统")
    Else
        MyConnection.Open()
        MyCommand = New OleDbCommand("delete * from  rukudan where  InputID = '" _
        & TB_In.Text & "'", MyConnection)
        MyCommand.ExecuteNonQuery()
        MyConnection.Close()
        MyCommand.Dispose()
        MsgBox("该入库单已删除!", MsgBoxStyle.Information, "饼干厂产品库存系统")
        TB_InNum.Text = ""
    End If
End Sub
```

这段代码，主要为删除与输入的入库单号对应的入库单信息，首先通过 TB_InNum.Text = ""判断输入的入库单号是否为空，如果输入的入库单号不为空，打开与数据库连接并执行删除入库单操作，弹出提示框“该入库单已删除!”；如果入库单号为空，弹出提示框“请输入入库单号!”。

12.5.3 入库单查询实例与练习

例 12.7 入库单查询实例主要实现满足一定条件的入库单查询，包括按日期进行入库单查询、按入库单编号进行入库量查询、按产品对入库单进行查询和显示所有的入库单。共使用了 7 类控件：分别为三个 Label、4 个 GroupBox、5 个 Button、一个 ComboBox、一个 TextBox、一个 DateTimePicker 和一个 DataGridView。所有控件初始属性设置如表 12-31 所示。

表 12-31 入库单查询实例控件初始属性值设定

控件	属性	属性值
标签 1	Name	Label1
	Text	请选择查询日期：
	Font	宋体，9pt
标签 2	Name	Label2
	Text	入库单编号：
	Font	宋体，9pt
标签 3	Name	Label3
	Text	产品编号和名称：
	Font	宋体，9pt

续表

控　件	属　性	属　性　值
分组框 1	Name	GroupBox1
	Text	按日期查询
分组框 2	Name	GroupBox2
	Text	按入库单编号查询
分组框 3	Name	GroupBox3
	Text	按产品查询
分组框 4	Name	GroupBox4
	Text	当前查询的入库单
按钮 1	Name	确定
	Text	确定(按日期查询)
按钮 2	Name	B 确定
	Text	确定(入库单编号)
按钮 3	Name	Search
	Text	确定(产品编号和名称)
按钮 4	Name	显示全部记录
	Text	显示全部记录
按钮 5	Name	退出
	Text	退出
组合框 1	Name	CB_Name
	Items	空
文本框 1	Name	TB_In
	Text	空
DataTimePicker	Name	DataTimePicker1
DataGridView	Name	DataGridView1

具体实施步骤如下。

(1) 右键单击已建立的工程“某饼干厂产品库存系统”,选择“添加”→“新建项”命令,选择 Windows Forms 下的“Windows 窗体”,名称为“入库单查询. vb”。

(2) 在窗体中添加 4 个 GroupBox 控件、三个 Label 控件、5 个 Button 控件、一个 TextBox 控件、两个 ComoBox 控件和一个 DataGridView 控件,修改其相应属性值,达到如图 12-27“入库单查询”界面所示的效果。

(3) 代码编写与相关代码说明。

```
'先引入需要的命名空间,在 Public Class 下添加继承与定义公共变量,定义了一个 OleDbConnection
'对象的变量 MyConnection 用于连接 Access 数据库 db.mdb,定义了一个 OleDbCommand 对象的变量
'MyCommand,定义了一个 OleDbDataReader 对象的变量 MyReader,用于保存执行 SQL 语句的结果。
Imports System.Data.OleDb
Inherits System.Windows.Forms.Form
Dim MyConnection As New OleDbConnection("Provider = Microsoft.Jet.OLEDB.4.0; _
Data Source = D:\源程序\db.mdb")
Dim MyCommand As OleDbCommand
Dim MyReader As OleDbDataReader
```

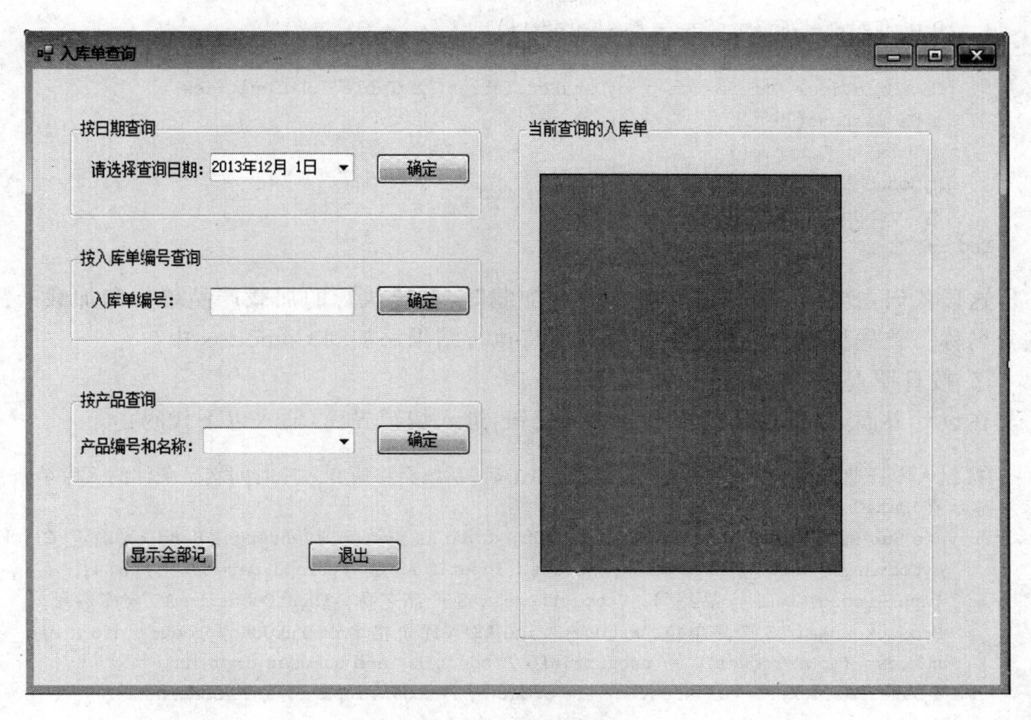

图 12-27 “入库单查询”界面

① 入库单查询界面首次加载。

在入库单查询设计界面，双击空白处，进入编辑界面，输入以下代码：

```
'入库单查询界面加载时,将产品编号和名称加载到 Name 属性为"CB_Name"的 ComboBox 控件中,
'同时将所有的入库单信息加载到 DataGridView1 中
Private Sub 入库单查询_Load(sender As System.Object, e As System.EventArgs) Handles MyBase.
Load
    MyConnection.Open()
    MyCommand = New OleDbCommand("SELECT ProductID,ProductName  FROM _
    ProductInfo ", MyConnection)
    MyReader = MyCommand.ExecuteReader()
    While MyReader.Read
        CB_Name.Items.Add(MyReader("ProductID") & MyReader("ProductName"))
    End While
    MyConnection.Close()
    MyReader.Close()
    MyCommand.Dispose()
    MyCommand = New OleDbCommand("select  InputID AS 编号, InputDate AS 入库时间,  _
    InputProductID AS 产品编号, ProductName  AS 产品名称, InputQuantity AS 入库数量, _
    ProductDanwei AS 产品单位, ProductPrice AS 入库价格 from rukudan,productinfo where _
    rukudan.InputProductID = productinfo.ProductID order by _
    rukudan.inputid ", MyConnection)
    MyConnection.Open()
    Dim myDA As OleDbDataAdapter = New OleDbDataAdapter(MyCommand)
```

```
        Dim myDataSet As DataSet = New DataSet()
        myDA.Fill(myDataSet, "MyTable")
        DataGridView1.DataSource = myDataSet.Tables("MyTable").DefaultView
        myDA.Dispose()
        myDataSet.Dispose()
        MyConnection.Close()
        MyCommand.Dispose()
    End Sub
```

这段代码主要为入库单查询界面首次加载时，系统执行的加载产品单位和加载产品编号名称。首先执行相应 SQL 语句，然后将执行结果添加到 ComoBox 中。

② 按日期查询“确定”按钮及查找程序。

在设计界面，双击按日期查询“确定”按钮，进入编辑界面，输入以下代码：

```
'按照入库日期查询入库单的“确定”按钮被单击后，系统会将所有入库时间满足条件的入库单信息
显示在'DataGridView1 中
Private Sub 确定_Click(sender As System.Object, e As System.EventArgs) Handles 确定.Click
    MyCommand = New OleDbCommand("select  InputID AS 编号, InputDate AS 入库时间,_
    InputProductID AS 产品编号, ProductName  AS 产品名称, InputQuantity AS 入库数量, _
    ProductDanwei AS 产品单位, ProductPrice AS 入库价格 from rukudan,productinfo where _
    rukudan.InputProductID = productinfo.ProductID  and rukudan.Inputdate = #" _
    & DateTimePicker1.Value.Date & "# order by rukudan.inputid ", MyConnection)
    MyConnection.Open()
    Dim myDA As OleDbDataAdapter = New OleDbDataAdapter(MyCommand)
    Dim myDataSet As DataSet = New DataSet()
    myDA.Fill(myDataSet, "MyTable")
    DataGridView1.DataSource = myDataSet.Tables("MyTable").DefaultView
    myDA.Dispose()
    myDataSet.Dispose()
    MyConnection.Close()
    MyCommand.Dispose()
End Sub
```

③ 按入库单号查询“确定”按钮及查找程序。

在设计界面，双击按入库单号查询“确定”按钮，进入编辑界面，输入以下代码：

```
'按照入库单编号查询入库单的确定“按钮”被单击后，系统将该入库单编号对应的入库单信息显
示在
'DataGridView1 中
Private Sub B 确定_Click(sender As System.Object, e As System.EventArgs) Handles B 确
定.Click
    If TB_In.Text = "" Then
        MsgBox("请输入入库单编号!", MsgBoxStyle.Information, "饼干厂产品库存系统")
    Else
        MyCommand = New OleDbCommand("select InputID AS 编号, InputDate AS 入库时间, _
InputProductID AS 产品编号, ProductName AS 产品名称, InputQuantity AS 入库数量, _
ProductDanwei AS 产品单位, ProductPrice AS 入库价格 from rukudan,productinfo where _
rukudan.InputProductID = productinfo.ProductID and rukudan.inputid = '" _
        & TB_In.Text & "' order by rukudan.inputid ", MyConnection)
```

```
            MyConnection.Open()
            Dim myDA As OleDbDataAdapter = New OleDbDataAdapter(MyCommand)
            Dim myDataSet As DataSet = New DataSet()
            myDA.Fill(myDataSet, "MyTable")
            DataGridView1.DataSource = myDataSet.Tables("MyTable").DefaultView
            myDA.Dispose()
            myDataSet.Dispose()
            MyConnection.Close()
            MyCommand.Dispose()
        End If
    End Sub
```

④ 按产品查询"确定"按钮及查找程序。

在设计界面,双击按产品查询"确定"按钮,进入编辑界面,输入以下代码:

```
'按照产品编号查询入库单的"确定"按钮被单击后,系统会将产品对应的所有入库单信息显示在
'DataGridView1 中
Private Sub Search_Click(sender As System.Object, e As System.EventArgs) _
Handles Search.Click
    Dim ProductID As Integer = Val(Trim(CB_Name.Text))
    MyCommand = New OleDbCommand("select  InputID AS 编号, InputDate AS 入库时间, _
    InputProductID  AS 产品编号, ProductName AS 产品名称, InputQuantity AS 入库数量, _
    ProductDanwei AS 产品单位, ProductPrice AS 入库价格 from rukudan,productinfo where _
    rukudan.InputProductID = productinfo.ProductID  and productinfo.ProductID = " _
    & ProductID & " order by rukudan.inputid ", MyConnection)
    MyConnection.Open()
    Dim myDA As OleDbDataAdapter = New OleDbDataAdapter(MyCommand)
    Dim myDataSet As DataSet = New DataSet()
    myDA.Fill(myDataSet, "MyTable")
    DataGridView1.DataSource = myDataSet.Tables("MyTable").DefaultView
    myDA.Dispose()
    myDataSet.Dispose()
    MyConnection.Close()
    MyCommand.Dispose()
End Sub
```

⑤ 显示全部记录按钮及查找程序。

在设计界面,双击"显示全部记录"按钮,进入编辑界面,输入以下代码:

```
'"显示全部记录"按钮被单击后,系统会将所有入库单信息显示在 DataGridView1 中
Private Sub 显示全部记录_Click(sender As System.Object, e As System.EventArgs) _
Handles 显示全部记录.Click
    MyCommand = New OleDbCommand("select  InputID AS 编号, InputDate AS 入库时间,  _
    InputProductID  AS 产品编号, ProductName  AS 产品名称, InputQuantity AS 入库数量, _
    ProductDanwei AS 产品单位, ProductPrice AS 入库价格 from rukudan,productinfo where _
    rukudan.InputProductID = productinfo.ProductID order by rukudan.inputid", MyConnection)
    MyConnection.Open()
    Dim myDA As OleDbDataAdapter = New OleDbDataAdapter(MyCommand)
    Dim myDataSet As DataSet = New DataSet()
    myDA.Fill(myDataSet, "MyTable")
```

```
        DataGridView1.DataSource = myDataSet.Tables("MyTable").DefaultView
        myDA.Dispose()
        myDataSet.Dispose()
        MyConnection.Close()
        MyCommand.Dispose()
    End Sub
```

按日期查询、按入库单编号查询、按产品查询和显示全部记录，都是通过查询数据然后填充 DataGridView 完成。首先根据需要的查询，确定 SQL 查询语句，然后定义 OleDbDataAdapter，并利用 OleDbDataAdapter 存储查询结果，定义 DataSet，然后利用 OleDbDataAdapter 存储的查询结果填充 DataSet 中的表，然后将 DataSet 中的表作为数据源与 DataGridView 绑定。

⑥ "退出"按钮及其程序。

在设计界面，双击"退出"按钮，进入编辑界面，输入以下代码：

```
'"退出"按钮被单击后,系统会加载主界面,关闭自身界面
Private Sub 退出_Click(sender As System.Object, e As System.EventArgs) Handles 退出.Click
    主页界面.Show()
    Me.Finalize()
End Sub
```

当点击"退出"按钮，系统关闭当前界面，并返回主页界面。

12.5.4 库存量查询实例与练习

例 12.8 库存量查询实例主要实现查询特定产品的库存量，包括该产品的当前库存量、总入库量和总出库量。共使用了五类控件：分别为六个 Label、三个 GroupBox、两个 Button、一个 ComboBox 和两个 ListView。所有控件初始属性设置如表 12-32 所示。

表 12-32 库存量查询实例控件初始属性值设定

控　件	属　性	属 性 值
标签 1	Name	Label1
	Text	所查询商品的库存总量为：
	Font	微软雅黑，15.75pt
标签 2	Name	LSum
	Text	0
	Font	微软雅黑，15.75pt
标签 3	Name	Label3
	Text	入库总量为：
	Font	微软雅黑，14.25pt
标签 4	Name	L_In
	Text	0
	Font	微软雅黑，15.75pt

续表

控　件	属　性	属　性　值
标签 5	Name	Label5
	Text	出库总量为：
	Font	微软雅黑，14.25pt
标签 6	Name	L_Out
	Text	0
	Font	微软雅黑，15.75pt
分组框 1	Name	GroupBox1
	Text	选择要查询的产品编号名称
分组框 2	Name	GroupBox2
	Text	该产品入库记录
分组框 3	Name	GroupBox3
	Text	该产品出库记录
按钮 1	Name	确定
	Text	确定
按钮 2	Name	退出
	Text	退出
组合框 1	Name	CB_Name
	Items	空
列表框 1	Name	ListView1
	Text	空
列表框 2	Name	ListView2
	Text	空

具体实施步骤如下所示。

(1) 右键单击已建立的工程“某饼干厂产品库存系统”，选择“添加”→“新建项”命令，选择 Windows Forms 下的“Windows 窗体”，名称为“库存量查询.vb”。

(2) 在窗体中添加两个 GroupBox 控件、6 个 Label 控件、两个 Button 控件、一个 ComoBox 控件和两个 ListView 控件，修改其相应属性值，达到如图 12-28“库存量查询”界面所示的效果。

(3) 代码编写与相关代码说明。

```
'先引入需要的命名空间，在 Public Class 下添加继承与定义公共变量，定义了一个 OleDbConnection
'对象的变量 MyConnection 用于连接 Access 数据库 db.mdb，定义了一个 OleDbCommand 对象的变量
'MyCommand，定义了一个 OleDbDataReader 对象的变量 MyReader，用于保存执行 SQL 语句的结果。
Imports System.Data.OleDb
Inherits System.Windows.Forms.Form
Dim MyConnection As New OleDbConnection("Provider = Microsoft.Jet.OLEDB.4.0; _
Data Source = D:\源程序\db.mdb")
Dim MyCommand As OleDbCommand
Dim MyReader As OleDbDataReader
```

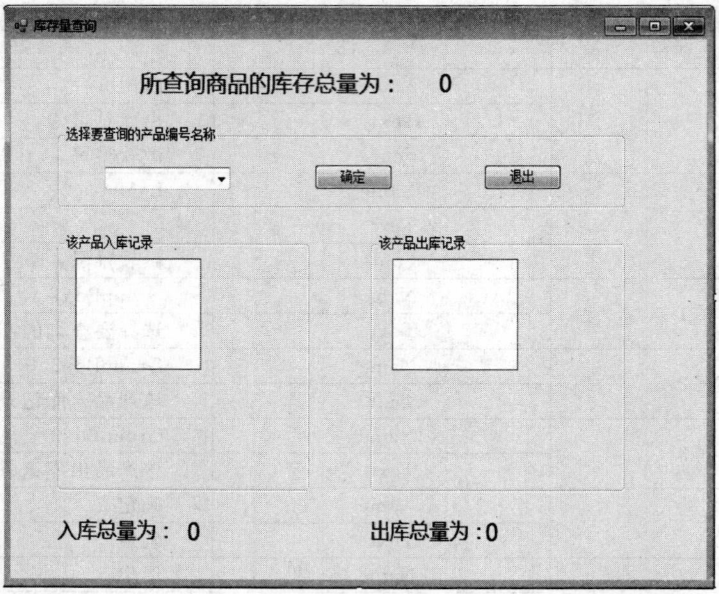

所查询商品的库存总量为： 0

选择要查询的产品编号名称

确定 退出

该产品入库记录 该产品出库记录

入库总量为： 0 出库总量为 :0

图 12-28 “库存量查询”界面

① 库存量查询界面首次加载。

在库存量查询设计界面，双击空白处，进入编辑界面，输入以下代码：

```
'库存量查询界面被加载时，系统会将所有的产品编号和名称加载到 Name 属性为 CB_Name 的
'ComboBox 中
Private Sub 库存量查询_Load(sender As System.Object, e As System.EventArgs) Handles MyBase.
Load
    MyConnection.Open()
    MyCommand = New OleDbCommand("SELECT ProductID,ProductName  FROM ProductInfo ", _
    MyConnection)
    MyReader = MyCommand.ExecuteReader()
    While MyReader.Read
        CB_Name.Items.Add(MyReader("ProductID") & MyReader("ProductName"))
    End While
    MyConnection.Close()
    MyReader.Close()
    MyCommand.Dispose()
End Sub
```

这段代码主要为库存量查询界面首次加载时，系统执行的加载产品单位和加载产品编号名称。首先执行相应 SQL 语句，然后将执行结果添加到 ComoBox 中。

② 单击“确定”按钮及查找程序。

在设计界面，双击“确定”按钮，进入编辑界面，输入以下代码：

```
'“确定”按钮被单击后，系统会将该产品对应的所有入库单记录显示在 ListView1 中，并计算该产
品的
'所有入库总量；同时将该产品对应的所有出库单记录显示在 ListView2 中，并计算该产品的所有
```

```
出库总
'量。再计算该产品的库存量。将入单总量显示在 Name 属性为 L_In 的 Label 中,将出单总量显示在
'Name 属性为 L_Out 的 Label 中,将入单总量显示在 Name 属性为 LSum 的 Label 中。
Private Sub 确定_Click(sender As System.Object, e As System.EventArgs) Handles 确定.Click
    Dim ProductID As Integer = Val(Trim(CB_Name.Text))
    Dim InputNum As Integer = 0
    Dim OutputNum As Integer = 0
    Dim SumNum As Integer = 0
    '计算入库总数量,并将入库单所有信息显示在 ListView1 中
    MyConnection.Open()
    MyCommand = New OleDbCommand("select * from rukudan,productinfo _
    where rukudan.InputProductID = productinfo.ProductID and  rukudan.InputProductID = " _
    & ProductID & " order by rukudan.inputid ", MyConnection)
    Dim myDA As OleDbDataAdapter = New OleDbDataAdapter(MyCommand)
    Dim myDataSet As DataSet = New DataSet()
    myDA.Fill(myDataSet, "InputTable")
    Dim UserTable As DataTable = myDataSet.Tables("InputTable")
    Dim LItem As ListViewItem
    For Each UserRow In UserTable.Rows
        LItem = New ListViewItem(UserRow("InputID").ToString)
        LItem.SubItems.Add(UserRow("InputDate").ToString)
        LItem.SubItems.Add(UserRow("ProductName"))
        LItem.SubItems.Add(UserRow("InputProductID").ToString)
        LItem.SubItems.Add(UserRow("InputQuantity").ToString)
        ListView1.Items.Add(LItem)
        InputNum = InputNum + UserRow("InputQuantity")
    Next
    myDA.Dispose()
    myDataSet.Dispose()
    MyConnection.Close()
    MyCommand.Dispose()
    '计算出库总数量,并将出库单所有信息显示在 ListView2 中
    MyConnection.Open()
    MyCommand2 = New OleDbCommand("select * from chukudan,productinfo _
    where chukudan.OutputProductID = productinfo.ProductID and  chukudan.OutputProductID _
    = " & ProductID & " order by chukudan.OutputID ", MyConnection)
    Dim myDAOut As OleDbDataAdapter = New OleDbDataAdapter(MyCommand2)
    Dim myDataSetOut As DataSet = New DataSet()
    myDAOut.Fill(myDataSetOut, "OutputTable")
    Dim UserTableout As DataTable = myDataSetOut.Tables("OutputTable")
    Dim LItemout As ListViewItem
    For Each UserRow In UserTableout.Rows
        LItemout = New ListViewItem(UserRow("OutputID").ToString)
        LItemout.SubItems.Add(UserRow("OutputDate").ToString)
        LItemout.SubItems.Add(UserRow("ProductName"))
        LItemout.SubItems.Add(UserRow("OutputProductID").ToString)
        LItemout.SubItems.Add(UserRow("OutputQuantity").ToString)
        ListView2.Items.Add(LItemout)
```

```
            OutputNum = OutputNum + UserRow("OutputQuantity")
        Next
        myDAOut.Dispose()
        myDataSetOut.Dispose()
        MyCommand2.Dispose()
        MyConnection.Close()
        '计算库存总量
        SumNum = InputNum - OutputNum
        '显示入库总量,出库总量和库存总量
        LSum.Text = SumNum
        L_In.Text = InputNum
        L_Out.Text = OutputNum
    End Sub
```

这段代码主要介绍 ListView 与 Lable 绑定数据方法。首先定义相应的变量，根据确定的入库单与出库单相应的 SQL 语句，分别查询其数据信息，然后通过 OleDbDataAdapter、DataSet 加载到 ListView 中，同时分别进行入库总量与出库总量的计算。最后计算库存总量并将结果与 Label 绑定。

③ “退出”按钮及其程序。

在设计界面，双击“退出”按钮，进入编辑界面，输入以下代码：

```
    '"退出"按钮被单击后,系统会加载主界面,关闭自身界面
    Private Sub 退出_Click(sender As System.Object, e As System.EventArgs) Handles 退出.Click
        主页界面.Show()
        Me.Finalize()
    End Sub
```

当单击“退出”按钮，系统关闭当前界面，并返回主页界面。

12.5.5 产品信息维护实例与练习

例 12.9 产品信息维护实例主要实现库存产品的维护，包括新产品的添加、产品信息的修改。共使用了 5 类控件：分别为 9 个 Label、两个 GroupBox、两个 Button、一个 ComboBox 和 8 个 TextBox。所有控件初始属性设置如表 12-33 所示。

表 12-33 产品信息维护实例控件初始属性值设定

控　件	属　性	属　性　值
标签 1	Name	Label1
	Text	产品名称：
	Font	宋体，9pt
标签 2	Name	Label2
	Text	产品类型：
	Font	宋体，9pt
标签 3	Name	Label3
	Text	产品单位：
	Font	宋体，9pt

续表

控　件	属　性	属　性　值
标签 4	Name	Label4
	Text	产品单价：
	Font	宋体，9pt
标签 5	Name	Label5
	Text	选择要修改的产品：
	Font	宋体，9pt
标签 6	Name	Label6
	Text	产品名称：
	Font	宋体，9pt
标签 7	Name	Label7
	Text	产品类型：
	Font	宋体，9pt
标签 8	Name	Label8
	Text	产品单位：
	Font	宋体，9pt
标签 9	Name	Label9
	Text	产品单价：
	Font	宋体，9pt
分组框 1	Name	GroupBox1
	Text	添加产品
分组框 2	Name	GroupBox2
	Text	修改产品信息
按钮 1	Name	添加产品
	Text	添加产品
按钮 2	Name	修改信息
	Text	修改信息
组合框 1	Name	CB_Name
	Items	空
文本框 1	Name	TB_Name_Add
	Text	空
文本框 2	Name	TB_Type_Add
	Text	空
文本框 3	Name	TB_Unit_Add
	Text	空
文本框 4	Name	TB_Price_Add
	Text	空
文本框 5	Name	TB_Name_C
	Text	空
文本框 6	Name	TB_Type_C
	Text	空

续表

控　件	属　性	属 性 值
文本框 7	Name	TB_Unit_C
	Text	空
文本框 8	Name	TB_Price_C
	Text	空

具体实施步骤如下所示。

(1) 右键单击已建立的工程“某饼干厂产品库存系统”,选择“添加”→“新建项”命令,选择 Windows Forms 下的“Windows 窗体”,名称为“产品信息维护.vb”。

(2) 在窗体中添加两个 GroupBox 控件、两个 Button 控件、一个 ComoBox 控件和 8 个 TextBox 控件,修改其相应属性值,达到如图 12-29“产品信息维护”界面所示的效果。

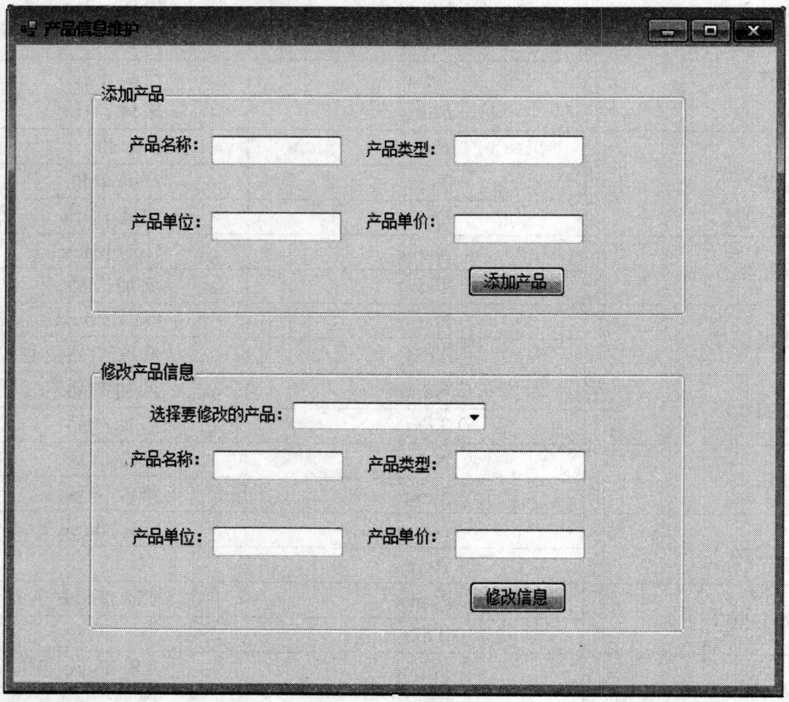

图 12-29 “库存量查询”界面

(3) 代码编写与相关代码说明。

```
'先引入需要的命名空间,在 Public Class 下添加继承与定义公共变量,定义了一个 OleDbConnection
'对象的变量 MyConnection 用于连接 Access 数据库 db.mdb,定义了一个 OleDbCommand 对象的变量
'MyCommand,定义了一个 OleDbDataReader 对象的变量 MyReader,用于保存执行 SQL 语句的结果.
Imports System.Data.OleDb
Inherits System.Windows.Forms.Form
Dim MyConnection As New OleDbConnection("Provider = Microsoft.Jet.OLEDB.4.0; _
```

```
Data Source = D:\源程序\db.mdb")
Dim MyCommand As OleDbCommand
Dim MyReader As OleDbDataReader
```

① 产品信息维护界面首次加载。

在产品信息维护设计界面,双击空白处,进入编辑界面,输入以下代码:

```
'产品信息维护界面被加载时,系统会将产品编号和名称加载到 Name 属性为 CB_Name 的
ComboBox 中
Private Sub 产品信息维护_Load(sender As System.Object, e As System.EventArgs) _
Handles MyBase.Load
    MyConnection.Open()
    MyCommand = New OleDbCommand("SELECT ProductID,ProductName  FROM ProductInfo ", _
    MyConnection)
    MyReader = MyCommand.ExecuteReader()
    While MyReader.Read
        CB_Name.Items.Add(MyReader("ProductID") & MyReader("ProductName"))
    End While
    MyConnection.Close()
    MyReader.Close()
    MyCommand.Dispose()
End Sub
```

这段代码主要为产品信息维护界面首次加载时,系统执行的加载产品单位和加载产品编号名称。首先执行相应 SQL 语句,然后将执行结果添加到 ComoBox 中。

② 单击"添加产品"按钮及添加产品程序。

在设计界面,双击"添加产品"按钮,进入编辑界面,输入以下代码:

```
'"添加产品"按钮被单击后,系统先会判断新添加的产品在产品表中是否已存在,然后判断输入的
信息
'是否完整,若新添加的产品之前不存在,信息也填写完整,将新产品的信息添加到产品表中。
Private Sub 添加产品_Click(sender As System.Object, e As System.EventArgs) _
Handles 添加产品.Click
    Dim ExistProduct As String = ""
    '判断该产品是否存在
    MyConnection.Open()
    MyCommand = New OleDbCommand("SELECT ProductName  FROM ProductInfo where _
    ProductName = '" & TB_Name_Add.Text & "'", MyConnection)
    MyReader = MyCommand.ExecuteReader()
    While MyReader.Read
        ExistProduct = MyReader("ProductName")
    End While
    MyConnection.Close()
    MyReader.Close()
    MyCommand.Dispose()
    '判断输入的产品信息是否为空
    If ExistProduct = "" Then
        If TB_Name_Add.Text = "" Or TB_Type_add.Text = "" Or TB_Unit_Add.Text = "" _
        Or TB_Price_Add.Text = "" Then
```

```
            MsgBox("请输入完整的产品信息!", MsgBoxStyle.Information,"饼干厂产品库存系统")
        Else
            '查询最大 ProductID
            Dim tryID As Integer
            MyConnection.Open()
            MyCommand = New OleDbCommand("SELECT max(ProductID) as maxID FROM _
            ProductInfo ", MyConnection)
            MyReader = MyCommand.ExecuteReader()
            While MyReader.Read
                tryID = MyReader("maxID") + 1
            End While
            MyConnection.Close()
            MyReader.Close()
            MyCommand.Dispose()
            '将新产品添加到产品表中
            MyConnection.Open()
            MyCommand = New OleDbCommand("insert into  ProductInfo values(" & tryID _
            & ",'" & TB_Name_Add.Text & "','" & TB_Type_Add.Text & "','" _
            & TB_Price_Add.Text  & "','" & TB_Unit_Add.Text & "')", MyConnection)
            MyCommand.ExecuteNonQuery()
            MyConnection.Close()
            MyCommand.Dispose()
            MsgBox("该产品信息已添加!", MsgBoxStyle.Information, "饼干厂产品库存系统")
            '重置添加新产品中各个控件的 Text 属性
            TB_Name_Add.Text = ""
            TB_Type_add.Text = ""
            TB_Unit_Add.Text = ""
            TB_Price_Add.Text = ""
            End If
        Else
            MsgBox("该产品信息已存在请重新输入!", MsgBoxStyle.Information, _"饼干厂产品库
    存系统")
        End If
    End Sub
```

这段代码主要为向产品信息表中添加新产品。首先根据输入的产品名查询产品信息表中是否已存在该产品,如果已存在,弹出提示框“该产品信息已存在请重新输入”;如果该产品不存在,判断输入的产品信息是否存在空值,如果不存在空值,执行 SQL 插入产品信息语句,弹出提示框“该产品信息已添加!”,如果存在空值,弹出提示框“请输入完整的产品信息”。

③ “修改信息”按钮及其程序。

在设计界面,双击“修改信息”按钮,进入编辑界面,输入以下代码:

```
'“修改信息”按钮被单击后,系统先会判断新的产品信息是否填写完整,若新的产品信息填写完整,
'修改相应的产品信息
Private Sub 修改信息_Click(sender As System.Object, e As System.EventArgs) _
Handles Button1.Click
```

```
    CB_Name.Items.Clear()
    If TB_Name_C.Text = "" Or TB_Type_C.Text = "" Or TB_Unit_C.Text = "" Or _
    TB_Price_C.Text = "" Then
    '判断输入信息是否填写完整
        MsgBox("请输入完整的产品更新信息!",MsgBoxStyle.Information,"饼干厂产品库存
系统")
    Else
        '更新产品信息
        MyConnection.Open()
        MyCommand = New OleDbCommand("Update ProductInfo set ProductName = '" _
        & TB_Name_C.Text & "',ProductType = '" & TB_Type_C.Text & "',ProductPrice = '" _
        & TB_Price_C.Text & "',ProductDanwei = '" & TB_Unit_C.Text & "' where _
        ProductName = '" & CB_Name.Text & "'", MyConnection)
        MyCommand.ExecuteNonQuery()
        MyConnection.Close()
        MyCommand.Dispose()
        MsgBox("该产品信息已更新!", MsgBoxStyle.Information, "饼干厂产品库存系统")
        '重置修改产品信息中各个控件的Text属性
        TB_Name_C.Text = ""
        TB_Type_C.Text = ""
        TB_Unit_C.Text = ""
        TB_Price_C.Text = ""
        CB_Name.Text = ""
        '重新加载产品名称
        MyConnection.Open()
        MyCommand = New OleDbCommand("SELECT ProductName FROM ProductInfo ", MyConnection)
        MyReader = MyCommand.ExecuteReader()
        While MyReader.Read
            CB_Name.Items.Add(MyReader("ProductName"))
        End While
        MyConnection.Close()
        MyReader.Close()
        MyCommand.Dispose()
    End If
End Sub
```

这段代码主要为更新产品信息表中的产品信息。首先判断要更新的产品信息是否存在空值，如果不存在空值，执行SQL更新产品信息语句，弹出提示框“该产品信息已更新!”，如果存在空值，弹出提示框“请输入完整的产品更新信息”。

小　结

本章讲解的内容一共可分为三部分：数据库中表与数据的操作；Access 数据库的简介；VB. NET 中数据库的连接与控件数据的绑定。其中，数据库中表的操作主要讲解数据库中对表的创建、查询、修改和删除等操作，数据库中数据的操作主要讲解了记录的增加、修改和删除等操作。表和数据的操作都属于对数据库内容的讲解；Access 数据库的简介主要介绍了一种简单常用的数据库 Access 数据库；VB. NET 中数据库的连接与控件数据的绑定主要讲解了 VB. NET 中使用什么对象与数据库进行连接和 VB. NET 中如何将控件数据进行绑定，属于 VB. NET 与数据库连接操作的部分。

第 13 章　VB.NET 文件处理技术

计算机系统中，文件是以计算机硬盘为载体存储在计算机上的信息集合。相对于数据库而言，文件不是主流的数据存储介质，然而在程序设计中，经常需要对硬盘上的文件进行保存、删除、新建、修改文件名等操作。本章针对 VB.NET 文件处理技术进行讨论，详细阐述文件处理技术的一些典型应用。

本章主要内容：

- 文件概述，即文件类型与文件访问方式；
- System.io 模型；
- 文件流操作方法。

13.1　文件概述

VB.NET 具有较强的对文件处理功能，提供了大量与文件管理相关的函数、语句以及控件。在深入了解 VB.NET 提供的文件处理功能前，首先了解下文件的基本内容：文件类型与文件访问方式。

13.1.1　文件类型

对于任何计算机存储来说，有效的信息只有 0 和 1 两种。所以计算机必须设计有相应的方式进行信息—位元的转换。对于不同的信息有不同的存储类型。

文件类型是指计算机为了存储信息而使用的对信息的特殊编码方式，是用于识别内部储存的资料。每一种文件类型通常会有一种或多种扩展名可以用来识别，但也可能没有扩展名。扩展名可以帮助应用程序识别文件类型。

1. 根据文本中数据的编码方式分类

(1) 文本文件。文本文件是一种由若干行字符构成的计算机文件。文本文件存在于计算机文件系统中。通常，通过在文本文件最后一行后放置文件结束标志来指明文件的结束。

(2)二进制文件(Binary Files)。包含在 ASCII 及扩展 ASCII 字符中编写的数据或程序指令的文件。广义的二进制文件即指文件，由文件在外部设备的存放形式为二进制而得名。狭义的二进制文件即除文本文件以外的文件。

2. 根据文件的结构和访问方式分类

(1) 顺序文件。顺序文件是最常用的文件组织形式。顺序文件中记录按其在文件中的逻辑顺序依次进入存储介质而建立,即顺序文件中物理记录的顺序和逻辑记录的顺序是一致的。在这类文件中,每个记录都使用一种固定的格式。所有记录都具有相同的长度,并且由相同数目、长度固定的域按特定的顺序组成。

(2) 随机文件。随机文件是 Visual Basic 的一种类似于数据库的文件格式。随机文件由记录组成,能够随机存取不同长度的数据记录,每一数据记录内可以设计各种栏位以容纳不同的数据。

随机文件和顺序文件最大的区别是随机文件是以数据块为存储单位的,而顺序文件则是以行或字符为存储单位的。

3. 根据文件的性质分类

(1) 程序文件。程序文件为描述程序的文件。程序文件存储的是程序,包括源程序和可执行程序。

(2) 数据文件。数据文件为在大容量复制操作中,将数据从向外大容量复制操作传输到向内大容量复制操作的文件。数据文件一般是指数据库的文件,一个数据库的数据文件包含全部数据库数据。

13.1.2 文件访问方式

在对文件类型与文件分类有了简单的认识后,下面介绍 Visual Basic. NET 中提供的文件访问方式。Visual Basic. NET 中有三种文件访问方式:第一种是使用 Visual Basic run-time 函数进行文件访问(VB 传统方式直接文件访问);第二种是通过. NET 中的 System. IO 模型进行文件访问;第三种是通过文件系统对象模型 FSO 进行文件访问。

1. VB. NET 的 run-time 函数

VB. NET 中 run-time 函数可以创建、操作和访问文件数据,这些函数是 Visual Basic 早期版本提供的,VB. NET 兼容了这些 run-time 函数。

Visual Basic. NET 的 run-time 文件 I/O 函数仅支持 String、Date、Integer、Long、Single、Double 和 Decimal 写入类型以及这些类型的结构和数组,这是使用这些函数时的一个缺点。此外,不能将类序列化。

2. . NET 的 System. IO 模型

System. IO 模型是所有. NET 语言都可用的类的集合。这些类被包含在 System. IO 命名空间中,它们用来对文件与目录进行创建、复制、移动和删除等操作,其中 File 和 Directory 类提供操纵文件和目录所需的基本功能,由于这两个类的所有方法都是静态的或是这些对象的共享成员,因此可以直接使用它们,而无须先创建类的实例。

3. 文件系统对象模型 FSO

文件系统对象模型(File System Object,FSO)是 VB. NET 2005 中的新特性,它提供了一个 My. Computer. FileSystem 组件,该组件提供了用于处理驱动器、文件和目录的属性集方法,可以简化常见的文件操作。

FSO 主要可以用来创建、修改、移动、删除文件或文件夹,判定一个文件和文件夹是否存在;获取文件系统的驱动器的信息,以及获取文件夹的信息,如名称、创建日期或最后修改日期;FSO 还提供了一种非层次性的结构,用来操作、读取和创建 ASCII 和 Unicode 文本文件。

13.2　System. IO 模型

在对文件类型与文件访问方式进行简单了解后,本节主要讨论 Visual Basic. NET 中主流文件访问方式 System. IO 模型。

正如 13.1 节中所介绍的 System. IO 模型是所有.NET 语言都可用的类的集合,这些类被包含在 System. IO 命名空间。System. IO 命名空间包含允许读写文件和数据流的类型以及提供基本文件和目录支持的类型。如表 13-1 所示为 System. IO 命名空间所包含的类及其说明。

表 13-1　System. IO 命名空间所包含的类及其说明

类	说　明
BinaryReader	用特定的编码将基元数据类型读作二进制值
BinaryWriter	以二进制形式将基元类型写入流,并支持用特定的编码写入字符串
BufferedStream	将缓冲层添加到另一个流上的读取和写入操作。此类不能被继承
Directory	公开用于创建、移动和枚举通过目录和子目录的静态方法。此类不能被继承
DirectoryInfo	公开用于创建、移动和枚举目录和子目录的实例方法。此类不能被继承
DirectoryNotFoundException	当找不到文件或目录的一部分时所引发的异常
DriveInfo	提供对有关驱动器的信息的访问
DriveNotFoundException	当尝试访问的驱动器或共享不可用时引发的异常
EndOfStreamException	读操作试图超出流的末尾时引发的异常
ErrorEventArgs	为 FileSystemWatcher. Error 事件提供数据
File	提供用于创建、复制、删除、移动和打开文件的静态方法,并协助创建 FileStream 对象
FileFormatException	应该符合一定文件格式规范的输入文件或数据流的格式不正确时引发的异常
FileInfo	提供创建、复制、删除、移动和打开文件的属性和实例方法,并且帮助创建 FileStream 对象。此类不能被继承
FileLoadException	当找到托管程序集却不能加载它时引发的异常

续表

类	说　明
FileNotFoundException	尝试访问磁盘上不存在的文件失败时引发的异常
FileStream	公开以文件为主的 Stream，既支持同步读写操作，也支持异步读写操作
FileSystemEventArgs	提供目录事件的数据：Changed、Created、Deleted
FileSystemInfo	为 FileInfo 和 DirectoryInfo 对象提供基类
FileSystemWatcher	侦听文件系统更改通知，并在目录或目录中的文件发生更改时引发事件
InternalBufferOverflowException	内部缓冲区溢出时引发的异常
InvalidDataException	在数据流的格式无效时引发的异常
IODescriptionAttribute	设置可视化设计器在引用事件、扩展程序或属性时可显示的说明
IOException	发生 I/O 错误时引发的异常
MemoryStream	创建其支持存储区为内存的流
Path	对包含文件或目录路径信息的 String 实例执行操作。这些操作是以跨平台的方式执行的
PathTooLongException	当路径名或文件名长度超过系统定义的最大长度时引发的异常
PipeException	当命名管道内出现错误时引发
RenamedEventArgs	为 Renamed 事件提供数据
Stream	提供字节序列的一般视图
StreamReader	实现一个 TextReader，使其以一种特定的编码从字节流中读取字符
StreamWriter	实现一个 TextWriter，使其以一种特定的编码向流中写入字符
StringReader	实现从字符串进行读取的 TextReader
StringWriter	实现一个用于将信息写入字符串的 TextWriter。该信息存储在基础 StringBuilder 中
TextReader	表示可读取连续字符系列的读取器
TextWriter	表示可以编写一个有序字符系列的编写器。该类为抽象类

在 System.IO 模型空间中，常用的功能包括目录服务(Directory)类、文件服务(File)类、路径服务(Path)类以及文件流(Stream)类。

(1) 目录服务(Directory)类中所有方法都为静态方法，Directory 类主要用于复制、移动、重命名、创建和删除目录等典型操作。也可以用于获取和设置与目录的创建、访问及写入操作相关的 DateTime 信息。

(2) 文件服务(File)类中所有方法都为静态方法，File 类主要用于复制、移动、重命名、创建、打开、删除和追加到文件等典型操作。也可以用于获取和设置文件特性或有关文件创建、访问及写入操作的 DateTime 信息。

(3) 路径服务(Path)类中方法为静态方法，Path 类主要用于对包含文件或目录路径信息的字符串(String)实例执行操作，例如，确定文件扩展名是否是路径的一部分，以及将两个字符串组合成一个路径名等常见操作。

(4) 文件流(Stream)类是所有流的抽象基类。流是字节序列的抽象概念，例如文件、输入/输出设备、内部进程通信管道或者 TCP/IP 套接字。Stream 类主要提供字节的读/写功能。

流涉及以下三个基本操作。

(1) 读取流。读取是从流到数据结构(如字节数组)的数据传输。

(2) 写入流。写入是从数据结构到流的数据传输。

(3) 流查找。查找引用的查询和修改。查找流中的当前位置。

13.2.1 Direcotry 类

本节将讨论 System.IO 命名空间下目录服务类——Directory 类的用法和相关描述。首先了解 Directory 类继承的层次结构与其所在的命名空间。

继承层次结构:

```
System.Object
  System.IO.Directory
命名空间: System.IO
程序集: mscorlib(在 mscorlib.dll 中)
```

目录服务(Directory)类提供了在目录和子目录中进行创建移动和列举操作的静态方法。Directory 类主要用于复制、移动、重命名、创建和删除目录等典型操作,也可以用于获取和设置与目录的创建、访问及写入操作相关的 DateTime 信息。

目录服务(Directory)类中所有方法是静态的,这意味着可以直接调用它们而不用创建该类的一个实例。

如表 13-2 所示为 Directory 类常用的方法。

表 13-2 Directory 类常用方法

基本方法	说明
CreateDirectory(String)	在指定路径创建所有目录和子目录
Delete(String)	从指定路径删除空目录
Exists	确定给定路径是否引用磁盘上的现有目录
Move	将文件或目录及其内容移到新位置
目录操作方法	说明
GetCurrentDirectory	获取应用程序的当前工作目录
GetDirectories(String)	获取指定目录中的子目录的名称(包括其路径)
GetDirectoryRoot	返回指定路径的卷信息、根信息或两者同时返回
GetFiles(String)	返回指定目录中文件的名称(包括其路径)
GetFileSystemEntries(String)	返回指定目录中所有文件和子目录的名称
GetLogicalDrives	检索此计算机上格式为"＜驱动器号＞:\"的逻辑驱动器的名称
GetParent	检索指定路径的父目录,包括绝对路径和相对路径

表 13-2 中前 4 个方法为 Directory 类基本方法,后 7 个方法为 Directory 类中目录操作及其内容。由于所有的 Directory 方法都是静态的,所以如果只想执行一个操作,那么使用 Directory 方法的效率比使用相应的 DirectoryInfo 实例方法可能更高。大多数

Directory 方法要求当前操作的目录的路径。Directory 类的静态方法对所有方法都执行安全检查。如果打算多次重用某个对象,可考虑改用 DirectoryInfo 的相应实例方法,因为并不总是需要安全检查。

在接受路径作为输入字符串的成员中,路径的格式必须是正确的,否则将会引发异常。然而,如果路径是完全限定的,但是以空格开头,则空格不会被省略,并且不会引发异常。同样,路径或路径的组合不能被完全限定两次。例如,"c:\源程序\ SourceDirectory c:\源程序\ PurposeDirectory"在大多数情况下也将引发异常。在使用接受路径字符串的方法时,就要确保路径的格式正确。

下面举一个例子来说明 Directory 类中一些基本方法的使用。例 13.1 示范了调用 Directory 类中方法,实现目录创建、目录删除和目录移动等操作。

例 13.1

```
'添加 System.IO 引用
Imports System.IO
Public Class 目录服务
    Private Sub 目录服务_Load(sender As System.Object, e As System.EventArgs) _
    Handles MyBase.Load
    '定义原始目录变量 sourceDirectory,定义目标目录变量 archiveDirectory,首先判断原始
路径
    '是否存在,如果该目录不存在,执行创建目录、移动目录、删除目录操作,并弹出提示框,如
果已
    '存在,弹出提示框,移动目录,删除目录.
        Dim sourceDirectory As String = "D:\源程序\SourceDirectory\目录 3"
        Dim archiveDirectory As String = "D:\源程序\PurposeDirectory\目录 3"
        If (Directory.Exists(sourceDirectory)) Then
            MsgBox("该目录已存在")
            Directory.Move(sourceDirectory, archiveDirectory)
            Directory.Delete(archiveDirectory, True)
        Else
            Try
                Directory.CreateDirectory(sourceDirectory)
                Directory.Move(sourceDirectory, archiveDirectory)
                Directory.Delete(archiveDirectory, True)
                MsgBox("操作已完成")
            Catch ex As Exception
                MsgBox("操作失败")
            End Try
        End If
    End Sub
End Class
```

注意:默认情况下,向所有用户授予对新目录的完全读/写访问权限。如果在以目录分隔符结尾的路径字符串处要求提供某个目录的权限,会导致要求提供该目录所含的所有子目录的权限(如"D:\源程序\")。如果仅需要某个特定目录的权限,则该字符串应该以句号结尾(例如"D:\源程序\.")。

DirectoryInfo 类与 Directory 类的功能相似，但 DirectoryInfo 类提供实例方法，使用 DirectoryInfo 时必须先实例化一个对象：

```
Dim DirInfo AS DirectoryInfo = New DirectoryInfo("D:\源程序\SourceDirectory\目录 3")
Dim fis() AS FileInfo = DirInfo.GetFiles()
```

13.2.2 File 类

本节将讨论 System.IO 命名空间下文件服务类——File 类的用法和相关描述。首先了解 File 类继承的层次结构与其所在的命名空间。

继承层次结构：

```
System.Object
  System.IO.File
命名空间：System.IO
程序集：mscorlib(在 mscorlib.dll 中)
```

文件服务(File)类是 IO 包中唯一代表磁盘文件本身的对象，File 类定义了一些与平台无关的方法来操作文件，File 类主要用于复制、移动、重命名、创建、打开、删除和追加到文件等典型操作。也可用于获取和设置文件特性或有关文件创建、访问及写入操作的 DateTime 信息。数据流可以将数据写入到文件中，而文件也是数据流最常用的数据媒体。

文件服务(File)类中所有方法都为静态方法。许多 File 方法在创建或打开文件时返回其他 I/O 类型。可以使用这些其他类型进一步处理文件。方法更多信息可参照 File 常用方法，如 OpenText、CreateText 或 Create。表 13-3 列出了 File 类的常用方法。

表 13-3 File 类的常用方法

名　称	说　明
AppendAllText	打开一个文件，向其中追加指定的字符串，然后关闭该文件。如果文件不存在，此方法创建一个文件，将指定的字符串写入文件，然后关闭该文件
AppendText	创建一个 StreamWriter，它将 UTF-8 编码文本追加到现有文件或新文件(如果指定文件不存在)
Copy	将现有文件复制到新文件。不允许覆盖同名的文件
Create	在指定路径中创建或覆盖文件
Delete	删除指定的文件
Exists	确定指定的文件是否存在
Move	将指定文件移到新位置，并提供指定新文件名的选项
Open	打开指定路径上的 FileStream，具有读/写访问权限
OpenRead	打开现有文件以进行读取
OpenText	打开现有 UTF-8 编码文本文件以进行读取
OpenWrite	打开一个现有文件或创建一个新文件以进行写入
ReadLines	读取文件的文本行

续表

名　称	说　明
Replace	使用其他文件的内容替换指定文件的内容，这一过程将删除原始文件，并创建被替换文件的备份
WriteAllLines	创建一个新文件，在其中写入指定的字符串数组，然后关闭该文件

File 类除了提供上述常用方法外，还提供文档属性设置方法，如表 13-4 所示。

表 13-4　File 类文档属性设置方法

名　称	说　明
SetAttributes	设置指定路径上文件的指定的 FileAttributes
SetCreationTime	设置创建该文件的日期和时间
SetLastAccessTime	设置上次访问指定文件的日期和时间
SetLastWriteTime	设置上次写入指定文件的日期和时间
Exists	确定指定的文件是否存在

由于所有的 File 方法都是静态的，所以如果只想执行一个操作，那么使用 File 方法的效率比使用相应的 FileInfo 实例方法可能更高。所有的 File 方法都要求当前所操作的文件的路径。

File 类的静态方法对所有方法都执行安全检查。如果打算多次重用某个对象，可考虑改用 FileInfo 的相应实例方法，因为并不总是需要安全检查。默认情况下，将向所有用户授予对新文件的完全读/写访问权限。

下面举一个例子来说明 File 类中一些基本方法的使用。例 13.2 示范了调用 File 类中方法，实现文件创建、文件写入、文件写入信息读取显示与文件删除等操作。

例 13.2

```
Imports System
Imports System.IO
Public Class 文件服务
    Private Sub 文件服务_Load(sender As System.Object, e As System.EventArgs) _
    Handles MyBase.Load
    '定义文件路径变量与写入变量并赋值，判断文件是否存在，如果文件不存在，执行创建文
件、向
    '文件写入信息、读取文件信息、写出文件信息/删除文件、弹出操作已完成提示框等操作，如果
    '文件已存在，则不执行创建文件，只执行后续操作.
        Dim FilePath As String = "D:\源程序\文件备份\出库记录备份文件"
        Dim WriteIn As String = "文件服务演示"
        If File.Exists(FilePath) = False Then
            File.CreateText(FilePath)
            File.AppendAllText(FilePath, WriteIn)
            Using FileSR As StreamReader = File.OpenText(path)
                Do While sr.Peek() >= 0
                    Console.WriteLine(FileSR.ReadLine())
                Loop
```

```
            End Using
            File.Delete(FilePath)
            MsgBox("文件操作已完成")
        Else
            File.AppendAllText(FilePath, WriteIn)
            Using FileSR As StreamReader = File.OpenText(path)
                Do While sr.Peek() >= 0
                    Console.WriteLine(FileSR.ReadLine())
                Loop
            End Using
            File.Delete(FilePath)
            MsgBox("文件操作已完成")
        End If
    End Sub
End Class
```

13.2.3 Path 类

本节将讨论 System.IO 命名空间下路径服务——Path 类的用法和相关描述。首先了解 Path 类继承的层次结构与其所在的命名空间。

继承层次结构：

```
System.Object
  System.IO.Path
```

命名空间：System.IO
程序集：mscorlib(在 mscorlib.dll 中)

在了解路径服务(Path)类之前，首先了解路径的基本内容。

路径是提供文件或目录位置的字符串。.NET Framework 不支持设备名称路径直接访问物理磁盘。路径不必指向磁盘上的位置；例如，路径可以映射到内存中或设备上的位置。

路径可以包含绝对或相对位置信息。

(1) 绝对路径：文件或目录可被唯一标识，而与当前位置无关，如“C:\源代码\Report1.xls”。

(2) 相对路径指定部分位置：当定位用相对路径指定的文件时，当前位置用作起始点。

“..”代表父目录，即当前目录的上一级目录。“.”代表当前目录。

Path 类主要用于对包含文件或目录路径信息的字符串(String)实例执行操作，例如获得文件名和后缀、确定文件扩展名是否是路径的一部分，以及将两个字符串组合成一个路径名等常见操作。Path 类的大多数成员不与文件系统进行交互，且不验证路径字符串所指定的文件是否存在。修改路径字符串(如 ChangeExtension)的 Path 类对文件系统中的文件名没有任何影响。

Path 类的所有成员都是静态的，因此无须具有路径的实例即可被调用。表 13-5 列出了 Path 类的常用方法。

表 13-5　Path 类的常用方法

名　称	说　明
ChangeExtension	更改路径字符串的扩展名
Combine	将字符串数组组合成一个路径
GetDirectoryName	返回指定路径字符串的目录信息
GetExtension	返回指定的路径字符串的扩展名
GetFileName	返回指定路径字符串的文件名和扩展名
GetFullPath	返回指定路径字符串的绝对路径
GetPathRoot	获取指定路径的根目录信息
GetRandomFileName	返回随机文件夹名或文件名
GetTempPath	返回当前用户的临时文件夹的路径

注意：路径：在接受路径的成员中，路径可以是指文件或仅是目录。指定路径也可以是相对路径或者服务器和共享名称的统一命名约定路径。例如，以下都是可接受的路径：

```
Visual Basic 中的"c:\源程序".
Visual Basic 中的"源程序\Report1".
Visual Basic 中的"\\源程序\Report1".
```

在基于 Windows 的桌面平台上，无效路径字符可能包括引号(")、小于号(<)、大于号(>)、管道符号(|)、退格(\b)、null (\0)以及从 16～18 和从 20～25 的 Unicode 字符。

下面举一个例子来说明 Path 类中的基本方法。例 13.3 示范了调用 Path 类中方法，实现路径字符串扩展名判断、返回路径字符串扩展名、返回路径根目录、文件名、完整路径、临时文件路径、临时文件等信息。

例 13.3

```
Imports System.IO

Public Class 路径服务
    Private Sub 路径服务_Load(sender As System.Object, e As System.EventArgs) _
    Handles MyBase.Load
        Dim pth As String = " D:\源程序\文件备份\出库记录备份文件"
        If (Path.HasExtension(pth)) Then
            Console.WriteLine("路径字符串存在扩展名: {0}" , Path.GetExtension(pth))
        Else
            Console.WriteLine("路径字符串{0}不存在扩展名" , Path.GetExtension(pth))
        End If
        If (Path.IsPathRooted(pth)) Then
            Console.WriteLine("路径包含根目录: {0} " , Path.GetPathRoot(pth))
            Console.WriteLine("文件名为: {0} ", Path.GetFileName(pth))
            Console.WriteLine("完整路径为: {0} " , Path.GetFullPath(pth))
            Console.WriteLine("临时文件路径为: {0} " , Path.GetTempPath())
            Console.WriteLine("临时文件为: {0} " , Path.GetTempFileName())
        Else
            Console.WriteLine("请输出存在根目录的路径子字符串")
```

```
        End If
    End Sub
End Class
```

13.3 文件流操作方法

文件流(Stream)类是所有流的抽象基类。流是字节序列的抽象概念,例如文件、输入/输出设备、内部进程通信管道或者 TCP/IP 套接字。Stream 类主要提供字节的读/写功能。

流涉及以下三个基本操作。

(1) 读取流。读取是从流到数据结构(如字节数组)的数据传输。

(2) 写入流。写入是从数据结构到流的数据传输。

(3) 流查找。查找引用的查询和修改。查找流中的当前位置。

在对文件流(Stream)类进行简单了解后,本节主要讨论 System.IO 模型中文件流操作方法,包括 FileStream、StreamReader、StreamWriter、BinaryReader、BinaryWriter、My.Computer.FileSystem。

13.3.1 FileStream 类

本节将讨论 System.IO 命名空间下文件流 FileStream 类的用法和相关描述。首先了解文件流 FileStream 类继承的层次结构与其所在的命名空间。

继承层次结构:

```
System.Object
  System.MarshalByRefObject
    System.IO.Stream
      System.IO.FileStream
        System.IO.IsolatedStorage.IsolatedStorageFileStream
```

命名空间: System.IO

程序集: mscorlib(在 mscorlib.dll 中)

FileStream 类提供了最原始的字节级上的文件读写功能,使用 FileStream 类在文件系统中读取、写入、打开或关闭文件和操作其他文件相关的操作系统句柄,包括管道铺设、标准输入和标准输出。可以使用 Read、Write、CopyTo 和 Flush 方法执行同步操作或 ReadAsync、WriteAsync、CopyToAsync 和 FlushAsync 方法执行异步操作。FileStream 缓冲输入和输出从而获得更好的性能。

FileStream 构造函数的语法:

```
Dim FileName AS new FileStream(FilePath,FileMode)或
Dim FileName AS new FileStream (FilePath,FileMode,[FileAccess],[FileShare])
```

参数说明：

(1)FileName——文件流方法实例；

(2) FilePath——String 类型，指定打开的路径；

(3) FileMode——创建模式；

(4) FileAccess——读/写权限；

(5) FileShare——共享权限。

如表 13-6 所示 FileMode 枚举类型成员。

表 13-6 FileMode 枚举类型成员

名　称	说　明
Append	打开已经存在的文件并把文件指针移动到文件末尾，或者创建一个新的文件。Append 只能和 FileAccess. Write 一起使用
Create	创建新文件，如果文件已经存在，将覆盖原来的旧文件
CreateNew	用来创建一个新文件，如果文件已经存在，将抛出异常
Open	打开文件
OpenOrCreate	打开一个已存在的文件，如果文件不存在，将创建新文件
Truncate	打开一个已存在的文件，并删除里面的内容。若果文件不存在，则会抛出异常

如表 13-7 所示 FileAccess 枚举类型成员。

表 13-7 FileAccess 枚举类型成员

方　法	说　明
Read	读取文件中的数据
ReadWrite	从文件中读取数据或向文件中写入数据
Write	向文件中写入数据

如表 13-8 所示 FileShare 枚举类型中的成员。

表 13-8 FileShare 枚举类型成员

方　法	说　明
None	用来拒绝当前文件的共享
Read	允许其他读取文件的操作
ReadWrite	允许其他读取文件或写入文件的操作
Write	允许其他写入文件的操作

例如，打开或创建“D:\源程序\文件备份\出库记录备份文件”文件，对该文件的访问方式是可读写，共享方式是读操作。

```
Dim FSRecord AS FileStream = New FileStream (" D:\源程序\文件备份\出库记录备份文件", _
FileMode.OpenOrCreate,FileAccess.ReadWrite,FileShare.Read)
```

在打开文件后，可利用 FileStream 提供的方法来进行流的操作，表 13-9 和表 13-10 列出了 FileStream 类常用属性与方法。

表 13-9　FileStream 类常用属性

名　　称	说　　明
CanRead	获取一个值,该值指示当前流是否支持读取
CanSeek	获取一个值,该值指示当前流是否支持查找
CanTimeout	获取一个值,该值确定当前流是否可以超时
CanWrite	获取一个值,该值指示当前流是否支持写入
Handle	已过时。获取当前 FileStream 对象所封装文件的操作系统文件句柄
IsAsync	获取一个值,该值指示 FileStream 是异步还是同步打开的
Length	获取用字节表示的流长度
Name	获取传递给构造函数的 FileStream 的名称
Position	获取或设置此流的当前位置

表 13-10　FileStream 类常用方法

名　　称	说　　明
Flush	清除此流的缓冲区,使得所有缓冲的数据都写入到文件中
Lock	防止其他进程读取或写入 FileStream
Read	从流中读取字节块并将该数据写入给定缓冲区中
Seek	将该流的当前位置设置为给定值
SetLength	将该流的长度设置为给定值
Unlock	允许其他进程访问以前锁定的某个文件的全部或部分
Write	将字节块写入文件流。

FileStream 类比较适合字节格式的访问,如果想要访问纯文本格式,可以通过 StreamReader 和 StreamWriter 类。

下面举一个例子来说明 FileStream 类的用法。例 13.4 示范了删除文件、新建文件、新建文件流、自定义文件流写入方法、通过自定义文件流写入方法向新建文件中添加数据、读取文件流并将文件流内信息输出。

例 13.4

```
Imports System
Imports System.IO
Imports System.Text

Public Class 文件流实例
    Public Sub Main()
        '根据给定的文件路径 FilePath,判断文件是否存在,如果文件存在,将其删除,然后创建
文件,
        '定义 FileStream 类型实例 FStream,并调用自定义函数 AddText 向文件流 FStream 添
        '加数据,并定义 Interger 类型循环变量 i,向文件流 FStream 中添加 1～50 的字符.然后
        '通过 FStream.Read 方法读取文件中信息,并通过 Console.WriteLine 进行输出显示.
        Dim FilePath As String = " D:\源程序\文件备份\出库记录备份文件"
        If File.Exists(FilePath) Then
            File.Delete(FilePath)
        End If
```

```
        Dim FStream As FileStream = File.Create(FilePath)
        AddText(FStream, "文件操作实例")
        AddText(FStream, Environment.NewLine & "添加一个新行")
        AddText(FStream, Environment.NewLine & Environment.NewLine)
        AddText(FStream, "下面是字符的子集：" & Environment.NewLine)
        Dim i As Integer
        For i = 1 To 50 '
            AddText(FStream, Convert.ToChar(i).ToString())
        Next
         FStream.Close()
         FStream = File.OpenRead(FilePath)
        Dim Bt(1024) As Byte
        Dim temp As UTF8Encoding = New UTF8Encoding(True)
        Do While FStream.Read(Bt, 0, Bt.Length) > 0
            Console.WriteLine(temp.GetString(Bt))
        Loop
        FStream.Close()
    End Sub
         '自定义函数,调用写入字节流方法向文件写入数据
    Private Shared Sub AddText(ByVal FStream As FileStream, ByVal value As String)
        Dim info As Byte() = New UTF8Encoding(True).GetBytes(value)
        FStream.Write(info, 0, info.Length)
    End Sub
End Class
```

13.3.2 StreamReader 和 StreamWriter

本节将讨论 System.IO 命名空间下 StreamReader 和 StreamWriter 类的用法和相关描述。首先了解 StreamReader 和 StreamWriter 类分别继承的层次结构与其所在的命名空间。

1. StreamReader 类继承的层次结构与其所在的命名空间

继承层次结构：

```
System.Object
  System.MarshalByRefObject
    System.IO.TextReader
      System.IO.StreamReader
```

命名空间：System.IO

程序集：mscorlib(在 mscorlib.dll 中)

2. StreamWriter 类继承的层次结构与其所在的命名空间

继承层次结构：

```
System.Object
  System.MarshalByRefObject
```

```
System.IO.TextReader
    System.IO.StreamWriter
```

命名空间：System.IO
程序集：mscorlib(在 mscorlib.dll 中)

StreamWriter 和 StreamReader 类增强了 FileStream，它让我们在字符串级别上操作文件。StreamReader 和 StreamWriter 类提供了使用特定编码读写字符流的功能。StreamReader 实现一个 TextReader，使其以一种特定的编码从字节流中读取字符，旨在以一种特定的编码输入字符。StreamWriter 实现一个 TextWriter，使其以一种特定的编码向流中写入字符，旨在以一种特定的编码输出字符。

StreamReader 和 StreamWriter 类默认编码为 UTF-8，而不是当前系统的 ANSI 代码。UTF-8 可以正确处理 Unicode 字符并在操作系统的本地化版本上提供一致的结果。

StreamReader 构造函数的语法：

```
Dim StreamReaderName AS new StreamReader(String,[ Encoding])或
Dim StreamReaderName AS new StreamReader(Stream,[ Encoding])
```

参数说明：

(1) StreamReaderName——字符串流读取实例名称；
(2) String——指定的文件名；
(3) Stream——指定的流；
(4) Encoding——指定字符编码。

表 13-11 列出了 StreamReader 常用方法。

表 13-11 StreamReader 常用方法

名　称	说　明
Close	关闭 StreamReader 对象和基础流，并释放与读取器关联的所有系统资源
Dispose	释放由 TextReader 对象使用的所有资源
Equals	确定指定的对象是否等于当前对象(继承自 Object)
Peek	返回下一个可用的字符，但不使用它
Read	读取输入流中的下一个字符并使该字符的位置提升一个字符
ReadLine	从当前流中读取一行字符并将数据作为字符串返回
ReadToEnd	从流的当前位置到末尾读取所有字符

例 13.5 示范了如何打开文件，从文件中使用 StreamReader 读取数据并进行输出展示。使用 StreamReader 打开文件，然后使用 ReadLine()一行行读取文件内容，并通过 ReadLine()读取结果是否为空判断是否读到文件尾部。

例 13.5

```
'添加命名空间引用
Imports System
Imports System.IO
'根据给定的文件路径 FilePath,判断路径是否存在,如果存在,定义 StreamReader 实例 SR,定
'String 类型中间变量 SRLine 和输出变量 OutPutLine,然后调用 ReadLine()方法逐行读取数据,并
```

```
'赋值给 SRLine,然后通过判断 SRLine 是否为空,将 SRLine 中结果换行赋值给 OutPutLine,输出流
'取结果。
 Dim FilePath As String = "D:\源程序\文件备份\出库记录备份文件"
     If File.Exists(FilePath) = True Then
         Dim SR AS New StreamReader(FilePath)
         Dim SRLine AS String
         Dim OutPutLine AS String = ""
         SRLine = SR.ReadLine()
         While SRLine <> Nothing
             OutPutLine &= SRLine + vbCrLf
             SRLine = SR.ReadLine()
         End While
         MsgBox("文件读出为: " + OutPutLine )
         SR.close()
     Else
         MsgBox("文件路径不存在")
     End If
```

StreamWriter 构造函数的语法：

```
Dim StreamWriterName AS new StreamWriter(String,[ Encoding],[Int32])或
Dim StreamWriterName AS new StreamWriter(Stream,[ Encoding],[Int32])
```

参数说明：

(1) StreamWriterName——字符串流写入实例名称；

(2) String——指定的文件名；

(3) Stream——指定的流；

(4) Encoding——指定字符编码；

(5) Int32——缓冲区大小。

表 13-12 列出了 StreamWriter 常用方法。

表 13-12 StreamWriter 常用方法

名　称	说　明
Close	关闭当前的 StreamWriter 对象和基础流
Dispose	释放由 TextWriter 对象使用的所有资源
Equals(Object)	确定指定的对象是否等于当前对象
Flush	清理当前编写器的所有缓冲区,并使所有缓冲数据写入基础流
ToString	返回表示当前对象的字符串
Write(Char)	将字符写入流

例 13.6 示范了如何创建文件,然后利用 StreamWriter 向文件中写入数据。

例 13.6

```
'添加命名空间引用
Imports System.IO
'根据给定的文件路径 FilePath,判断路径文件是否存在,如果不存在,创建创建一个文件,并创建
```

```
'StreamWriter 流实例 FileSW,然后调用 WriteLine 方法写入数据,向文件中写入数据.
Dim FilePath As String = "D:\源程序\文件备份\出库记录备份文件"
If File.Exists(FilePath) = False Then
    Using FileSW As StreamWriter = File.CreateText(FilePath)
        FileSW.WriteLine("创建的第一个文件")
        FileSW.WriteLine("写入数据")
        FileSW.Flush()
    End Using
    MsgBox("文件已写入")
Else
    MsgBox("文件已存在")
End If
```

13.3.3 BinaryReader 类和 BinaryWriter 类

本节将讨论 System.IO 命名空间下 BinaryReader 和 BinaryWriter 类的用法和相关描述。首先了解 BinaryReader 和 BinaryWriter 类分别继承的层次结构与其所在的命名空间。

1. BinaryReader 类继承的层次结构与其所在的命名空间

继承层次结构：

```
System.Object
  System.IO.BinaryReader
命名空间：System.IO
程序集：mscorlib(在 mscorlib.dll 中)
```

2. BinaryWriter 类继承的层次结构与其所在的命名空间

继承层次结构：

```
System.Object
  System.IO.BinaryWriter
命名空间：System.IO
程序集：mscorlib(在 mscorlib.dll 中)
```

BinaryWriter 和 BinaryReader 类在字节级上操作文件。BinaryReader 类和 BinaryWriter 类提供了针对二进制流的读写功能。BinaryReader 类提供简化读取流的基元数据类型的方法，BinaryWriter 类提供了编写基元数据类型至流的方法。即 BinaryWriter 和 BinaryReader 类，它们可以将一个字符或数字按指定个数字节写入，也可以一次读取指定个数字节转为字符或数字。

BinaryReader 和 BinaryWriter 类在进行新的实例化时，默认编码类型为 UTF-8。

BinaryReader 构造函数的语法：

```
Dim BinaryReaderName AS new BinaryReader(Stream,[ Encoding])
```

参数说明：

(1) BinaryReaderName——字节流读取实例名称；

(2) Stream——指定的流；

(3) Encoding——指定字符编码。表 13-13 列出了 BinaryReader 常用方法。

表 13-13 BinaryReader 常用方法

名称	说明
Close	关闭当前阅读器及基础流
Dispose	释放由 BinaryReader 类的当前实例占用的所有资源
PeekChar	返回下一个可用的字符，并且不提升字节或字符的位置
Read	从基础流中读取字符，并根据所使用的 Encoding 和从流中读取的特定字符，提升流的当前位置
ReadByte	从当前流中读取下一个字节，并使流的当前位置提升 1 个字节
ReadBytes	从当前流中读取指定的字节数以写入字节数组中，并将当前位置前移相应的字节数
ReadChar	从当前流中读取下一个字符，并根据所使用的 Encoding 和从流中读取的特定字符，提升流的当前位置
ReadChars	从当前流中读取指定的字符数，并以字符数组的形式返回数据，然后根据所使用的 Encoding 和从流中读取的特定字符，将当前位置前移
ReadDecimal	从当前流中读取十进制数值，并将该流的当前位置提升 16 个字节
ReadDouble	从当前流中读取 8 字节浮点值，并使流的当前位置提升 8 个字节
ReadInt16	从当前流中读取 2 字节有符号整数，并使流的当前位置提升两个字节
ReadInt32	从当前流中读取 4 字节有符号整数，并使流的当前位置提升 4 个字节
ReadSingle	从当前流中读取 4 字节浮点值，并使流的当前位置提升 4 个字节
ReadString	从当前流中读取一个字符串。字符串有长度前缀，一次 7 位地被编码为整数

BinaryWriter 构造函数的语法：

```
Dim BinaryWriterName AS new BinaryWriter(Stream,[ Encoding])
```

参数说明：

(1) BinaryWriterName——字符串流写入实例名称；

(2) Stream——指定的流；

(3) Encoding——指定字符编码。

表 13-14 列出了 BinaryWriter 常用方法。

表 13-14 BinaryWriter 常用方法

名称	说明
Close	关闭当前的 BinaryWriter 和基础流
Dispose	释放由 BinaryWriter 类的当前实例占用的所有资源
Equals(Object)	确定指定的对象是否等于当前对象（继承自 Object)
Flush	清理当前编写器的所有缓冲区，使所有缓冲数据写入基础设备
Seek	设置当前流中的位置
Write(obj)	写入一个 obj 对象值到当前数据流，obj 数据类型可以是布尔值、字节、字节数组、字符、字符数组、十进制值、整数、浮点值

BinaryReader 类和 BinaryWriter 类用于读取和写入字节级数据，而不是字符串。下面举例说明 BinaryReader 类和 BinaryWriter 类的具体用法。例 13.7 示范了如何打开或建立二进制文件，向文件中写入数据以及从文件中读取数据。在目录中创建数据文件，同时创建相关的 BinaryWriter 类和 BinaryReader 类。BinaryWriter 类用于向文件中写入单浮点类型数值、字符串、整型数值、双浮点类型数值以及布尔型数值。BinaryReader 类用于读取文件中数据。

需要注意的是，BinaryReader 类和 BinaryWriter 类都只能以二进制格式来读取/写入信息，而无法以文本格式读取与写入信息。

例 13.7

```
'添加引用命名空间
Imports System.IO
Public Class Binary
    '根据给定的文件路径,打开或创建文件,创建 BinaryWriter 实例 BWriter,然后向文件中写
    '单浮点类型数值、字符串、整型数值、双浮点型数值、布尔值.然后进行文件读取,定义各类
    '变量,用于接收读出数据,然后读出上一步骤写入的单浮点类型数值、字符串、整型数值、双
    浮点
    '型数值、布尔值,并进行显示.
     Dim FilePath As String = " D:\源程序\文件备份\出库记录备份文件.dat"
     Dim BWriter As BinaryWriter = New BinaryWriter(File.Open( _
     FilePath, FileMode.OpenOrCreate))
     BWriter.Write(1.25F)
     BWriter.Write("This is string")
     BWriter.Write(15)
     BWriter.Write(0.21)
     BWriter.Write(False)
     BWriter.Close()
     MsgBox("文件已成功创建并写入")
     Dim FilePath As String = " D:\源程序\文件备份\出库记录备份文件.dat"
     Dim SingleTest As Single
     Dim StringTest As String
     Dim IntegerTest As Integer
     Dim DoubleTest As Double
     Dim BooleanTest As Boolean
     If (File.Exists(FilePath)) Then
         Using reader As BinaryReader = New BinaryReader(File.Open(FilePath, FileMode.Open))
             SingleTest = reader.ReadSingle()
             StringTest = reader.ReadString()
             IntegerTest = reader.ReadInt32()
             DoubleTest = reader.ReadDouble()
             BooleanTest = reader.ReadBoolean()
         End Using
         Console.WriteLine("读出单精度浮点数为: " & SingleTest)
         Console.WriteLine("读出字符串为: " & StringTest)
         Console.WriteLine("读出整数位: " & IntegerTest)
         Console.WriteLine("读出双精度浮点数为: " & DoubleTest)
         Console.WriteLine("读出布尔值为: " & BooleanTest)
```

```
        Else
            MsgBox("文件路径不正确")
        End If
End Class
```

图 13-1 显示程序执行结果。

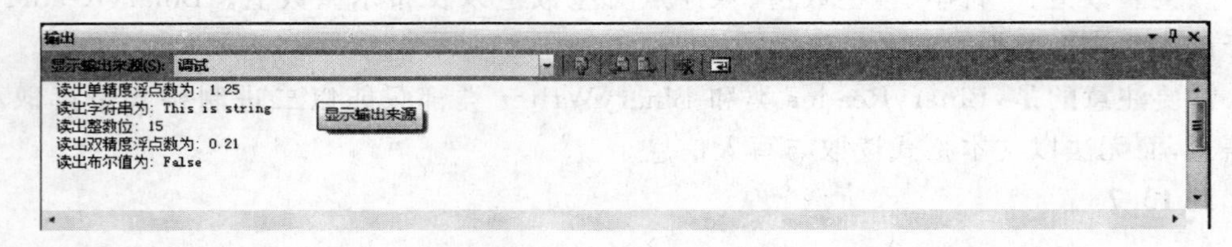

图 13-1　程序执行结果

13.3.4　My.Computer.FileSystem

本节将讨论文件夹操作 My. Computer. FileSystem 的用法和相关描述。首先了解文件夹操作 My. Computer. FileSystem 所在的命名空间、所处的类别与组件。

命名空间：Microsoft. VisualBasic. MyServices

类别：FileSystemProxy（提供对 FileSystem 的存取）

组件：Visual Basic 执行阶段程式库（在 Microsoft. VisualBasic. dll 中）

My. Computer. FileSystem 对象提供用于处理驱动器、文件和目录的属性及方法。通过使用该对象，使得文件的读取和写入变得非常简单。

表 13-15 简要说明了 My. Computer. FileSystem 对象的属性

表 13-15　My. Computer. FileSystem 对象的属性

属　性	描　述
CurrentDirectory	获取或设置应用程序当前目录的完全限定路径
Drives	返回描述系统驱动器的 DriveInfo 对象的只读集合
SpecialDirectories	返回具有给出各种特定目录（例如，系统的临时目录和用户的 MyDocuments 目录）位置的属性的 SpecialDirectoriesProxy 对象

My. Computer. FileSystem 对象的 Drives 属性返回一个 System. IO. DriveInfo 对象。DriveInfo 对象的属性如表 13-16 所示。

表 13-16　DriveInfo 对象的属性

名　称	说　明
AvailableFreeSpace	指示驱动器上的可用空闲空间量
DriveFormat	获取文件系统的名称，例如 NTFS 或 FAT32
DriveType	获取驱动器类型
IsReady	获取一个指示驱动器是否已准备好的值
Name	获取驱动器的名称
RootDirectory	获取驱动器的根目录

续表

名　称	说　明
TotalFreeSpace	获取驱动器上的可用空闲空间总量
TotalSize	获取驱动器上存储空间的总大小
VolumeLabel	获取或设置驱动器的卷标

My. Computer. FileSystem 对象的 SpecialDirectories 属性返回 My. Computer. FileSystem. _SpecialDirectories 对象。SpecialDirectories 对象的属性如表 13-17 所示。

表 13-17　SpecialDirectories 对象属性

名　称	说　明
AllUsersApplicationData	获取指向所有用户的 Application Data 目录的路径名称
CurrentUserApplicationData	获取指向当前用户的 Application Data 目录的路径名称
Desktop	获取指向 Desktop 目录的路径名称
MyDocuments	获取指向 My Documents 目录的路径名称
MyMusic	获取指向 My Music 目录的路径名称
MyPictures	获取指向 My Pictures 目录的路径名称
ProgramFiles	获取指向 Program Files 目录的路径
Programs	获取指向 Programs 目录的路径名称
Temp	获取指向 Temp 目录的路径名称

如表 13-18 所示为 My. Computer. FileSystem 对象与文件有关的方法。

表 13-18　My. Computer. FileSystem 对象与文件有关的方法

方　法	描　述
CopyFile	复制文件
DeleteFile	删除文件
FileExists	如果指定的文件存在，则返回 True
MoveFile	移动文件
OpenTextFieldParser	打开与限定或固定字段文件关联的 TextFieldParser 对象
OpenTextFileReader	打开与文件关联的 StreamReader 对象，可以使用该对象读取文件
OpenTextFileWriter	打开与文件关联的 StreamReader 对象，可以使用该对象写入文件
ReadAllBytes	从二进制文件中将所有字节读入数组
ReadAllText	从文本文件中将所有文本读入字符串
WriteAllBytes	将字节数组写入二进制文件
WriteAllText	将字符串写入文本文件

如表 13-19 所示为 My. Computer. FileSystem 对象与目录有关的方法。

表 13-19 My. Computer. FileSystem 对象与目录有关的方法

方　法	描　述
CombinePath	将基本路径与相对路径引用结合，并返回正确的完全限定路径格式
CopyDirectory	复制目录
CreateDirectory	创建目录
DeleteDirectory	删除目录
DirectoryExists	如果指定的目录存在，则返回 True
FindInFiles	返回列出包含目标字符串的文件的只读字符串集合
GetDirectories	返回列出所给目录的子目录的字符串集合
GetDirectoryInfo	返回目录的 DirectoryInfo 对象
GetDriveInfo	返回驱动器的 DriveInfo 对象
GetFileInfo	返回文件的 FileInfo 对象
GetFiles	返回存放在目录内文件名的字符串集合
GetParentPath	返回路径的父路径的全限定路径
MoveDirectory	移动目录
RenameDirectory	将父目录内的目录重新命名

下面举一个例子来说明 My. Computer. FileSystem 对象与文件有关的方法。例 13.8 示范了调用 My. Computer. FileSystem 对象与文件有关方法，实现创建文件、复制文件、删除文件等功能。

例 13.8

```
Public Class MYComputer
    Private Sub MYComputer_Load(sender As System.Object, e As System.EventArgs) _
    Handles MyBase.Load
        '根据给定的源路径和目标路径,首先判断源路径文件是否存在,如果不存在,创建源路径
        '文件、复制文件、删除源路径文件
        Dim TBPath As String = "D:\源程序\SourceDirectory\MyComputryFile"
        Dim CopyPath As String = "D:\源程序\SourceDirectory\MyComputryCopyFile"
        If My.Computer.FileSystem.DirectoryExists(TBPath) Then
            MsgBox("路径文件已存在")
        Else
            My.Computer.FileSystem.CreateDirectory(TBPath)
            My.Computer.FileSystem.CopyDirectory(TBPath, CopyPath)
            My.Computer.FileSystem.DeleteDirectory(TBPath, _
            FileIO.DeleteDirectoryOption.DeleteAllContents)
            MsgBox("操作已完成,请到操作路径查看")
        End If
    End Sub
End Class
```

13.4 应用举例与上机练习

通过前三节的介绍，在对文件类型与文件访问方式、System.IO模型以及文件流操作方法有了初步了解后，本节主要通过目录服务、文件服务、路径服务、文件流操作和My.Computer.FileSystem应用举例与上机练习，帮助读者巩固学习VB.NET文件处理技术。

应用场景：现某饼干厂，在管理库存过程中，要进行对出库记录信息的文件备份，包括创建出库记录备份文件，出库备份文件管理。其中，创建出库记录备份文件包括查看指定路径下目录、查看选定目录下文件以及在选定目录下创建备份文件；出库备份文件管理包括选择相应的备份文件、备份文件更新、备份文件内容查看、备份文件信息查看、备份文件路径详情和出库记录的Excel展示。

下面根据应用场景，开始进行应用举例和上机练习的介绍，具体步骤如下。

(1) 首先新建一个工程，取名为"饼干厂库存文件管理"。

(2) 单击"解决方案资源管理器"中的"显示所有文件"，将"饼干厂产品库存系统"源程序包复制粘贴到bin\Debug目录下。

(3) 定义全局变量。右键单击已建立的工程"饼干厂库存文件管理"，选择"添加"→"模块"命令，名称为"Module1.vb"。双击Module1.vb进入设计界面，输入如下代码：

```
Module Module1
    '定义全局变量默认路径 pubfilepath、文件名 pubfilename、完整路径 pubfullpath 和目录名 pubdirc
        Public pubfilepath As String
        Public pubfilename As String
        Public pubfullpath As String
        Public pubdirc As String
End Module
```

然后进行创建出库记录备份文件和出库备份文件管理的应用举例和上机练习。

13.4.1 创建出库记录备份文件实例与练习

首先利用Path类、Directory类和File类提供的方法进行默认路径目录浏览、选择目录文件浏览和备份文件创建。步骤如下。

(1) 右键单击工程"饼干厂库存文件管理"，选择"添加"→"新建项"命令，选择Windows Forms下的"Windows 窗体"，名称为"创建出库记录备份文件.vb"。

(2) 按照图13-2"创建库存备份文件"在窗体中添加4个Label控件、两个Button控件、两个TextBox控件、一个ComboBox和一个ListBox，控件属性设置如表13-20所示。

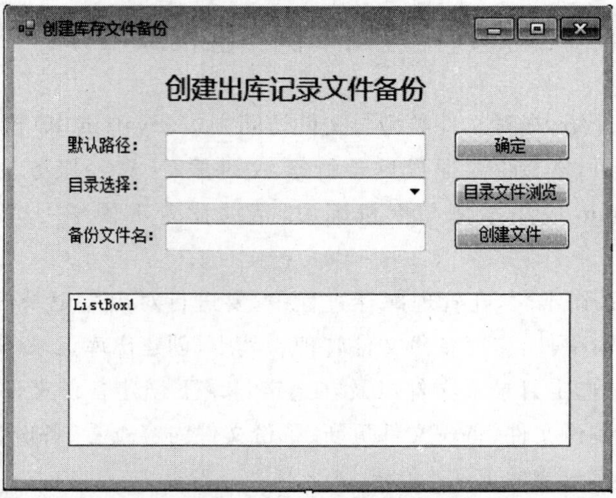

创建库存文件备份

创建出库记录文件备份

默认路径：　确定

目录选择：　目录文件浏览

备份文件名：　创建文件

ListBox1

图 13-2 “创建库存备份文件”界面

表 13-20 控件及属性设置

控件	属性	属 性 值
标签 1	Name	Label1
	Text	创建出库记录文件备份
	Font	微软雅黑、常规、小三
标签 2	Name	Label2
	Text	默认路径：
标签 3	Name	Label3
	Text	目录选择：
标签 4	Name	Label4
	Text	备份文件名：
文本框 1	Name	TextBox1
	Text	空
文本框 2	Name	TextBox2
	Text	空
组合框 1	Name	ComboBox1
	Items	空
列表框 1	Name	ListBox1
	Items	空
按钮 1	Name	Button1
	Text	确定
按钮 2	Name	Button2
	Text	目录文件浏览
按钮 3	Name	Button3
	Text	创建文件

(3) 代码编写与相关代码说明。

```
'添加命名空间引用
Imports System.IO
```

① 界面加载操作,界面加载过程中,获得程序默认路径。在设计界面,双击空白处,进入编辑界面,输入以下代码:

```
Private Sub 创建出库日志文件_Load(sender As System.Object, e As System.EventArgs) _
Handles MyBase.Load
    '定义 String 类型变量 relativepath 用来接收应用程序的可执行文件的路径.然后
将 relativepath
    '和符串"\源程序"组合字符串赋值给 TextBox1.text
     Dim relativepath As String = Application.StartupPath()
     TextBox1.Text = relativepath & "\源程序"
End Sub
```

这段代码主要使用 Application.StartupPath()方法,该方法返回不包含可执行文件名的可执行文件路径。然后将路径与字符串"\源程序"组合,得到程序默认路径。

② "确定"按钮及目录显示程序——向 ComboBox1 中添加默认路径下目录。在设计界面,双击"确定"按钮,进入编辑界面,输入以下代码:

```
Private Sub Button1_Click(sender As System.Object, e As System.EventArgs) _
Handles Button1.Click
        '全局变量默认路径 pubfilepath,用于接收 TextBox1 的值,然后判断默认路径是否存在,如果
'路径存在,定义 List 类型变量 DirSource,用来存储读出的文件目录,然后通过循环将
DirSource 中
'文件目录添加到 ComboBox1 中,用于输出显示.
    ComboBox1.Items.Clear()
    pubfilepath = TextBox1.Text
    If (Directory.Exists(pubfilepath)) Then
        Dim DirSource As List(Of String) = New List(Of _
        String)(Directory.EnumerateDirectories(pubfilepath))
        For Each folder In DirSource
            ComboBox1.Items.Add(folder.Substring(folder.LastIndexOf("\") + 1))
        Next
    Else
        MsgBox("该目录不存在")
    End If
End Sub
```

这段代码中使用的是 Directory 类,将输入的路径作为参数传入,使用 Directory.Exists 方法判断路径是否存在,如果路径存在,程序将调用 Directory.EnumerateDirectories 方法,返回该路径下的所有目录,使用 List 变量接收返回的目录,然后通过 For Each 循环将 List 中所存目录,按行读取添加入 ComboBox1 中,如果路径不存在,将弹出提示信息"该目录不存在"。程序执行后,单击"确定"按钮,运行结果如图 13-3 所示。

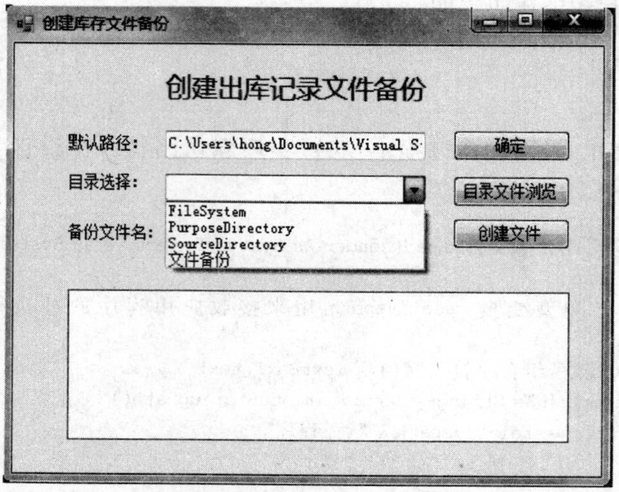

图 13-3　浏览默认路径下目录

③“目录文件浏览”按钮及目录文件浏览程序——浏览目录下所有文件。

在设计界面，双击“目录文件浏览”按钮，进入编辑界面，输入以下代码：

```
Private Sub Button2_Click(sender As System.Object, e As System.EventArgs) _
Handles Button2.Click
    '清空 ListBox1,定义 String 类型变量 strFileName 用于接收查找出的文件名,调用 Dir 方
    法返回
    '文件名,然后通过循环调用 Dir,将目录下文件名添加到 ListBox1 中
    ListBox1.Items.Clear()
    Dim strFileName As String
    strFileName = Dir(pubfilepath & "\" & ComboBox1.Text & "/")
    If strFileName <> "" Then
        While strFileName <> ""
            ListBox1.Items.Add(strFileName)
            strFileName = Dir()
        End While
    Else
        MsgBox("该目录下没有文件")
    End If
End Sub
```

这段代码中使用的是 Dir 方法，将输入的路径作为参数传入，调用 Dir()方法返回目录下文件名，并通过 strFileName <> ""作为循环条件，循环调用 Dir()方法，向 ListBox1 中添加目录下文件名。如果该目录下没有文件，将弹出提示信息“该目录下没有文件”。程序执行后，单击“目录文件浏览”按钮，运行结果如图 13-4 所示。

④“创建文件”按钮及创建文件程序——在指定目录下创建出库记录备份文件。

在设计界面，双击“创建文件”按钮，进入编辑界面，输入以下代码：

```
Private Sub Button3_Click(sender As System.Object, e As System.EventArgs) _
Handles Button3.Click
```

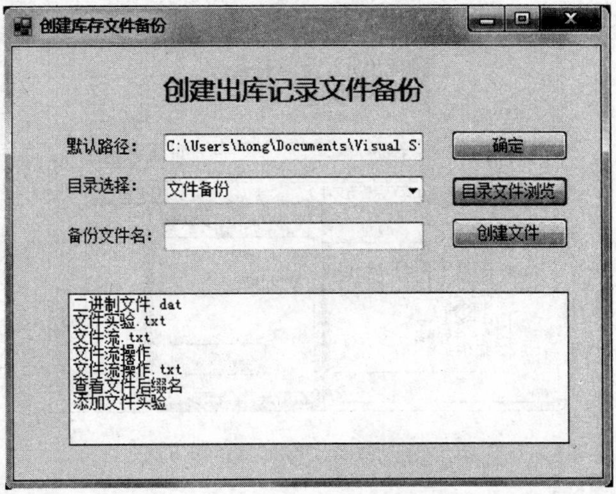

图 13-4　浏览目录下文件

```
'全局变量 pubdirc、pubfilename 和 pubfullpath 分别用于接收目录信息、文件名以及文件完整
'路径。然后判断路径文件是否存在,如果路径文件不存在,创建文件并写入数据
If TextBox2.Text <> "" Then
    pubdirc = ComboBox1.Text
    pubfilename = TextBox2.Text
    pubfullpath = pubfilepath & "\" & pubdirc & "\" & pubfilename
    If File.Exists(pubfullpath) = False Then
        ListBox1.Items.Clear()
        Using FileSW As StreamWriter = File.CreateText(pubfullpath)
            FileSW.WriteLine("记录备份文件已创建")
            FileSW.Flush()
        End Using
        MsgBox("文件已创建")
        TextBox2.Clear()
    Else
        MsgBox("文件已存在")
    End If
Else
    MsgBox("文件名不能为空")
End If
End Sub
```

这段代码中使用的是 File 类,将输入的文件路径作为参数传入,使用 TextBox2.Text <> ""判断文件名是否为空,如文件名不为空,使用 File.Exists 方法判断路径是否存在,如果文件路径不存在,程序将调用 File.CreateText 方法创建指定路径文件,并创建 StreamWriter 方法实例,向文件中写入数据,然后弹出提示信息"文件已创建",如果文件路径已存在,将弹出提示框"文件已存在",如果文件路径为空值,将弹出提示框"文件名不能为空"。程序执行后,在"备份文件名"文本框中输入"出库记录备份文件",单击"创建文件"按钮,运行结果如图 13-5 所示。

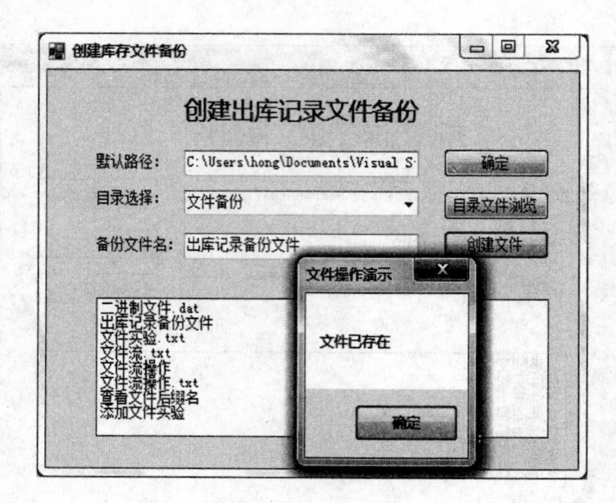

图 13-5　创建出库记录备份文件

13.4.2　出库备份文件管理实例与练习

首先利用 Path 类和 Directory 类提供的方法进行默认路径目录浏览、选择目录文件浏览、选择备份文件和文件路径详情查看，然后主要利用 File 类提供的方法，实现备份文件更新、备份文件浏览和文件信息查看，并实现 Excel 展示出库记录功能。步骤如下。

(1) 右键单击工程“饼干厂库存文件管理”，选择“添加”→“新建项”命令，选择 Windows Forms 下的“Windows 窗体”，名称为“出库备份文件管理.vb”。

(2) 如图 13-6 所示，在窗体中添加 4 个 Label 控件、7 个 Button 控件、两个 TextBox 控件、两个 ComboBox 和一个 ListBox，控件属性设置如表 13-21 所示。

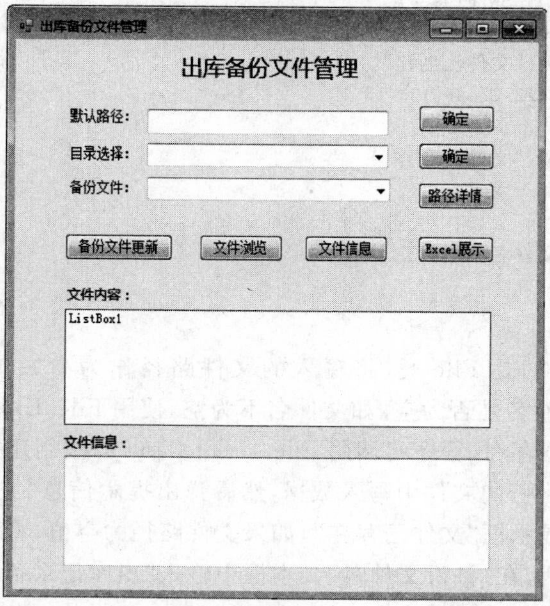

图 13-6　出库备份文件管理

表 13-21 控件及属性设置

控 件	属 性	属 性 值
标签 1	Name	Label1
	Text	创建出库备份文件管理
	Font	微软雅黑、常规、小三
标签 2	Name	Label2
	Text	默认路径：
标签 3	Name	Label3
	Text	目录选择：
标签 4	Name	Label4
	Text	备份文件名
文本框 1	Name	TextBox1
	Text	空
文本框 2	Name	Text Box2
	Text	空
组合框 1	Name	ComboBox1()
	Items	空
列表框 1	Name	ListBox1
	Items	空
按钮 1	Name	Button1
	Text	确定
按钮 2	Name	Button2
	Text	目录文件浏览
按钮 3	Name	Button3
	Text	创建文件

(3) 代码编写与相关代码说明。

```
'添加命名空间引用,需要添加数据库和 Excel 操作相关引用
Imports System.IO
Imports System.Data.OleDb
Imports Microsoft.Office.Interop
```

① 界面加载操作,界面加载过程中,获得程序默认路径。在设计界面,双击空白处,进入编辑界面,输入以下代码:

```
Private Sub 出库日志文件_Load(sender As System.Object, e As System.EventArgs) _
Handles MyBase.Load
    '首先判断全局变量 pubfullpath 是否为空,如果为空,Textbox1.text 赋值为默认路径,如果
    'pubfullpath 不为空,界面加载时,使用全局各变量为控件进行赋值.
    If pubfullpath <> "" Then
        TextBox1.Text = pubfilepath
```

```
            ComboBox2.Items.Add(pubdirc)
            ComboBox2.SelectedItem = pubdirc
            ComboBox1.Items.Add(pubfilename)
            ComboBox1.SelectedItem = pubfilename
        Else
            Dim relativepath As String = Application.StartupPath()
            TextBox1.Text = relativepath & "\源程序"
        End If
    End Sub
```

② 选择默认路径和目录后"确定"按钮与创建出库记录备份文件界面中功能相似，不再重复介绍。

③ "路径详情"按钮及路径详情程序——显示指定文件路径详情。在设计界面，双击"路径详情"按钮，进入编辑界面，输入以下代码：

```
    Private Sub Button4_Click(sender As System.Object, e As System.EventArgs) _
    Handles Button4.Click
        '定义 String 类型文件路径变量 tryPath、PathInfo，分别用于存储文件路径、路径信息，然后判
        '断写入变量信息是否存在根目录，如果存在根目录，用 PathInfo 接收文件名、文件全路径、当前
        '用户临时文件路径、临时文件完整路径，并将结果值返回.
        Dim trypath As String = TextBox1.Text & "\" & ComboBox2.Text & "\" & ComboBox1.Text
        Dim PathInfo As String = ""
        If (Path.IsPathRooted(trypath)) Then
            PathInfo = vbCrLf + "路径包含根目录：" + Path.GetPathRoot(trypath) _
             + vbCrLf + "文件名为：" + Path.GetFileName(trypath) _
             + vbCrLf + "完整路径为：" + Path.GetFullPath(trypath) _
             + vbCrLf + "临时文件夹为：" + Path.GetTempPath() _
             + vbCrLf + "临时文件为：" + Path.GetTempFileName()
            MsgBox(PathInfo)
        Else
            MsgBox("该文件目录不完整")
        End If
    End Sub
```

这段代码首先使用 Path.IsPathRooted 方法判断路径字符串是否存在根目录，如果存在根目录，则调用 Path.GetPathRoot 方法返回根目录，调用 Path.GetFileName 方法返回文件名，调用 Path.GetFullPath 方法返回全路径，调用 Path.GetTempPath 方法返回当前用户临时文件夹路径，调用 Path.GetTempFileName 方法返回临时文件的完整路径。如果路径字符串不存在根目录，则弹出提示框"该文件目录不完整"。程序执行，选择默认路径下"文件备份"文件夹，选择其下"出库记录备份文件"，单击"路径详情"按钮，执行结果后如图 13-7 所示。

④ "备份文件更新"按钮及备份文件更新程序——利用库存管理数据库中出库单信

图 13-7　路径详情展示

息更新备份文件。在设计界面，双击“备份文件更新”按钮，进入编辑界面，输入以下代码：

```
Private Sub Button1_Click(sender As System.Object, e As System.EventArgs) _
Handles Button1.Click
    '定义 String 类型文件路径变量 tryPath、Writein，分别用于存储文件路径、写入信息。首先判
    '断路径文件是否存在，如果文件存在，执行 SQL 查询语句，Writein 存入相应数据，查询结
束后，
    '使用 File.AppendAllText 方法向文件中添加信息更新文件。
    Dim trypath As String = TextBox1.Text & "\" & ComboBox2.Text & "\" & ComboBox1.Text
    Dim Writein As String = ""
    If File.Exists(trypath) = True Then
        Writein = "出库备份文件更新时间：" & Now & vbCrLf
        Writein = Writein & "更新内容为：" & vbCrLf
        MyConnection.Open()
        MyCommand = New OleDbCommand("select * from chukudan,productinfo where _
        chukudan.OutputProductID = productinfo.ProductID order by _
        chukudan.OutputID ", MyConnection)
        MyReader = MyCommand.ExecuteReader()
        While MyReader.Read
            Writein = Writein & ("出库日期：" & MyReader("OutputDate") & " 产品名称：" _
            & MyReader("ProductName") & " 出库价格：" & MyReader("OutputPrice") _
            & " 出库数量" & MyReader("OutputQuantity")) & vbCrLf
```

```
            End While
            MyConnection.Close()
            MyReader.Close()
            MyCommand.Dispose()
            File.AppendAllText(trypath, Writein)
            MsgBox("文件内容已添加")
        Else
            MsgBox("文件不存在")
        End If
    End Sub
```

这段代码综合运用了文件操作与数据库操作。首先使用 File.Exists 方法判断路径文件是否存在,如果路径文件存在,在写入信息变量 Writein 中添加当前时间和"更新内容为:"等提示信息,然后执行 SQL 语句,从出库单与产品信息表中查询相应信息,存入写入信息变量 Writein,SQL 语句执行结束后,调用 File.AppendAllText()方法,向文件中写入信息,并弹出相应提示框;如果路径文件不存在,直接弹出提示信息"文件不存在"。

⑤"文件浏览"按钮及文件浏览程序——查看文件内容。在设计界面,双击"文件浏览"按钮,进入编辑界面,输入以下代码:

```
    Private Sub Button2_Click(sender As System.Object, e As System.EventArgs) _
    Handles Button2.Click
        '定义 String 类型文件路径变量 trypath,用于文件路径,然后判断路径文件是否存在,如果路径
        '文件存在,定义 StreamReader 类型实例 sr,用于接收读取文件的内容,打开文件,逐行读取
        '文件,利用 StreamReader.Peek 方法判断是否到达文件末尾,将读取结果逐行添加到 ListBox1,
        '用于显示
        Dim trypath As String = TextBox1.Text & "\" & ComboBox2.Text & "\" & ComboBox1.Text
        ListBox1.Items.Clear()
        If File.Exists(trypath) = True Then
            Using sr As StreamReader = File.OpenText(trypath)
                Do While sr.Peek() >= 0
                    ListBox1.Items.Add(sr.ReadLine().ToString)
                Loop
            End Using
        Else
            MsgBox("文件路径不存在")
        End If
    End Sub
```

这段代码首先使用 File.Exists 方法判断文件是否存在,如果文件路径存在,程序将调用 File.OpenText 方法打开指定路径文件,并创建 StreamReader 方法实例,从文件中读取数据,然后将读出的数据逐行添加到 ListBox1 列表框,并利用 StreamReader.Peek 方法判断是否到达文件末尾决定是否跳出赋值循环,如果文件路径不存在,将弹出提示框"文件路径不存在"。程序执行,根据选定的文件,单击"文件浏览"按钮,执行结果如图 13-8 所示。

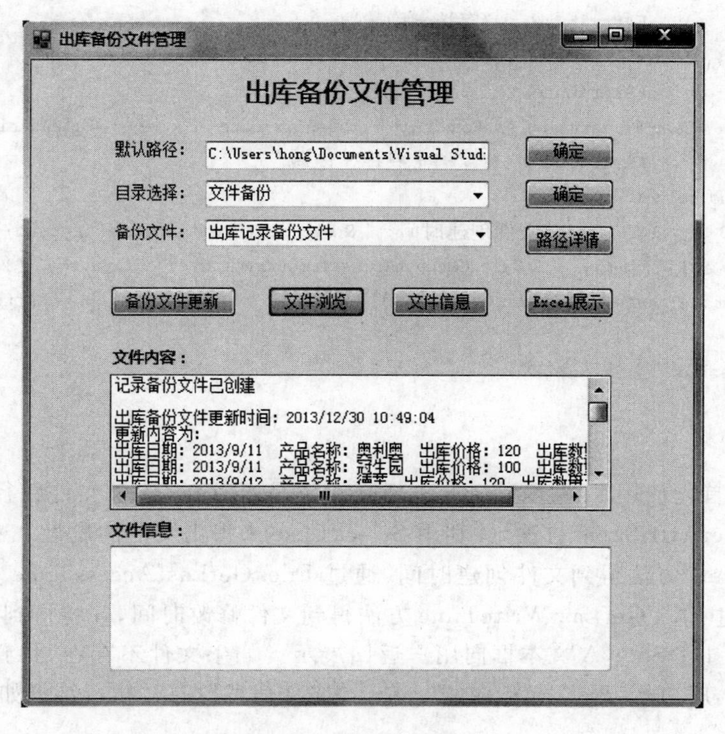

图 13-8 文件浏览展示

⑥“文件信息”按钮及文件信息程序——查看文件信息。在设计界面，双击“文件信息”按钮，进入编辑界面，输入以下代码：

```
Private Sub Button3_Click(sender As System.Object, e As System.EventArgs) _
Handles Button3.Click
    '定义 String 类型文件路径变量 trypath、FAttribute，分别用于存储文件路径、文件属性，
    '然后判断路径文件是否存在，如果路径文件存在，利用 Select Case 方法得出文件属性，然后向
    'TB_ShowA 文本框传递文件创建时间、文件访问时间、文件修改时间与文件属性信息.
    Dim trypath As String = TextBox1.Text & "\" & ComboBox2.Text & "\" & ComboBox1.Text
    Dim FAttribute As String = ""
    TB_ShowA.Text = ""
    If File.Exists(trypath) = True Then
        Select Case File.GetAttributes(trypath)
            Case FileAttributes.Archive
                FAttribute = "存档"
            Case FileAttributes.ReadOnly
                FAttribute = "只读"
            Case FileAttributes.Hidden
                FAttribute = "隐藏"
            Case FileAttributes.Archive + FileAttributes.ReadOnly
                FAttribute = "存档 + 只读"
            Case FileAttributes.Archive + FileAttributes.Hidden
```

```
                FAttribute = "存档 + 隐藏"
            Case FileAttributes.ReadOnly + FileAttributes.Hidden
                FAttribute = "只读 + 隐藏"
            Case FileAttributes.ReadOnly + FileAttributes.Hidden + FileAttributes.Archive
                FAttribute = "存档 + 只读 + 隐藏"
        End Select
        TB_ShowA.Text = "文件创建时间：" & File.GetCreationTime(trypath) + vbCrLf _ +
         "文件访问时间：" & File.GetLastAccessTime(trypath) + vbCrLf + "文件修改时间：" _
        & File.GetLastWriteTime(trypath) + vbCrLf + "文件属性：" + FAttribute
    Else
        MsgBox("文件不存在")
    End If
End Sub
```

这段代码首先使用 File.Exists 方法判断文件是否存在，如果文件路径存在，程序首先调用 File.GetAttributes 方法，并利用 Select Case 来得出文件的属性。然后通过 File.GetCreationTime 方法得到文件创建时间、通过 File.GetLastAccessTime 方法得到文件访问时间、通过 File.GetLastWriteTime 方法得到文件修改时间，并将得到的结果与文件属性一起通过 TB_ShowA 文本框向用户返回展示。如果文件不存在，将弹出提示框“文件不存在”。程序执行，根据选定的文件，单击“文件信息”按钮，执行结果如图 13-9 所示。

图 13-9 文件信息展示

⑦ “Excel 展示”按钮及 Excel 展示程序——将出库单信息用 Excel 进行展示。在设计界面，双击“Excel 展示”按钮，进入编辑界面，输入以下代码：

```
Private Sub Button7_Click(sender As System.Object, e As System.EventArgs) _
Handles Button7.Click
    '定义 string 类型变量 trylpath 接收当前程序路径，定义 Excel 应用实例 xlApp 用于创建 Excel
'对象、定义 Excel 工作簿 xlBook，定义 Excel 工作表 xlSheet，创建 Excel 对象 xlApp，打开已
'存在的 Excel 工作簿，为 xlSheet 设置活动工作表，定义循环变量 i，然后执行 SQL 查询语句，
'并为 Excel 工作表相应单元赋值，然后保存工作簿，并将其设置为可见，并交还 Excel 控制.
    Dim trylpath As String = Application.StartupPath()
    Dim xlApp As Excel.Application
    Dim xlBook As Excel.Workbook
    Dim xlSheet As Excel.Worksheet
    xlApp = CreateObject("excel.application")
    xlBook = xlApp.Workbooks.Open(trylpath & "\源程序\出库信息展示.xls")
    xlSheet = xlBook.Worksheets("Sheet1")
    Dim i As Integer = 3
    MyConnection.Open()
    MyCommand = New OleDbCommand("select * from chukudan,productinfo where _
    chukudan.OutputProductID = productinfo.ProductID order by _
    chukudan.OutputID ", MyConnection)
    MyReader = MyCommand.ExecuteReader()
    While MyReader.Read
        xlSheet.Cells(i, 1) = MyReader("OutputDate")
        xlSheet.Cells(i, 2) = MyReader("ProductName")
        xlSheet.Cells(i, 3) = MyReader("OutputPrice")
        xlSheet.Cells(i, 4) = MyReader("OutputQuantity")
        i = i + 1
    End While
    MyConnection.Close()
    MyReader.Close()
    MyCommand.Dispose()
    xlBook.Save()
    xlApp.Visible = True
    xlApp = Nothing
End Sub
```

这段代码综合使用了文件操作与数据库操作方法，展示了使用 Visual Basic.NET 操作 Excel 的方法与步骤。代码首先通过 Application.StartupPath()方法返回当前程序路径(Excel 表所存上级目录)，然后通过 CreateObject("excel.application")方法创建 Excel 实例，使用 xlApp.Workbooks.Open()方法打开出库信息展示 Excel，通过 xlBook.Worksheets()方法设置活动工作表，然后执行 SQL 查询语句，并通过循环为 Excel 活动工作表中相应单元进行赋值，最后保存 Excel 工作簿，并展示该工作簿。程序执行，根据选定的文件，单击“Excel 展示”按钮，程序执行结果如图 13-10 所示。

	A	B	C	D
1	出库信息展示			
2	出库日期	产品名称	出库价格	出库数量
3	2013/9/11	奥利奥	120	800
4	2013/9/11	冠生园	100	500
5	2013/9/12	德芙	120	1200
6	2013/9/12	好吃点	150	1000
7	2013/9/13	德芙	120	800
8	2013/9/14	冠生园	100	1000
9	2013/9/15	好吃点	140	2000
10	2013/9/15	德芙	125	500
11	2013/9/16	德芙	120	500
12	2013/9/17	冠生园	95	1500
13	2013/9/18	德芙	125	1000
14	2013/9/19	冠生园	100	1200
15	2013/9/20	冠生园	105	200
16	2013/9/23	好吃点	120	200
17	2013/9/23	好吃点	150	500
18	2013/9/23	奥利奥	100	600
19	2013/9/23	德芙	120	500
20	2013/9/23	好吃点	120	500
21	2013/9/23	奥利奥	120	500
22	2013/9/23	奥利奥	500	1000

图 13-10 Excel 展示

小 结

本章首先介绍了文件类型、文件类型分类。按照编码方式可以将文件分为两种类型：文本文件、二进制文件；按照文件结构和访问方式可以将文件分为顺序文件、随机文件；按照文件的性质可以将文件分为程序文件、数据文件。

Visual Basic. NET 中有三种文件访问方式：使用 Visual Basic run-time 函数进行文件访问；通过. NET 中的 System. IO 模型进行文件访问；通过文件系统对象模型 FSO 进行文件访问。

在 VB. NET 中与文件操作有关的类都集中在 System. IO 命名空间中：Directory 类提供对文件夹及其内容的访问方法；File 类提供文件的复制、移动、重命名、创建、打开、删除和追加到文件等功能；Path 类提供对包含文件或目录路径信息字符串(String)的执行操作支持。

VB. NET 中文件流操作方法：FileStream 类提供了最原始的字节级上的文件读写功能；StreamWriter 和 StreamReader 类在字符串级别上操作文件；BinaryWriter 和 BinaryReader 类在字节级上操作文件；My. Computer. FileSystem 对象提供用于处理驱动器、文件和目录的属性及方法。通过使用这些对象，使得文件的读取和写入变得非常简单。

然后本章对于上述提到的内容进行应用举例，并提供相应的上机练习，来帮助读者加深理解 VB. NET 文件处理技术。

在实际应用过程中，用户应根据自己的需求，选择适当的类与方法，交织完成所需的程序设计，做到活学活用。

第3篇　管理信息系统开发案例

第 14 章　管理信息系统开发方法

管理信息系统(Manage Information System,MIS)的开发方法有很多,通常提到以下几种方法:结构化系统开发方法、快速原型法、面向对象开发方法、CASE 开发方法等。

14.1　结构化系统开发方法

结构化系统开发方法(Structured System Development Methodology)是目前应用最广泛的一种开发方法。用结构化开发方法进行管理信息系统的开发,通常将开发分为 4 个阶段:系统规划、系统分析、系统设计和系统实施。这 4 个阶段构成了系统开发生命周期(Systems Development Life Circle,SDLC),如图 14-1 所示。

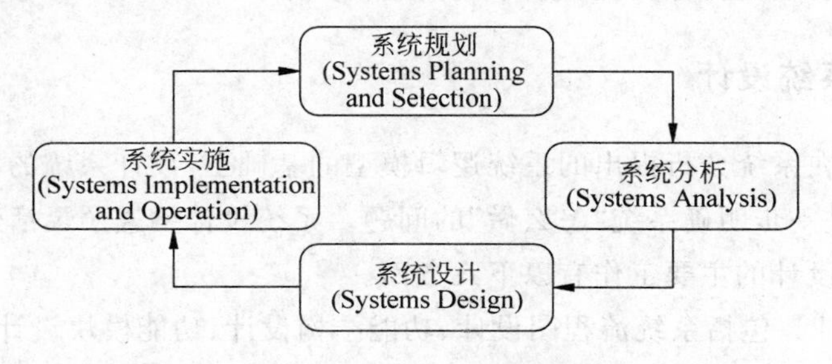

图 14-1　系统开发生命周期

系统开发生命周期理论在组织和企业管理信息开发的过程中得到广泛应用。例如,企业需要开发一个信息系统,首先要进行系统规划和选择,确定需要做什么,以及做这个系统需要哪些资源,并进行系统的可行性分析和论证。在系统分析阶段,需要进行详细的调查分析,比如进行业务流程调查,进一步确定系统要做什么。在系统设计阶段,需要解决系统怎么做的问题,专业的设计人员将确定系统的具体架构,包括逻辑架构、功能架构等,并进行进一步的系统开发和实施。一旦开发和测试完成,系统将被安装在企业内部,应用到企业日常的工作和管理当中。

但是,这 4 个过程并不一定是完全的顺序结构。例如,在系统初步实施阶段,如果发现系统并不能很好地帮助企业完成既定工作,则需要对系统的规划进行修改,那么系统分析和设计也会随之调整。有些系统工程师认为这个生命周期是螺旋结构的,一个系统实施的结束可能意味着下一个相关系统规划的开始。

在本书案例的开发中,按照这种结构化系统开发方法进行了某饼干厂产品库存系统的开发。

14.1.1 系统分析

不论是否采用管理信息系统的开发方法，系统分析都是必要且非常重要的环节。事实证明，系统分析工作的好坏，很大程度上决定了系统的成败。

系统分析以开发规划中提出的目标为出发点，通过问题识别和可行性分析、详细调查、系统化分析等步骤，最后完成新系统的逻辑方案设计，形成系统分析报告。新系统的开发往往是因为旧的系统无法满足需求。在系统规划阶段，应根据组织或企业提出的战略目标和需求，对原系统存在的问题进行甄别，对要开发的系统进行可行性分析，形成可行性分析报告。

详细调查主要针对系统的管理业务和数据流程进行，掌握系统的基本运行状况，找出存在的问题和薄弱环节，产生业务流程图和数据流程图，为进一步的系统化分析做准备。系统化分析主要是在详细调查的基础上，找出不合理的业务流程和数据流程，进而提出新系统的逻辑模型，包括原系统的不足、新系统的目标、子系统的划分、数据属性分析，建立数据字典等。

系统化分析的最终目标是提出新系统的逻辑方案。

14.1.2 系统设计

系统设计是在系统分析提出的系统逻辑模型的基础上，设计系统的物理模型，编写系统设计说明书，进一步明确系统"怎么做"的问题。系统设计要遵照灵活性、可靠性和经济性的原则。系统设计的主要工作有以下几方面。

(1) 总体设计。包括系统流程图设计、功能结构设计、功能模块设计等。

(2) 代码设计和设计规范的制定。

(3) 系统物理配置方案设计。包括设备配置、通信网络的选择和设计，数据库管理系统的选择等。

(4) 数据存储设计。包括数据库设计、数据库的安全设计等。

(5) 计算机处理过程设计。包括输入设计、输出设计、处理流程图设计，以及编写程序设计说明书。

14.1.3 系统实施

系统实施是系统开发的最后阶段，也是取得用户对系统信任的关键阶段。管理信息系统的规模越大，实施阶段的任务就越复杂。为此，在系统实施之前，必须制定出周密的计划，确定出系统实施的方法、步骤、时间和费用。

系统实施阶段的内容包括：物理系统的实施，程序设计及调试，系统转换、运行和评价等。这一阶段的成果，除了最终实现的管理信息系统外，还包括相关的技术文档（如程序说明书、系统使用说明书等）。

14.1.4　结构化开发方法的优缺点

结构化系统开发方法强调开发人员与系统用户的紧密配合，从开发策略上强调“自上而下”，注重开发过程的整体性和全局性。

结构化系统开发方法适合于大型信息系统的开发，它的不足是开发过程复杂烦琐，周期长，系统难以适应环境的变化。

14.2　原　型　法

原型法(Prototyping)是 20 世纪 80 年代随着计算机软件技术的发展，特别是在关系数据库系统、第 4 代程序生成语言和各种系统开发生成环境产生的基础上，提出的一种设计思想、工具、手段都全新的系统开发方法。

与结构化系统开发方法不同，原型法摒弃了那种一步步周密细致地调查分析，然后逐步整理出文字档案，最后才能让用户看到结果的烦琐做法，而是本着系统开发人员对用户需求的理解，先快速实现一个原型系统，然后进行用户的试用体验与反馈，搜集修改信息，从而逐步将系统修改完善，直到用户满意为止，其过程如图 14-2 所示。

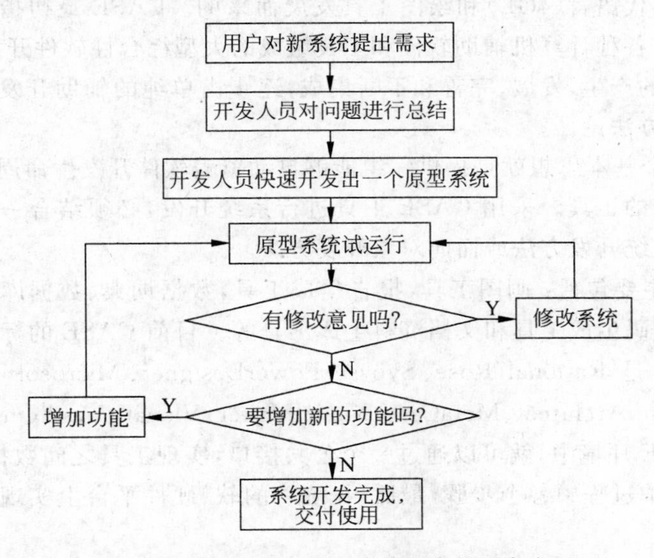

图 14-2　使用原型法进行系统开发的基本流程

原型法贯彻的是“自下而上”的开发策略，它具有快速、灵活的特点，能够让用户更快看到开发结果。但是，由于缺乏对系统全面细致的调查，因而不适用于开发大型的管理信息系统。如果用户合作不好，需求不明确，开发者盲目纠错，则有可能反而会拖延开发进程。

14.3 面向对象开发方法

面向对象开发方法(Object Oriented Method,OOM)是20世纪90年代后流行的一种新的软件开发方法。该方法将面向对象技术用于系统开发的全过程。开发人员从面向对象的观点出发,以应用领域的问题对象为出发点,用更为直观的方式描述客观世界的内部结构,将现实世界的空间模型平滑自然地过渡到面向对象的系统模型,使系统开发过程与人们认识客观世界的过程保持最大限度的一致。

利用面向对象开发方法开发的系统,适应性、可靠性、重用性和维护性好,系统易于保持较长的生命周期。但应当指出,虽然面向对象开发方法是一种实用有效的方法,但传统的结构化方法也已经非常成熟可靠。因此,在系统开发中,两种方法可以互相借鉴,取长补短,使系统更完善、更合理。

14.4 CASE开发方法

CASE(Computer Aided Software Engineering)是在20世纪80年代末从计算机辅助编程工具、第4代语言(4GL)和绘图工具发展而来的。CASE最初指用来支持管理信息系统开发的、由各种计算机辅助软件和工具组成的大型综合性软件开发环境,随着各种工具和软件技术的产生、发展、完善和不断集成,逐步由单纯的辅助开发工具环境转化为一种相对独立的方法论。

CASE的一个基本思想就是提供一组能够自动覆盖软件开发生命周期各个阶段的集成的、减少劳动力的工具。采用CASE工具进行系统开发,必须结合一种具体的开发方法,比如结构化系统开发方法或面向对象开发方法。

CASE工具主要包括:画图工具,报告生成工具,数据词典、数据库管理系统和规格说明检查工具,代码生成工具和文档资料生成工具等。目前CASE的标准是UML,最常用的CASE工具是Rational Rose、Sybase PowerDesigner、Microsoft Visio、Microsoft Project、Enterprise Architect、MetaCase、ModelMaker、Visual Paradigm等。这些工具集成在统一的CASE环境中,就可以通过一个公共接口,实现工具之间数据的可传递性,连接系统开发和维护过程中各个步骤,最后,在统一的软、硬件平台上实现系统的全部开发工作。

小　结

本章主要介绍了管理信息系统的开发方法,主要有:结构化系统开发方法、快速原型法、面向对象开发方法、CASE开发方法等。其中,将结构化系统开发方法分为4个阶段:系统规划、系统分析、系统设计和系统实施,这4个阶段构成了系统开发生命周期。其余方法也在随后给予了简单的介绍,请读者认真阅读,希望能对读者在以后系统开发的实践中,对于选择具体合适的方法有所帮助。

第 15 章　某饼干厂产品库存系统分析

15.1　某饼干厂产品库存系统背景简介

随着经济的飞速发展，对于每个从事生产和销售的企业来说，企业规模的不断扩大，产品数量的急剧增加，所生产产品的种类也会不断地更新与发展，有关产品的各种信息量成倍增长。面对庞大的产品信息量，如何有效地管理仓库产品，对这些企业来说是非常重要的。

库存管理涉及入库、出库的产品、经办人员及客户等方方面面的因素，如何管理这些信息数据，是一项复杂的系统工程，充分考验着库存管理员的工作能力，工作量的繁重是可想而知的。所以这就需要由饼干厂产品库存系统来提高库存管理工作的效率，对库存信息进行规范管理、科学统计和快速查询，减少管理方面的工作量，同时有效地组织企业的生产、经营和销售，都具有十分重要的现实意义。

库存管理的重点是生产和销售信息能否及时反馈，企业的各级管理人员需要及时了解、掌握各种产品的入库量、出库量和库存量，以便合理安排生产经营各个环节的工作。

在本章案例的饼干厂中，由于饼干的品种多样，各种品牌的产品每日入库量和出库量都很大，依靠手工进行出入库数据的审核、记录、查询和统计不仅效率低，而且容易出错；因此，有必要建立一个饼干厂产品库存系统来简化人工操作，提高工作效率。

使用饼干厂产品库存系统，管理员只需要对每日的入库单和出库单进行审核和录入，将审核结果和库存情况及时反馈给生产、销售部门和管理部门；其他的查询和统计工作将由系统自动完成。

15.2　业务流程分析

通过对企业管理业务的实际调查分析，弄清了该企业产品库存管理工作的业务流程和管理功能，系统的业务流程如图 15-1 所示。

从业务流程图分析，该企业的产品库存管理主要有以下几项管理功能。

15.2.1　单据审核

这项工作由审核员负责。

生产部门将入库单据，销售部门将出库单据交给审核员。审核员对入库单和出库单进行审核。审核的项目和处理过程如下。

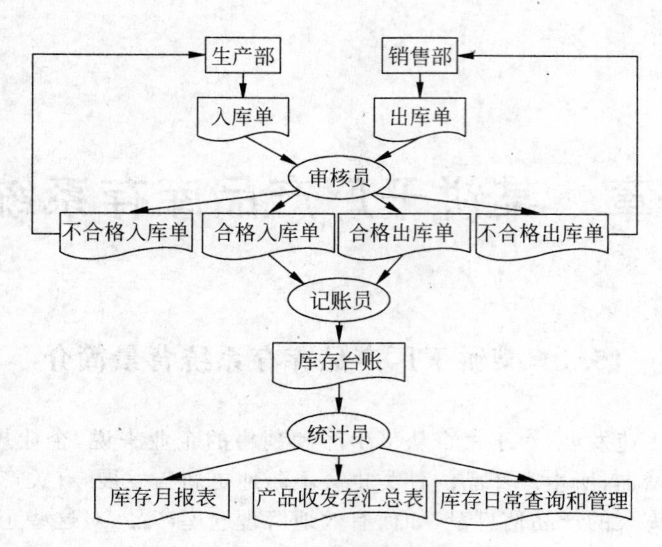

图 15-1　产品库存管理业务流程

(1) 入库单和出库单的填写形式是否符合要求；

(2) 清点产品的实际入库数量、金额与入库单上填写的数据是否一致；

(3) 清点产品的实际出库数量、金额与出库单上填写的数据是否一致；

(4) 如果单据检查不合格，将把不合格的入库单返回生产部门，不合格的出库单返回销售部门；

(5) 如果单据检查合格，将合格的单据转给记账员，由其登记库存台账。

15.2.2　登记库存台账

这项工作由记账员负责。

记账员把审核员交来的合格的入库单和出库单进行入册登记，记录每一笔出入库的业务数据。

15.2.3　库存查询和统计

这项工作由统计员负责。

统计员根据库存台账的数据，统计各种产品每日、每月的出入库数量等数据，为入库和出库的管理提供查询和数据支持。

主要的查询和统计项目如下。

(1) 按月统计各产品的入库量、出库量，制作产品的库存月报表和产品收发存汇总表。

(2) 为相关管理人员提供日常的查询。如查询某日的所有产品的入库和出库记录；查询某产品某日的入库和出库记录；查询某月某产品的入库和出库记录；查询某产品当前的库存量；查询哪些产品库存不足需要抓紧生产；查询哪些产品库存积压等。

15.3　数据流程分析

在管理业务调查中绘制的管理业务流程图，虽然能够形象地表达管理中的主要业务功能，但对于实际环节中信息和数据的流动和存储过程，还需要进一步分析，收集相关资料，绘制出原系统的数据流程图，为下一步分析和系统的设计做好准备。

15.3.1　单据和资料收集

进行数据流程分析的第一步是做好相关数据和资料的收集工作。

在本案例的数据流程调查的过程中，收集了以下资料。

(1) 原始的入库单，出库单，确定入库单和出库单的主要数据和典型格式。

(2) 相关的输出报表的样式，需要的数据和典型格式。

(3) 弄清各个环节上的信息处理方法和计算方法。比如，产品收发存汇总表需要的数据和计算方法等。

(4) 在上述各种单据、报表和账本的典型样品上或用附页注明制作单位、报送单位、存放地点、发生频度、发生的高峰时间及发生量等信息。

(5) 在上述各种单据、报表和账本的典型样品上注明各项数据的类型、长度、取值范围(最大值和最小值)。

通过单据和资料的收集，即可绘制出原系统的数据流程图。

15.3.2　数据流程图

数据流程图(Data Flow Diagram，DFD)是一种能全面描述信息系统逻辑模型的主要工具，它可以用少数几种符号综合地反映出信息在系统中的流动、处理和存储情况。

数据流程图通常由 4 种基本符号表示：外部实体，处理(功能)，数据流，数据存储。

(1) 外部实体：系统以外又和系统有联系的人或事物，它说明了数据的外部来源和去处，属于系统的外部和系统的界面。

(2) 处理(功能)：对数据逻辑处理，也就是数据变换，它用来改变数据值。而每一种处理又包括数据输入、数据处理和数据输出等部分。

(3) 数据流：处理功能的输入或输出。它用来表示一中间数据流值，但不能用来改变数据值。数据流是模拟系统数据在系统中传递过程的工具。

(4) 数据存储：数据保存的地方，它用来存储数据。系统处理从数据存储中提取数据，也将处理的数据返回数据存储。与数据流不同的是，数据存储本身不产生任何操作，它仅响应存储和访问数据的要求。

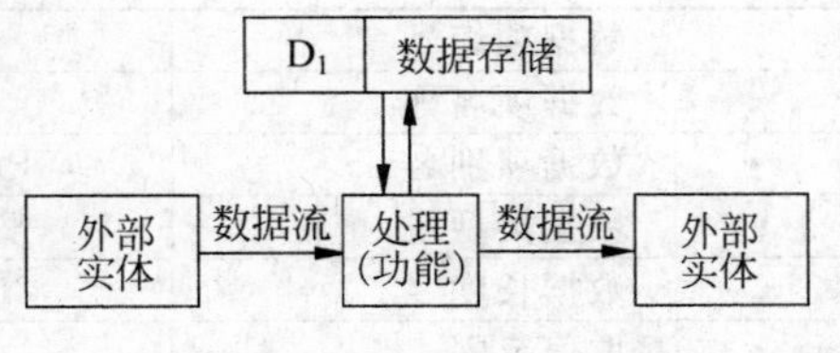

图 15-2　数据流图举例

图 15-2 是一个数据流图的例子。

本案例某饼干厂产品库存系统的数据流程图如图 15-3 所示。

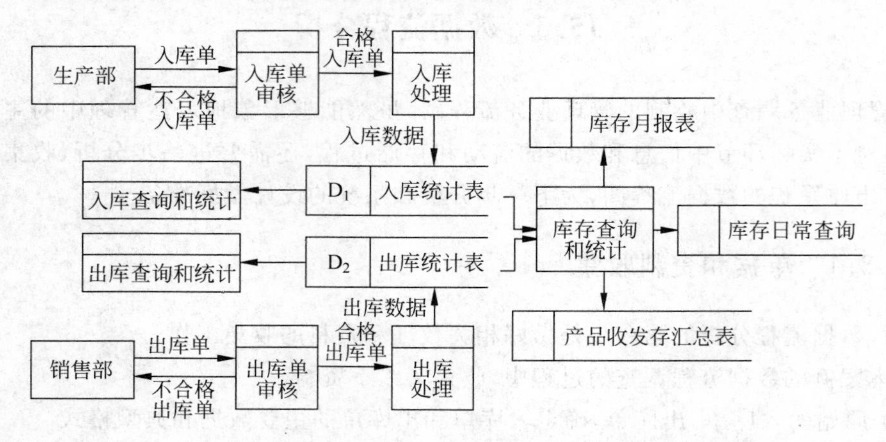

图 15-3 某饼干厂产品库存系统的数据流程图

15.3.3 数据字典

为了对数据流程图中的各个元素做出详细的说明,需要建立数据字典。数据字典是系统开发的一项重要的基础工作,一旦建立,并按编号排序后,从系统分析一直到系统的设计和实施都要使用它。在数据字典的建立、修改和补充过程中,始终要注意保证数据的一致性和完整性。数据字典可以用人工建立卡片的方式管理,也可存储在计算机中用数据字典软件来管理。

数据字典的内容主要是对数据流程图中的数据项、数据结构、数据流、处理逻辑、数据存储和外部实体等 6 个方面进行具体的定义。数据流程图配合数据字典,就可以从图形和文字两个方面对系统的逻辑模型做出完整的描述。

1. 数据项定义

数据项又称数据元素,是不可再分的数据单位。对数据项的描述通常包括:数据项名,数据项含义说明,别名,数据类型,长度,取值范围,取值含义,与其他数据项的逻辑关系。其中,“取值范围”、“与其他数据项的逻辑关系”定义了数据的完整性约束条件,是设计数据检验功能的依据。

本章的某饼干厂产品库存系统涉及约三十个数据项,表 15-1～表 15-5 列出了该系统中关于产品信息的数据项范例。

表 15-1 编号为 I0001 的数据项

数据项编号	I0001
数据项名称	产品编号
数据项别名	ProductID
数据类型	整型
数据长度	2B
取值范围	1～65 535
取值含义	系统从 1 开始编号,每增加一种产品,编号自动加 1

表 15-2　编号为 I0002 的数据项

数据项编号	I0002
数据项名称	产品名称
数据项别名	ProductName
数据类型	字符串
数据长度	最大 255 字符

表 15-3　编号为 I0003 的数据项

数据项编号	I0003
数据项名称	产品类型
数据项别名	ProductType
数据类型	字符串
数据长度	最大 255 字符
取值范围	最大 255 字符

表 15-4　编号为 I0004 的数据项

数据项编号	I0004
数据项名称	产品单位
数据项别名	ProductDanwei
数据类型	字符串
数据长度	最大 255 字符

表 15-5　编号为 I0005 的数据项

数据项编号	I0005
数据项名称	产品单价
数据项别名	ProductPrice
数据类型	单精度型
数据长度	4B

2. 数据结构定义

数据结构描述了某些数据项之间的关系。一个数据结构可以由若干个数据项组成，也可以由若干个数据结构组成；还可以由若干个数据项和数据结构组成。

数据字典中对数据结构的定义包括以下内容：数据结构的名称和编号；简述；数据结构的组成。如果是一个简单的数据结构，只要列出它所包含的数据项。如果是一个嵌套的数据结构，则需列出它所包含的数据结构的名称，因为这些被包含的数据结构在数据字典的其他部分已有定义。

表 15-6 和表 15-7 列出了本章案例饼干厂产品库存系统中有关入库单和出库单的数据结构。

表 15-6 入库单的数据结构

入库单的数据结构	
简述：入库单信息	
数据结构组成：DB01＋DB02	
DB01：产品信息	DB02：入库信息
I0001：产品编号	I0006：入库单编号
I0002：产品名称	I0007：入库日期
I0003：产品类型	I0008：入库产品编号
I0004：产品单位	I0009：入库数量
I0005：产品单价	

表 15-7 出库单的数据结构

出库单的数据结构	
简述：出库单信息	
数据结构组成：DB01＋DB03	
DB01：产品信息	DB03：出库信息
I0001：产品编号	I0010：出库单编号
I0002：产品名称	I0011：出库日期
I0003：产品类型	I0012：出库产品编号
I0004：产品单位	I0013：出库数量
I0005：产品单价	

3. 数据流定义

数据流由一个或一组固定的数据项组成。定义数据流时，不仅要说明数据流的名称、组成等，还应指明它的来源、去向和数据流量等。

表 15-8～表 15-11 列出了本章案例饼干厂产品库存系统中有关入库数据的数据流。

表 15-8 编号为 D01 的数据流

数据流编号	D01
数据流名称	入库单
数据流来源	生产部
数据流去向	入库单审核模块
数据流量	约 30 张/日
高峰流量	约 50 张/日
数据项组成	入库单编号＋入库日期＋入库数量＋产品编号＋产品名称＋产品单价＋产品单位
简述	生产部开出的入库单，需要经过入库单审核模块的审核

表 15-9　编号为 D02 的数据流

数据流编号	D02
数据流名称	合格入库单
数据流来源	入库单审核模块
数据流去向	入库单添加模块
数据流量	约 30 张/日
高峰流量	约 50 张/日
数据项组成	入库单编号＋入库日期＋入库数量＋产品编号＋产品名称＋产品单价＋产品单位
简述	经入库单审核合格的入库单,将进入入库单添加模块,添加该入库单

表 15-10　编号为 D03 的数据流

数据流编号	D03
数据流名称	不合格入库单
数据流来源	入库单审核模块
数据流去向	生产部
数据流量	1 张/周
高峰流量	2 张/周
数据项组成	入库单编号＋入库日期＋入库数量＋产品编号＋产品名称＋产品单价＋产品单位
简述	经审核不合格的入库单,返回生产部,修改

表 15-11　编号为 D04 的数据流

数据流编号	D04
数据流名称	入库数据
数据流来源	入库单添加模块
数据流去向	入库数据表(入库台账)
数据流量	约 30 笔/日
高峰流量	约 50 笔/日
数据项组成	入库单编号＋日期＋产品代码＋产品名称＋入库数量＋单价＋产品单位＋入库车间＋经手人
简述	入库员输入入库数据之后,入库数据将存储在后台入库数据表中

4. 数据存储定义

数据流反映了系统中流动的数据,表现出动态数据的特征;数据存储反映系统中静止的数据,表现出静态数据的特征。数据存储是数据结构停留或保存的地方,也是数据流的来源和去向之一。

对数据存储的描述通常包括以下内容:数据存储名,说明,编号,流入的数据流,流出的数据流,组成(数据结构,数据量,存取方式)。其中,“数据量”指每次存取多少数据,每天(或每小时、每周等)存取几次等信息。“存取方式”是指批处理,还是联机处理;是检索还是更新;是顺序检索还是随机检索等。

例如,在本章的某饼干厂产品库存系统中,与入库数据相关的数据存储是“入库信息表”,在表15-12中列出该数据存储的定义信息。

表15-12　编号为DB02的数据存储定义

数据存储编号	DB02
数据存储名称	入库信息表
说明	用来存储与入库单相关的数据
数据组成	入库单编号＋入库日期＋入库产品编号＋入库数量
数据量	30～50次/日
数据来源	入库单审核模块
数据流向	入库单和库存数据查询模块
相关联的处理	P01,P02,P03,P04,P05

5. 处理逻辑定义

处理逻辑的定义仅对数据流程图中最底层的处理逻辑加以说明。通常包括以下内容:处理逻辑编号,处理逻辑名,说明,输入的数据流,输出的数据流,处理频次,处理具体过程。其中,“说明”中主要说明该处理过程的功能及处理要求。功能是指该处理过程用来做什么(而不是怎么做);处理要求包括处理频度要求,如单位时间里处理多少事务,多少数据量,响应时间要求等,这些处理要求是后面物理设计的输入及性能评价的标准。

表15-13和表15-14列出了本章案例中编号为P01和P02的处理逻辑定义。

表15-13　编号为P01的处理逻辑定义

数据逻辑编号	P01
处理逻辑名称	计算某产品某月的入库数量
说明	用户选择特定产品和特定月,计算该产品该月的入库数量
输入的数据流	特定产品和月份,来自界面用户输入;产品的入库信息,来自入库信息表DB02;产品的其他信息(产品名称等),来自产品信息表DB01
输出的数据流	用户查询产品某月的入库数量,用户界面显示,或者写入库存月报表等相关报表
处理过程	将查询出的符合条件的记录的入库数量求和,输出
处理频率	统计员根据管理者要求进行查询,最少1次/月

表15-14　编号为P02的处理逻辑定义

处理逻辑编号	P02
处理逻辑名称	统计和显示特定日期的所有入库记录
说明	用户选择特定日期,查看该日的入库记录
输入的数据流	特定日期,来自界面用户输入;产品的入库信息,来自入库信息表DB02;产品的其他信息(产品名称等),来自产品信息表DB01
输出的数据流	用户查询某特定日期的所有入库记录,从系统界面显示
处理过程	将查询出的符合条件的记录用列表显示在系统界面上
处理频率	统计员根据管理者要求进行查询,通常1次/天

6. 外部实体定义

外部实体的定义包括：外部实体编号，名称，说明，有关数据流的输入和输出等。

本案例中相关的外部实体如表 15-15 所示。

表 15-15　编号为 S01 和 S02 的外部实体定义

外部实体编号	S01	S02
外部实体名称	产品部	销售部
说明	向系统管理员提交入库单	向系统管理员提交出库单
输入的数据流	D03(不合格的入库单)	D07(不合格的出库单)
输出的数据流	D01(未经审核的入库单)	D05(未经审核的出库单)

15.3.4　描述处理逻辑的工具

在数据字典中用卡片方式所描述的处理逻辑，适合于逻辑相对简单的情况。但还有一些逻辑上比较复杂的处理，有必要运用一些描述处理逻辑的工具来加以说明。通常可以用判断树、判断表或结构表示法等方式来描述相对复杂的处理逻辑。

例如，在本案例中关于库存提醒的处理，用判断树的方式来描述就比较合适。图 15-4 是该处理的判断树描述。

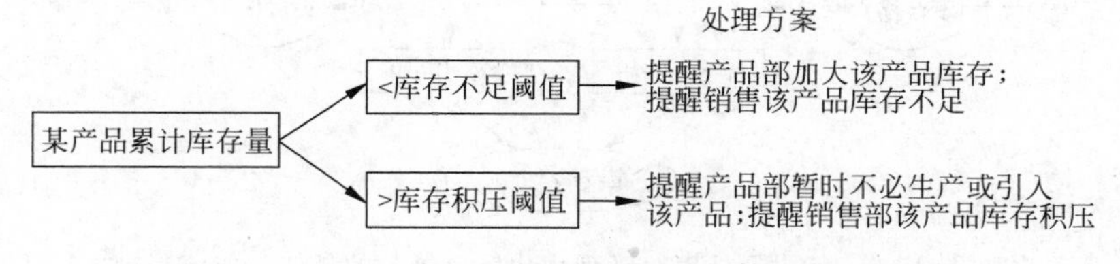

图 15-4　某饼干厂产品库存系统的库存提醒处理逻辑

15.4　某饼干厂产品库存系统的业务流程优化分析及可行性研究

15.4.1　库存管理人员的角色分工优化和流程分析

基于图 15-1 的业务流程分析，原手工模式下库存管理的工作主要由审核员、记账员和统计员三类工种完成。经过对业务流程的调查分析，在建立饼干厂产品库存系统之后，由于饼干厂产品库存系统大大简化了记账员和统计员的工作，三类工种可以精简为两类，审核员保留，所以记账员和统计员可以缩减为一人（即库存管理员）进行。各类人员的分工如图 15-5 所示。

图 15-5　某饼干厂库存管理人员的角色分工

1. 审核员的具体工作流程

审核员主要负责入库单和出库单的查询和审核，这项工作主要由审核员人工完成，辅助以库存管理信息系统中的出入库查询功能。

入库单和出库单审核的具体流程如图 15-6 所示。

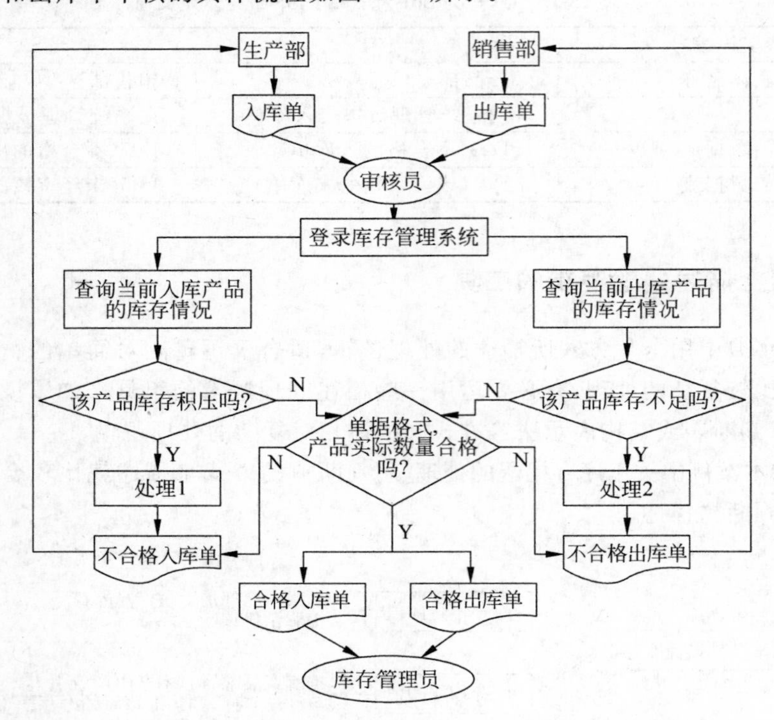

图 15-6 某饼干厂库存管理优化后审核员的具体工作流程

对于生产部送来的入库单，审核员首先登录饼干厂产品库存系统，查询当前入库产品的库存情况，若该产品存在库存积压，应当进行处理 1，即通知生产部门该产品已经库存积压，不宜生产；同时通知销售部门该产品库存积压，应当积极组织销售。若该产品不存在库存积压，则人工检查入库单的数据格式以及产品数量等，若没有问题，则作为合格入库单，交由库存管理员进行入库处理。若格式不合格，则指出问题，作为不合格入库单，返回生产部门。

对于销售部送来的出库单，进行类似处理。其中处理 2，是指通知销售部该产品库存不足，不能提货；并通知生产部积极组织生产。

2. 库存管理员的具体工作流程

库存管理员主要负责日常产品库存的录入、查询和统计工作。在没有开发饼干厂产品库存系统之前，这项工作繁重而容易出错，库存管理员不得不操作大量的库存单据，并进行大量的统计工作。而饼干厂产品库存系统则能够帮助库存管理员完成其中的大部分查询和统计工作。

库存管理员首先要面对的是从审核员处传来的合格入库单和出库单，登录饼干厂产品库存系统，进行入库单和出库单的录入工作。之后，入库和出库数据将被自动添加入后台数据库中。

对于其他的日常库存查询和统计工作，库存管理员只需要操作饼干厂产品库存系统中的相关功能，系统能够自动显示查询结果，并进行报表打印输出。主要的查询包括：输入产品编号，查询某产品的所有入库(出库)信息；输入日期，查询某天所有的入库(出库)信息，查询某产品某月的入库(出库)信息。主要的报表包括：产品收发存汇总表，产品库存月报表等。

15.4.2　饼干厂产品库存系统的可行性分析

可行性分析的目的是，通过对项目进行调查研究，做出该项目可行与否的决策。本饼干厂产品库存系统的可行性分析的研究结果是，系统具备可行性，从4个方面分析。

(1) 管理可行性。从企业管理的角度，该饼干厂的管理人员已经获得共识，为了提高库存管理的效率，更有效组织企业的生产和销售，减轻库存管理人员的工作压力，建立库存管理信息系统迫在眉睫。并且，相关的业务单据都已归类整理。因此，该系统从管理层面具有可行性。

(2) 经济可行性。企业已经进行了项目审批，获得了资金的支持。

(3) 技术可行性。从技术上，基于B/S结构建立库存管理信息系统和进行数据访问的技术已经比较成熟，技术人员能够在企业需要的时间内设计并开发出这款库存管理信息系统。

(4) 操作可行性。从企业操作人员的素质来看，审核员和库存管理员都已经具有一定的计算机操作和统计技能，对于新的系统，只需要进行短期培训，就能够胜任工作。

小　结

本章在介绍了某饼干厂产品库存系统背景的基础上，先后进行了该饼干厂产品库存系统的业务流程分析、系统需求分析及可行性研究。在业务流程分析中，着重分析了现状及其存在的问题；在系统需求分析中，进行了角色与功能设计；在可行性研究中进行了基于信息技术支持的业务流程优化方案分析。在此基础之上，进行饼干厂产品库存系统设计，以及饼干厂产品库存系统开发与测试的工作。

第16章 某饼干厂产品库存系统设计

16.1 某饼干厂产品库存系统的总体功能

库存管理系统是一个企业、单位不可缺少的部分，它的内容对于企业的决策者和管理者来说都是至关重要的。

库存管理系统的主要功能如下。

（1）入库、出库单的添加录入功能。

（2）入库、出库和库存情况的查询和统计功能。

（3）库存管理功能，控制和保证货物库存数量控制在最佳状态。在库存管理系统的帮助下，管理部门可通过库存信息决定采购或销售计划，既可以保证日常的生产不至于因为原材料不足而导致停产，确保生产顺利进行，也可以使企业不会因原材料的库存数量过多而积压企业的流动资金，从而提高企业的经济效益。

（4）其他功能，比如系统数据维护、管理员信息维护等。

具体的业务流程详见图15-1。

16.2 某饼干厂产品库存系统总体架构设计

图16-1是根据某饼干厂产品库存系统的总体功能所做的总体架构设计。从中可以看出，该饼干厂产品库存系统一共由6部分组成，分别为入库单部分、出库单部分、库存管理部分、产品信息维护部分、管理员信息维护部分和报表打印部分。其中，入库单部分又包括添加入库单、删除入库单和查询入库单；出库单部分又包括添加出库单、删除出库单

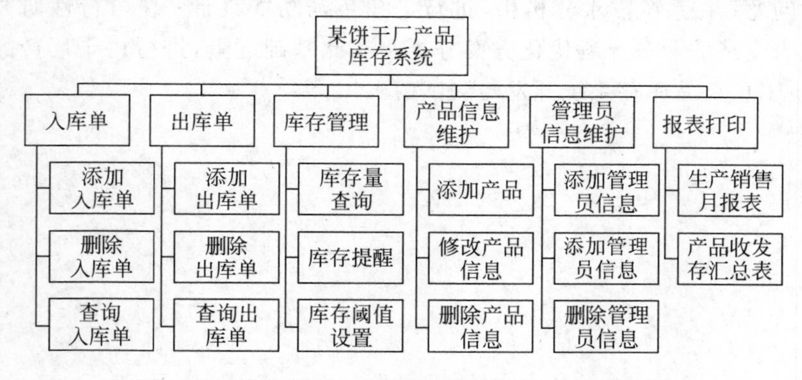

图16-1 某饼干厂产品库存系统的总体架构设计图

和查询出库单；库存管理部分包括库存量查询、库存提醒和库存阈值设置；产品信息维护部分包括添加产品信息、修改产品信息和删除产品信息；管理员信息维护部分包括添加管理员信息、修改管理员密码和删除管理员信息；报表打印部分包括生产销售月报表和产品收发存汇总表。

16.3　某饼干厂产品库存系统功能模块和流程设计

设计是以原系统业务流程和数据流程为依据的。某饼干厂产品库存系统的功能模块结构设计如图 16-2 所示。

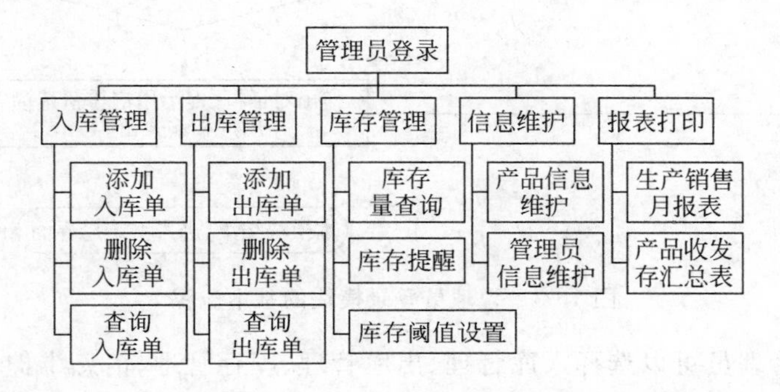

图 16-2　某饼干厂产品库存系统的功能模块结构图

从图 16-2 可以看出，某饼干厂产品库存系统一共有 6 个功能模块，分别是管理员登录、入库管理、出库管理、库存管理、信息维护和报表打印模块，其中又划分为 13 个子模块。入库管理包括添加入库单、删除入库单和查询入库单三个子模块；出库管理包括添加出库单、删除出库单和查询出库单三个子模块；库存管理包括库存量查询、库存提醒和库存阈值设置三个子模块；信息维护部分包括产品信息维护和管理员信息维护两个子模块；报表打印包括生产销售月报表和产品收发存汇总表两个子模块。

16.3.1　管理员登录模块

开启系统后，首先进入管理员登录模块。管理员登录模块的基本流程如图 16-3 所示。

进入系统后，弹出“管理员登录”对话框。

(1) 系统将从后台数据库中读取 adminInfo 表中的管理员名称，初始化界面中的管理员名称列表框。

(2) 用户从管理员名称列表框中选择管理员名称，然后输入管理员密码，单击“确定”按钮。

(3) 系统将根据用户选择的管理员名称，从后台数据库 adminInfo 表中找到该名称对应的管理员密码，然后判断该密码与用户输入的密码是否一致，若不一致，则弹出对话框，提示用户重新选择用户名或输入密码；若一致，则本模块结束，直接进入系统总界面。

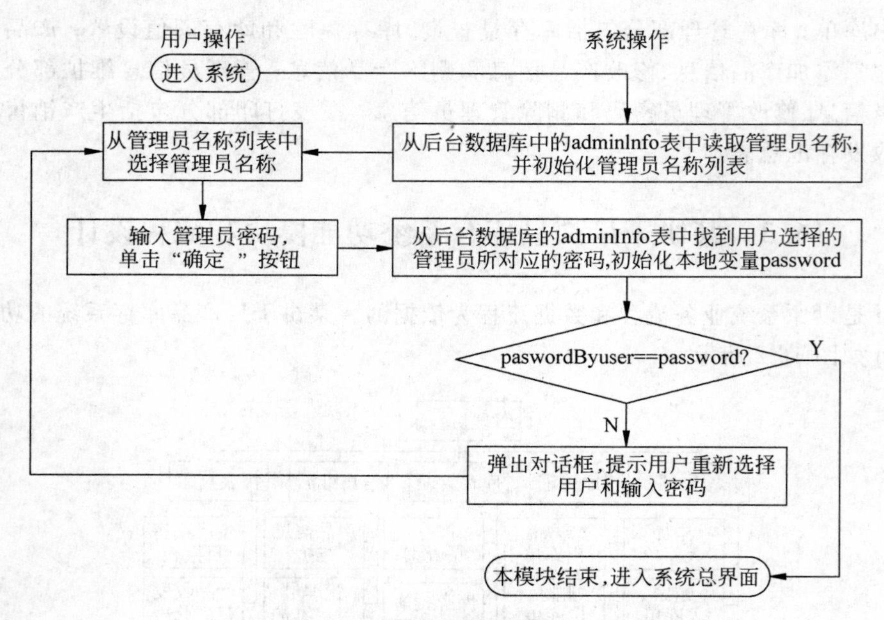

图 16-3 管理员登录模块的基本流程

总界面中,管理员可以选择入库管理、出库管理、库存管理、信息维护和报表打印等功能,进入相应模块进行操作。

16.3.2 入库管理模块

入库管理模块的操作包括添加入库单,查询入库单,删除入库单;对应操作的后台数据库表为 rukudan。

1."添加入库单"子模块

该子模块的功能是:经过审核员检查合格的入库单,将交给库存管理员进行入库单的录入添加。添加后的记录将存储在 rukudan 表中。

"添加入库单"子模块的基本流程如图 16-4 所示。

从图 16-4 中可以看出,在"添加入库单"子模块中,用户(管理员)的操作已经非常简化。管理员只需要登录入库单添加模块,从产品名称列表中选择入库产品,在入库数量文本框中输入入库数量,入库日期自动生成为当前日期,若入库日期不是当前日期,则管理员可以修改入库日期。然后,单击"添加"按钮,当系统对当前输入格式校验合格后,弹出对话框询问是否确认添加,管理员检查确认后,该入库单将自动添加到后台数据库的 rukudan 表中。

这里要说明一点,存储入库信息时,产品名称并不是 rukudan 表中的一个数据项,rukudan 表中只有产品编号这个字段,因此,中间还需要与 productInfo 表的一个复合查询操作。为什么这样设计呢?这个问题在 16.3 节会有一个明确的答案。

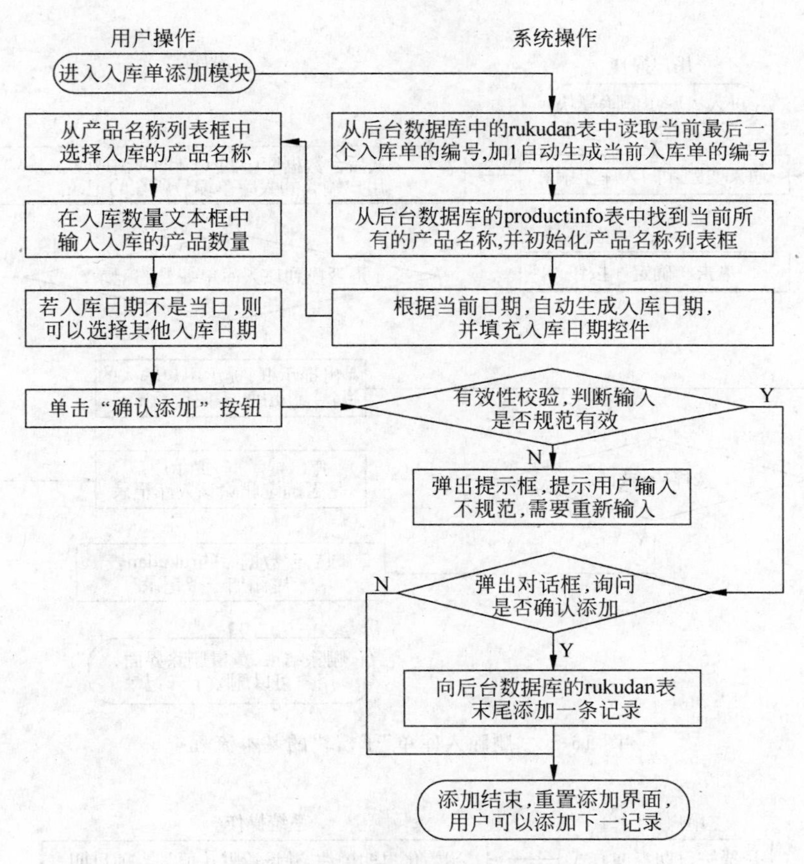

图 16-4　“添加入库单”子模块的基本流程

2.“删除入库单”子模块

“删除入库单”子模块的功能是：删除用户指定编号的入库单。该模块的基本流程如图 16-5 所示。

从图 16-5 中可以看出,在“删除入库单”子模块中,用户(管理员)只需要登录入库单删除模块,输入要删除的入库单编号,单击“确定”按钮,即可删除入库单。

3.“查询入库单”子模块

根据企业对于查询入库单的需求,系统设计了三种查询的方式。

(1) 按日期查询：用户选择某特定日期,即可查出该日期的某个或若干个入库单。其流程如图 16-6 所示。

(2) 按入库单编号查询：用户输入特定的入库单编号,即可看到该入库单的详细信息。其基本流程如图 16-7 所示。

(3) 按特定产品查询：用户选择某特定产品名称,即可查出该产品的所有入库单。其基本流程如图 16-8 所示。

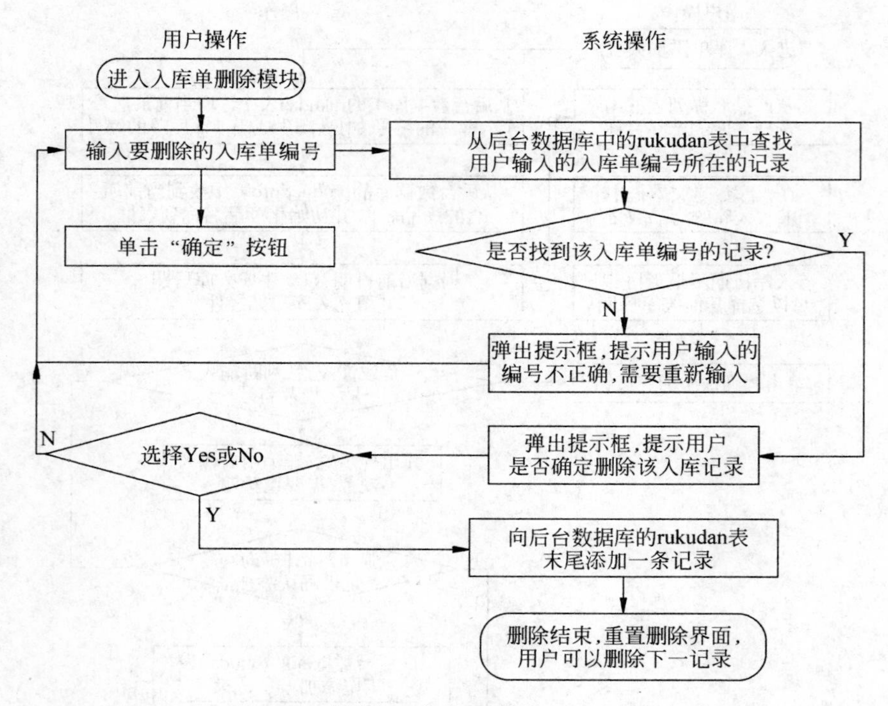

图 16-5 “删除入库单”子模块的基本流程

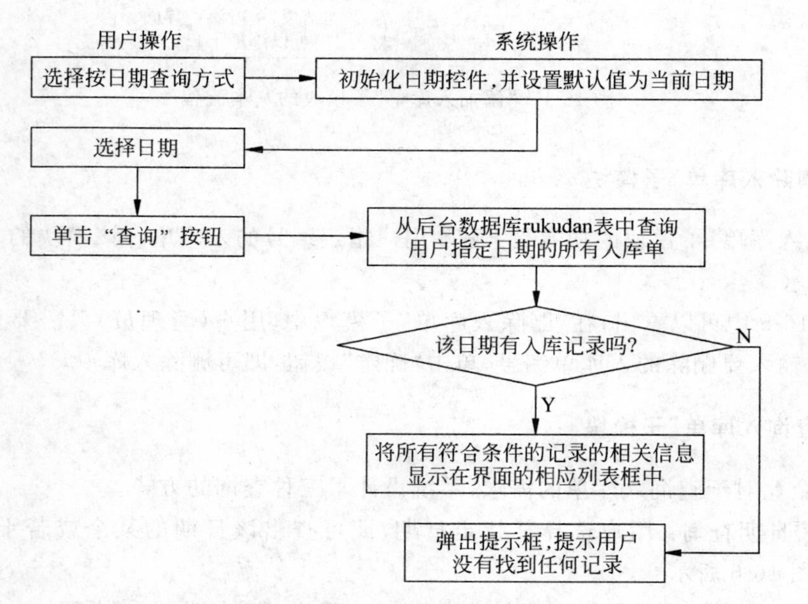

图 16-6 按日期查询入库单的基本流程

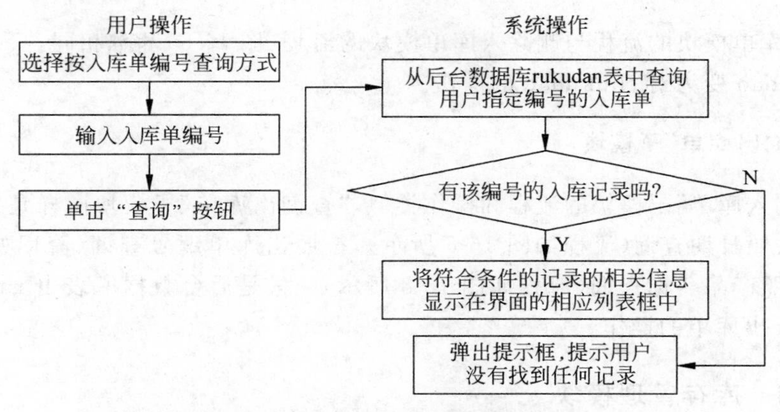

图 16-7 按入库单编号查询的基本流程

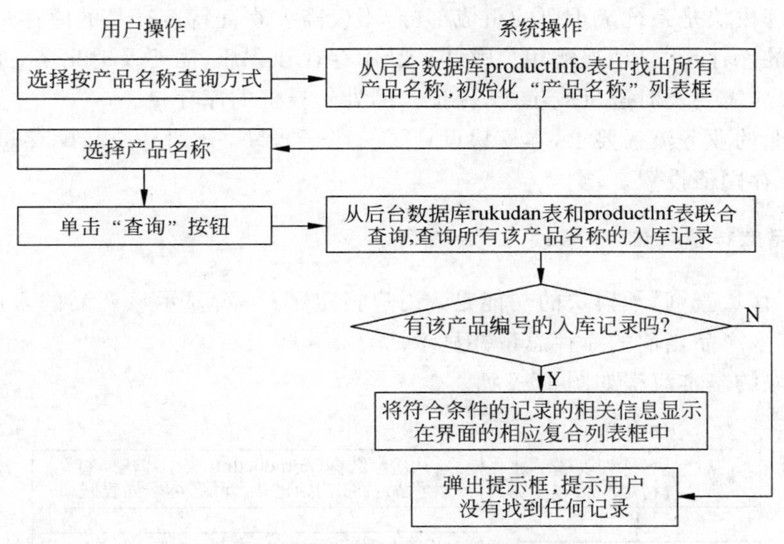

图 16-8 按产品名称查询的基本流程

16.3.3 出库管理模块

出库管理模块的操作包括添加出库单,查询出库单,删除出库单;对应操作的后台数据库表为 chukudan。

1. “添加出库单”子模块

“添加出库单”子模块的功能是:经过审核员检查合格的出库单,将交给库存管理员进行出库单的录入添加。添加后的记录将存储在 chukudan 表中。

添加出库单模块的流程与添加入库单模块的流程(图 16-4)基本相同,只是后台数据库表由 rukudan 变为对 chukudan 的操作。

2. “删除出库单”子模块

“删除出库单”子模块的功能是:删除特定编号的出库单。

删除出库单模块的流程与删除入库单模块的流程(图 16-5)基本相同,只是后台数据库表由 rukudan 变为对 chukudan 的操作。

3. “查询出库单”子模块

与“查询入库单”子模块的流程和操作类似,“查询出库单”子模块同样是按照三种查询方式,即按照日期查询(流程如图 16-6 所示),按照出库单编号查询(流程如图 16-7 所示),以及按照产品名称查询(流程如图 16-8 所示)。只是后台数据库表由 rukudan 变为对 chukudan 出库单的操作。

16.3.4 库存管理模块

库存管理模块是系统最重要的组成部分,不仅需要查询特定产品的库存量,还需要根据当前产品的库存量,自动提醒用户哪些产品库存存在积压,需要及时出货;而哪些产品库存存在不足,需要及时进货或生产,保证产品处于最佳的库存量。

根据企业的业务流程要求,本模块设计了三个子模块,分别是产品库存量查询,库存提醒,以及库存阈值设置。

1. “产品库存量查询”子模块

“产品库存量查询”子模块的功能是:用户指定某产品,显示该产品的入库记录和出库记录,计算该产品当前的库存总量并显示。

该子模块的基本流程如图 16-9 所示。

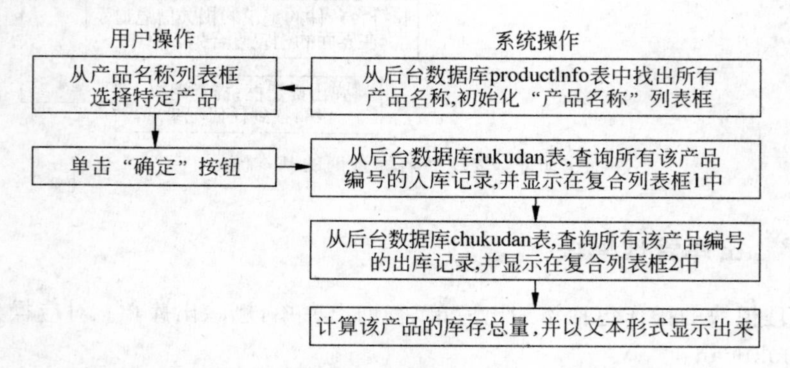

图 16-9 “产品库存量查询”子模块的基本流程

本模块中,用户只需要从产品名称列表框中选择要查询的特定产品,该产品的所有入库记录、出库记录和库存量将立即显示出来。需要补充说明的是,该产品可能没有找到任何入库或出库记录,此时,系统会弹出提示框,提示用户该产品无入库或出库记录。

2. “库存提醒”子模块

“库存提醒”子模块的功能是:计算每种产品的库存量,将所有当前库存积压和库存不足的产品名称和产品库存量显示出来。该子模块的基本流程如图 16-10 所示。

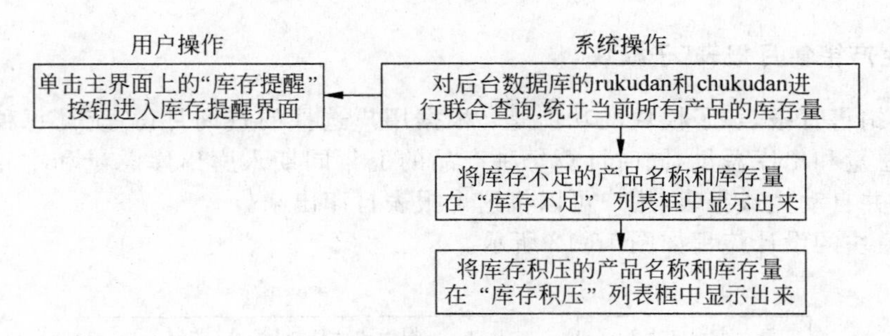

图 16-10　"库存提醒"子模块的基本流程

如何判断某种产品是否库存积压或库存不足呢？图 16-11 给出了详细的循环判断和显示库存积压和库存不足产品的流程图。其中，i 为循环变量，kucun[i]为双精度型数组，highThres 是保存库存积压阈值的长整型变量；lowThres 是保存库存不足阈值的长整型变量；productNumber 是保存当前有多少种产品的长整型变量。

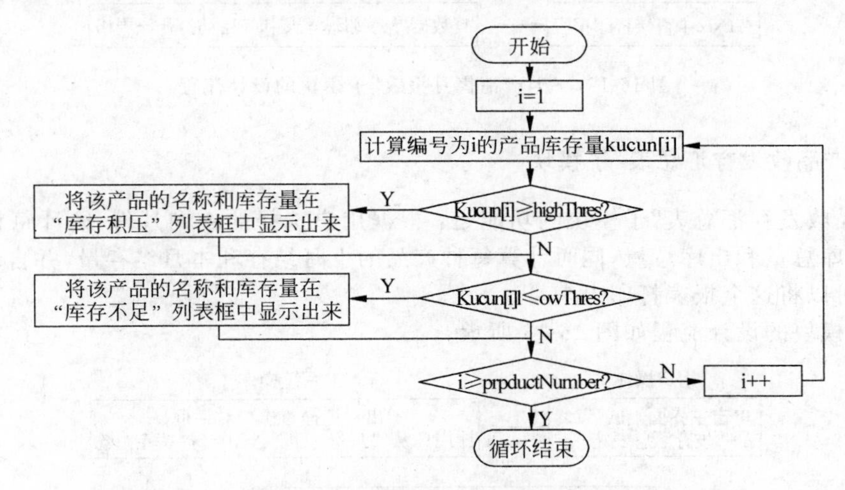

图 16-11　判断和显示产品库存不足和库存积压的流程图

3. "库存阈值设置"子模块

"库存阈值设置"子模块的功能是：修改库存积压阈值和库存不足阈值。系统初始化后，会有一个默认的库存积压阈值和库存不足阈值，用户可以根据自己的需求对这两个阈值进行修改。根据企业要求，系统并不针对每个产品设定单独的阈值，而是默认各类产品的库存积压阈值和库存不足阈值是相同的。当然，也存在一种可能性，就是每个产品根据其特点都有不同的阈值，那么这个阈值就需要添加在 productInfo 表中了。

16.3.5　报表打印模块

根据企业的业务流程分析，该企业会按月打印两种类型的报表，一类叫"生产销售月报表"，一类叫"产品收发存汇总表"。因此，系统在该模块设计了两个子模块，分别用来生成和打印这两类报表。

1.“生产销售月报表”子模块

“生产销售月报表”子模块的功能是：根据用户选择的查询月份，统计每种产品在该月的入库总量和出库总量，同时计算每种产品的上年同期入库出库总量和本年累计入库出库总量，并自动生成报表，用户可以将这个报表打印出来。

该子模块的设计流程如图 16-12 所示。

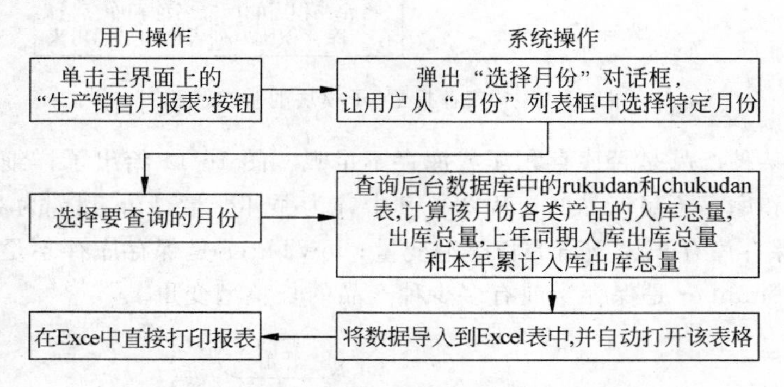

图 16-12 “生产销售月报表”子模块的设计流程

2.“产品收发存汇总表”子模块

“产品收发存汇总表”子模块的功能是：根据用户选择的查询月份，统计每种产品在该月的入库总量和出库总量，同时计算每种产品的上月结存和本月结存量，并自动生成报表，用户可以将这个报表打印出来。

该子模块的设计流程如图 16-13 所示。

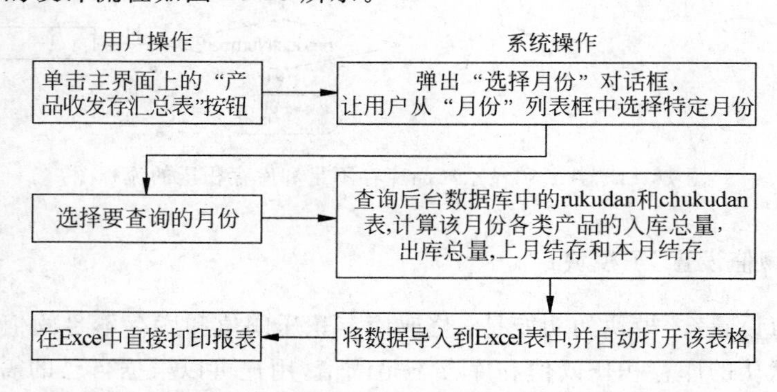

图 16-13 “产品收发存汇总表”子模块的设计流程

16.3.6 信息维护模块

信息维护模块主要针对两类信息进行维护，一是产品信息；二是管理员信息。

1.“产品信息维护”子模块

“产品信息维护”子模块的功能如下。

(1) 添加产品，包括产品的相关信息。

（2）修改产品信息。

添加产品信息的流程图如图 16-14 所示；修改产品信息的流程图如图 16-15 所示。

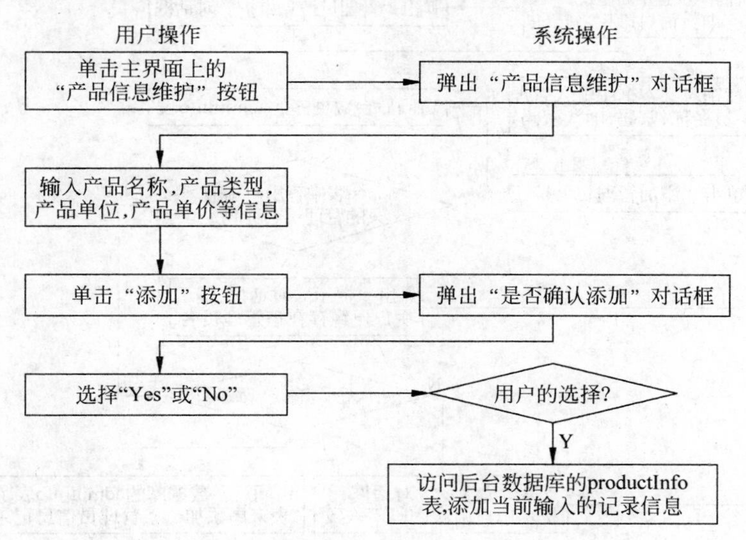

图 16-14　添加产品信息的流程图

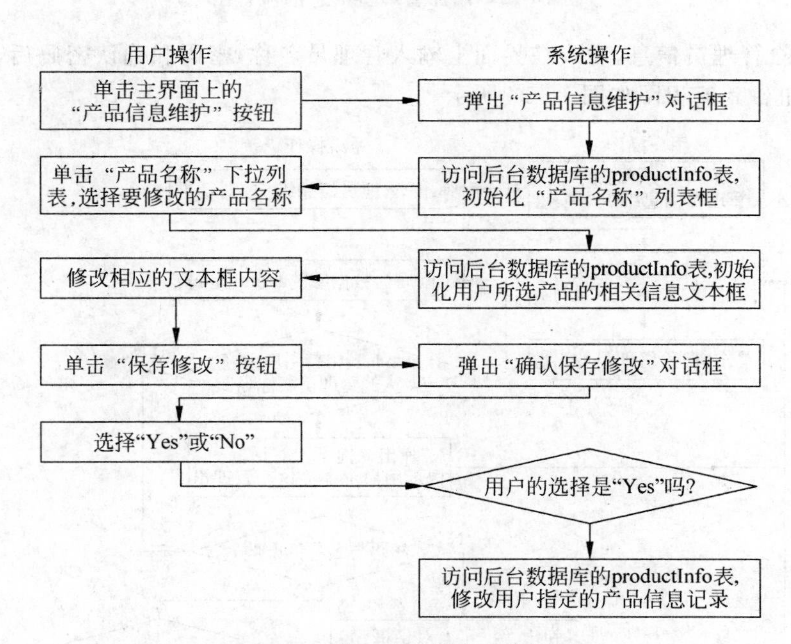

图 16-15　修改产品信息的流程图

2. “管理员信息维护”子模块

“管理员信息维护”子模块的功能如下。

（1）添加管理员信息，用户在界面上输入管理员名称，密码和确认密码后，单击“添加管理员”按钮。其流程图如图 16-16 所示。

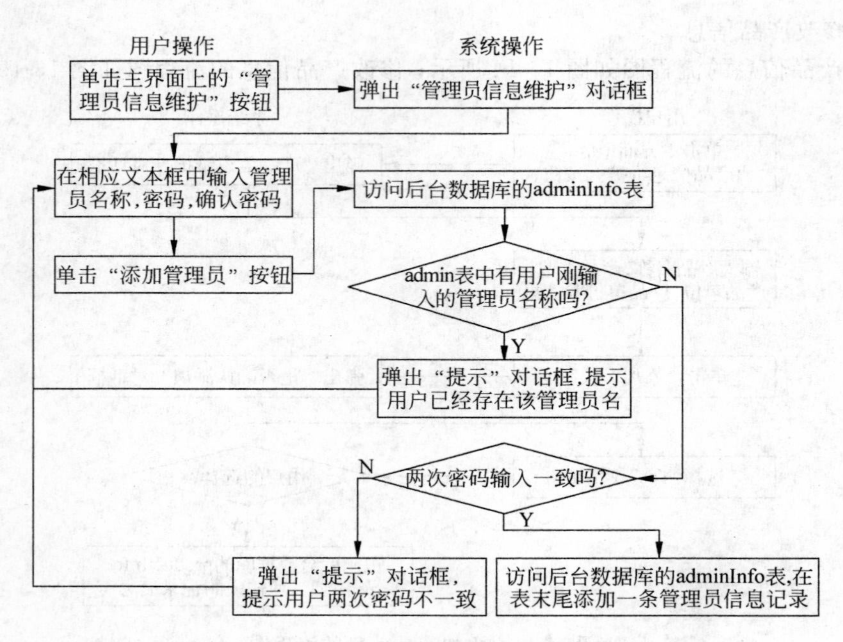

图 16-16　添加管理员信息的流程图

(2) 删除管理员信息,用户在界面上输入管理员名称,密码和确认密码后,单击“删除管理员”按钮。其流程图如图 16-17 所示。

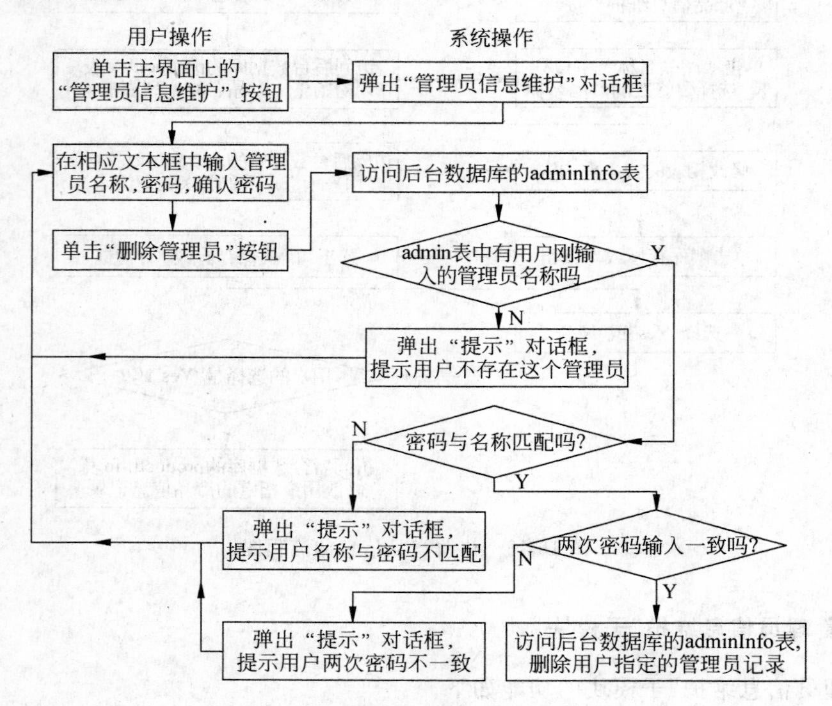

图 16-17　删除管理员信息的流程图

（3）修改管理员信息。用户在界面上选择管理员名称，输入密码和确认密码后，即可修改管理员信息。

16.4　某饼干厂产品库存系统数据库设计

系统的数据查询、添加、删除、统计等操作都直接与后台数据库进行访问交互。

16.4.1　数据库需求分析和概念结构设计

根据第15章中业务流程和数据库的分析，本系统的数据库主要包括以下5个数据库表。

（1）入库单信息表（rukudan），用于存储入库单相关的信息。

（2）出库单信息表（chukudan），用于存储出库单相关的信息。

（3）产品信息表（productInfo），用于存储产品相关的信息。

（4）管理员信息表（adminInfo），用于存储管理员名称和密码信息。

（5）库存阈值信息表（thres），用于存储库存提醒的两个阈值。

16.4.2　数据库的逻辑结构

1. 入库单信息表（rukudan）

入库单信息表（rukudan）的逻辑结构如表16-1所示。

表16-1　入库单信息表的逻辑结构

字 段 名	数 据 类 型	说　明
InputID	文本（UniCode）	入库单编号（自动生成）
InputProductID	长整型	该入库单的产品编号
InputQuantity	长整型	入库的数量
InputDate	时间	入库的日期

2. 出库单信息表（chukudan）

出库单信息表（chukudan）的逻辑结构如表16-2所示。

表16-2　出库单信息表的逻辑结构

字 段 名	数 据 类 型	说　明
OutputID	文本（UniCode）	出库单编号（自动生成）
OutputProductID	长整型	该入库单的产品编号
OutputQuantity	长整型	入库数量
OutputDate	时间	入库日期
OutputPrice	单精度型	出库产品单价

3. 产品信息表(productInfo)

产品信息表(productInfo)的逻辑结构如表 16-3 所示。

表 16-3 产品信息表的逻辑结构

字 段 名	数 据 类 型	说 明
ProductID	整型	产品编号(自动生成)
ProductName	文本(UniCode)	产品名称
ProductType	文本(UniCode)	产品类型
ProductPrice	单精度型	产品单价
ProductDanwei	文本(UniCode)	产品单位：比如千克、箱

4. 管理员信息表(adminInfo)

管理员信息表(adminInfo)的逻辑结构如表 16-4 所示。

表 16-4 管理员信息表的逻辑结构

字 段 名	数 据 类 型	说 明
adminName	文本(UniCode)	管理员名称
Password	文本(UniCode)	管理员密码

5. 库存阈值信息表(thres)

库存阈值信息表(thres)的逻辑结构如表 16-5 所示。

表 16-5 库存阈值信息表的逻辑结构

字 段 名	数 据 类 型	说 明
LowThres	长整型	库存不足阈值(库存量小于该阈值时,说明库存不足)
HighThres	长整型	库存积压阈值(库存量大于该阈值时,说明库存积压)

16.4.3 数据库的 E-R 表述

本数据库的 E-R 图如图 16-18 所示。

16.5 某饼干厂产品库存系统界面设计

16.5.1 管理员登录界面

启动系统后,首先进入管理员登录界面。管理员只有输入正确的管理员名称和密码,

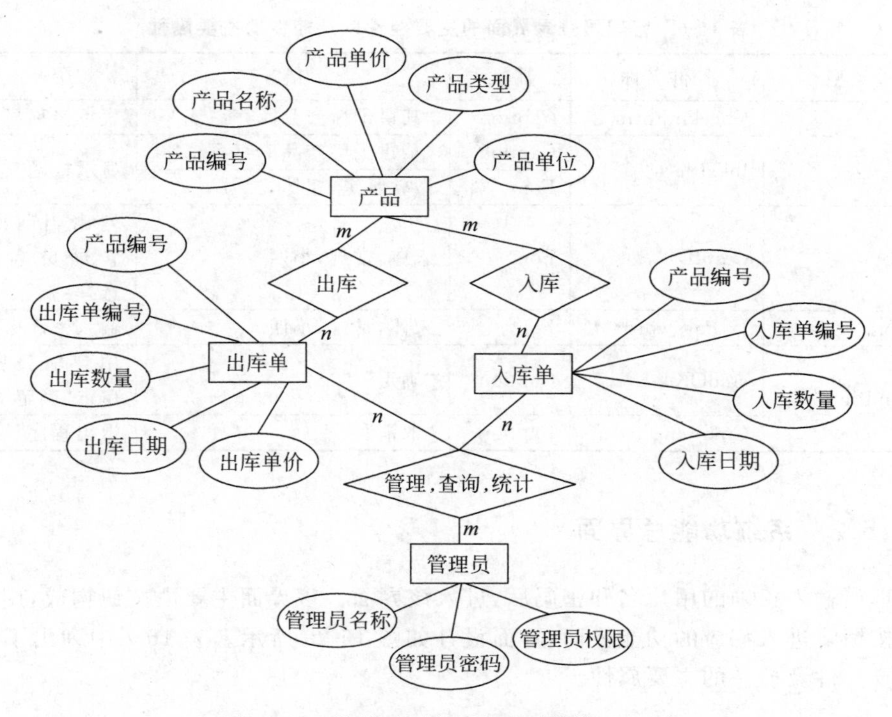

图 16-18　某饼干厂产品库存系统的 E-R 图

才能进入系统管理界面。图 16-19 为管理员登录界面。表 16-6 中列出了该界面中的主要控件及控件的主要属性。

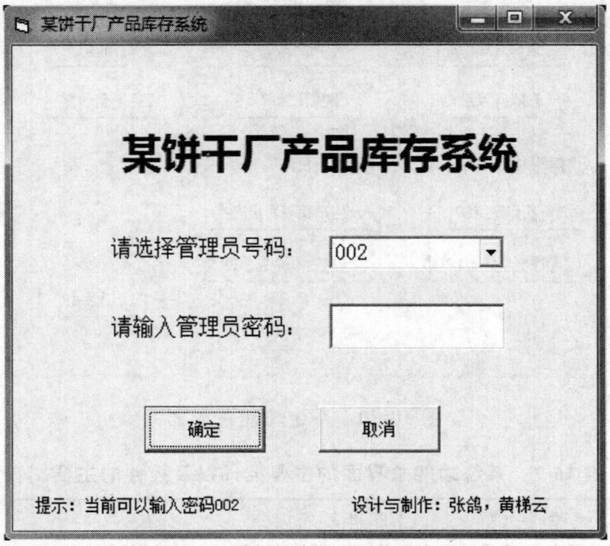

某饼干厂产品库存系统

某饼干厂产品库存系统

请选择管理员号码：002

请输入管理员密码：

确定　取消

提示：当前可以输入密码002　设计与制作：张鸽，黄梯云

图 16-19　管理员登录界面

表 16-6 管理员登录界面的主要控件以及控件的主要属性

控件类型	控件名称	属性	值	用途
Form	CheckinForm	Caption	“某饼干厂产品库存系统”	表单名称显示
Label	lblTitle	Caption	“某饼干厂产品库存系统”	显示标题
		Font	微软雅黑，粗体，二号	
ComboBox	CmbID	Font	宋体，常规，小四	列出当前所有的管理员名称，供选择
TextBox	txtPassword	Font	宋体，常规，小四	输入密码框
CommandButton	cmdOK	Caption	“确定”	用户输完密码后单击“确定”按钮
	CmdCancel	Caption	“取消”	退出程序

16.5.2 系统功能总界面

管理员输入正确的用户名和密码后，进入该界面。该界面主要由按钮构成，用户单击相应的按钮将进入相应的功能界面，界面设计如图 16-20 所示。表 16-7 中列出了该界面中的主要控件及控件的主要属性。

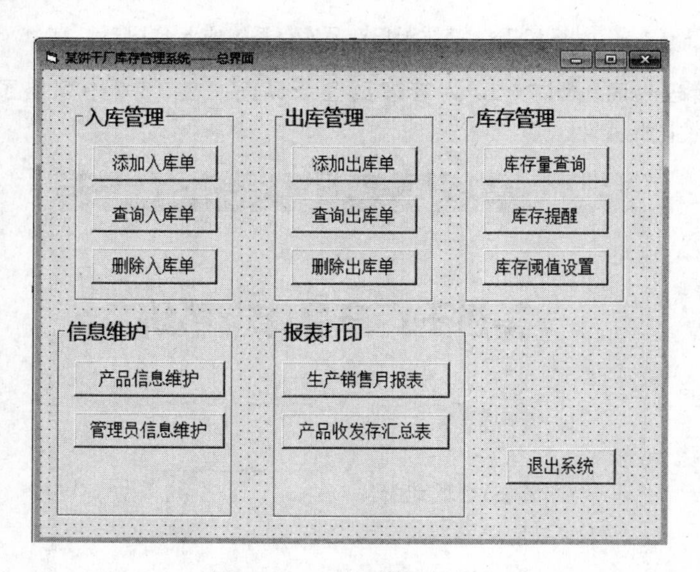

图 16-20 系统功能总界面

表 16-7 系统功能总界面的主要控件以及控件的主要属性

控件类型	控件名称	属性	值	用途
Form	GeneralForm	Caption	“某饼干厂库存管理系统——总界面”	显示表单名称条

续表

控件类型	控件名称	属性	值	用　途
Frame	Frame1	Caption	“入库管理”	显示“入库管理”框
		Font	微软雅黑,常规,四号	
	Frame2	Caption	“出库管理”	显示“出库管理”框
		Font	微软雅黑,常规,四号	
	Frame3	Caption	“库存管理”	显示“库存管理”框
		Font	微软雅黑,常规,四号	
	Frame4	Caption	“信息维护”	显示“信息维护”框
		Font	微软雅黑,常规,四号	
	Frame5	Caption	“报表打印”	显示“报表打印”框
		Font	微软雅黑,常规,四号	
CommandButton	cmExit	Caption	“退出程序”	退出程序
		Font	宋体,常规,小四	

16.5.3　入库管理界面

1.“添加和删除入库”单界面

系统将添加和删除界面统一在一个表单中,如图 16-21 所示。表 16-8 中列出了该界面中的主要控件及控件的主要属性。

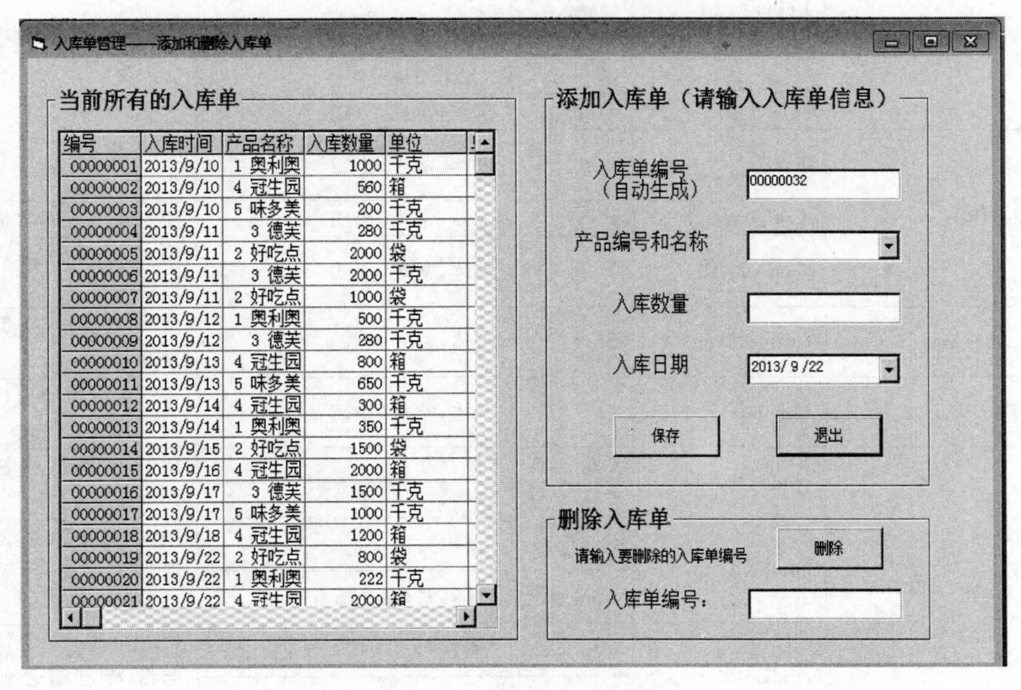

图 16-21　“添加和删除入库单”界面

表 16-8 "添加和删除入库单"界面的主要控件以及控件的主要属性

控件类型	控件名称	属性	值	用途
Form	RukuForm	Caption	"入库单管理——添加和删除入库单"	显示表单名称条
Frame	Frame1	Caption	"当前所有的入库单"	显示"入库管理"框
		Font	宋体,常规,四号	
	Frame2	Caption	"添加入库单(请输入入库单信息)"	显示"添加入库单"框架
		Font	宋体,常规,四号	
	Frame3	Caption	"删除入库单"	显示"删除入库单"框架
		Font	宋体,常规,四号	
MSFlexGrid	Msf1	Font	宋体,常规,五号	显示所有入库单信息
Label	Label1	Caption	"入库单编号(自动生成)"	显示提示信息
		Font	宋体,常规,小四	
	Label2	Caption	"产品编号和名称"	
		Font	宋体,常规,小四	
	Label3	Caption	"入库数量"	
		Font	宋体,常规,小四	
	Label4	Caption	"入库日期"	
		Font	宋体,常规,小四	
	Label5	Caption	"请输入要删除的入库单编号"	
		Font	宋体,常规,小五	
	Label6	Caption	"入库单编号"	
		Font	宋体,常规,小四	
TextBox	TxtID	Font	宋体,常规,小四	入库单编号自动生成
	TxtQuantity	Font	宋体,常规,小四	用户输入入库数量
	TxtDeleteID	Font	宋体,常规,小四	用户输入删除入库单的编号
ComboBox	CmbIdName	Font	宋体,常规,小四	用户选择产品编号和名称
DTPicker	DtRukuTime	Font	宋体,常规,小四	自动生成为当天日期,用户也可修改
CommandButton	cmdSaveAdd	Caption	"保存"	用户单击该按钮保存添加
		Font	宋体,常规,小五	
	cmdExit	Caption	"退出"	用户单击该按钮退出该界面,回到主界面
		Font	宋体,常规,小五	
	cmdDelete	Caption	"删除"	用户单击该按钮删除特定编号的入库单
		Font	宋体,常规,小四	

管理员单击系统功能总界面中的“添加入库单”按钮或者“删除入库单”按钮，均可进入该界面。在如图16-21所示的界面中，左侧的复合列表框中，列出了当前所有的入库单（用户进入该对话框界面时立刻显示）。

要添加入库单，用户只需从下拉列表中选择产品编号和名称，输入入库数量，单击“保存”按钮即可添加。要删除入库单，用户需要输入入库单编号，再单击“删除”按钮即可。

2. “入库单查询”界面

单击总界面上的“查询入库单”按钮进入如图16-22所示的入库单查询界面。

系统提供三种查询方式，查询结果将在右侧列表中列出，若没有找到记录，则列表为空。

(1) 按日期查询，选择某日期，查询某日的入库单。用户从查询日期列表框中选择查询日期，单击右侧“确定”按钮，当日的入库记录将出现在右侧复合列表框中。若没有找到该日记录，则弹出对话框提示没有找到记录。

(2) 按入库单编号查询，查询特定编号的入库单。用户在入库单编号文本框中输入入库单编号，单击右侧“确定”按钮，该入库单编号的记录将显示在右侧复合列表框中。若没有找到该编号记录，则弹出对话框提示没有找到记录。

(3) 按产品查询，查询某个产品的所有入库单。用户在产品编号和名称列表框中选择特定产品，单击右侧“确定”按钮，该产品的相关入库信息将显示在右侧复合列表框中。若没有找到该产品入库记录，则弹出对话框提示没有找到记录。

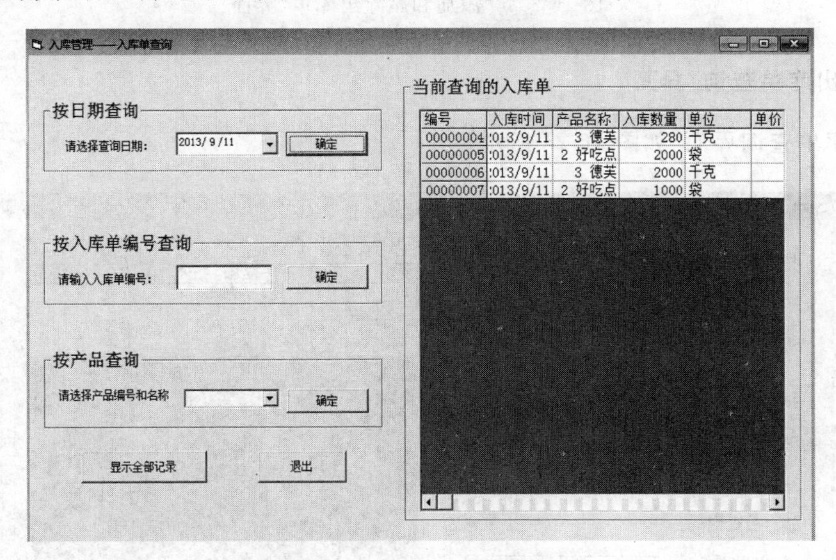

图16-22　“入库单查询”界面

16.5.4　出库管理界面

出库单查询界面的相关信息与入库单查询部分类似，不再赘述。

1. “添加和删除出库单”界面

单击总界面上的“添加出库单”或“删除出库单”按钮进入如图 16-23 所示界面。

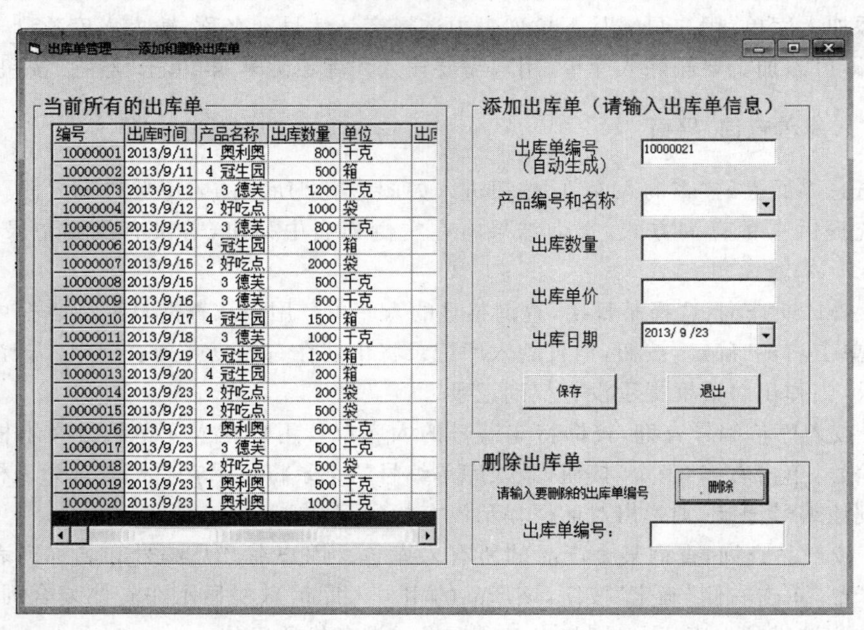

图 16-23 “添加和删除出库单”界面

2. “出库单查询”界面

“出库单查询界面”如图 16-24 所示。

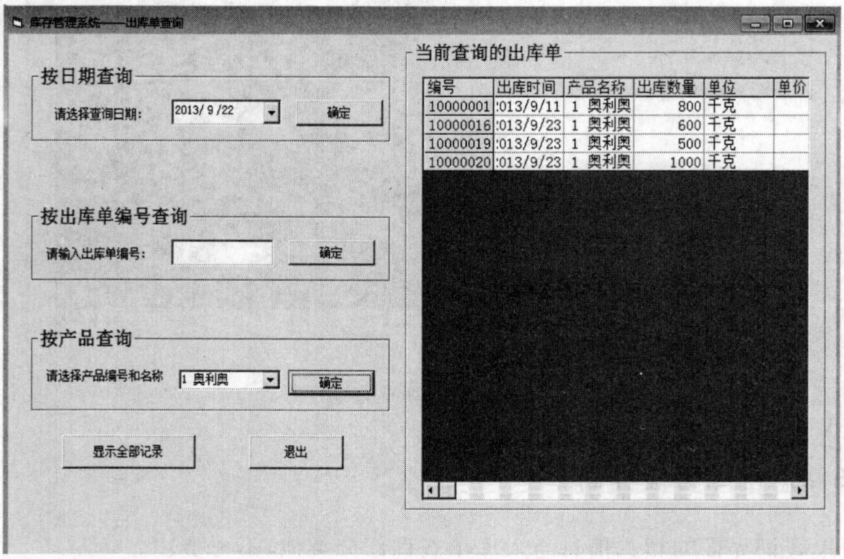

图 16-24 “出库单查询”界面

16.5.5 库存管理界面

1. “库存量查询”界面

单击总界面上的“库存量查询”按钮进入库存量查询界面，可以查询特定产品的入库量、出库量和库存量。图 16-25 为查询某特定产品的结果。表 16-9 中列出了该“库存量查询”界面中的主要控件及控件的主要属性。

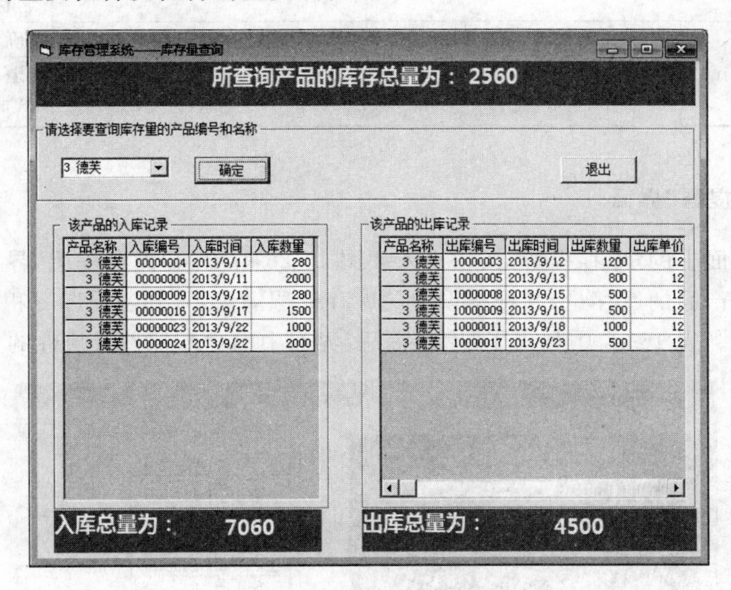

图 16-25 “库存量查询”界面

表 16-9 “库存量查询”界面的主要控件以及控件的主要属性

控件类型	控件名称	属性	值	用　途
Form	KucunQueryFrm	Caption	“库存管理系统——库存量查询”	显示表单名称条
Label	lblKucun	Caption	“所查询产品的库存总量为：”	显示库存总量
		Font	微软雅黑，粗体，小三	
	lblRuku	Caption	“入库管理”	显示入库总量
		Font	微软雅黑，常规，四号	
	lblChuku	Caption	“库存管理”	显示出库总量
		Font	微软雅黑，常规，四号	
		Font	微软雅黑，常规，四号	
Frame	Frame1	Caption	“请选择要查询库存量的产品编号和名称”	显示库存总量
	Frame2	Caption	“该产品的入库记录”	入库管理框
	Frame3	Caption	“该产品的出库记录”	出库管理框

续表

控件类型	控件名称	属性	值	用途
MSFlexGrid	MSFruku	Font	宋体,常规,小五	显示查询到的入库总量
	MSChuku	Font	宋体,常规,小五	显示查询到的出库总量
ComboBox	CmbIdname	Font	宋体,常规,小五	显示产品编号和名称
CommandButton	CmdOK	Font	宋体,常规,小五	"确定"按钮
	CmdExit	Font	宋体,常规,小五	"退出"按钮,返回主页面

2. "库存提醒"界面

单击总界面上的"库存提醒"按钮进入如图 16-26 所示的"库存提醒"界面。程序自动计算当前所有产品的库存量,并根据设置的库存提醒阈值,告知当前库存积压的商品和库存不足的商品。表 16-10 中列出了"库存提醒"界面中的主要控件及控件的主要属性。

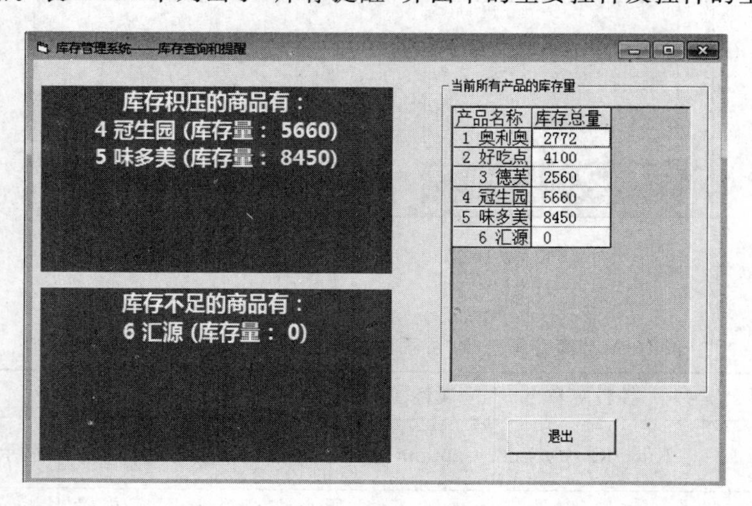

图 16-26 "库存提醒"界面

表 16-10 "库存提醒"界面的主要控件以及控件的主要属性

控件类型	控件名称	属性	值	用途
Form	KucunRemindFrm	Caption	"库存管理系统——库存查询和提醒"	显示表单名称条
Label	lblJiya	Caption	"所查询产品的库存总量为:"	显示库存积压的商品
		Font	微软雅黑,粗体,小三	
	lblBuzu	Caption	"出库管理"	显示库存不足的商品
		Font	微软雅黑,粗体,小三	

续表

控件类型	控件名称	属性	值	用　　途
Frame	Frame1	Caption	“当前所有产品的库存量”	库存量提示框
MSFlexGrid	MSFKucun	Font	宋体，常规，小四	显示查询到的库存量
CommandButton	CmdExit	Font	宋体，常规，小五	返回主页面

3. “库存阈值设置”界面

单击总界面上的“库存阈值设置”按钮进入如图 16-27 所示的“库存阈值设置”界面。用户可以根据自己的需要设定阈值。该阈值信息存储在后台数据库的 thres 表中。表 16-11 中列出了“库存阈值设置”界面中的主要控件及控件的主要属性。

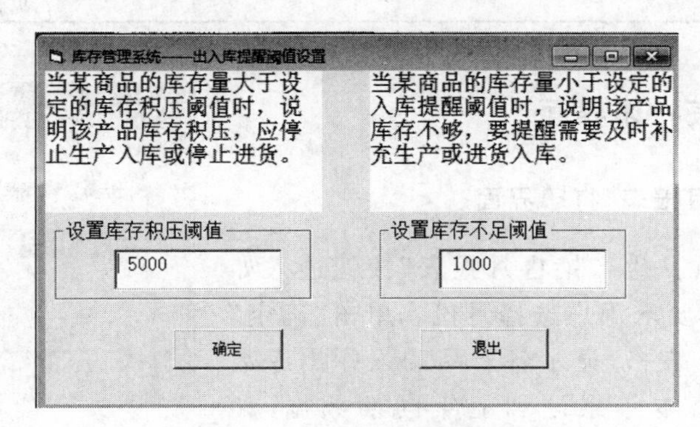

图 16-27　“库存阈值设置”界面

表 16-11　“库存阈值设置”界面的主要控件以及控件的主要属性

控件类型	控件名称	属性	值	用　　途
Form	ThresSetFrm	Caption	“库存管理系统——出入库提醒阈值设置”	显示表单名称条
Label	Label1	Caption	“当某商品的库存量大于设定的库存积压阈值时，说明该产品库存积压，应停止生产入库或停止进货。”	解释库存积压阈值
		Font	宋体，常规，四号	
	Label2	Caption	“当某商品的库存量小于设定的入库提醒阈值时，说明该产品库存不够，要提醒需要及时补充生产或进货入库。”	解释库存不足阈值
		Font	宋体，常规，四号	

续表

控件类型	控件名称	属性	值	用　途
Text	txtJiya	Font	宋体,常规,小四	让用户输入"库存积压阈值"
	txtBugou	Font	宋体,常规,小四	让用户输入"库存不足阈值"
Frame	Frame1	Caption	"设置库存积压阈值"	设置库存积压阈值提示框
	Frame2	Caption	"设置库存不足阈值"	设置库存不足阈值提示框
CommandButton	CmdOK	Font	宋体,常规,小五	"确定"按钮
	CmdExit	Font	宋体,常规,小五	"退出"按钮,返回主页面

16.5.6 报表打印界面

1. "生产销售月报表"打印界面

单击总界面上的"生产销售月报表"按钮进入如图 16-28 所示界面,要求用户选择月份。单击"确定"按钮后,进入 Excel 表格,显示各产品的入库出库数据,包括本月实际、本年累计和上年同期数据,如图 16-29 所示,可以直接从 Excel 打印。

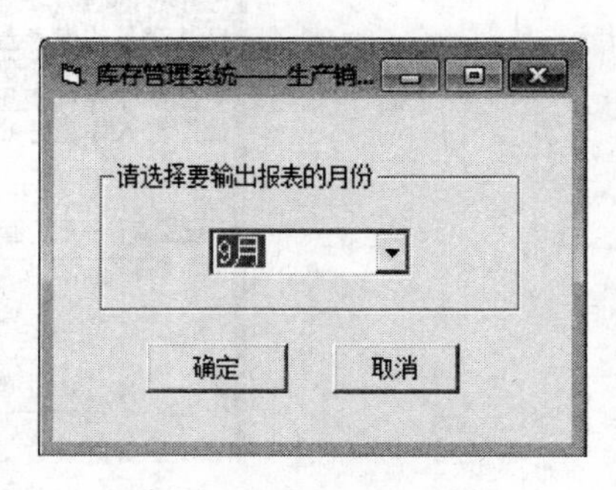

图 16-28　选择报表月份

生产销售月报表							
2013年 9月							
项目	单位	生产入库数量			销售出库数量		
		本月实际	本年累计	上年同期	本月实际	本年累计	上年同期
产品总量		38542	39542		16000	16000	
奥利奥	千克	4672	5672	0	2900	2900	0
好吃点	袋	8300	8300	0	4200	4200	0
德芙	千克	7060	7060	0	4500	4500	0
冠生园	箱	10060	10060	0	4400	4400	0
味多美	千克	8450	8450	0	0	0	0
汇源	箱	0	0	0	0	0	0

图 16-29　特定月份的入库出库月报表

2. "生产收发存汇总表"打印界面

单击总界面上的"产品收发存汇总表"按钮进入如图 16-28 所示界面,要求用户选择月份。单击“确定”按钮后，进入 Excel 表格，显示各产品的上月结存、本月入库、本月出库和本月结存数据，如图 16-30 所示，可以直接从 Excel 打印。

产品收发汇总表

2013年 9月

产品名称	单位	规格	上月结存	本月入库	本月出库	本月结存
总产量						
奥利奥	千克	奶油	1000	4672	2900	1772
好吃点	袋	威化	0	8300	4200	4100
德芙	千克	巧克力	0	7060	4500	2560
冠生园	箱	月饼	0	10060	4400	5660
味多美	千克	蛋糕	0	8450	0	8450
汇源	箱	饮料	0	0	0	0

图 16-30　特定月份的产品收发存汇总表

16.5.7　信息维护界面

1. “产品信息维护”界面

单击总界面上的“产品信息维护”按钮进入如图 16-31 所示界面。用户可根据提示添加产品或修改产品信息。表 16-12 中列出了该界面中的主要控件及控件的主要属性。

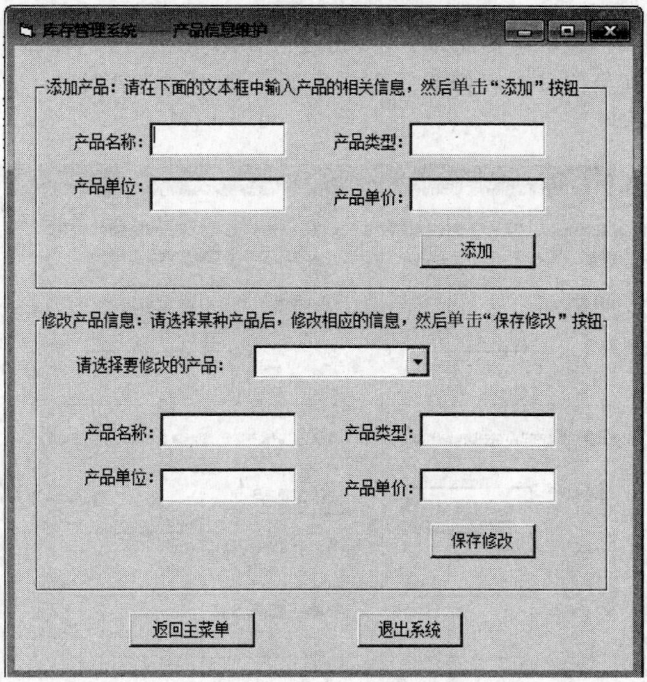

库存管理系统——产品信息维护

添加产品：请在下面的文本框中输入产品的相关信息，然后单击“添加”按钮

产品名称：　产品类型：

产品单位：　产品单价：

添加

修改产品信息：请选择某种产品后，修改相应的信息，然后单击“保存修改”按钮

请选择要修改的产品：

产品名称：　产品类型：

产品单位：　产品单价：

保存修改

返回主菜单　退出系统

图 16-31　“产品信息维护”界面

表 16-12　产品信息维护界面的主要控件以及控件的主要属性

控件类型	控件名称	属性	值	用　　途
Form	ProWeihuFrm	Caption	“库存管理系统——产品信息维护”	显示表单名称条
Label	Label1-Label8	Font	宋体，常规，小五	显示提示信息
	TxtName	Font	宋体，常规，小四	输入产品名称
	TxtType			输入产品类型
	TxtDanwei			输入产品单位
	TxtPrice			输入产品价格
Text	TxtName	Font	宋体，常规，小五	修改产品名称
	TxtType			修改产品类型
	TxtDanwei			修改产品单位
	TxtPrice			修改产品价格
	CmdAdd	Caption	“添加”	“添加”按钮
CommandButton	CmdSave	Caption	“保存修改”	“保存修改”按钮
	CmdBack	Caption	“返回主菜单”	“返回主菜单”按钮
	CmdExit	Caption	“退出系统”	“退出系统”按钮
ComboBox	CmbIDName	Font	宋体，常规，小四	选择产品名称

2. “管理员信息维护”界面

单击总界面上的“管理员信息维护”按钮进入如图 16-32 所示界面。用户可以添加管理员信息、删除管理员信息或者修改管理员密码。表 16-13 中列出了该界面中的主要控件及控件的主要属性。

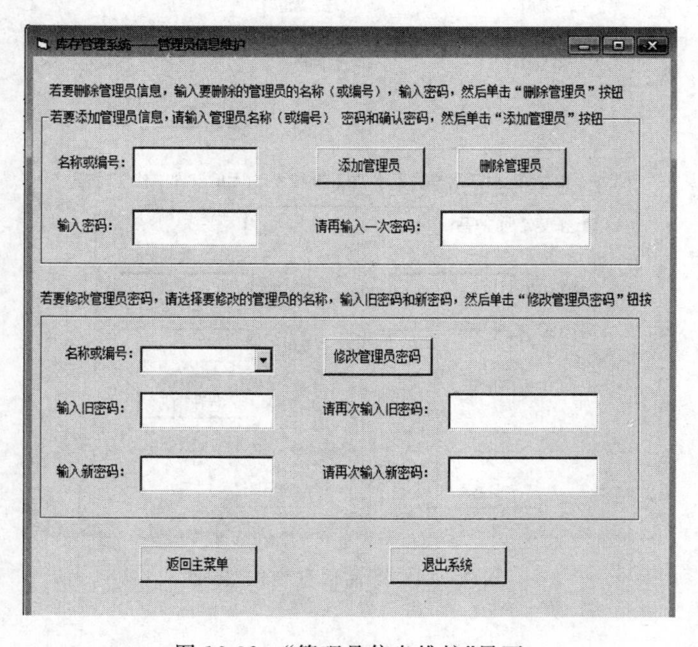

图 16-32　“管理员信息维护”界面

表 16-13　"管理员信息维护"界面的主要控件以及控件的主要属性

控件类型	控件名称	属性	值	用　途
Form	InfoWeihuFrm	Caption	"库存管理系统——管理员信息维护"	显示表单名称条
Label	Label1-Label10	Font	宋体,常规,小五	显示提示信息
Text	TxtID	Font	宋体,常规,小四	输入要添加的编号或名称
	TxtPW1	Passwordchar	*	输入密码
	TxtPW2	Passwordchar	*	再次输入密码
	TxtOld	Passwordchar	*	输入要修改的管理员的密码
	TxtOld2	Passwordchar	*	再次输入要修改的管理员的密码
	TxtNew	Passwordchar	*	输入要修改的管理员的新密码
	TxtNew2	Passwordchar	*	再次输入要修改的管理员的新密码
CommandButton	CmdAddPerson	Caption	"添加管理员"	添加管理员
	CmdDeletePerson	Caption	"删除管理员"	删除管理员
	CmdModify	Caption	"修改管理员密码"	修改管理员密码
	CmdBack	Caption	"返回主菜单"	返回主菜单
	CmdExit	Caption	"退出系统"	退出系统
ComboBox	CmbName	Font	宋体,常规,小四	选择管理员名称

小　结

本章在第 15 章某饼干厂产品库存系统分析的基础上,进行了某饼干厂产品库存系统的设计工作。其中包括某饼干厂产品库存系统的总体架构设计、系统模块设计、系统数据库设计以及系统界面设计。某饼干厂产品库存系统的设计工作,详细确定了系统的架构及具体的实施方案,好的设计工作会为之后的开发打下良好的基础,带来诸多的便利。在这一切都做好了以后,就可以进入最后的某饼干厂产品库存系统的开发与测试阶段了。

第 17 章　某饼干厂产品库存系统开发与测试

系统的分析和设计完成之后，进入系统实施阶段。实施的内容主要包括物理系统的实施，程序的设计、开发与调试，数据的准备与录入，系统的测试与评价等。系统实施阶段既是成功地实现新系统的阶段，又是取得用户对系统信任的关键阶段。MIS 的系统规模越大，实施阶段的任务就越复杂。

本案例中某饼干厂产品库存系统的开发主要基于 VB. NET 平台，后台数据库采用 Access 数据库。

17.1　系统主要开发平台简介

系统基于 VB. NET 平台开发，后台数据库采用 Access 数据库，其中关于报表打印部分的程序以 Excel 为模板写入。

17.2　数据库系统建立

本案例中的产品库存系统使用了 Access 数据库，数据库的设计详见 16.4 节。本节主要介绍如何使用 Access 2003 建立该数据库。

建立数据库的步骤主要有以下几步。

(1) 建立空白数据库，命名为"Kucun"。

(2) 新建各个空白数据表，包括 productInfo，rukudan，chukudan，admin，thres。

(3) 添加字段：在设计视图中，依次添加各个表的字段，包括字段名称、数据类型以及常规属性，字段的添加可参考 16.4 节的数据库设计。

(4) 添加记录：在数据视图中，为各个表添加一些符合要求的记录，在代码编写和测试时可以使用。

图 17-1 是添加完字段之后的 productInfo 表的设计视图内容。图 17-2 是字段和测试记录都添加完毕之后的 productInfo 表的数据表视图。

ProductInfo

字段名称	数据类型	
ProductID	数字	产品编号
ProductName	文本	产品名称
ProductType	文本	产品类别
ProductPrice	数字	产品单价
ProductDanwei	文本	产品单位：比如千克

图 17-1　productInfo 表的各字段、数据类型和说明

ProductInfo

ProductID	ProductNa	ProductTy	ProductPrice	ProductDanwe
1	奥利奥	奶油	100	千克
2	好吃点	威化	120	袋
3	德芙	巧克力	100	千克
4	冠生园	月饼	500	箱
5	味多美	蛋糕	150	千克
6	汇源	饮料	200	箱
*				

图 17-2 productInfo 表的测试用记录

17.3 系统主要模块开发

系统包括管理员登录模块，入库管理模块，出库管理模块，库存管理模块，报表打印模块以及信息维护模块等 6 大模块和 13 个子模块，各模块的详细设计已经在 16.3 节中给出。

在开发阶段，程序员需要根据各模块的设计文档进行代码开发和测试，实现各模块的功能。

17.3.1 管理员登录模块

根据管理员登录模块的设计文档，对管理员登录模块的代码编写如下：

```
Imports System.Data.OleDb
Public Class 登录界面
Inherits System.Windows.Forms.Form
    Dim MyConnection As New OleDbConnection("Provider = Microsoft.Jet.OLEDB.4.0; _
    Data Source = D:\源程序\db.mdb")
    Dim MyCommand As OleDbCommand
    Dim MyReader As OleDbDataReader

    Private Sub Main_Load(sender As System.Object, e As System.EventArgs) _
    Handles MyBase.Load
        '加载所有的管理员账号
        MyConnection.Open()
        MyCommand = New OleDbCommand("SELECT adminID FROM admin ", MyConnection)
        MyReader = MyCommand.ExecuteReader()
        While MyReader.Read
            ComboBox_Num.Items.Add(MyReader("adminID"))
        End While
        MyConnection.Close()
        MyReader.Close()
        MyCommand.Dispose()
    End Sub

    '"确定"按钮被单击触发的事件，验证是否输入正确密码
    Private Sub B_Enter_Click(sender As System.Object, e As System.EventArgs) _
```

```
    Handles B_Enter.Click
        Dim PassWord As String = ""
        MyConnection.Open()
        MyCommand = New OleDbCommand("SELECT password FROM admin where adminID = '"&
ComboBox_Num.Text &"'", MyConnection)
        MyReader = MyCommand.ExecuteReader()
        While MyReader.Read
            PassWord = MyReader("password")
        End While
        MyConnection.Close()
        MyReader.Close()
        MyCommand.Dispose()
        If TB_Pass.Text = ""Then
            MsgBox("请输入用户密码!", MsgBoxStyle.Information, "饼干厂产品库存系统")
            TB_Pass.Focus()
            Exit Sub
        Else
            If TB_Pass.Text = PassWord Then
            主页界面.Show()
            Me.Finalize()
            Else
                MsgBox("请输入正确密码!", MsgBoxStyle.Information, "饼干厂产品库存
系统")
            End If
        End If
    End Sub

    '"退出"按钮被单击触发的事件,退出系统
    Private Sub B_Cancle_Click(sender As System.Object, e As System.EventArgs) _
    Handles B_Cancle.Click
        Me.Finalize()
    End Sub
End Class
```

17.3.2 入库管理模块

入库管理模块包括查询入库单子模块、添加入库单子模块和删除入库单子模块。

1. 查询入库单

根据查询入库单子模块的设计文档,入库单查询一共分为三种查询方式,对查询入库单子模块的代码编写如下:

```
Imports System.Data.OleDb
Public Class 入库单查询
Dim MyConnection As New OleDbConnection("Provider = Microsoft.Jet.OLEDB.4.0; _
Data Source = D:\源程序\db.mdb")
    Dim MyCommand As OleDbCommand
    Dim MyReader As OleDbDataReader
```

```
'"退出"按钮被单击后触发的事件,显示主界面,关闭当前界面
Private Sub 退出_Click(sender As System.Object, e As System.EventArgs) _
Handles 退出.Click
    主页界面.Show()
    Me.Finalize()
    End Sub
    '入库单查询界面加载时的事件
    Private Sub 入库单查询_Load(sender As System.Object, e As System.EventArgs) _
    Handles MyBase.Load
    '加载产品编号和名称
        MyConnection.Open()
        MyCommand = New OleDbCommand("SELECT ProductID,ProductName _
        FROM ProductInfo ", MyConnection)
        MyReader = MyCommand.ExecuteReader()
        While MyReader.Read
            CB_Name.Items.Add(MyReader("ProductID") & MyReader("ProductName"))
        End While
        MyConnection.Close()
        MyReader.Close()
        MyCommand.Dispose()
    End Sub

    '"显示全部记录"按钮被单击触发的事件
    Private Sub 显示全部记录_Click(sender As System.Object, e As System.EventArgs) _
    Handles 显示全部记录.Click
        'DataGridView 绑定数据
        MyCommand = New OleDbCommand("select InputID AS 编号, InputDate AS _
        入库时间,InputProductID AS 产品编号, ProductName AS 产品名称, _
        InputQuantity AS 入库数量, ProductDanwei AS 产品单位, ProductPrice AS _
        入库价格 from rukudan,productinfo where rukudan.InputProductID _
         = productinfo.ProductID order by rukudan.inputid ", MyConnection)
        MyConnection.Open()
        Dim myDA As OleDbDataAdapter = New OleDbDataAdapter(MyCommand)
        Dim myDataSet As DataSet = New DataSet()
        myDA.Fill(myDataSet, "MyTable")
        DataGridView1.DataSource = myDataSet.Tables("MyTable").DefaultView
        myDA.Dispose()
        myDataSet.Dispose()
        MyConnection.Close()
        MyCommand.Dispose()
    End Sub

    '按照入库单时间查询入库单
    Private Sub 确定_Click(sender As System.Object, e As System.EventArgs) _
    Handles 确定.Click
        'DataGridView 绑定数据
        MyCommand = New OleDbCommand("select InputID AS 编号, InputDate AS _
        入库时间,InputProductID AS 产品编号, ProductName AS 产品名称, _
        InputQuantity AS 入库数量, ProductDanwei AS 产品单位, ProductPrice AS _
```

```
    入库价格 from rukudan, productinfo where rukudan.InputProductID _
    = productinfo.ProductID and rukudan.Inputdate = #" _
    & DateTimePicker1.Value.Date &"# order by _
    rukudan.inputid ", MyConnection)
    MyConnection.Open()
    Dim myDA As OleDbDataAdapter = New OleDbDataAdapter(MyCommand)
    Dim myDataSet As DataSet = New DataSet()
    myDA.Fill(myDataSet, "MyTable")
    DataGridView1.DataSource = myDataSet.Tables("MyTable").DefaultView
    myDA.Dispose()
    myDataSet.Dispose()
    MyConnection.Close()
    MyCommand.Dispose()
End Sub

'按照入库单编号查询入库单
Private Sub B确定_Click(sender As System.Object, e As System.EventArgs) _
Handles B确定.Click
    If TB_In.Text = ""Then
        MsgBox("请输入入库单编号!",MsgBoxStyle.Information,"饼干厂产品库存系统")
    Else
        'DataGridView 绑定数据
        MyCommand = New OleDbCommand("select InputID AS 编号, InputDate AS _
        入库时间, InputProductID AS 产品编号, ProductName AS 产品名称, _
        InputQuantity AS 入库数量, ProductDanwei AS 产品单位, ProductPrice AS _
        入库价格 from rukudan,productinfo where rukudan.InputProductID _
        = productinfo.ProductID and rukudan.inputid = '"& TB_In.Text &"'_
        order by rukudan.inputid ", MyConnection)
        MyConnection.Open()
        Dim myDA As OleDbDataAdapter = New OleDbDataAdapter(MyCommand)
        Dim myDataSet As DataSet = New DataSet()
        myDA.Fill(myDataSet, "MyTable")
        DataGridView1.DataSource = myDataSet.Tables("MyTable").DefaultView
        myDA.Dispose()
        myDataSet.Dispose()
        MyConnection.Close()
        MyCommand.Dispose()
    End If
End Sub

'按照产品编号和名称查询入库单
Private Sub Search_Click(sender As System.Object, e As System.EventArgs) _
Handles Search.Click
    Dim ProductID As Integer = Val(Trim(CB_Name.Text))
    'DataGridView 绑定数据
    MyCommand = New OleDbCommand("select InputID AS 编号, InputDate AS _
    入库时间, InputProductID AS 产品编号, ProductName AS 产品名称, _
    InputQuantity AS 入库数量, ProductDanwei AS 产品单位, ProductPrice AS _
    入库价格 from rukudan , productinfo where rukudan.InputProductID _
```

```
                = productinfo.ProductID and rukudan.InputProductID = "& ProductID _
                &" order by rukudan.inputid ", MyConnection)
                MyConnection.Open()
                Dim myDA As OleDbDataAdapter = New OleDbDataAdapter(MyCommand)
                Dim myDataSet As DataSet = NewDataSet()
                myDA.Fill(myDataSet, "MyTable")
                DataGridView1.DataSource = myDataSet.Tables("MyTable").DefaultView
                myDA.Dispose()
                myDataSet.Dispose()
                MyConnection.Close()
                MyCommand.Dispose()
        End Sub
    End Class
```

2. 添加入库单

根据添加入库单子模块的设计文档，对添加入库单子模块的代码编写如下：

```
Imports System.Data.OleDb
Public Class 添加和删除入库单
    Dim MyConnection As New OleDbConnection("Provider = Microsoft.Jet.OLEDB.4.0; _
    Data Source = D:\源程序\db.mdb")
    Dim MyCommand As OleDbCommand
    Dim MyReader As OleDbDataReader
    '界面加载时,显示所有入库单,自动加载待添加的入库单编号,加载产品编号和名称
    Private Sub 添加和删除入库单_Load(sender As System.Object, e As System.EventArgs) _
    Handles MyBase.Load
        Dim tempIDTxt As String = ""
        Dim tempIDNumber As Integer
        'DataGridView 绑定数据,加载所有入库单信息
        MyCommand = New OleDbCommand("select InputID AS 编号, InputDate AS 入库时间, _
         InputProductID AS 产品编号, ProductName AS 产品名称, InputQuantity AS 入库数量, _
        ProductDanwei AS 产品单位, ProductPrice AS 入库价格 from rukudan,productinfo _
        where rukudan.InputProductID = productinfo.ProductID order by _
        rukudan.inputID ", MyConnection)
        MyConnection.Open()
        Dim myDA As OleDbDataAdapter = New OleDbDataAdapter(MyCommand)
        Dim myDataSet As DataSet = NewDataSet()
        myDA.Fill(myDataSet, "MyTable")
        DataGridView1.DataSource = myDataSet.Tables("MyTable").DefaultView
        myDA.Dispose()
        myDataSet.Dispose()
        MyConnection.Close()
        MyCommand.Dispose()
        '自动生成待添加的入库单编号
        MyConnection.Open()
        MyCommand = NewOleDbCommand("SELECT max(InputID) as MaxInputID FROM _
        rukudan ", MyConnection)
        MyReader = MyCommand.ExecuteReader()
```

```
        While MyReader.Read
            tempIDTxt = MyReader("MaxInputID")
        End While
        MyConnection.Close()
        MyReader.Close()
        MyCommand.Dispose()
        tempIDNumber = Val(tempIDTxt) + 1
        TB_Num.Text = String.Format("{0:d8}", tempIDNumber) '转化格式
        '加载产品编号和名称
        MyConnection.Open()
        MyCommand = New OleDbCommand("SELECT ProductID,ProductName FROM _
        ProductInfo ", MyConnection)
        MyReader = MyCommand.ExecuteReader()
        While MyReader.Read
            CB_Name.Items.Add(MyReader("ProductID") & MyReader("ProductName"))
        End While
        MyConnection.Close()
        MyReader.Close()
        MyCommand.Dispose()
    End Sub

    '"保存"按钮被单击,触发的事件,检验信息是否填写完整,完整则添加该入库单信息
    Private Sub 保存_Click(sender As System.Object, e As System.EventArgs) _
    Handles 保存.Click
        Dim ProductID As Integer = Val(Trim(CB_Name.Text))
        Dim tryIn As Integer = TB_In.Text
        If TB_In.Text = ""Then
            MsgBox("请输入入库数量!", MsgBoxStyle.Information, "饼干厂产品库存系统")
        Else
            MyConnection.Open()
            MyCommand = New OleDbCommand("insert into rukudan values('"& TB_Num.Text _
            &"',"& ProductID &","& tryIn &",'"& DateTimePicker1.Value.Date _
            &"')", MyConnection)
            MyCommand.ExecuteNonQuery()
            MyConnection.Close()
            MyCommand.Dispose()
            MsgBox("入库单已添加!", MsgBoxStyle.Information, "饼干厂产品库存系统")
            TB_In.Text = ""
        End If
    End Sub

    '"退出"按钮被单击,显示主界面,关闭当前界面
    Private Sub 退出_Click(sender As System.Object, e As System.EventArgs) _
    Handles 退出.Click
        主页界面.Show()
        Me.Finalize()
    End Sub

    '"删除"按钮被单击,删除该入库单
```

```
    Private Sub 删除_Click(sender As System.Object, e As System.EventArgs) _
    Handles 删除.Click
        If TB_InNum.Text = ""Then
            MsgBox("请输入入库单号!", MsgBoxStyle.Information, "饼干厂产品库存系统")
        Else
            MyConnection.Open()
            MyCommand = New OleDbCommand("delete * from rukudan where InputID = '" _
            & TB_In.Text &"'", MyConnection)
            MyCommand.ExecuteNonQuery()
            MyConnection.Close()
            MyCommand.Dispose()
            TB_InNum.Text = ""
            MsgBox("入库单已删除!", MsgBoxStyle.Information, "饼干厂产品库存系统")
        End If
    End Sub
End Class
```

3. 删除入库单

由于删除入库单子模块与添加入库单子模块设计在一个界面上，因此删除入库单子模块的代码已在添加入库单子模块中编写完毕，即单击“删除”按钮触发事件的代码。

17.3.3 出库管理模块

出库管理模块包括查询出库单子模块、添加出库单子模块和删除出库单子模块。

1. 查询出库单

根据查询出库单子模块的设计文档，查询出库单分为三种查询方式，对查询出库单子模块的代码编写如下：

```
Imports System.Data.OleDb
Public Class 出库单查询
    Dim MyConnection As New OleDbConnection("Provider = Microsoft.Jet.OLEDB.4.0; _
    Data Source = D:\源程序\db.mdb")
    Dim MyCommand As OleDbCommand
    Dim MyReader As OleDbDataReader
    '"退出"按钮被单击,显示主界面,关闭当前界面
    Private Sub 退出_Click(sender As System.Object, e As System.EventArgs) _
    Handles 退出.Click
        主页界面.Show()
        Me.Finalize()
    End Sub

    '出库单查询界面加载时,触发的事件,加载产品编号和名称,显示所有出库单信息
    Private Sub 出库单查询_Load(sender As System.Object, e As System.EventArgs) _
    Handles MyBase.Load
        '加载产品编号和名称
```

```
MyConnection.Open()
MyCommand = New OleDbCommand("SELECT ProductID,ProductName FROM _
ProductInfo ", MyConnection)
MyReader = MyCommand.ExecuteReader()
While MyReader.Read
    CB_Name.Items.Add(MyReader("ProductID") & MyReader("ProductName"))
End While
    MyConnection.Close()
    MyReader.Close()
    MyCommand.Dispose()
    '显示所有出库单信息
    MyCommand = New OleDbCommand("select OutputID AS 编号, OutputDate AS _
    出库日期, OutPutProductID AS 产品编号, ProductName AS 产品名称, _
    OutputQuantity AS 出库数量,ProductDanwei AS 产品单位,OutputPrice AS _
    出库价格 from chukudan,ProductInfo where chukudan.OutputProductID _
    = ProductInfo.ProductID order by chukudan.OutputID ", MyConnection)
    MyConnection.Open()
    Dim myDA As OleDbDataAdapter = New OleDbDataAdapter(MyCommand)
    Dim myDataSet As DataSet = New DataSet()
    myDA.Fill(myDataSet, "MyTable")
    DataGridView1.DataSource = myDataSet.Tables("MyTable").DefaultView
    myDA.Dispose()
    myDataSet.Dispose()
    MyConnection.Close()
    MyCommand.Dispose()
End Sub

'"显示所有记录"按钮被单击时,显示所有出库单信息
Private Sub 显示全部记录_Click(sender As System.Object, e As System.EventArgs) _
Handles 显示全部记录.Click
    'DataGridView 绑定数据
    MyCommand = New OleDbCommand("select OutputID AS 编号, OutputDate AS _
    出库日期, OutPutProductID AS 产品编号, ProductName AS 产品名称, _
    OutputQuantity AS 出库数量,ProductDanwei AS 产品单位,OutputPrice AS _
    出库价格 from chukudan,ProductInfo where chukudan.OutputProductID _
    = ProductInfo.ProductID order by chukudan.OutputID ", MyConnection)
    MyConnection.Open()
    Dim myDA As OleDbDataAdapter = New OleDbDataAdapter(MyCommand)
    Dim myDataSet As DataSet = New DataSet()
    myDA.Fill(myDataSet, "MyTable")
    DataGridView1.DataSource = myDataSet.Tables("MyTable").DefaultView
    myDA.Dispose()
    myDataSet.Dispose()
    MyConnection.Close()
    MyCommand.Dispose()
End Sub

'按照出库单时间查询出库单
Private Sub 确定_Click(sender As System.Object, e As System.EventArgs) _
```

```
Handles 确定.Click
    'DataGridView 绑定数据
    MyCommand = New OleDbCommand("select OutputID AS 编号, OutputDate AS _
    出库日期, OutPutProductID AS 产品编号, ProductName AS 产品名称, _
    OutputQuantity AS 出库数量,ProductDanwei AS 产品单位,OutputPrice AS _
    出库价格 from chukudan,ProductInfo where chukudan.OutputProductID _
    = ProductInfo.ProductID and chukudan.OutputDate = #" _
    & DateTimePicker1.Value.Date &"# order by chukudan.OutputID ", _
    MyConnection)
    'MsgBox(DateTimePicker1.Value.Date)
    MyConnection.Open()
    Dim myDA As OleDbDataAdapter = New OleDbDataAdapter(MyCommand)
    Dim myDataSet As DataSet = New DataSet()
    myDA.Fill(myDataSet, "MyTable")
    DataGridView1.DataSource = myDataSet.Tables("MyTable").DefaultView
    myDA.Dispose()
    myDataSet.Dispose()
    MyConnection.Close()
    MyCommand.Dispose()
End Sub

'按照出库单编号查询出库单
Private Sub B确定_Click(sender As System.Object, e As System.EventArgs) _
Handles B确定.Click
    If TB_In.Text = ""Then
        MsgBox("请输入入库单编号!",MsgBoxStyle.Information,"饼干厂产品库存系统")
    Else
        'DataGridView 绑定数据
        MyCommand = New OleDbCommand("select OutputID AS 编号, OutputDate AS _
        出库日期, OutPutProductID AS 产品编号, ProductName AS 产品名称, _
        OutputQuantity AS 出库数量,ProductDanwei AS 产品单位,OutputPrice AS _
        出库价格 from chukudan,ProductInfo where chukudan.OutputProductID _
        = ProductInfo.ProductID and chukudan.OutputID = '"& TB_In.Text _
        &"' order by chukudan.OutputID ", MyConnection)
        MyConnection.Open()
        Dim myDA As OleDbDataAdapter = New OleDbDataAdapter(MyCommand)
        Dim myDataSet As DataSet = New DataSet()
        myDA.Fill(myDataSet, "MyTable")
        DataGridView1.DataSource = myDataSet.Tables("MyTable").DefaultView
        myDA.Dispose()
        myDataSet.Dispose()
        MyConnection.Close()
        MyCommand.Dispose()
    End If
End Sub

'按照产品编号和名称查询出库单
Private Sub Search_Click(sender As System.Object, e As System.EventArgs) _
Handles Search.Click
```

```
            Dim ProductID As Integer = Val(Trim(CB_Name.Text))
            'DataGridView 绑定数据
            MyCommand = New OleDbCommand("select OutputID AS 编号, OutputDate AS _
            出库日期, OutPutProductID AS 产品编号, ProductName AS 产品名称, _
            OutputQuantity AS 出库数量,ProductDanwei AS 产品单位,OutputPrice AS _
            出库价格 from chukudan,ProductInfo where chukudan.OutputProductID _
             = ProductInfo.ProductID and chukudan.OutputProductID = " & ProductID _
            &" order by chukudan.OutputID ", MyConnection)
            MyConnection.Open()
            Dim myDA As OleDbDataAdapter = New OleDbDataAdapter(MyCommand)
            Dim myDataSet As DataSet = New DataSet()
            myDA.Fill(myDataSet, "MyTable")
            DataGridView1.DataSource = myDataSet.Tables("MyTable").DefaultView
            myDA.Dispose()
            myDataSet.Dispose()
            MyConnection.Close()
            MyCommand.Dispose()
        End Sub
    End Class
```

2. 添加出库单

根据添加出库单子模块的设计文档,对添加出库单子模块的代码编写如下:

```
Imports System.Data.OleDb
Imports System.Data
Imports System.Data.Common
Public Class 添加和删除出库单
    Dim MyConnection As New OleDbConnection("Provider = Microsoft.Jet.OLEDB.4.0; _
    Data Source = D:\源程序\db.mdb")
    Dim MyCommand As OleDbCommand
    Dim MyReader As OleDbDataReader
    '界面加载时,显示所有出库单信息,自动生成待添加的出库单编号,加载产品编号和名称
    Private Sub 添加和删除出库单_Load(sender As System.Object, e As System.EventArgs) _
    Handles MyBase.Load
        Dim tempIDNumber As Integer
        'DataGridView 绑定数据
        MyCommand = New OleDbCommand("select OutputID AS 编号, OutputDate AS 出库日期, _
        OutPutProductID AS 产品编号, ProductName AS 产品名称, OutputQuantity AS _
        出库数量,ProductDanwei AS 产品单位,OutputPrice AS 出库价格 from chukudan, _
        productinfo where chukudan.OutputProductID = productinfo.ProductID _
        order by chukudan.OutputID ", MyConnection)
        MyConnection.Open()
        Dim myDA As OleDbDataAdapter = New OleDbDataAdapter(MyCommand)
        Dim myDataSet As DataSet = New DataSet()
        myDA.Fill(myDataSet, "MyTable")
        DataGridView1.DataSource = myDataSet.Tables("MyTable").DefaultView
        myDA.Dispose()
        myDataSet.Dispose()
```

```
    MyConnection.Close()
    MyCommand.Dispose()
    '自动生成待添加的出库单编号
    MyConnection.Open()
    MyCommand = New OleDbCommand("SELECT max(OutputID) as MaxOutputID FROM _
    chukudan ", MyConnection)
    MyReader = MyCommand.ExecuteReader()
    While MyReader.Read
        tempIDNumber = MyReader("MaxOutputID")
    End While
    MyConnection.Close()
    MyReader.Close()
    MyCommand.Dispose()
    TB_Num.Text = tempIDNumber + 1
    '加载产品编号和名称
    MyConnection.Open()
    MyCommand = New OleDbCommand("SELECT ProductID,ProductName FROM _
    ProductInfo ", MyConnection)
    MyReader = MyCommand.ExecuteReader()
    While MyReader.Read
        CB_Name.Items.Add(MyReader("ProductID") & MyReader("ProductName"))
    End While
    MyConnection.Close()
    MyReader.Close()
    MyCommand.Dispose()
End Sub

'"保存"按钮被单击后,检查出库单信息是否填写完整,完整则添加该出库单
Private Sub 保存_Click(sender As System.Object, e As System.EventArgs) _
Handles 保存.Click
    Dim ProductID As Integer = Val(Trim(CB_Name.Text))
    If TB_Out.Text = ""Or TB_Price.Text = ""Then
        MsgBox("请输入完整出库信息!", MsgBoxStyle.Information, "饼干厂产品库存系统")
    Else
        MyConnection.Open()
        MyCommand = New OleDbCommand("insert into chukudan values('"& TB_Num.Text _
        &"', '"& DateTimePicker1.Value.Date &"','"& ProductID &"','" _
        & TB_Out.Text &"','"& TB_Price.Text &"')", MyConnection)
        MyCommand.ExecuteNonQuery()
        MyConnection.Close()
        MyCommand.Dispose()
        MsgBox("出库单信息已添加!", MsgBoxStyle.Information, "饼干厂产品库存系统")
        TB_Out.Text = ""
        TB_Price.Text = ""
    End If
End Sub

'"退出"按钮被单击后,显示主界面,关闭当前界面
Private Sub 退出_Click(sender As System.Object, e As System.EventArgs) _
```

```
        Handles 退出.Click
            主页界面.Show()
            Me.Finalize()
        End Sub

        '"删除"按钮被单击后,删除该出库单信息
        Private Sub 删除_Click(sender As System.Object, e As System.EventArgs) _
        Handles 删除.Click
            If TB_OutNum.Text = ""Then
                MsgBox("请输入出库单号!", MsgBoxStyle.Information, "饼干厂产品库存系统")
            Else
                Dim NUM As Integer = TB_OutNum.Text
                MyConnection.Open()
                MyCommand = New OleDbCommand("delete * from chukudan where OutputID = '" _
                & TB_OutNum.Text &"'", MyConnection)
                MyCommand.ExecuteNonQuery()
                MyConnection.Close()
                MyCommand.Dispose()
                TB_OutNum.Text = ""
                MsgBox("出库单信息已删除!", MsgBoxStyle.Information, "饼干厂产品库存系统")
            End If
        End Sub
End Class
```

3. 删除出库单

由于删除出库单子模块与添加出库单子模块设计在一个界面上,因此删除出库单子模块的代码已在添加出库单子模块中编写完毕,即单击"删除"按钮被单击触发事件的代码。

17.3.4 库存管理模块

库存管理模块包括库存量查询子模块、库存提醒子模块和库存阈值设置子模块。

1. 库存量查询

根据库存量查询子模块的设计文档,对库存量子模块的代码编写如下:

```
Imports System.Data.OleDb
Public Class 库存量查询
    Dim MyConnection As New OleDbConnection("Provider = Microsoft.Jet.OLEDB.4.0; _
    Data Source = D:\源程序\db.mdb")
    Dim MyCommand, MyCommand2 As OleDbCommand
    Dim MyReader As OleDbDataReader

    Private Sub 库存量查询_Load(sender As System.Object, e As System.EventArgs) _
    Handles MyBase.Load
    '加载产品编号和名称
```

```
    MyConnection.Open()
    MyCommand = New OleDbCommand("SELECT ProductID,ProductName FROM _
    ProductInfo ", MyConnection)
    MyReader = MyCommand.ExecuteReader()
    While MyReader.Read
        CB_Name.Items.Add(MyReader("ProductID") & MyReader("ProductName"))
    End While
    MyConnection.Close()
    MyReader.Close()
    MyCommand.Dispose()
End Sub

'"退出"按钮被单击后,显示主界面,关闭当前界面
Private Sub 退出_Click(sender As System.Object, e As System.EventArgs) _
Handles 退出.Click
    主页界面.Show()
    Me.Finalize()
End Sub

'"确定"按钮被单击后,显示该产品的所有入库和出库信息,计算该产品入库量、出库量和库存
量
Private Sub 确定_Click(sender As System.Object, e As System.EventArgs) _
Handles 确定.Click
    Dim ProductID As Integer = Val(Trim(CB_Name.Text))
    Dim InputNum As Integer = 0
    Dim OutputNum As Integer = 0
    Dim SumNum As Integer = 0
    '显示该产品的所有入库信息,计算总入库量
    MyConnection.Open()
    MyCommand = New OleDbCommand("select * from rukudan,productinfo where _
    rukudan.InputProductID = productinfo.ProductID and rukudan.InputProductID = " _
    & ProductID &" order by rukudan.inputid ", MyConnection)
    Dim myDA As OleDbDataAdapter = New OleDbDataAdapter(MyCommand)
    Dim myDataSet As DataSet = New DataSet()
    myDA.Fill(myDataSet, "InputTable")
    Dim UserTable As DataTable = myDataSet.Tables("InputTable")
    Dim LItem As ListViewItem
    For Each UserRow In UserTable.Rows
        LItem = NewListViewItem(UserRow("InputID").ToString)
        LItem.SubItems.Add(UserRow("InputDate").ToString)
        LItem.SubItems.Add(UserRow("ProductName"))
        LItem.SubItems.Add(UserRow("InputProductID").ToString)
        LItem.SubItems.Add(UserRow("InputQuantity").ToString)
        ListView1.Items.Add(LItem)
        InputNum = InputNum + UserRow("InputQuantity")
    Next
    myDA.Dispose()
    myDataSet.Dispose()
    MyConnection.Close()
```

```
            MyCommand.Dispose()
            '显示该产品的所有出库信息,计算总出库量
            MyConnection.Open()
            MyCommand2 = New OleDbCommand("select * from chukudan,productinfo where _
            chukudan.OutputProductID = productinfo.ProductID and chukudan.OutputProductID _
            = "& ProductID &" order by chukudan.OutputID ", MyConnection)
            Dim myDAOut As OleDbDataAdapter = New OleDbDataAdapter(MyCommand2)
            Dim myDataSetOut As DataSet = New DataSet()
            myDAOut.Fill(myDataSetOut, "OutputTable")
            Dim UserTableout As DataTable = myDataSetOut.Tables("OutputTable")
            Dim LItemout As ListViewItem
            For Each UserRow In UserTableout.Rows
                LItemout = NewListViewItem(UserRow("OutputID").ToString)
                LItemout.SubItems.Add(UserRow("OutputDate").ToString)
                LItemout.SubItems.Add(UserRow("ProductName"))
                LItemout.SubItems.Add(UserRow("OutputProductID").ToString)
                LItemout.SubItems.Add(UserRow("OutputQuantity").ToString)
                ListView2.Items.Add(LItemout)
                OutputNum = OutputNum + UserRow("OutputQuantity")
            Next
            myDAOut.Dispose()
            myDataSetOut.Dispose()
            MyCommand2.Dispose()
            MyConnection.Close()
            '计算并显示该产品的库存量
            SumNum = InputNum - OutputNum
            LSum.Text = SumNum
            L_In.Text = InputNum
            L_Out.Text = OutputNum
        End Sub
    End Class
```

2. 库存提醒

根据库存提醒子模块的设计文档,对库存提醒子模块的代码编写如下:

```
Imports System.Data.OleDb

Public Class 库存查询与提醒
    Dim MyConnection As New OleDbConnection("Provider = Microsoft.Jet.OLEDB.4.0; _
    Data Source = D:\源程序\db.mdb")
    Dim MyCommand As OleDbCommand
    Dim MyReader As OleDbDataReader
    Private Sub 库存查询与提醒_Load(sender AsSystem.Object, e AsSystem.EventArgs) _
    HandlesMyBase.Load
        '定义变量
        Dim Product(20, 3) As String
        Dim j As Integer
        Dim I As Integer = 0
```

```
Dim min As Integer = 0
Dim max As Integer = 0
Dim ProductID As Integer = 0
'读取产品名称与 ID
MyConnection.Open()
MyCommand = New OleDbCommand("SELECT ProductID,ProductName FROM ProductInfo ", _
MyConnection)
MyReader = MyCommand.ExecuteReader()
While MyReader.Read
    Product(i, 0) = MyReader("ProductID")
    Product(i, 1) = MyReader("ProductName")
    Product(i, 2) = "0"
    Product(i, 3) = "0"
    i = i + 1
End While
MyConnection.Close()
MyReader.Close()
MyCommand.Dispose()

'读取产品入库信息
For j = 0 Toi
    ProductID = CUInt(Product(j, 0))
    MyConnection.Open()
    MyCommand = New OleDbCommand("SELECT InputQuantity FROM rukudan where _
    InputProductID = "&ProductID&"", MyConnection)
    MyReader = MyCommand.ExecuteReader()
    While MyReader.Read
        Product(j, 2) = CUInt(Product(j, 2)) + MyReader("InputQuantity")
    End While
    MyConnection.Close()
    MyReader.Close()
    MyCommand.Dispose()
Next

'读取产品出库信息
For j = 0 To i
    ProductID = CUInt(Product(j, 0))
    MyConnection.Open()
    MyCommand = New OleDbCommand("SELECT OutputQuantity FROM chukudan where _
    OutputProductID = "&ProductID&"", MyConnection)
    MyReader = MyCommand.ExecuteReader()
    While MyReader.Read
        Product(j, 3) = CUInt(Product(j, 3)) + MyReader("OutputQuantity")
    End While
    MyConnection.Close()
    MyReader.Close()
    MyCommand.Dispose()
Next
```

```
        '读取阈值
        MyConnection.Open()
        MyCommand = New OleDbCommand("SELECT * FROM thres ", MyConnection)
        MyReader = MyCommand.ExecuteReader()
        While MyReader.Read
            min = MyReader("low")
            max = MyReader("high")
        End While
        MyConnection.Close()
        MyReader.Close()
        MyCommand.Dispose()
        'ListView 添加数据及提醒设置
        Dim LItemAsListViewItem
        Dim sum As Integer = 0
        Dim Overstock As String = ""
        Dim Shortage As String = ""
        For j = 0 To i
            sum = CUInt(Product(j, 2)) - CUInt(Product(j, 3))
            LItem = NewListViewItem(Product(j, 1))
            LItem.SubItems.Add(sum.ToString)
            ListView1.Items.Add(LItem)
            If sum > max Then
                Overstock = Overstock + vbCrLf + Product(j, 0) + Product(j, 1) _
                 + "(库存量为:" + sum.ToString + ")"
            End If
            If sum < min Then
                Shortage = Shortage + vbCrLf + Product(j, 0) + Product(j, 1) _
                 + "(库存量为:" + sum.ToString + ")"
            End If
        Next
        Label3.Text = Overstock
        Label4.Text = Shortage
    End Sub

    Private Sub Button1_Click(sender AsSystem.Object, e AsSystem.EventArgs) _
    Handles Button1.Click
        Me.Close()
    End Sub
End Class
```

3. 库存阈值设置

根据库存阈值设置子模块的设计文档，对库存阈值设置子模块的代码编写如下：

```
Imports System.Data.OleDb
Imports System.Data
Imports System.Data.Common

    Public Class 出入库提醒阈值设置
```

```
        Dim MyConnection As New OleDbConnection("Provider = Microsoft.Jet.OLEDB.4.0; _
        Data Source = D:\源程序\db.mdb")
        Dim MyCommand As OleDbCommand
        '"确定"按钮被单击后,查询是否输入完整的上下限阈值,如是,则更新阈值
        Private Sub 确定_Click(sender As System.Object, e As System.EventArgs) _
        Handles 确定.Click
        If high.Text = ""Or low.Text = ""Then
            MsgBox("请输入完整的上下限阈值!",MsgBoxStyle.Information, _
            "饼干厂产品库存系统")
        Else
        Dim Uptry As Integer = high.Text
        Dim Downtry As Integer = low.Text
        'MsgBox(Uptry)
        MyConnection.Open()
        MyCommand = New OleDbCommand("Update thres set low = '"& Downtry &"', _
        high = '"& Uptry &"'", MyConnection)
        MyCommand.ExecuteNonQuery()
        MyConnection.Close()
        MyCommand.Dispose()
            MsgBox("新阈值已设定!", MsgBoxStyle.Information, "饼干厂产品库存系统")
        End If
    End Sub

    '"退出"按钮被单击后,显示主界面,关闭当前界面
    Private Sub 退出_Click(sender As System.Object, e As System.EventArgs) _
    Handles 退出.Click
        主页界面.Show()
        Me.Finalize()
    End Sub
End Class
```

17.3.5　报表打印模块

报表打印模块包括生产销售月报表子模块和产品收发存汇总表子模块。

1. 生产销售月报表

根据生产销售月报表子模块的设计文档,对生产销售月报表子模块的代码编写如下:

```
ImportsSystem.Data.OleDb
ImportsMicrosoft.Office.Interop

Public Class 生产销售月报表
    Dim MyConnection As New OleDbConnection("Provider = Microsoft.Jet.OLEDB.4.0; _
    Data Source = D:\源程序\db.mdb")
    Dim MyCommand, MyCommand2 As OleDbCommand
    Dim MyReader As OleDbDataReader
    Private Sub Button1_Click(sender AsSystem.Object, e AsSystem.EventArgs) _
    Handles Button1.Click
```

```
Dim year As Integer = 2013
Dim product(20, 8) As String
Dim I As Integer = 0
Dim month As Integer = 0
Dim j As Integer
Dim peryear As Integer = year - 1
DimProductIDAsInteger = 0
'获得月份
Select Case ComboBox1.Text
    Case Is = "1 月"
        month = 1
    Case Is = "2 月"
        month = 2
    Case Is = "3 月"
        month = 3
    Case Is = "4 月"
        month = 4
    Case Is = "5 月"
        month = 5
    Case Is = "6 月"
        month = 6
    Case Is = "7 月"
        month = 7
    Case Is = "8 月"
        month = 8
    Case Is = "9 月"
        month = 9
    Case Is = "10 月"
        month = 10
    Case Is = "11 月"
        month = 11
    Case Is = "12 月"
        month = 12
End Select

'读取产品名称与 ID
MyConnection.Open()
MyCommand = New OleDbCommand("SELECT ProductID,ProductName,ProductDanwei _
FROM ProductInfo ", MyConnection)
MyReader = MyCommand.ExecuteReader()
While MyReader.Read
    product(i, 0) = MyReader("ProductID")
    product(i, 1) = MyReader("ProductName")
    product(i, 2) = MyReader("ProductDanwei")
    product(i, 3) = "0"
    product(i, 4) = "0"
    product(i, 5) = "0"
    product(i, 6) = "0"
    product(i, 7) = "0"
```

```
            product(i, 8) = "0"
            i = i + 1
        End While
        MyConnection.Close()
        MyReader.Close()
        MyCommand.Dispose()

        '入库本月实际
        For j = 0 To i
            ProductID = CUInt(product(j, 0))
            MyConnection.Open()
            MyCommand = NewOleDbCommand("SELECT InputQuantity FROM rukudan where _
            InputProductID = "&ProductID&"and month(InputDate) = "& month &" and _
            year(InputDate) = "& year &"", MyConnection)
            MyCommand = New OleDbCommand("SELECT InputQuantity FROM rukudan where _
            InputProductID = " &ProductID& "and month(InputDate) = " & month _
            & " ", MyConnection)
            MyReader = MyCommand.ExecuteReader()
            While MyReader.Read
                product(j, 3) = CUInt(product(j, 3)) + MyReader("InputQuantity")
            End While
            MyConnection.Close()
            MyReader.Close()
            MyCommand.Dispose()
        Next

        '入库本年实际
        For j = 0 To i
            ProductID = CUInt(product(j, 0))
            MyConnection.Open()
            MyCommand = NewOleDbCommand("SELECT InputQuantity FROM rukudan where _
               InputProductID = " &ProductID& " and year ( InputDate ) = " & year &"",
MyConnection)
            MyReader = MyCommand.ExecuteReader()
            While MyReader.Read
                product(j, 4) = CUInt(product(j, 4)) + MyReader("InputQuantity")
            End While
            MyConnection.Close()
            MyReader.Close()
            MyCommand.Dispose()
        Next
        '入库上年同期
        For j = 0 To i
            ProductID = CUInt(product(j, 0))
            MyConnection.Open()
            MyCommand = NewOleDbCommand("SELECT InputQuantity FROM rukudan where _
               InputProductID = " &ProductID& " and year ( InputDate ) = " &peryear&"",
MyConnection)
            MyReader = MyCommand.ExecuteReader()
```

```
        While MyReader.Read
            product(j, 5) = CUInt(product(j, 5)) + MyReader("InputQuantity")
        End While
        MyConnection.Close()
        MyReader.Close()
        MyCommand.Dispose()
    Next

    '出库本月实际
    For j = 0 To i
        ProductID = CUInt(product(j, 0))
        MyConnection.Open()
        MyCommand = NewOleDbCommand("SELECT OutputQuantity FROM chukudan where _
        OutputProductID = "&ProductID&"and month(OutputDate) = "& month &" and _
        year(OutputDate) = "& year &"", MyConnection)
        MyReader = MyCommand.ExecuteReader()
        While MyReader.Read
            product(j, 6) = CUInt(product(j, 6)) + MyReader("OutputQuantity")
        End While
        MyConnection.Close()
        MyReader.Close()
        MyCommand.Dispose()
    Next

    '出库本年实际
    For j = 0 To i
        ProductID = CUInt(product(j, 0))
        MyConnection.Open()
        MyCommand = New OleDbCommand("SELECT OutputQuantity FROM chukudan where _
           OutputProductID = " &ProductID&" and year (OutputDate) = " & year &"",
MyConnection)
        MyReader = MyCommand.ExecuteReader()
        While MyReader.Read
            product(j, 7) = CUInt(product(j, 7)) + MyReader("OutputQuantity")
        End While
        MyConnection.Close()
        MyReader.Close()
        MyCommand.Dispose()
    Next

    '出库上年同期
    For j = 0 To i
        ProductID = CUInt(product(j, 0))
        MyConnection.Open()
        MyCommand = NewOleDbCommand("SELECT OutputQuantity FROM chukudan where _
        OutputProductID = " & ProductID & " and year(OutputDate) = " & peryear _
        & "", MyConnection)
        MyReader = MyCommand.ExecuteReader()
        While MyReader.Read
```

```
                product(j, 8) = CUInt(product(j, 8)) + MyReader("OutputQuantity")
            End While
            MyConnection.Close()
            MyReader.Close()
            MyCommand.Dispose()
        Next

        '计算出库入库本月与本年总量
        Dim SumRuMonth As Integer = 0
        Dim SumRuYear As Integer = 0
        Dim SumChuMonth As Integer = 0
        Dim SumChuYear As Integer = 0
        For j = 0 Toi
            SumRuMonth = SumRuMonth + CUInt(product(j, 3))
            SumRuYear = SumRuYear + CUInt(product(j, 4))
            SumChuMonth = SumChuMonth + CUInt(product(j, 6))
            SumChuYear = SumChuYear + CUInt(product(j, 7))
        Next

        '向 Excel 报表中添加数据 month.ToString& "月
        Dim datetry As String = (year &"年"& ComboBox1.Text)
        Dim xlApp As Excel.Application
        Dim xlBook As Excel.Workbook
        Dim xlSheet As Excel.Worksheet
        xlApp = CreateObject("excel.application")                  '创建 Excel 对象
        xlBook = xlApp.Workbooks.Open("E:\reportmonth.xls")  '打开已经存在的 Excel 工
                                                                   '作簿文件
        xlSheet = xlBook.Worksheets("1")                           '设置活动工作表
        xlSheet.Cells(3, 4) = datetry
        xlSheet.Cells(7, 4) = SumRuMonth
        xlSheet.Cells(7, 5) = SumRuYear
        xlSheet.Cells(7, 7) = SumChuMonth
        xlSheet.Cells(7, 8) = SumChuYear
        For j = 0 To i
            xlSheet.Cells(8 + j, 2) = product(j, 1)
            xlSheet.Cells(8 + j, 3) = product(j, 2)
            xlSheet.Cells(8 + j, 4) = product(j, 3)
            xlSheet.Cells(8 + j, 5) = product(j, 4)
            xlSheet.Cells(8 + j, 6) = product(j, 5)
            xlSheet.Cells(8 + j, 7) = product(j, 6)
            xlSheet.Cells(8 + j, 8) = product(j, 7)
            xlSheet.Cells(8 + j, 9) = product(j, 8)
        Next
        xlApp.Visible = True'设置 EXCEL 对象可见(或不可见)
        xlApp = Nothing
    End Sub
End Class
```

2. 产品收发存汇总表

根据产品收发存汇总表子模块的设计文档,对产品收发存汇总表子模块的代码编写如下:

```
ImportsSystem.Data.OleDb
ImportsMicrosoft.Office.Interop

Public Class 产品收发存汇总表
    Dim MyConnection As NewOleDbConnection("Provider = Microsoft.Jet.OLEDB.4.0; _
    Data Source = D:\源程序\db.mdb")
    Dim MyCommand, MyCommand2 As OleDbCommand
    DimMyReader As OleDbDataReader
    Private Sub Button1_Click(sender As System.Object, e As System.EventArgs) _
    Handles Button1.Click
        Dim year As Integer = 2013
        Dim product(20, 9) As String
        Dim i As Integer = 0
        Dim month As Integer = 0
        Dim permonth As Integer = 0
        Dim j As Integer
        Dim peryear As Integer = 0
        Dim ProductID As Integer = 0

        '获得月份
        Select Case ComboBox1.Text
            Case Is = "1月"
                month = 1
                permonth = 12
                peryear = year - 1
            Case Is = "2月"
                month = 2
                permonth = 1
                peryear = year
            Case Is = "3月"
                month = 3
                permonth = 2
                peryear = year
            Case Is = "4月"
                month = 4
                permonth = 3
                peryear = year
            Case Is = "5月"
                month = 5
                permonth = 4
                peryear = year
            Case Is = "6月"
                month = 6
                permonth = 5
                peryear = year
```

```
        Case Is = "7 月"
            month = 7
            permonth = 6
            peryear = year
        Case Is = "8 月"
            month = 8
            permonth = 7
            peryear = year
        Case Is = "9 月"
            month = 9
            permonth = 8
            peryear = year
        Case Is = "10 月"
            month = 10
            permonth = 9
            peryear = year
        Case Is = "11 月"
            permonth = 10
            peryear = year
            month = 11
        Case Is = "12 月"
            month = 12
            permonth = 11
            peryear = year
    End Select
    '读取产品名称与 ID
    MyConnection.Open()
    MyCommand = NewOleDbCommand("SELECT ProductID,ProductName,ProductType, _
    ProductDanwei FROM ProductInfo ", MyConnection)
    MyReader = MyCommand.ExecuteReader()
    While MyReader.Read
        product(i, 0) = MyReader("ProductID")
        product(i, 1) = MyReader("ProductName")
        product(i, 2) = MyReader("ProductDanwei")
        product(i, 3) = MyReader("ProductType")
        product(i, 4) = "0"
        product(i, 5) = "0"
        product(i, 6) = "0"
        product(i, 7) = "0"
        product(i, 8) = "0"
        product(i, 9) = "0"
        i = i + 1
    End While
    MyConnection.Close()
    MyReader.Close()
    MyCommand.Dispose()

    '上月入库
    For j = 0 To i
```

```
        ProductID = CUInt(product(j, 0))
        MyConnection.Open()
        MyCommand = NewOleDbCommand("SELECT InputQuantity FROM rukudan where _
        InputProductID = " & ProductID & "and month(InputDate) = " & permonth _
        &" and year(InputDate) = "&peryear&"", MyConnection)
        MyReader = MyCommand.ExecuteReader()
        While MyReader.Read
        product(j, 4) = CUInt(product(j, 4)) + MyReader("InputQuantity")
        End While
        MyConnection.Close()
        MyReader.Close()
        MyCommand.Dispose()
    Next

    '上月出库
    For j = 0 To i
        ProductID = CUInt(product(j, 0))
        MyConnection.Open()
        MyCommand = New OleDbCommand("SELECT OutputQuantity FROM chukudan where _
        OutputProductID = " & ProductID & "and month(OutputDate) = " & permonth _
        & " and year(OutputDate) = " & peryear & "", MyConnection)
        MyReader = MyCommand.ExecuteReader()
        While MyReader.Read
            product(j, 5) = CUInt(product(j, 5)) + MyReader("OutputQuantity")
        End While
        MyConnection.Close()
        MyReader.Close()
        MyCommand.Dispose()
    Next

    '本月入库
    For j = 0 To i
        ProductID = CUInt(product(j, 0))
        MyConnection.Open()
        MyCommand = New OleDbCommand("SELECT InputQuantity FROM rukudan where _
        InputProductID = " & ProductID & "and month(InputDate) = " & month _
        &" and year(InputDate) = "& year &"", MyConnection)
        MyReader = MyCommand.ExecuteReader()
        While MyReader.Read
            product(j, 7) = CUInt(product(j, 7)) + MyReader("InputQuantity")
        End While
        MyConnection.Close()
        MyReader.Close()
        MyCommand.Dispose()
    Next

    '本月出库
    For j = 0 To i
        ProductID = CUInt(product(j, 0))
```

```
        MyConnection.Open()
        MyCommand = NewOleDbCommand("SELECT OutputQuantity FROM chukudan where _
        OutputProductID = " & ProductID & "and month(OutputDate) = " & month _
        & " and year(OutputDate) = " & year & "", MyConnection)
        MyReader = MyCommand.ExecuteReader()
        While MyReader.Read
            product(j, 8) = CUInt(product(j, 8)) + MyReader("OutputQuantity")
        End While
        MyConnection.Close()
        MyReader.Close()
        MyCommand.Dispose()
    Next

    '上月与本月结存
    For j = 0 To i
        product(j, 6) = CUInt(product(j, 4)) - CUInt(product(j, 5))
        product(j, 9) = CUInt(product(j, 7)) - CUInt(product(j, 8))
    Next

    '向 Excel 报表中添加数据
    Dim datetry As String = (year &"年"& ComboBox1.Text)
    Dim xlApp As Excel.Application
    Dim xlBook As Excel.Workbook
    Dim xlSheet As Excel.Worksheet
    xlApp = CreateObject("excel.application")                      '创建 Excel 对象
    xlBook = xlApp.Workbooks.Open("D:\源程序\reportsum.xls")  '打开已经存在的 Excel
                                                                   '工作簿文件
    xlSheet = xlBook.Worksheets("2")                               '设置活动工作表
    xlSheet.Cells(4,4) = datetry
    For j = 0 To i
        xlSheet.Cells(8 + j, 2) = product(j, 1)
        xlSheet.Cells(8 + j, 3) = product(j, 2)
        xlSheet.Cells(8 + j, 4) = product(j, 3)
        xlSheet.Cells(8 + j, 5) = product(j, 6)
        xlSheet.Cells(8 + j, 6) = product(j, 7)
        xlSheet.Cells(8 + j, 7) = product(j, 8)
        xlSheet.Cells(8 + j, 8) = product(j, 9)
    Next
    xlApp.Visible = True'设置 Excel 对象可见(或不可见)
    xlApp = Nothing
  End Sub
End Class
```

17.3.6 信息维护模块

信息维护模块包括产品信息维护子模块和管理员信息维护子模块。

1. 产品信息维护

根据产品信息维护子模块的设计文档,对子模块的代码编写如下:

```
Imports System.Data.OleDb
PublicClass 产品信息维护
Dim MyConnection As New OleDbConnection("Provider = Microsoft.Jet.OLEDB.4.0; _
Data Source = D:\源程序\db.mdb")
    Dim MyCommand As OleDbCommand
    Dim MyReader As OleDbDataReader
    Private Sub 产品信息维护_Load(sender As System.Object, e As System.EventArgs) _
    Handles MyBase.Load
        '加载产品名称
        MyConnection.Open()
            MyCommand = New OleDbCommand ( " SELECT ProductName FROM ProductInfo ",
MyConnection)
        MyReader = MyCommand.ExecuteReader()
        While MyReader.Read
            CB_Name.Items.Add(MyReader("ProductName"))
        End While
        MyConnection.Close()
        MyReader.Close()
        MyCommand.Dispose()
    End Sub

    '"添加产品"按钮被单击时,触发的事件
    Private Sub 添加产品_Click(sender As System.Object, e As System.EventArgs) _
Handles 添加产品.Click
        Dim ExistProduct As String = ""
        '查询待添加产品信息是否存在
        MyConnection.Open()
        MyCommand = New OleDbCommand("SELECT ProductName FROM ProductInfo where _
        ProductName = '"& TB_Name_Add.Text &"'", MyConnection)
        MyReader = MyCommand.ExecuteReader()
        While MyReader.Read
            ExistProduct = MyReader("ProductName")
        End While
        MyConnection.Close()
        MyReader.Close()
        MyCommand.Dispose()
        '查询最大 ProductID,生成待添加产品编号
        Dim tryID As Integer
        MyConnection.Open()
        MyCommand = New OleDbCommand("SELECT max(ProductID) as maxID FROM ProductInfo ", _
        MyConnection)
        MyReader = MyCommand.ExecuteReader()
        While MyReader.Read
            tryID = MyReader("maxID") + 1
        End While
        MyConnection.Close()
        MyReader.Close()
        MyCommand.Dispose()
        '待添加产品不存在,信息填写完整,则添加该产品信息
```

```
        If ExistProduct = ""Then
            If TB_Name_Add.Text = "" Or TB_Type_Add.Text = "" Or TB_Unit_Add.Text = "" _
            Or TB_Price_Add.Text = ""Then
                MsgBox("请输入完整的产品信息!", MsgBoxStyle.Information, _
                "饼干厂产品库存系统")
            Else
                MyConnection.Open()
                MyCommand = New OleDbCommand("insert into ProductInfo values("& tryID _
                &",'" & TB_Name_Add.Text &"','"& TB_Type_Add.Text &"','" _
                & TB_Price_Add.Text &"','"& TB_Unit_Add.Text &"')", MyConnection)
                MyCommand.ExecuteNonQuery()
                MyConnection.Close()
                MyCommand.Dispose()
                MsgBox("该产品信息已添加!",MsgBoxStyle.Information,"饼干厂产品库存
系统")
                TB_Name_Add.Text = ""
                TB_Type_Add.Text = ""
                TB_Unit_Add.Text = ""
                TB_Price_Add.Text = ""
            End If
        Else
            MsgBox("该产品信息已存在请重新输入!", MsgBoxStyle.Information, _
            "饼干厂产品库存系统")
        End If
    End Sub

    '"修改信息"按钮被单击触发的事件
    Private Sub 修改信息_Click(sender As System.Object, e As System.EventArgs) _
    Handles 修改信息.Click
        CB_Name.Items.Clear()
        '修改后的产品信息如果填写完整,则修改该产品信息
        If TB_Name_C.Text = "" Or TB_Type_C.Text = "" Or TB_Unit_C.Text = ""_
        Or TB_Price_C.Text = ""Then
            MsgBox("请输入完整的产品更新信息!", MsgBoxStyle.Information, _
            "饼干厂产品库存系统")
        Else
            MyConnection.Open()
            MyCommand = New OleDbCommand("Update ProductInfo set ProductName ='" _
            & TB_Name_C.Text &"',ProductType = '"& TB_Type_C.Text &"',ProductPrice = '" _
            & TB_Price_C.Text &"',ProductDanwei = '"& TB_Unit_C.Text &"' where _
            ProductName = '"& CB_Name.Text &"'", MyConnection)
            MyCommand.ExecuteNonQuery()
            MyConnection.Close()
            MyCommand.Dispose()
            MsgBox("该产品信息已更新!", MsgBoxStyle.Information, "饼干厂产品库存系统")
            TB_Name_C.Text = ""
            TB_Type_C.Text = ""
            TB_Unit_C.Text = ""
            TB_Price_C.Text = ""
```

```
                CB_Name.Text = ""
                '重新加载产品编号和名称
                MyConnection.Open()
                MyCommand = New OleDbCommand("SELECT ProductName _
                FROM ProductInfo ", MyConnection)
                MyReader = MyCommand.ExecuteReader()
                While MyReader.Read
                    CB_Name.Items.Add(MyReader("ProductName"))
                End While
                MyConnection.Close()
                MyReader.Close()
                MyCommand.Dispose()
            End If
        End Sub

        '"返回主菜单"按钮被单击后,显示主界面,关闭当前界面
        Private Sub 返回主菜单_Click(sender As System.Object, e As System.EventArgs) _
        Handles 返回主菜单.Click
            主页界面.Show()
            Me.Finalize()
        End Sub

        '"退出系统"按钮被单击,关闭当前界面
        Private Sub 退出系统_Click(sender As System.Object, e As System.EventArgs) _
        Handles 退出系统.Click
            Me.Finalize()
        End Sub
End Class
```

2. 管理员信息维护

根据管理员信息维护子模块的设计文档,对子模块的代码编写如下:

```
Imports System.Data.OleDb
PublicClass 管理员信息维护
Dim MyConnection As New OleDbConnection("Provider = Microsoft.Jet.OLEDB.4.0; _
Data Source = D:\源程序\db.mdb")
    Dim MyCommand As OleDbCommand
    Dim MyReader As OleDbDataReader
    Private Sub 管理员信息维护_Load(sender As System.Object, e As System.EventArgs) _
    Handles MyBase.Load
        '加载管理员编号名称
        MyConnection.Open()
        MyCommand = New OleDbCommand("SELECT adminID FROM admin ", MyConnection)
        MyReader = MyCommand.ExecuteReader()
        While MyReader.Read
            CB_Name.Items.Add(MyReader("adminID"))
        End While
        MyConnection.Close()
```

```
    MyReader.Close()
    MyCommand.Dispose()
End Sub

Private Sub 添加管理员_Click(sender As System.Object, e As System.EventArgs) _
Handles 添加管理员.Click
    Dim ExistAdmin As String = ""
    '判断待添加管理员信息是否存在
    MyConnection.Open()
    MyCommand = New OleDbCommand("SELECT password FROM admin where adminID= '" _
    & TB_Name_Add.Text &"'", MyConnection)
    MyReader = MyCommand.ExecuteReader()
    While MyReader.Read
        ExistAdmin = MyReader("password")
    End While
    MyConnection.Close()
    MyReader.Close()
    MyCommand.Dispose()
    '若待添加管理员信息不存在,所有信息填写完整,且两次密码输入一致,则添加该管理员
    If ExistAdmin = ""Then
        If TB_Name_Add.Text = ""Or TB_PW_Add.Text = ""Or TB_PW2_Add.Text = ""Then
            MsgBox("请输入完整的管理员信息!", MsgBoxStyle.Information, _
            "饼干厂产品库存系统")
    Else
            If TB_PW_Add.Text = TB_PW2_Add.Text Then
                MyConnection.Open()
                MyCommand = NewOleDbCommand("insert into admin values('" _
                & TB_Name_Add.Text &"','"& TB_PW_Add.Text &"')", MyConnection)
                MyCommand.ExecuteNonQuery()
                MyConnection.Close()
                MyCommand.Dispose()
                MsgBox("该管理员信息已添加!", MsgBoxStyle.Information, _
                "饼干厂产品库存系统")
                TB_Name_Add.Text = ""
                TB_PW_Add.Text = ""
                TB_PW2_Add.Text = ""
            Else
                MsgBox("两次输入的密码不一致!", MsgBoxStyle.Information, _
                "饼干厂产品库存系统")
            End If
        End If
    Else
        MsgBox("该管理员信息已存在,请重新输入!", MsgBoxStyle.Information, _
        "饼干厂产品库存系统")
    End If
End Sub

Private Sub 修改管理员密码_Click(sender As System.Object, e As System.EventArgs) _
Handles 修改管理员密码.Click
```

```
CB_Name.Items.Clear()
'若输入的两次旧密码相同且正确,输入的两次新密码相同,则修改该管理员密码
If TB_Old_PW.Text = "" Or TB_Old_PW2.Text = "" Or TB_New_PW.Text = ""_
Or TB_New_PW2.Text = ""Then
    MsgBox("请输入完整的管理员新旧密码信息!", MsgBoxStyle.Information, _
    "饼干厂产品库存系统")
Else
    If TB_Old_PW.Text <> TB_Old_PW2.Text Then
        MsgBox("输入的两次旧密码不一致!", MsgBoxStyle.Information, _
        "饼干厂产品库存系统")
    Else
        If TB_New_PW.Text <> TB_New_PW2.Text Then
            MsgBox("输入的两次新密码不一致!", MsgBoxStyle.Information, _
            "饼干厂产品库存系统")
        Else
            Dim ExistAdmin As String = ""
            MyConnection.Open()
            MyCommand = NewOleDbCommand("SELECT password FROM admin where _
            adminID = '"& CB_Name.Text &"'", MyConnection)
            MyReader = MyCommand.ExecuteReader()
            While MyReader.Read
                ExistAdmin = MyReader("password")
            End While
            MyConnection.Close()
            MyReader.Close()
            MyCommand.Dispose()
            If ExistAdmin = TB_Old_PW.Text Then
                MyConnection.Open()
                MyCommand = New OleDbCommand("Update admin set [password] = '" _
                & TB_New_PW.Text &"' where adminID = '"& CB_Name.Text _
                &"'", MyConnection)
                MyCommand.ExecuteNonQuery()
                MyConnection.Close()
                MyCommand.Dispose()
                MsgBox("该管理员密码已更新!", MsgBoxStyle.Information, _
                "饼干厂产品库存系统")
                TB_Old_PW.Text = ""
                TB_Old_PW2.Text = ""
                TB_New_PW.Text = ""
                TB_New_PW2.Text = ""
                CB_Name.Text = ""
                MyConnection.Open()
                MyCommand = New OleDbCommand("SELECT adminID FROM _
                admin ", MyConnection)
                MyReader = MyCommand.ExecuteReader()
                While MyReader.Read
                    CB_Name.Items.Add(MyReader("adminID"))
                End While
                MyConnection.Close()
```

```
                    MyReader.Close()
                    MyCommand.Dispose()
                Else
                    MsgBox("输入的旧密码不正确!", MsgBoxStyle.Information, _
                    "饼干厂产品库存系统")
                End If
            End If
        End If
    End If
End Sub

Private Sub 返回主菜单_Click(sender As System.Object, e As System.EventArgs) _
Handles 返回主菜单.Click
    主页界面.Show()
    Me.Finalize()
End Sub

Private Sub 退出系统_Click(sender As System.Object, e As System.EventArgs) _
Handles 退出系统.Click
    Me.Finalize()
    End Sub

Private Sub 删除管理员_Click(sender As System.Object, e As System.EventArgs) _
Handles 删除管理员.Click
    Dim ExistAdmin As String = ""
    '查看待删除管理员信息是否存在
    MyConnection.Open()
    MyCommand = NewOleDbCommand("SELECT password FROM admin where adminID = '" _
    & TB_Name_Add.Text &"'", MyConnection)
    MyReader = MyCommand.ExecuteReader()
    While MyReader.Read
        ExistAdmin = MyReader("password")
    End While
    MyConnection.Close()
    MyReader.Close()
    MyCommand.Dispose()
    '若待删除的管理员信息存在,填写的信息完整,且密码正确,则删除该管理员信息
    If ExistAdmin <>""Then
        If TB_Name_Add.Text = "" Or TB_PW_Add.Text = "" Or TB_PW2_Add.Text = "" Then
            MsgBox("请输入完整的管理员信息!", MsgBoxStyle.Information, _
            "饼干厂产品库存系统")
        Else
            If TB_PW_Add.Text = TB_PW2_Add.Text Then
                If ExistAdmin = TB_PW_Add.Text Then
                    MyConnection.Open()
                    MyCommand = New OleDbCommand("delete * from admin where _
                    adminID = '"& TB_Name_Add.Text &"'", MyConnection)
                    MyCommand.ExecuteNonQuery()
                    MyConnection.Close()
```

```
                    MyCommand.Dispose()
                    TB_Name_Add.Text = ""
                    TB_PW_Add.Text = ""
                    TB_PW2_Add.Text = ""
                    MsgBox("该管理员信息已删除!", MsgBoxStyle.Information, _
                    "饼干厂产品库存系统")
                Else
                    MsgBox("输入的密码不正确!", MsgBoxStyle.Information, _
                    "饼干厂产品库存系统")
                End If
            Else
                MsgBox("两次输入的密码不一致!", MsgBoxStyle.Information, _
                "饼干厂产品库存系统")
            End If
        End If
    Else
        MsgBox("该管理员信息不存在,请重新输入!", MsgBoxStyle.Information, _
        "饼干厂产品库存系统")
    End If
  End Sub
End Class
```

17.4 系统测试

测试是提高软件可靠性的重要手段,其目的是通过典型数据的试运行发现问题和错误,从而有利于程序开发者进行错误代码修改,提高软件的可靠性和稳定性。

17.4.1 系统测试简介

著名软件测试专家迈尔斯(Grenford J. Myers)在《软件测试技巧》一书中,对于如何进行系统测试提出了以下观点：测试是为了发现错误而执行程序的过程；测试是为了证明程序有错误,而不是证明程序无错误；一个好的测试,在于能够发现至今未能发现的错误；一个成功的测试,是发现了至今未发现过的错误。

1. 系统测试的原则

系统测试一般遵循以下原则。

(1) 应当把"尽早地和不断地进行软件测试"当做软件开发者的座右铭,把软件测试贯穿到软件开发的各个阶段,而不是作为开发后的一个独立阶段。

(2) 测试应由测试输入数据和与之对应的预期输出结果这两个部分组成。

(3) 程序员应避免测试自己写的程序。调试(Debug)由程序员自己来完成,而测试则最好建立独立的测试小组或测试机构来完成。

(4) 在设计测试用例时,应当包括合理的输入条件,也包括一些不合理的输入条件。

(5) 充分注意测试中的群集现象。即在某段程序中发现的错误越多,则残存的错误可能也比较多。根据这个规律，应对出现错误群集的程序进行重点测试。

(6) 严格执行测试计划，排除测试的随意性。测试之前应仔细考虑测试的项目，对每一项测试做出周密的计划，包括被测程序的功能、输入输出、资源要求、测试的控制方法，以及评价标准等。

(7) 妥善保存测试计划、测试用例、出错统计和最终分析报告。

2. 系统测试的方法

测试的方法如图 17-3 所示。

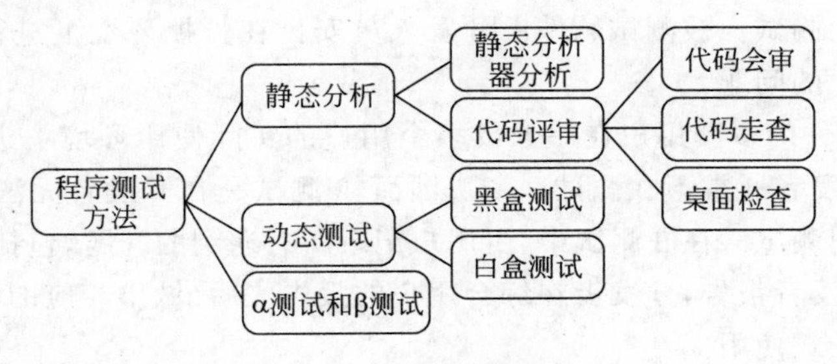

图 17-3　系统测试的方法

1) 静态分析方法

静态分析法是不利用计算机运行被测试的程序，而是采用其他手段来达到检测程序错误的目的。按照自动程度，分为静态分析器分析（自动方式）和代码评审（人工方式）两种。

静态分析器分析通常是借助于静态分析器在机器上以自动方式检查，但不要求程序本身在机器上运行。

代码评审方式则是测试员按照代码审查单阅读程序，人工查找错误。根据评审的不同组织形式，代码评审又分为代码会审、代码走查和桌面检查三种。对某个具体的程序，通常使用一种或一种以上评审方法进行综合评审。

静态分析的内容包括：检查代码和设计的一致性；检查代码的标准性、可读性；检查代码逻辑表达的正确性和完整性；检查代码结构的合理性等。

2) 动态测试方法

动态测试是实际运行被测程序，输入相应的测试用例，判断执行结果是否符合要求，从而检验程序的正确性、可靠性和有效性。动态测试分为两类：一种是黑盒测试，把被测程序当作一个黑盒，根据程序的功能来设计测试用例；另一类叫做白盒测试，是指根据被测程序的内部结构设计测试用例，测试者需要先了解被测程序的结构。

黑盒测试，也称功能测试或数据驱动测试，它是通过测试来检测软件的每个功能是否都能正常使用。在测试中，把程序看作一个不能打开的黑盒子，在完全不考虑程序内部结构和内部特性的情况下，在程序接口进行测试，它只检查程序功能是否按照需求规格说明书的规定正常使用，程序是否能适当地接收输入数据而产生正确的输出信息。黑盒测试着眼于程序外部结构，不考虑内部逻辑结构，主要针对软件界面和软件功能进行测试。

白盒测试，也称结构测试或逻辑驱动测试，它是按照程序内部的结构测试程序，通过测试来检测产品内部动作是否按照设计规格说明书的规定正常进行，检验程序中的每条通路是否都能按预定要求正确工作。这一方法是把测试对象看作一个打开的盒子，测试人员依据程序内部逻辑结构相关信息，设计或选择测试用例，对程序所有逻辑路径进行测试，通过在不同点检查程序的状态，确定实际的状态是否与预期的状态一致。

3）α测试和β测试

如果软件是为多个客户开发，那么由每个客户都实施正式的验收测试是不现实的。大多数软件产品的开发人员采用α测试和β测试的步骤，以便让用户快速找出错误。

α测试是由一个用户在开发环境下进行的测试，也可以是公司内部用户在模拟实际操作环境下进行的测试。被测试软件由开发人员安排在可控环境下进行检验，并记录发现的错误和使用中的问题。

β测试是由软件的多个用户在一个或多个用户的实际使用环境下进行的测试。与α测试不同的是，开发者通常不在测试现场。因而，β测试是在开发者无法控制的环境下进行的软件现场应用测试。在β测试中，由用户记录所有遇到的问题，包括真实的以及主观认定的，定期向开发者报告，开发者在综合用户的报告之后，做出相应的修改，最后将软件产品交付给用户正式使用。

3. 系统测试的过程

软件测试的过程与整个软件的开发过程基本上是平行进行的。测试计划早在需求分析阶段就应该开始制定，其他相关工作，包括测试大纲的制定，测试数据的生成，测试工具的选择等，也应在正式测试之前进行。

通常，在编写出每一个模块之后都应当对它进行测试，这种测试称为单元测试。在结束单元测试之后，对软件系统要进行各种综合测试(集成测试、确认测试、系统测试、验收测试)。

1）单元测试

单元测试是软件测试的最小单位。主要测试某程序模块在语法、格式和逻辑上的错误。通常先采用白盒测试法，尽可能达到穷尽测试，然后再用黑盒测试法，使之对合理或不合理的输入都能够鉴别和响应。

2）集成测试

集成测试的主要目标是要求符合实际软件结构，解决模块接口的一致性问题。比如，一个模块可能对另一个模块产生副作用。单个模块可以接受的误差，集成之后误差可能达到让人无法接受的程度。

3）确认测试

集成测试通过之后，软件已经组装成一个完整的软件包，这时用确认测试用例测试程序，将结果与预期值相比，测试软件能否满足要求。测试计划给出了必须进行的测试类型。此外，还需要对软件的可移植性、兼容性、易维护性等进行确认。

4）系统测试

系统测试是将通过确认的软件作为计算机系统的一个元素，与硬件、外设等其他元素结合在一起，对软件系统进行整体测试和有效性测试。系统测试的内容应包括对各子系统或分系统间的接口正确性的检查和对系统功能、性能的测试。

5）验收测试

系统测试完成之后，系统经过了试运行，企业应进行验收测试。验收测试的目的是检查测试程序的操作和合同规定的要求是否一致。通常由用户为主体进行，用户设计测试用例，确定系统性能和功能的可接受性，实质上就是用户用大量的真实数据来验证系统的有效性和可靠性。

4. 系统测试中常见的错误和问题

在软件测试过程中，一般把发现的错误(Bug)分为4大类。

(1) 致命错误，即会导致系统崩溃或破坏数据的错误。

(2) 严重错误，即可能引起系统不稳定、产生错误结果或导致某些功能无法实现的错误。

(3) 一般错误，即在完成某特定功能时出现的错误，并不影响该功能的实现。

(4) 建议项目，即针对软件不完善或用户使用不方便的地方提出建议。

对于一些程序开发者常出现但又容易被忽视的问题，分为以下几类。

1）易用性问题

所谓易用性问题，即用户无法使用或不方便使用的问题。包括：

(1) 不符合用户操作习惯。如：快捷键定义不科学，键位分布不合理，按键太多，甚至没有快捷键等。

(2) 界面中英文混杂，元素参差不齐，文字显示不全。

(3) 无自动安装程序或安装程序不完善。

(4) 界面中的信息不能及时刷新，不能正确反映当前数据状态。

(5) 提出信息意义不明或为原始的英文提示。

(6) 要求用户输入多余的，系统本来可以自己得到的数据。某一项功能的冗余操作太多，用户操作不够简化。

(7) 对于复杂的操作不提供说明或帮助。

2）稳定性问题

(1) 程序运行过程中不断申请内存资源，但又不能有效释放用过的资源，会造成系统性能越来越低，并出现不规律死机的情况。

(2) 不能重现的错误。有些可能与代码中的变量未初始化有关，有些与系统不检查异常情况有关。

(3) 对一般性错误的屏蔽能力较差。对输入的数据没有进行充分并且有效的有效性检查，造成不合要求的数据进入数据库。

3）其他问题

例如用户文档问题(无使用方法，无版本改动说明等)。

兼容性问题，对硬件平台和软件平台的兼容性不好。例如，在一台机器上能够稳定运行，而在另一台机器上则无法正常运行。

17.4.2 系统测试用例的设计

1. 软件测试用例的开发流程

在软件测试中,系统测试用例是实施的关键性文档。图 17-4 是测试用例的开发流程图。测试员根据测试用例测试结束后,应当提交测试结果文档,供开发程序员参考修改相关错误。

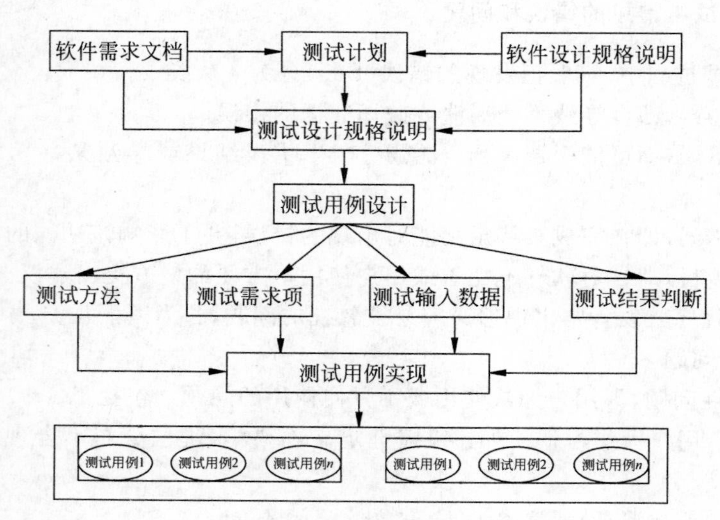

图 17-4 软件测试用例的开发流程

2. 软件测试用例的基本要素

软件测试用例是描述输入、动作、时间和期望结果的文档,软件测试用例的基本要素包括测试用例编号、测试标题、重要级别、测试输入、操作步骤、预期结果等。

1）测试用例编号

测试用例的编号命名规则通常是：项目名称＋测试阶段类型(系统测试阶段)＋编号。比如系统测试用例的编号可以这样命名：PROJECT1-ST-001。定义编号的目的在于使测试用例跟踪和查找测试更为方便。

2）测试标题

测试用例标题应能清楚表达测试用例的用途。比如"测试在用户输入错误的登录密码时系统的响应"。

3）重要性级别

测试用例的重要性,可以笼统地分为高和低两个级别。一般来说,如果软件需求的优先级为高,则针对该需求的测试用例优先级也为高。

4）输入限制

输入限制用于提供测试执行过程中的各种输入条件。测试用例的输入对软件需求当中的输入有很大的依赖性,如果软件需求中没有很好地定义需求的输入,那么测试用例设计中会遇到很大的障碍。

5）操作步骤

操作步骤中详细列出了输入测试用例进行测试的步骤。

6）预期结果

预期结果应该根据软件需求中的输出得出。如果在实际测试过程中得到的实际测试结果与预期结果不符，那么测试不通过；反之则测试通过。

17.4.3　基于饼干厂产品库存系统的测试案例

1．“管理员登录”模块测试用例

本案例给出了“管理员登录”模块的测试用例，如表17-1所示。该测试采用黑盒测试方法进行。

表17-1　“管理员登录”模块测试用例

用例ID	KUCUN-FC-001			
测试类型	系统功能测试(FC)			
用例名称	系统登录模块测试			
用例描述	用于检验系统登录的各个功能能否实现以及是否存在问题。 当用户名和密码输入正确情况下，进入系统功能总界面。 当用户名和密码输入不正确情况下，清空密码，提示错误信息			
用例入口	用户单击应用程序图标后进入该登录模块界面			
重要性级别	较高			
参考文档	系统登录设计相关文档			
测试员				
开发者				
测试日期				
测试用例ID	测试标题	测试步骤	预期结果	实际测试结果
TC1	进入系统功能检测	双击应用程序图标	显示“系统登录”界面，界面与设计一致	
TC2	“用户名选择下拉列表”功能检测	进入应用程序后观察该下拉列表框	显示admin表的第一个管理员名称	
TC3	“用户名选择下拉列表”功能检测	单击“用户名选择”下拉列表	显示所有admin表中的所有管理员名称	
TC4	密码输入文本框	输入数据	正确显示输入数据	
TC5	用户名和密码校验	选择用户名 输入正确密码 单击“确定”按钮	进入系统功能总界面	
TC6	用户名和密码校验	选择用户名 输入错误密码 单击“确定”按钮	弹出提示框，提示“密码输入错误，请重试！”，清空输入密码文本框，光标放在密码文本框	

续表

用例 ID	KUCUN-FC-001			
TC7	用户名和密码校验	不选择用户名 输入密码 单击“确定”按钮	弹出提示框，提示“请选择用户名!”	
TC8	用户名和密码校验	不选择用户名 不输入密码 直接单击“确定”按钮	弹出提示框，提示“请选择用户名，并输入密码!”	
TC9	退出系统功能检测	单击“退出”按钮	应用程序关闭，退出系统	

“管理员登录”模块是进入系统的第一个模块，其主要功能描述如下。

(1) 用户单击系统应用程序图标，将显示“管理员登录”界面，如图 17-5 所示。(用户名称下拉列表框初始化默认为 admin 数据库中的第一个管理员名称)

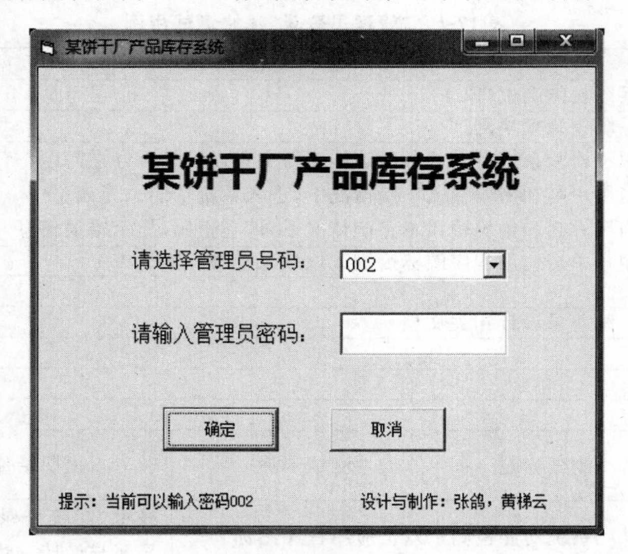

图 17-5 “管理员登录”界面

(2) 用户从下拉列表中选择用户名。(用户名称列表框应读取数据库中相关的用户名信息。)

(3) 用户输入密码后，系统访问后台 admin 数据库，检验用户名和密码是否匹配，若匹配，则进入系统功能总界面；若不匹配，则弹出提示框，提示相关信息。

在笔者对“管理员登录”模块进行测试后，得出结论：用于检验系统登录的各个功能均可按需求正常工作。如当用户名和密码输入正确情况下，即进入系统功能总界面；当用户名和密码输入不正确情况下，会清空密码，提示错误信息。

2. “添加入库单”模块测试用例

本案例给出了“添加入库单”模块的测试用例，如表 17-2 所示。该测试采用黑盒测试方法进行。

“添加入库单”模块的主要功能描述如下。

(1) 用户在系统功能总界面单击“添加入库单”按钮，将显示“入库单管理——添加和删除入库单”界面，添加入库单功能模块在右上角，如图 17-6 所示。

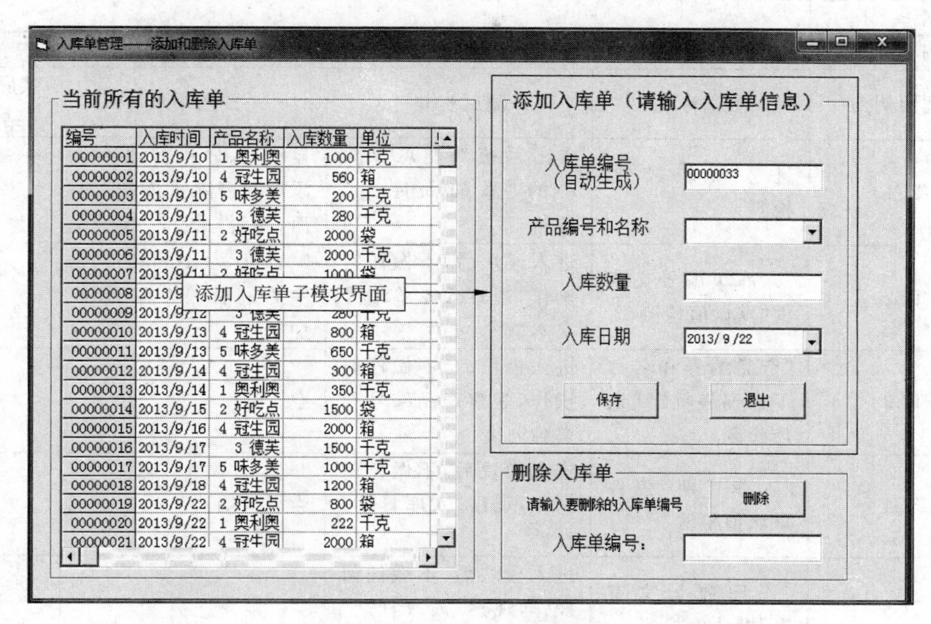

图 17-6　添加入库单界面

(2) 出库单编号自动生成，其值应该是 chukudan 表中的最后一条记录加 1。这个值不允许用户修改。

(3) 出库日期自动生成，其值应该是当天的日期，这个值允许用户进行修改。

(4) 产品编号和名称列表框初始化为 product 表中的所有产品，格式是“编号＋产品名称”的形式，例如“1 德芙”。该项默认值为空。

(5) 出库数量文本框，必须是大于 0 的整数，最小值是 1，最大值是 $2^{31}-1$。

(6) 用户输入完毕后，单击“保存”按钮，系统先进行输入有效性检验，若入库数量不符合格式规定，应该提示清空入库数量文本框，并将光标放在该文本框上。若产品编号和名称值为空，则提示用户选择产品编号和名称。若有效性校验通过，则弹出“确认保存”对话框，提示用户是否确认添加，如果用户单击“确定”按钮，则向后台 rukudan 表添加这条记录；若用户单击“取消”按钮，则返回“入库单添加”界面。

表 17-2　“添加入库单”模块测试用例

用例 ID	KUCUN-FC-002
测试类型	系统功能测试(FC)
用例名称	添加入库单模块测试
用例描述	用于检验“添加入库单”的各个功能能否实现以及是否存在问题
用例入口	用户单击系统功能总界面中的“添加入库单”按钮后进入该模块界面

续表

用例 ID	KUCUN-FC-002			
参考文档	添加入库单模块设计相关文档			
测试员				
开发者				
测试日期				
测试用例 ID	测试标题	测试步骤	预期结果	实际测试结果
TC1	进入模块功能检测	单击系统功能总界面中的"添加入库单"按钮	显示"入库单管理——添加和删除入库单"界面,界面与设计一致	
TC2	"入库单编号文本框"默认值检测	进入模块后,不做任何操作,观察入库单编号文本框	默认值为 rukudan 表中的最后一个编号再加 1	
TC3	"产品编号和名称下拉列表框"默认值检测	进入模块后,不做任何操作,观察产品编号和名称列表	空	
TC4	"入库日期"控件默认值检测	进入模块后,不做任何操作,观察"入库日期"控件	当天日期	
TC5	"入库数量文本框"默认值检测	进入模块后,不做任何操作,观察"入库日期"控件	空	
TC6	"入库单编号文本框"不可输入功能检测	改变入库单编号文本框的值	输入无效(不允许用户改变)	
TC7	"产品编号和名称列表框"初始化检测	单击该"产品编号和名称列表框"的下拉箭头	出现所有产品的编号和名称,格式如"1 德芙"	
TC8	"产品编号和名称列表框"选择功能检测	单击并选择"产品编号和名称列表框"中的一项后	选择的产品编号和名称显示在该列表框中	
TC9	"入库数量文本框"输入有效性检验	输入错误的格式文本,比如"-9.334","abced7"等,然后让它失去光标	弹出提示框,提示"入库数量输入格式错误",清空该文本并将光标放在该文本框上	
TC10	"入库日期"控件显示功能检测	单击"入库日期"控件的下箭头	出现可以选择的日期	
TC11	"入库日期"控件改变日期功能检测	TC10,选择特定日期	控件显示值变为所选择的日期	
TC12	"保存"按钮功能检测 1	所有项目输入正确后,单击"保存"按钮	弹出提示框,要求用户是否确认添加该记录	

续表

测试用例 ID	测试标题	测试步骤	预期结果	实际测试结果
TC13	“保存”按钮功能检测 2	TC12,在弹出的提示框中单击“确定”按钮,观察 rukudan 表	rukudan 表中正确添加了输入的记录	
TC14	“保存”按钮功能检测 3	TC12,在弹出的提示框中单击“取消”按钮,观察 rukudan 表	rukudan 表没有添加该记录,也没有其他改变	
TC15	“保存”按钮功能检测 4	不选择产品编号,单击“保存”按钮	弹出提示框,提示“请输入产品编号后再单击'保存'按钮”	
TC16	“保存”按钮功能检测 5	输入不符合格式的产品数量,单击“保存”按钮	弹出提示框,提示“产品数量格式不正确”,将光标停在“产品数量文本框”	
TC17	“退出”按钮功能检测 1	单击“退出”按钮	弹出提示框,提示“是否退出添加模块”	
TC18	“退出”按钮功能检测 2	TC17,在提示框中选择“是”	该模块界面消失,出现“系统功能总界面”	
TC19	“退出”按钮功能检测 3	TC17,在提示框中选择“否”	仍然显示该模块界面,已经输入的数据不改变	

在笔者对“添加入库单”模块进行测试后,得出结论:用于检验“添加入库单”模块的各个功能均可按需求正常工作。如单击系统功能总界面中的“添加入库单”按钮,即显示“入库单管理——添加和删除入库单”界面,且界面与设计一致;在“入库数量”文本框中输入错误的格式文本,比如“－9.334”,会弹出提示框,提示“入库数量输入格式错误”,清空该文本并将光标放在该文本框上等,然后让它失去光标。

小　结

至此,在学习了 VB.NET 这门语言之后,运用了管理信息系统的开发方法,在饼干厂产品库存系统分析、设计的基础之上,成功开发了“某饼干厂产品库存系统”。相信读者在完成了本章的学习之后,已经掌握了基本的管理信息系统开发思维与技能,并获得了相当的自信,并可为今后的学习与工作带来帮助。

系统的分析、设计以及开发完成后,为正常使用系统,还需要进行系统的移植。系统的移植主要为在系统运行平台对系统进行相关配置。系统配置是系统移植运行前的最后一项工作,对系统能否正常运行至关重要。

本书案例中饼干厂产品库存管理系统源程序及其数据库,附录于随书光盘中。本章主要介绍饼干厂产品库存管理系统的移植系统配置以及课后思考题解答。

第 18 章 饼干厂库存管理系统安装使用说明及本书教辅资源介绍

18.1 饼干厂产品库存管理系统配置

饼干厂产品库存系统，使用 app. config 文件存储数据库连接字符串，以方便系统进行移植。为使系统能够正常在局域网上运行，在系统运行前，需要对系统进行简单配置。现以在 Windows 7 操作系统下为例(单机版系统配置以及 Windows XP 操作系统下系统配置，见本书附教辅资源)，对饼干厂库存管理系统进行配置，系统配置过程如下：

(1) 首先需要在服务器主机上配置 Access 数据库。打开程序所在文件夹，找到“Access 数据库”文件夹，如图 18-1 所示。该文件夹为数据库所在文件夹，该文件内有 Access 数据库文件“db. mdb”。

Access数据库	2014/4/17 17:00	文件夹	
某饼干厂库存管理系统可执行程序	2014/4/17 16:57	文件夹	
某饼干厂库存管理系统源程序	2014/4/17 16:42	文件夹	
程序配置说明（运行程序前阅读）	2014/4/17 18:43	Microsoft Word ...	13 KB
程序说明	2013/10/14 11:14	Microsoft Word ...	425 KB

图 18-1 “Access 数据库”文件夹

(2) 将该文件夹连同其中数据库复制到服务器主机，例如：复制到服务器主机 D 盘根目录下。

(3) 在服务器端 D 盘下打开“Access 数据库”文件夹，打开数据库文件“db. mdb”文件，选择“数据库工具”下将 Access 数据库拆分为两个文件，如图 18-2 所示：

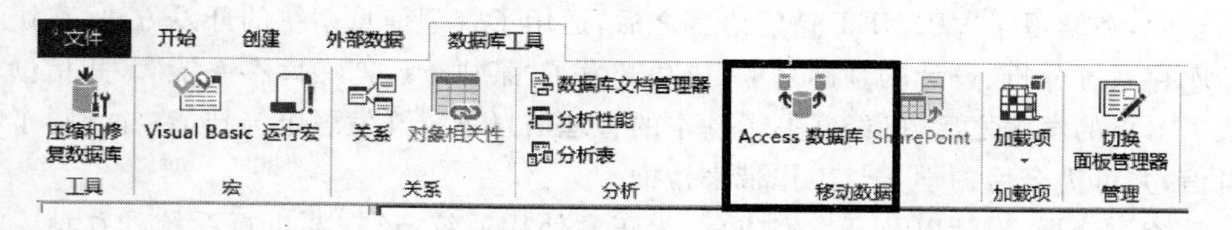

图 18-2 Access 数据库拆分

(4) 在弹出的对话框中，选择“拆分数据库”，如图 18-3 所示：

(5) 然后选择所创建的后端数据库的位置，即要拆分出的后端数据库的位置，举例将后端数据库与原数据库放在同一目录下(在实际应用中，不推荐将两者放在同一目录下)。

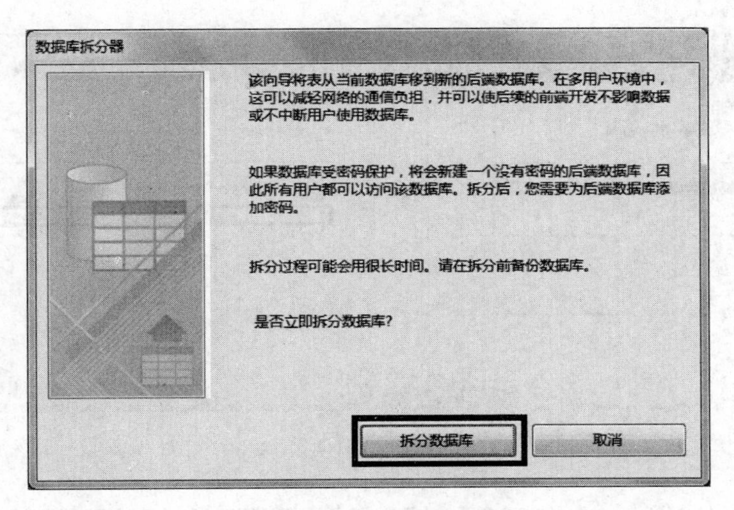

图 18-3　拆分数据库

创建的后端数据库，默认名称为“db_be. mdb”。

(6) 设置数据库共享，在 D 盘根目录下找到“Access 数据库”文件夹，此时文件夹内有“db. mdb”和“db_be. mdb”两个文件，右键单击文件夹“属性”，然后在弹出的对话框中，选择“共享”选项卡，单击“共享”按钮，如图 18-4 所示。

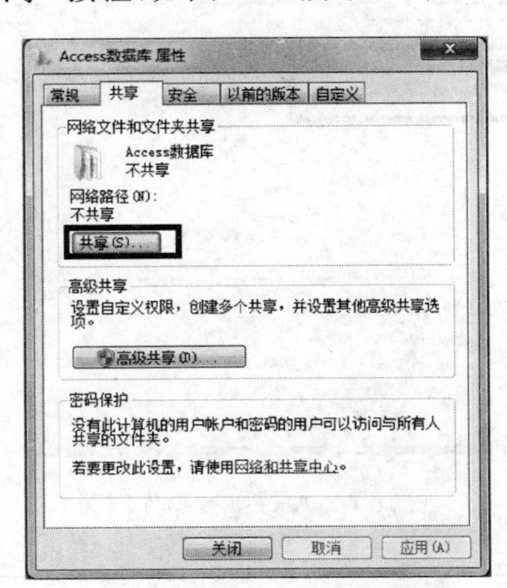

图 18-4　数据库共享

(7) 选择要与其共享的用户，选择“Guest”，将其权限修改为“读取/写入”如图 18-5 所示，单击“共享”按钮。

(8) 记下如图所示文件夹路径“\\HONG-PC\Access 数据库”，此时数据库服务器路径为“\\HONG-PC\Access 数据库\db_be. mdb”，如图 18-6 所示。

(9) 打开程序所在文件夹下“某饼干厂库存管理系统可执行程序”文件夹，其下有两个 CONFIG 文件，如图 18-7 所示。

(10) 以“记事本”方式，分别打开“某饼干厂库存管理系统. exe”和“某饼干厂库存管

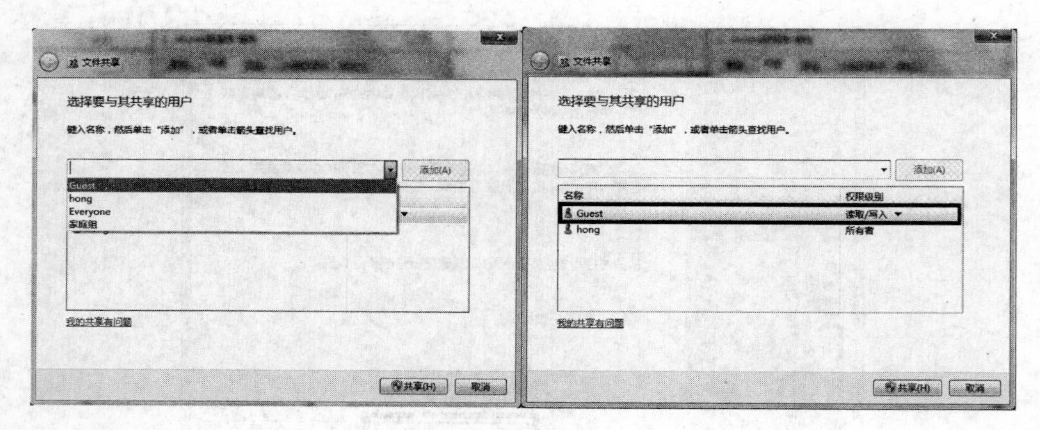

图 18-5　文件夹共享

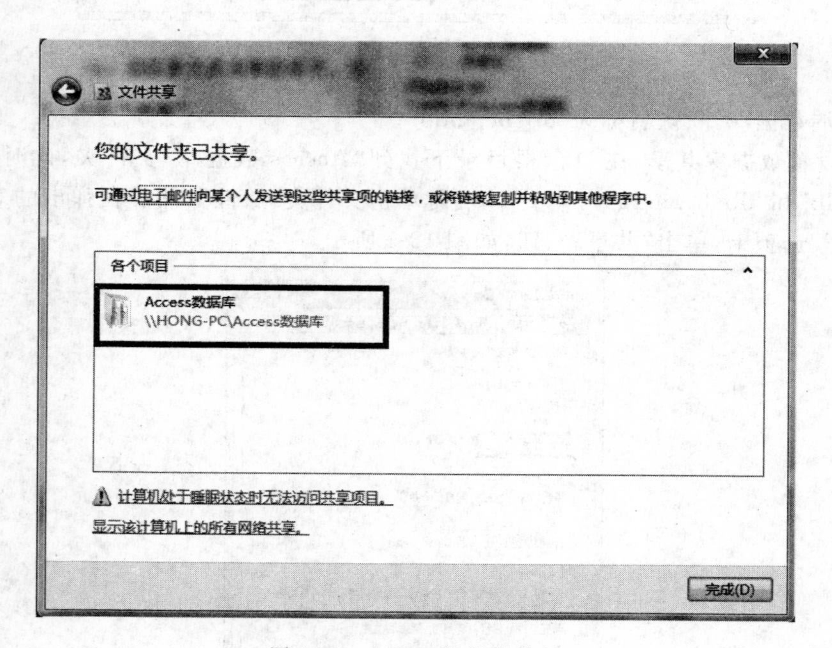

图 18-6　Access 数据库路径

名称	日期	类型	大小
report1	2014/4/14 2:38	Microsoft Excel ...	46 KB
report12	2014/4/14 2:39	Microsoft Excel ...	45 KB
某饼干厂库存管理系统	2014/4/17 16:56	应用程序	150 KB
某饼干厂库存管理系统.exe	2014/4/17 16:36	CONFIG 文件	3 KB
某饼干厂库存管理系统	2014/4/17 16:56	Program Debug...	172 KB
某饼干厂库存管理系统.vshost	2014/4/17 16:55	应用程序	12 KB
某饼干厂库存管理系统.vshost.exe	2014/4/17 16:36	CONFIG 文件	3 KB
某饼干厂库存管理系统.vshost.exe.manifest	2014/4/17 16:34	MANIFEST 文件	3 KB
某饼干厂库存管理系统	2014/4/17 16:56	XML 文件	1 KB

图 18-7　CONFIG 文件

理系统. vshost. exe”两个 config 文件，找到连接字符串所在位置“＜add key＝"accessCon" value＝"Provider＝Microsoft. Jet. OLEDB. 4. 0；Data Source＝\\Hong-pc\源程序\db_be. mdb"/＞”，如图 18-8 所示：

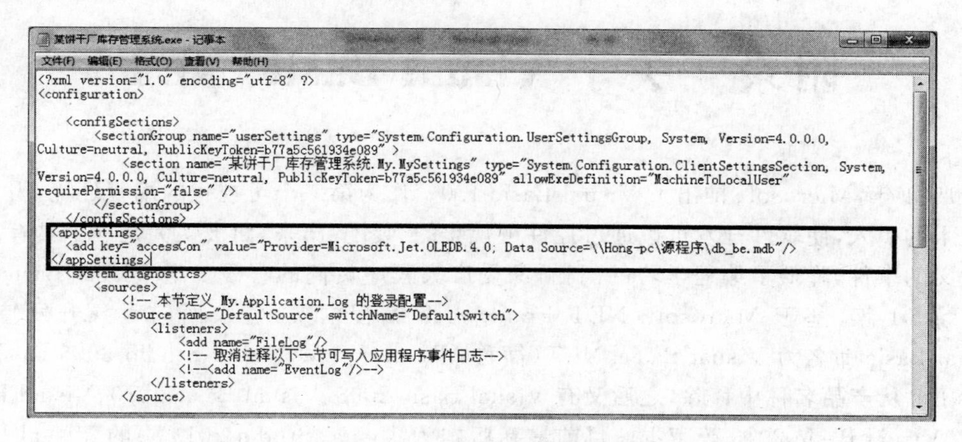

```
某饼干厂库存管理系统.exe - 记事本
文件(F)  编辑(E)  格式(O)  查看(V)  帮助(H)
<?xml version="1.0" encoding="utf-8" ?>
<configuration>

    <configSections>
        <sectionGroup name="userSettings" type="System.Configuration.UserSettingsGroup, System, Version=4.0.0.0,
Culture=neutral, PublicKeyToken=b77a5c561934e089" >
            <section name="某饼干厂库存管理系统.My.MySettings" type="System.Configuration.ClientSettingsSection, System,
Version=4.0.0.0, Culture=neutral, PublicKeyToken=b77a5c561934e089" allowExeDefinition="MachineToLocalUser"
requirePermission="false" />
        </sectionGroup>
    </configSections>
<appSettings>
  <add key="accessCon" value="Provider=Microsoft.Jet.OLEDB.4.0; Data Source=\\Hong-pc\源程序\db_be.mdb"/>
</appSettings>
    <system.diagnostics>
        <sources>
            <!-- 本节定义 My.Application.Log 的登录配置-->
            <source name="DefaultSource" switchName="DefaultSwitch">
                <listeners>
                    <add name="FileLog"/>
                    <!-- 取消注释以下一节可写入应用程序事件日志-->
                    <!--<add name="EventLog"/>-->
                </listeners>
            </source>
```

图 18-8　config 文件连接字符串

将“Data Source＝”后字符串“\\Hong-pc\源程序\db_be. mdb” 修改为数据库服务器路径，本例中为“\\HONG-PC\Access 数据库\db_be. mdb”。两个 config 文件修改完成后，点击保存，完成系统配置。

18.2　本书所附教辅资源的内容

本书所附教辅资源中包括：电子教案 PPT、饼干厂产品库存系统演示视频、思考题解答、饼干厂产品库存系统源程序及数据库以及单机版系统配置、WindowsXP 下系统安装配说明等，使用本教材老师可从出版社网站免费下载。

附录　关于 Visual Basic. NET

1991 年，Microsoft 推出了 Visual Basic 1.0。作为第一个可视化的编程环境，因其控件技术的引入，使软件开发可以通过控件可视化的“装配”出来，而被认为是一个具有划时代意义的事件，降低了编程学习的门槛，深受广大程序员们的喜爱。继 Visual Basic 6.0 之后，2001 年，基于 Microsoft. NET Framework 编程框架、引入面向对象开发特性，Visual Basic 命名为 Visual Basic. NET(简称 VB. net)。从 Visual Studio 2005 起，微软将. NET 从产品名称中移除，之后又有 Visual Basic 2008、Visual Basic 2010、Visual Basic 2012、Visual Basic 2013 等版本。目前最新版本为 Visual Studio 2013 中的 Visual Basic 2013。虽然 VB. net 2003 后又出现了若干 Visual Basic 的新版本，但其语法及其主要开发环境等与 VB. net 2003 相比并没有大的变化。为了区分 VB. net 之前的 Visual Basic 版本，为方便叙述，在本书中我们把 VB. net 之后的 Visual Basic 版本统称为 VB. net。

VB. net 延续其简单易学、上手快的特点，特别是在 Microsoft 统一的 Visual Studio 开发环境下，加上简捷的控件添加方式和简单的 VB. net 语法，使得初学者可以很快掌握简单程序的编写，容易激发其深入学习的兴趣。另外，作为一门面向对象的编程语言，对于初学者理解和领会时下十分流行的面向对象的编程思想很有益处。正是在这样的综合考虑下，本书决定选择 VB. net 来进行全书的编写。

参考文献

[1] 夏耘. David M. Kroenke. 程序设计与实践(VB. NET). 北京:电子工业出版社, 2012.

[2] 童爱红,刘凯,刘雪梅. VB. NET 程序设计实用教程. 北京: 清华大学出版社, 2008.

[3] 潘晓文. Visual Basic. NET 程序设计. 北京: 中国水利水电出版社, 2008.

[4] 亓莱滨. Visual Basic 程序设计. 北京: 清华大学出版社, 2005.

[5] 李琦,王伟,张薇等. Visual Basic. NET 程序设计. 北京: 人民邮电出版社, 2006.

[6] 蔡翠平. Visual Basic 程序设计. 北京: 北方交通大学出版社, 清华大学出版社, 2003.

[7] 候彤璞,赵新慧. Visual Basic. NET 程序设计实用教程. 北京: 清华大学出版社, 2008.

[8] 斯琴巴图,杨利润. 零基础学 Visual Basic. 北京: 机械工业出版社, 2008.

[9] 朱本城,王凤林. Visual Basic. NET 全程指南. 北京: 电子工业出版社, 2008.

[10] 楼诗风. Visual Basic 程序设计基础与实训教程. 合肥: 安徽科学技术出版社, 2011.

[11] 黄梯云,李一军,叶强. 管理信息系统(第五版). 北京: 高等教育出版社,2014.

[12] 刘培植. 数字电路与逻辑电路. 北京: 北京邮电大学出版社,2013.

[13] 特勒尔森,姜玲玲,唐明霞. . NET 3.5 与 VB 2008 高级编程. 北京: 清华大学出版社, 2009.

[14] 徐刚. Windows 用户界面设计与优化策略. 北京: 人民邮电出版社, 2005.

[15] 黄梯云. 计算机基础知识及管理信息系统. 北京: 中国经济出版社,1989.

[16] 李响初. 数字电路基础与应用(第 2 版). 北京: 机械工业出版社,2012.

[17] 谭浩强. C++面向对象程序设计. 北京: 清华大学出版社, 2006.

[18] 蒋立平. 数字逻辑电路与系统设计. (第 2 版). 北京: 电子工业出版社,2013.

[19] 杨毅,郭聪宾,刘晓宏. VB. NET 数据库编程学习捷径. 北京: 北京科海电子出版社, 2003.

[20] 李武,姚珺. 数据库原理及应用. 哈尔滨: 哈尔滨工程大学出版社, 2010.

[21] 黄梯云,李一军. 管理信息系统(第四版). 北京: 高等教育出版社,2009.

[22] 朱本城,王凤林. Visual Basic. NET 全程指南. 北京: 电子工业出版社, 2008.

[23] Joshi Girdhar. Management Information Systems. New Delhi: Oxford University Press ,2013.

[24] 李鸿吉. Visual Basic 6.0 中文版编程方法详解. 北京: 科学出版社, 2000.

[25] Laudon K, Laudon J. Management information systems: Managing the digital firm (13th ed.). Upper Saddle River, NJ: Pearson Prentice Hall ,2013.

[26] 李琦,王伟,张薇等. Visual Basic. NET 程序设计. 北京: 人民邮电出版社, 2006.

[27] 卢建华. 数字逻辑与数字系统设计. 北京: 清华大学出版社, 2013.

[28] 徐维. 数字电子技术与逻辑设计. 北京: 中国电力出版社, 2013.

质检5